高等学校应用型特色系列教材
工业和信息产业科技与教育专著出版资金资助出版

嵌入式系统设计

（基于STM32F4）

徐灵飞　黄　宇　贾国强　主编

電子工業出版社
Publishing House of Electronics Industry
北京・BEIJING

内 容 简 介

本书主要以STM32F429微控制器为对象讲解嵌入式系统设计方法、实例。全书分为17章，主要对嵌入式系统，ARM Cortex-M体系架构，STM32F429微控制器内部构造及其常用的片上外设结构、应用实例、程序开发方法进行了讲解。书中对常用的应用进行了实例讲解，给出了清晰的系统应用设计思路，并明确了每个应用的设计步骤，提供了每个应用的程序源代码，使初学者在学习了相关基本知识后能够对具体的设计一看即懂。本书设计了适量习题，习题内容紧贴各章核心内容，涵盖基本概念及相关应用，能够起到巩固重要知识点的作用。

本书适用于电子、通信、电气、测控、计算机、物联网等专业的在校生和嵌入式系统设计的爱好者。

图书在版编目（CIP）数据

嵌入式系统设计：基于STM32F4 / 徐灵飞，黄宇，贾国强主编. —北京：电子工业出版社，2020.8

ISBN 978-7-121-38859-0

Ⅰ. ①嵌…　Ⅱ. ①徐…　②黄…　③贾…　Ⅲ. ①微型计算机－系统设计－高等学校－教材

Ⅳ. ①TP360.21

中国版本图书馆CIP数据核字（2020）第053456号

责任编辑：戴晨辰　　特约编辑：田学清

印　　刷：三河市良远印务有限公司

装　　订：三河市良远印务有限公司

出版发行：电子工业出版社

北京市海淀区万寿路173信箱　　邮编：100036

开　　本：787×1 092　1/16　印张：21.5　字数：620.6千字

版　　次：2020年8月第1版

印　　次：2025年2月第12次印刷

定　　价：65.00元

凡所购买电子工业出版社图书有缺损问题，请向购买书店调换。若书店售缺，请与本社发行部联系，联系及邮购电话：（010）88254888，88258888。

质量投诉请发邮件至zlts@phei.com.cn，盗版侵权举报请发邮件至dbqq@phei.com.cn。

本书咨询联系方式：dcc@phei.com.cn。

前　言

在当今的信息社会中，嵌入式系统的应用无处不在，随着人工智能等先进技术渗入各个领域，嵌入式系统的应用将会更加广泛和深入。微控制器也经历了从最初的 8 位、16 位到现在 32 位的演变，嵌入式系统设计离不开微控制器。无论是从芯片性能、设计资源还是从性价比上来讲，ARM 架构的微控制器可以说都优于其他微控制器，它已经占据了当前嵌入式微控制器应用领域的绝大多数市场。ARM 系列微控制器在国内的广泛应用，应该是从 ARM7 系列微控制器开始的，可以说它就是当时嵌入式微控制器的代名词，各大公司都设计了以 ARM7 内核为核心的微控制器，时至今日，在一些产品中仍然能看到它的身影。之后，ARM 公司推出了全新的 ARMv7 版本的 Cortex 系列内核，因其优秀的性能，迅速被市场接受，各大半导体公司都推出了相关的处理器。

Cortex-M 系列内核是 ARM 公司针对微控制器应用设计的内核，与其相关的微控制器芯片迅速替代了大部分其他型号的 8 位、16 位及 32 位微控制器。意法半导体公司具有优秀的配套程序库和丰富的参考设计资源，其设计的 STM32F 系列微控制器的入门学习更容易，被嵌入式系统设计者广泛应用和推广，可以说是国内应用最为广泛的 Cortex-M 系列微控制器。在 Cortex-M 系列微控制器中，Cortex-M4 微控制器综合了控制和 DSP 信号处理功能，并具有很高的性价比，在各种复杂的嵌入式控制领域得到广泛应用。意法半导体公司的 STM32F4 系列微控制器内部集成了几乎所有的常用嵌入式片上外设，在软件库的基础上，让初学者能够轻松入门。各种开发社区和开发者积累的丰富应用资源，给设计者的实际系统设计提供了很好的参考。

本书主要以 STM32F429 微控制器为对象讲解嵌入式系统设计方法、实例。全书分为 17 章，主要对实际应用中常见的内容进行了讲解，包括嵌入式系统、ARM Cortex-M 体系架构、STM32F429 微控制器内部构造及其常用的片上外设结构、应用实例、程序开发方法。书中对常见的应用进行了实例讲解，给出了清晰的系统应用设计思路，并明确了每个应用的设计步骤，提供了每个应用的程序源代码，使初学者在学习了相关基本知识后能够对具体的设计一看即懂。本书设计适量习题，紧贴各章核心内容，涵盖基本概念及相关应用，能够起到巩固重要知识点的作用。

第 1 章，介绍了嵌入式系统的概念、体系、硬件系统、操作系统及设计等。

第 2 章，介绍了 ARM Cortex-M 体系架构，主要对内核寄存器、操作模式、存储器系统、异常和中断进行了阐述。

第 3 章，介绍了 STM32F429 微控制器的内部构造和芯片资源，对 I/O 引脚类型、存储系统和寄存器操作进行描述。

第 4 章，介绍了启动文件和 SysTick 的应用，SysTick 一般可以作为延时函数或系统驱动时钟使用。

第 5～9 章，分别介绍了 GPIO、NVIC、EXTI、时钟系统和定时器系统。这部分是微控制器入门的基本要求部分，相对来讲比较简单，在实际使用中使用得比较多，特别是 GPIO 的结构和编程，初学者需要详细、深入地学习和实践练习，争取做到熟练应用，因为所有嵌入式设计都离不开 GPIO。定时器的应用仅次于 GPIO，常用于定时、电机驱动、检测等，初学者需要熟练掌握基本定时，理解和掌握书中介绍的各种应用实例。同时，NVIC 也非常重要，只要使用到中断就离不开 NVIC，初学者需要理解中断通道、中断组、抢占优先级和响应优先级等概念及编程设置方法。

第 10～15 章，分别介绍了 DMA 控制器、USART、ADC、DAC、I2C 控制器和 SPI 控制器。这部分是微控制器学习进阶部分，在理解和熟练掌握了这部分内容后，基本就可以处理嵌入式系统设计中遇到的大部分问题了。USART 使用最为广泛，在理解了其基本数据帧格式和电气、电路定义后，编程发送和接收数据都比较简单，一般发送数据使用查询方式，接收数据使用中断方式，在涉及大量数据传输时，会用到 DMA 控制器。I2C 的控制时序稍显复杂，其通信功能可以使用软件模拟方式或使用 STM32F429 微控制器集成的片上 I2C 控制器实现，这些在书中都有介绍。在实际使用中一定要注意电路接口为开漏形式，并连接上拉电阻。因 I2C 电路接口简单，它在实际使用中也较为广泛。SPI 是一个全双工的串口，时序形式比 I2C 简单，但是，在电路连线上比 USART 和 I2C 至少多一根信号线，因此，在实际使用中 SPI 应用不如前两种广泛。但是，它的通信速度是三种通信方法中最快的。ADC 和 DAC 实现模数和数模转换功能，在数模混合的领域得到应用。其中，DAC 使用较为简单，ADC 的所有规则组转换通道共用一个数据寄存器，常需要配合 DMA 控制器使用，因此略显复杂。但是，一旦配置成功运转起来之后，DMA 控制器又可以极大地减小程序干预程度，使用非常方便。整体上讲，STM32F429 微控制器为开发者提供了性能适中的 ADC 和 DAC。DMA 控制器更多作为一种辅助设备，配合其他片上外设实现无 CPU 干预的数据传输，初学者理解起来可能会有些困难，一旦熟悉之后，就会觉得其使用方便了。

第 16～17 章，分别介绍了外部存储控制器和 LCD 控制器。SDRAM 作为 FMC 的一种外扩存储器，使用更为广泛，主要用于扩展系统的数据存储空间。LTDC 控制器是 STM32F429 微控制器内部集成的一个液晶控制器，SDRAM 作为显存，结合 DMA2D 控制器可以实现性能不错的液晶显示功能。

除第 16～17 章介绍的 SDRAM 和 LTDC 控制器外，其他章节的内容都适用于 STM32F4 系列的微控制器，如 STM32F407 微控制器。本书所有设计程序均已在 Keil MDK 5.20 环境下测试通过，读者可以放心使用。

本书包含配套资源，读者可登录华信教育资源网（www.hxedu.com.cn）免费下载。

特别感谢电子工业出版社的编辑在本书的出版过程中给予作者的指导和大力支持。

由于本书涉及的知识面广，时间又仓促，以及作者的水平和经验有限，书中的疏漏之处在所难免，恳请专家和读者批评指正。

作 者

目　　录

第 1 章　嵌入式系统

1.1　嵌入式系统概述

“后 PC”时代，嵌入式系统发展迅速，应用日益广泛。嵌入式系统具有可控制、可编程、成本低等特点，在未来的工业和生活中有着广阔的应用前景。互联网、物联网、人工智能等新技术的发展，不仅为嵌入式市场注入了新的生机，也对嵌入式系统技术提出了新的挑战。

1.1.1　嵌入式系统的定义

IEEE（Institute of Electrical and Electronics Engineers，美国电气和电子工程师协会）对嵌入式系统的定义是：用于控制、监视或者辅助操作机器和设备的装置（原文为 Devices Used to Control，Monitor or Assist the Operation of Equipment，Machinery or Plants）。这主要是从应用对象上加以定义的，嵌入式系统是软件和硬件的综合体，还可以涵盖机械等附属装置，定义比较宽泛。

国内普遍认同的嵌入式系统的定义是：以应用为中心，以计算机技术为基础，软件和硬件可裁剪，适用于应用系统对功能、可靠性、成本、体积、功耗等严格要求的专用计算机系统。与 IEEE 的定义相比，国内的定义更加具体。

1.1.2　嵌入式系统的特点

1．专用性

嵌入式系统是面向特定应用的，因此，嵌入式系统中的硬件和软件都必须高效率地设计。

系统软件和硬件的结合非常紧密，一般要针对硬件进行系统的移植。即使在同一品牌、同一系列的产品中也需要根据系统硬件的变化，不断对系统进行修改。针对不同的任务，往往需要对系统进行较大更改，程序的编译下载要和系统相结合。

2．小体积、低功耗、低成本、高稳定性

嵌入式系统一般以专用性和小体积的形态“嵌入”在相应的产品或设备中。便携式设备或使用电池供电的嵌入式系统要尽量增加使用周期并降低散热量，这就需要在硬件设计、选材及程序编写上进行低功耗设计。与通用计算机系统相比，嵌入式系统运行环境差异较大，经常工作在无人值守的场合，如具有强干扰的工业现场、武器控制、高温高寒等极端环境等，需要具备较高的稳定性。这要求嵌入式系统的硬件和软件除了高度可定制性，还必须具备较高的抗干扰能力和自我修复能力，并在功能需求约束下，量体裁衣、去除冗余，力争使用较少的硬件资源和较低软件开发成本实现较高的性能，从而在具体的应用中具备较高的竞争力。

3．实时性

一些具体的应用，如工业控制、武器系统、机器人等，需要系统在任务执行过程和对特定事件的反应上具备时间可预测性，即任务需要在规定的时限内完成。任务执行的时间可以根据系统的软件和硬件的信息进行确定性的预测。为了提高执行速度、系统的可靠性和实时性，嵌入式系统中的软件一般都“固化”在存储器芯片或单片机中，而不是存储于磁盘等载体中。

4. 技术密集

由于嵌入式系统的专用性，针对不同的应用场合，需要重新进行软件和硬件系统设计。这一过程涉及先进的计算机技术、电子技术、半导体技术、通信、软件及特定行业专业知识等，因此，嵌入式系统是一个技术密集、资金密集、不断创新的知识和技术集成系统。

5. 生命周期长

嵌入式系统和具体应用有机地结合在一起，在满足应用需求的情况下，不需要非常高的性能冗余性，其升级换代也是和具体产品设计需求同步进行的。

6. 不可垄断性

嵌入式系统有一个重要的特点就是不可垄断性。通用计算机系统有 Wintel 垄断，具备统一的技术标准，容易实现统一的开发工具和环境。但嵌入式系统的基础是以应用为中心的硬件设计和面向应用的软件产品开发，在硬件设计和软件开发的选择性上具有很大的差异性。并且，程序一般“固化”在存储器中，在设计完成以后用户通常不能对其中的程序功能进行修改。因此，在程序开发、修改、升级、电路设计、调试等过程中必须有一套开发工具和环境才能进行开发。这些开发工具和环境一般都基于通用计算机系统上的 IDE（集成开发环境）、在线调试器、下载器、逻辑分析仪及混合信号示波器等。

1.1.3 嵌入式系统的应用

随着科技的进步，嵌入式系统的出现，人们对生活质量、产品的智能化、成本的要求，以及国家对于物联网、电子、科技的扶持，促使嵌入式系统的快速发展，嵌入式系统在社会生产的各个领域得到广泛应用。

消费电子：智能手机、数字电视机、机顶盒、数码相机、音响设备、可视电话、家庭网络设备、洗衣机、电冰箱、智能玩具等。

工业控制：智能测量仪表、数控装置、可编程控制器、控制机、分布式控制系统、现场总线仪表控制系统、工业机器人、机电一体化机械设备、汽车电子设备等。

网络应用：互联网的发展，增大了网络基础设施、接入设备、终端设备的市场方面的需求。

军用：武器控制（火炮控制、导弹控制、智能炸弹制导引爆装置）、坦克、舰艇、轰炸机等陆海空军用电子装备，雷达、电子对抗军事通信装备，野战指挥作战专用设备等。

1.2 嵌入式系统的体系

嵌入式系统是一个专用计算机应用系统，是一个软件和硬件集合体。图 1-1 描述了一个典型嵌入式系统的组成结构。

嵌入式系统的硬件层一般由嵌入式处理器、内存、人机接口、复位/看门狗电路、I/O 接口电路等组成，它是整个系统运行的基础，通过人机接口和 I/O 接口实现和外部的通信。嵌入式系统的软件层主要由应用程序、硬件抽象层、嵌入式操作系统和驱动程序、板级支持包组成（其中，嵌入式操作系统主要实现应用程序和硬件抽象层的管理，在一些应用场合可以不使用，直接编写裸机应用程序）。嵌入式系统软件运行在嵌入式处理器中。在嵌入式操作系统的管理下，设备驱动层将硬件电路接收控制指令和感知的外部信息传递给应用层，经过其处理后，将控制结果或数据再反馈给系统硬件层，完成存储、传输或执行等功能要求。

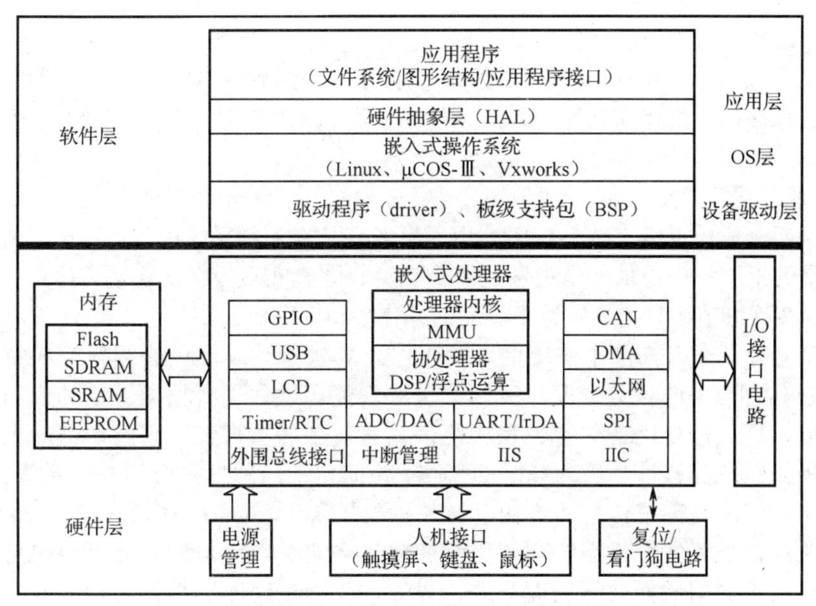

图 1-1　典型嵌入式系统的组成结构

1.2.1　硬件架构

嵌入式系统的硬件架构以嵌入式处理器为核心，由存储器、外围设备、通信模块、电源及复位等必要的辅助接口组成。嵌入式系统是量身定做的专用计算机应用系统，不同于普通计算机组成，在实际应用中的嵌入式系统硬件配置非常精简，除了微处理器和基本的外围设备，其余的电路都可根据需要和成本进行裁剪、定制，因此嵌入式系统硬件配置非常经济、可靠。

随着计算机技术、微电子技术及纳米芯片加工工艺技术的发展，以微处理器为核心的集成多种功能的 SoC（System on a Chip，片上系统）芯片已成为嵌入式系统的核心。这些 SoC 集成了大量的外围 USB、以太网、ADC/DAC、IIS 等功能模块。SOPC（System on a Programmable Chip，可编程片上系统）结合了 SoC 和 PLD 的技术优点，使得系统具有可编程的功能，是可编程逻辑器件在嵌入式应用中的完美体现，极大地提高了系统在线升级、换代的能力。以 SoC/SOPC 为核心，用最少的外围器件和连接器件构成一个应用系统，以满足系统的功能需求，是嵌入式系统发展的一个方向。

因此，嵌入式系统设计是以嵌入式微处理器/SoC/SOPC 为核心，结合外围接口设备［包括存储设备、通信扩展设备、扩展设备接口和辅助的设备（电源、传感、执行等)］构成硬件系统以完成系统设计的。

1.2.2　软件层次

嵌入式系统软件可以是直接面向硬件的裸机程序开发，也可以是基于操作系统的嵌入式程序开发。当嵌入式系统应用功能简单时，相应的硬件平台结构也相对简单，这时可以使用裸机程序开发方式，不仅能够降低系统复杂度，还能够实现较好的系统实时性，但是，要求程序设计人员对硬件构造和原理比较熟悉。如果嵌入式系统应用较复杂，相应的硬件平台结构也相对复杂，这时可能就需要一个嵌入式操作系统来管理和调度内存、多任务、周边资源等。在进行基于操作系统的嵌入式程序设计开发时，操作系统通过对驱动程序的管理，将硬件各组成部分抽象成一系列 API 函数，这样在编写应用程序时，程序设计人员就可以减少对硬件细节的关注，专注于程序设计，从而减轻程序设计人员的工作负担。

嵌入式系统软件结构一般包含 3 个层面：设备驱动层、OS 层、应用层（包括硬件抽象层、应用程序）。由于嵌入式系统应用的多样性，需要根据不同的硬件电路和嵌入式系统应用的特点，对软件部分进行裁剪。现代高性能嵌入式系统的应用越来越广泛，嵌入式操作系统的使用成为必然发展趋势。

1．设备驱动层

设备驱动层一般由板级支持包和驱动程序组成，是嵌入式系统中不可或缺的部分。设备驱动层的作用是为上层程序提供外围设备的操作接口，并且实现设备的驱动程序。上层程序可以不管设备内部实现细节，只需调用设备驱动的操作接口即可。

应用程序运行在嵌入式操作系统上，利用嵌入式操作系统提供的接口完成特定功能。嵌入式操作系统具有应用的任务调度和控制等核心功能。硬件平台根据不同的应用，所具备的功能各不相同，而且所使用的硬件也不相同，具有复杂的多样性，因此，针对不同硬件平台进行嵌入式操作系统的移植是极为耗时的工作。为简化不同硬件平台间操作系统的移植问题，在嵌入式操作系统和硬件平台之间增加了硬件抽象层（Hardware Abstraction Layer，HAL）。有了硬件抽象层，嵌入式操作系统和应用程序就不需要关心底层的硬件平台信息，内核与硬件相关的代码也不必因硬件的不同而修改，只要硬件抽象层能够提供必需的服务即可，从而屏蔽底层硬件，方便进行系统的移植。通常硬件抽象层是以板级支持包的形式来完成对具体硬件的操作的。

1）板级支持包

板级支持包（Board Support Package，BSP）介于主板硬件和嵌入式操作系统中驱动程序之间的一层。BSP 是所有与硬件相关的代码体的集合，为嵌入式操作系统的正常运行提供了最基本、最原始的硬件操作的软件模块，BSP 和嵌入式操作系统息息相关，为上层的驱动程序提供了访问硬件的寄存器的函数包，使之能够更好地运行于主板硬件。

BSP 可以分为以下三大功能。

（1）系统上电时的硬件初始化。例如，对系统内存、寄存器及设备的中断进行设置。这是比较系统化的工作，硬件上电初始化要根据嵌入式开发所选的 CPU 类型、硬件及嵌入式操作系统的初始化等多方面决定 BSP 应实现什么功能。

（2）为嵌入式操作系统访问硬件驱动程序提供支持。驱动程序经常需要访问硬件的寄存器，如果整个系统为统一编址，那么开发人员可直接在驱动程序中用 C 语言的函数访问硬件的寄存器。但是，如果系统为单独编址，那么 C 语言将不能直接访问硬件的寄存器，只有汇编语言编写的函数才能对硬件的寄存器进行访问。BSP 就是为上层的驱动程序提供访问硬件的寄存器的函数包。

（3）集成硬件相关和硬件无关的嵌入式操作系统所需的软件模块。BSP 是相对于嵌入式操作系统而言的，不同的嵌入式操作系统对应于不同定义形式的 BSP。例如，VxWorks 的 BSP 和 Linux 的 BSP 相对于某一 CPU 来说尽管实现的功能一样，但是写法和接口定义是完全不同的，所以写 BSP 一定要按照该系统 BSP 的定义形式（BSP 的编程过程大多数是在某一个成型的 BSP 模板上进行修改的）。这样才能与上层嵌入式操作系统保持正确的接口，良好的支持上层嵌入式操作系统。

2）驱动程序

只有安装了驱动程序，嵌入式操作系统才能操作硬件平台，驱动程序控制嵌入式操作系统和硬件之间的交互。驱动程序提供一组嵌入式操作系统可理解的抽象接口函数。例如，设备初始化、打开、关闭、发送、接收等。一般而言，驱动程序和设备的控制芯片有关。驱动程序运行在高特权级的处理器环境中，可以直接对硬件进行操作，但正因为如此，任何一个设备驱动程序的错误都可能导致嵌入式操作系统的崩溃，因此好的驱动程序需要有完备的错误处理函数。

2. OS 层

嵌入式操作系统是一种支持嵌入式系统应用的操作系统软件，是嵌入式系统的重要组成部分。嵌入式操作系统通常包括与硬件相关的底层驱动软件、系统内核、设备驱动接口、通信协议、图形界面、标准化浏览器等。嵌入式操作系统具有通用操作系统的基本特点。例如，能有效管理越来越复杂的系统资源；能把硬件虚拟化，使得开发人员从繁忙的驱动程序移植和维护中解脱出来；能提供库函数、驱动程序、工具集及应用程序。与通用操作系统相比较，嵌入式操作系统在系统实时高效性、硬件的相关依赖性、软件固态化及应用的专用性等方面具有较为突出的特点。嵌入式操作系统具有通用操作系统的基本特点，能够有效管理复杂的系统资源，并且把硬件虚拟化。

在一般情况下，嵌入式开发操作系统可以分为两类，一类是面向控制、通信等领域的嵌入式实时操作系统（RTOS），如 VxWorks、PSOS、QNX、μCOS-Ⅲ、RT-Thread、FreeRTOS等；另一类是面向消费电子产品的嵌入式非实时操作系统，如 Linux、Android、iOS 等，这类产品包括智能手机、机顶盒、电子书等。

3. 应用层

1）硬件抽象层

硬件抽象层本质上就是一组对硬件进行操作的 API，是对硬件功能抽象的结果。硬件抽象层通过 API 为嵌入式操作系统和应用程序提供服务。但是，在 Windows 和 Linux 操作系统下，硬件抽象层的定义是不同的。

Windows 操作系统下的硬件抽象层定义：位于嵌入式操作系统的最底层，直接操作硬件，隔离与硬件相关的信息，为上层的嵌入式操作系统和驱动程序提供一个统一的接口，起到对硬件的抽象作用。HAL 简化了驱动程序的编写，使嵌入式操作系统具有更好的可移植性。

Linux 操作系统下的硬件抽象层定义：位于嵌入式操作系统和驱动程序之上，是一个运行在用户空间中的服务程序。

Linux 和所有的 UNIX 一样，习惯用文件来抽象设备，任何设备都是一个文件，如/dev/mouse 是鼠标的设备文件名。这种方法看起来不错，每个设备都有统一的形式，但使用起来并没有那么容易，设备文件名没有什么规范，你从简单的一个文件名，无法得知它是什么设备、具有什么特性。乱七八糟的设备文件，让设备的管理和应用程序的开发变得很麻烦，所以有必要提供一个硬件抽象层，来为上层应用程序提供一个统一的接口，Linux 的硬件抽象层就这样应运而生了。

2）应用程序

应用程序是为完成某项或某几项特定任务而被开发运行于嵌入式操作系统之上的程序，如文件操作、图形操作等。在嵌入式操作系统上编写应用程序一般需要一些应用程序接口。应用程序接口（Application Programming Interface，API）又称为应用编程接口，是软件系统不同组成部分衔接的约定。应用程序接口的设计十分重要，良好的接口设计可以降低系统各部分的相互依赖性，提高组成单元的内聚性，降低组成单元间的耦合程度，从而提高系统的维护性和扩展性。

根据嵌入式系统应用需求，应用程序通过调用嵌入式操作系统的 API 函数操作系统硬件，从而实现应用需求。一般，嵌入式应用程序建立在主任务基础之上，可以是多任务的，通过嵌入式操作系统管理工具（信号量、队列等）实现任务间通信和管理，进而实现应用需要的特定功能。

1.3 嵌入式硬件系统

嵌入式系统硬件系统是以嵌入式处理器为核心，配备必要的外围设备、传感及执行等构成一个典型应用系统。在设计嵌入式硬件系统时，在满足应用要求的前提下，一般选择集成度高的嵌入式处理器 SoC/SOPC 芯片，以尽可能少的硬件构件进行设计。本节主要讲解与嵌入式处理器相关的内容，并对存储器和常用外围设备进行简要介绍。

1.3.1 嵌入式处理器分类

把处理器分为通用处理器与嵌入式处理器两类。通用处理器以 x86 体系架构的产品为代表，基本被 Intel 和 AMD 两家公司垄断。通用处理器追求更快的计算速度、更大的数据吞吐率，有 8 位处理器、16 位处理器、32 位处理器、64 位处理器。

在嵌入式应用领域中应用较多的还是各色嵌入式处理器。嵌入式处理器是嵌入式系统的核心，是控制、辅助系统运行的硬件单元。根据其现状，嵌入式处理器可以分为嵌入式微处理器、嵌入式微控制器、嵌入式 DSP 和嵌入式 SoC。因为嵌入式系统有应用针对性的特点，不同系统对处理器的要求千差万别，因此嵌入式处理器种类繁多。据不完全统计，全世界嵌入式处理器的种类已经超过 1000 种，流行的体系架构有 30 多个。现在几乎每个半导体制造商都生产嵌入式处理器，越来越多的公司有自己的处理器设计部门。

1．嵌入式微处理器

嵌入式微处理器处理能力较强、可扩展性好、寻址范围大、支持各种灵活设计，且不限于某个具体的应用领域。嵌入式微处理器是 32 位以上的处理器，具有体积小、重量轻、成本低、可靠性高的优点，在功能、价格、功耗、芯片封装、温度适应性、电磁兼容方面更适合嵌入式系统应用要求。嵌入式微处理器目前主要有 ARM、MIPS、PowerPC、xScale、ColdFire 系列等。

2．嵌入式微控制器

嵌入式微控制器（Microcontroller Unit，MCU）又称单片机，在嵌入式设备中有着极其广泛的应用。嵌入式微控制器芯片内部集成了 ROM/EPROM、RAM、总线、总线逻辑、定时/计数器、看门狗、I/O、串行口、脉宽调制输出、A/D、D/A、Flash RAM、EEPROM 等各种必要功能和外设。和嵌入式微处理器相比，嵌入式微控制器最大的特点是单片化，体积大大减小，从而使功耗和成本下降、可靠性提高。嵌入式微控制器的片上外设资源丰富，适合于嵌入式系统工业控制的应用领域。嵌入式微控制器从 20 世纪 70 年代末出现至今，出现了很多种类，比较有代表性的嵌入式微控制器产品有 Cortex-M 系列、8051、AVR、PIC、MSP430、C166、STM8 系列等。

3．嵌入式DSP

嵌入式数字信号处理器（Embedded Digital Signal Processor，EDSP）又称嵌入式 DSP，是专门用于信号处理的嵌入式处理器，它在系统结构和指令算法方面经过特殊设计，具有很高的编译效率和指令执行速度。嵌入式 DSP 内部采用程序和数据分开的哈佛结构，具有专门的硬件乘法器，广泛采用流水线操作，提供特殊的数字信号处理指令，可以快速实现各种数字信号处理算法。在数字化时代，数字信号处理是一门应用广泛的技术，如数字滤波、FFT、谱分析、语音编码、视频编码、数据编码、雷达目标提取等。传统微处理器在进行这类计算操作时的性能较低，而嵌入式 DSP 的系统结构和指令系统针对数字信号处理进行了特殊设计，因而嵌入式 DSP 在执行相关操作时具有很高的效率。比较有代表性的嵌入式 DSP 产品是 Texas Instruments 公司的 TMS320 系列和Analog Devices公司的 ADSP 系列。

4．嵌入式SoC

针对嵌入式系统的某一类特定的应用对嵌入式系统的性能、功能、接口有相似的要求的特点，利用大规模集成电路技术将某一类应用需要的大多数模块集成在一个芯片上，从而在芯片上实现一个嵌入式系统大部分核心功能的处理器就是 SoC。

SoC 把微处理器和特定应用中常用的模块集成在一个芯片上，应用时往往只需要在 SoC 外部扩充内存、接口驱动、一些分立元件及供电电路就可以构成一套实用的系统，极大地简化了系统设计的难度，还有利于减小电路板面积、降低系统成本、提高系统可靠性。SoC 是嵌入式处理器的一个重要发展趋势。

1.3.2 典型嵌入式处理器

嵌入式系统的核心是嵌入式处理器，因此在开始学习嵌入式系统前，需要掌握典型嵌入式处理器相关的结构和相关硬件平台，并在此基础上学习相关的操作系统和应用程序开发，以形成软、硬件协同开发的综合技能。

1．ARM 处理器

ARM 处理器是英国 ARM（Advanced RISC Machines）有限公司（以下简称“ARM 公司”）设计的RISC处理器。ARM 公司是全球领先的半导体知识产权（IP）提供商。ARM 公司是专门从事基于 RISC 技术芯片设计开发的公司，作为半导体知识产权提供商，本身不直接从事芯片生产，而是通过转让设计方案，由合作公司生产各具特色的芯片，世界各大半导体生产商（包括华为、Qualcomm、Apple、SAMSUNG、ST、NXP、TI 等）购买 ARM 公司设计的处理器内核，根据各自需求，他们都在 ARM 处理器内核的基础上进行了扩展设计，形成自己的处理器，从而进入应用市场。

从 1983 年开始，ARM 处理器内核由 ARM1、ARM2、ARM6、ARM7、ARM9、ARM10、ARM11、Cortex 及对应的修改版或增强版组成。ARM 处理器具有体积小、低功耗、低成本、高性能等多方面优点，是一个 RISC 处理器架构，具备完整的产品线和发展规划。ARM 公司通过近 20 年的培育、发展，得到了第三方合作伙伴广泛支持。目前，除通用编译器 GCC 外，ARM 公司还有自己的高效编译、调试环境（Keil MDK），全球有 50 家以上的实时操作系统（RTOS）软件厂商和 30 家以上的 EDA 工具制造商，还有很多高效率的实时跟踪调试工具的厂商，对 ARM 公司提供了很好的支持。用户采用 ARM 处理器开发产品，既可以获得广泛的支持，也便于和同行交流，加快开发进度，缩短产品的上市时间。ARM 处理器被广泛应用于各个领域的嵌入式系统设计，如消费类多媒体、教育类多媒体、嵌入控制、移动式应用、物联网及人工智能等。

在“后 PC”时代，ARM 处理器占据了低功耗、低成本和高性能的嵌入式系统应用的大部分领域，特别是在移动市场，ARM 处理器基本处于垄断地位，当前的智能手机的处理器基本都是各公司购买的 ARM 处理器内核开发出来的。例如，华为的麒麟 980 处理器、SAMSUNG 的 Exynos 9 Series（9820）处理器。

ARM 处理器分为经典处理器和 Cortex 处理器两大类。

（1）经典处理器：主要有基于 ARMv3 或 ARMv4 架构的 ARM7 系列处理器、基于 ARMv5 架构的 ARM9 系列处理器，以及基于 ARMv6 架构的 ARM11 系列处理器。

（2）Cortex 系列处理器：ARM 公司在经典处理器 ARM11 以后的产品都改用 Cortex 命名，并分成 A、R 和 M 三类，旨在为各种不同的市场提供服务。Cortex 系列处理器属于 ARMv7 架构，由于应用领域的不同，基于 ARM v7 架构的 Cortex 系列处理器所采用的技术也不相同，基于 ARM v7A 架构的处理器称为Cortex-A 系列处理器，基于 ARM v7R 架构的处理器称为 Cortex-R 系列处理器，基于 ARM v7M 架构的处理器称为 Cortex-M 系列处理器。

2．MIPS

MIPS 指无内部互锁流水级的微处理器，其机制是尽量利用软件办法避免发生流水线中的数据相关问题，采用精简指令系统计算结构来设计芯片。MIPS 最早是在 20 世纪 80 年代初期由斯坦福（Stanford）大学 Hennessy 教授领导的研究小组研制出来的。1984 年，MIPS 计算机公司成立。1992 年，SGI 公司收购了 MIPS 计算机公司。1998 年，MIPS 计算机公司脱离 SGI 公司，成为 MIPS 技术公司。MIPS 是最早出现的商业 RISC 架构芯片之一，新的架构集成了原来所有 MIPS 指令集，并增加了许多更强大的功能。MIPS 技术公司自己只进行 CPU 的设计，之后把设计方案授权给客户，使得客户能够制造出高性能的 CPU。MIPS 技术公司是全球第二大半导体设计 IP 公司和全球第一大模拟 IP 公司。

3. PowerPC 处理器

PowerPC 处理器是一种 RISC 架构的中央处理器（CPU），其基本的设计源自 IBM（国际商业机器公司）的 IBM PowerPC 601 微处理器 POWER（Performance Optimized With Enhanced RISC）架构。PowerPC 处理器架构的特点是可伸缩性好、方便灵活。PowerPC 处理器的架构公开了指令集，允许任何厂商设计 PowerPC 处理器的兼容处理器，同时可下载 PowerPC 处理器的一些软件的源代码。PowerPC 处理器内核非常小，可以在同一芯片上安置许多其他辅助电路，如缓存、协处理器，大大增加了芯片的灵活性。PowerPC 处理器有广泛的实现范围，包括从诸如 Power4 那样的高端服务器 CPU 到嵌入式 CPU 市场（任天堂公司推出的 GameCube 使用了 PowerPC 处理器）。PowerPC 处理器有非常强的嵌入式表现，因为它具有优异的性能、较低的能量损耗及较低的散热量。PowerPC 处理器有嵌入式的 PowerPC 400 系列处理器、PowerPC 600 系列处理器、PowerPC 700 系列处理器和 PowerPC 900 系列处理器。

4. 嵌入式 SOPC

SoC 从整个系统的角度出发，把处理机制、模型算法、芯片结构、各层次电路，直至器件的设计紧密结合起来，在单个（或少数几个）芯片上完成整个系统的功能。目前，在嵌入式系统使用的很多嵌入式处理器上，除 CPU 外，都根据应用市场需求集成了丰富的数字逻辑，都属于 SoC 芯片。而 SOPC 利用可编程逻辑技术把整个系统放到一块硅片上。SOPC 是一种特殊的嵌入式系统：首先，它是 SoC，即由单个芯片完成整个系统的主要逻辑功能；其次，它是可编程系统，具有灵活的设计方式，可裁剪、易扩充、可升级，并具备软件和硬件在系统可编程的功能，可将 SOPC 视为基于 FPGA 解决方案的 SoC。

SOPC 是 Altera 公司在 2000 年提出的一种 SoC 解决方案，可将处理器、存储器、I/O 接口、LVDS 等系统设计需要的功能模块集成到一个 PLD 器件上，构建成一个 SOPC。SOPC 技术分为两个技术路线：基于 FPGA 嵌入 IP 硬核的 SOPC 系统和基于 FPGA 嵌入 IP 软核的 SOPC 系统。

基于 FPGA 嵌入 IP 硬核的 SOPC 系统是指在 FPGA 中预先植入处理器。目前最常用的嵌入式处理器大多是采用含有 ARM 32 位 IP 处理器内核的器件。这样就使得 FPGA 灵活的硬件设计与处理器的强大软件功能有机地结合在一起，高效地实现 SOPC 系统。例如，Altera 公司的Stratix10 SoC系列 FPGA 集成了 ARM Cortex-A53 内核，Cyclone Ⅴ系列 FPGA 集成了 ARM Cortex-A9 内核，Xilinx 公司的 Zynq-7000 AP 系列 FPGA 集成了 ARM Cortex-A9 内核。

基于 FPGA 嵌入 IP 软核的 SOPC 系统是将处理器以 IP 软核的形式集成到系统，相对于 IP 硬核的集成方式，具备 IP 费用可控，总线接口等集成灵活、可裁剪、可集成多个处理器等优点。目前最有代表性的软核处理器分别是 Altera 公司的 Nios Ⅱ内核处理器、Xilinx 公司的 8 位 PicroBlaze 内核处理器和 32 位的 MicroBlaze 内核处理器。Altera 公司和 Xilinx 公司的大多数处理器都可以集成相应的处理器软核。

由于市场上有丰富的 IP Core 资源可供灵活选择，用户可以构成各种不同的系统，如单处理器系统、多处理器系统。有些可编程器件内还可以包含部分可编程模拟电路。除了系统使用的资源，可编程器件内还具有足够的可编程逻辑资源，用于实现其他的附加逻辑功能。

1.3.3 存储系统

存储器的主要功能是存储程序和各种数据，并能在计算机运行过程中高速、自动地完成程序或数据的存取，嵌入式系统的运作是围绕着存储在存储器中的指令和数据进行的，存储系统在嵌入式系统中的作用非常重要，存储系统需要根据应用和设计需求选择合适的存储器。嵌入式系统常用的存储器类型如下。

1．随机存取存储器（易失性存储器）

随机存取是指随机存取存储器（Random Access Memory，RAM）存储单元的内容可按需随意取出或存入，读写速度很快，且速度与存储单元的位置无关。RAM 在断电时将丢失其存储内容，RAM 主要用于存储短时间使用的程序。读取或写入顺序访问（Sequential Access）存储设备中的信息时，所需要的时间会与位置有关系。RAM 主要分为以下几类。

（1）静态随机存储器（Static Random Access Memory，SRAM）：是一种具有静止存取功能的内存，SRAM 采取多重晶体管设计，不需要刷新电路即能保存它内部存储的数据，SRAM 特点为高性能、集成度低、速度快，可作为主存和高速缓存使用。

（2）动态随机存取存储器（Dynamic Random Access Memory，DRAM）：动态是指存储阵列需要周期性刷新，以保证数据不丢失。DRAM 中的每个存储单元由配对出现的晶体管和电容器构成，基本原理是利用电容内存储的电荷量来代表 0 和 1，所以 DRAM 必须周期性地刷新（预充电）。

（3）同步动态随机存储器（Synchronous Dynamic Random Access Memory，SDRAM）：同步是指内存工作需要同步时钟，内部的命令的发送与数据的传输都以同步时钟为基准。SDRAM 从发展到现在已经经历了五代，分别是第一代 SDR SDRAM、第二代 DDR SDRAM、第三代 DDR2 SDRAM、第四代 DDR3 SDRAM、第五代 DDR4 SDRAM。DDR（Double Data Rate，双倍数据速率），之所以称为双倍数据速率，是因为数据存取发生在时钟的上升沿及下降沿（SDRAM 只能通过下降沿传输），因此在频率相等的情况下拥有双倍于 SDRAM 的带宽。

相对于 SRAM，DRAM 和 SDRAM 的集成度较高，但速度相对较低，一般可作为主存使用。

2．只读存储器（非易失性存储器）

存储在只读存储器（Read Only Memory，ROM）中的数据可以在掉电后不丢失，ROM 主要用于存储程序和一些数据（常量、系数等），存储在其中的数据只能读不能改，需要使用特定的方法擦除和烧录数据。

ROM 内部的资料是在 ROM 的制造工序中，用特殊的方法被烧录进去的，一般不能擦除或修改。

电可擦除可编程 ROM（Electrically Erasable Programmable ROM，EEPROM）一般通过特定的指令来擦除和修改其存储内容，一般以页的形式进行擦除，不必将资料全部擦除掉。

3．闪存存储器（非易失性存储器）

闪存存储器又称 Flash 存储器，是电可擦除的 ROM，在使用上与 EEPROM 类似。但是二者的寻址方法不同，存储单元的结构也不同，Flash 存储器的电路结构较简单，同样容量占芯片面积较小，成本比 EEPROM 低。Flash 存储器分为 NOR Flash 存储器和 NAND Flash 存储器。

NOR Flash 存储器：有自己的地址线和数据线，可以采用类似于 Memory 的随机访问方式，但是擦除仍要按块来进行，不能进行线性写操作。NOR Flash 存储器可以在芯片内执行（eXecute In Place，XIP），所以 NOR Flash 存储器可以直接用作执行程序存储器。

NAND Flash 存储器：数据、地址、控制线都是共用的，不能线性访问数据，需要软件区控制读取时序，按页读取，按块擦除，不适合芯片内执行。但是，NAND Flash 存储器的存储密度较高，因此 NAND Flash 存储器主要用于海量数据存储。

eMMC（Embedded Multi Media Card）存储器：采用统一的 MMC 标准接口，把高密度 NAND Flash 存储器及 MMC 控制器封装在一片 BGA 芯片中。eMMC 存储器具有快速、可升级的特点，主要作固态硬盘使用。

1.3.4 I/O 接口

嵌入式系统中的 I/O 接口是指用于将各种集成电路与其他外围设备交互连接的通信通路或总线，负责处理器和外围设备之间的信息交换。目前嵌入式系统的常用通用设备接口有 UART 接口（通用串行通信接口）、Ethernet 接口（以太网接口）、USB 接口（通用串行总线接口）、I2C 接口（现场总线接口）、I2S 接口、SPI 接口（串行外围设备接口）、CAN 总线接口、Bluetooth 接口（蓝牙接口）、Camera Link 接口、SD 卡接口等。

在当前常用的嵌入式微处理器中都已经集成了常用的接口功能，在系统设计时，只需要设计简单的硬件电路，编写对应的应用程序即可，大大简化了系统的复杂度。在本书的后续章节将会对嵌入式系统常用接口进行详细介绍。

1.3.5 人机接口

在嵌入式系统中的人机接口主要有键盘、鼠标、触摸屏和液晶显示器，用于实现人机之间的信息交互，人机接口广泛应用于嵌入式系统。目前，触摸液晶显示器在大部分场合中可以代替键盘和鼠标，应用较多。

1.3.6 电源及其他设备

嵌入式系统的电源系统要求体积小、功耗低及较长的使用寿命，嵌入式系统的电源系统可以是线性电源（纹波小）、DC-DC（效率高、带负载能力强）和电池。在便携式应用中一般使用可充电电池，配以电源管理系统，以实现对整个电源的监控和管理。嵌入式系统常用电源的电压格式有 1.2V、1.8V、2.5V、3.3V 和 5V。

1.4 嵌入式操作系统

嵌入式操作系统具有通用操作系统的基本特点，能够有效管理复杂的系统资源，并且把硬件虚拟化。嵌入式操作系统通常包括与硬件相关的底层驱动软件、系统内核、设备驱动接口、通信协议、图形界面、标准化浏览器等。嵌入式操作系统负责嵌入式系统的全部软件、硬件资源的分配、任务调度，控制、协调并发活动。

1.4.1 嵌入式操作系统的发展

世界上第一个嵌入式系统是 1981 年由 Ready System 发展的商业性嵌入式实时内核（VRTX32），距今已有 39 年，嵌入式操作系统的发展经历了以下几个阶段。

第一阶段：嵌入式系统的出现阶段，这一阶段是无操作系统的嵌入式算法阶段，主要特征是操作系统处理效率低、存储容量小、系统的结构及功能都相对单一、几乎没有用户接口，受众群体为各类专业领域。以单芯片为核心的可编程控制器的系统具有监测、伺服、指示设备相配合的功能，应用在一些专业性极强的工业控制系统，使用汇编语言对系统进行直接控制。这些装置虽然已经初步具备了嵌入式系统的应用特点，但仅仅只是使用 8 位的 CPU 芯片来执行一些单线程的程序，因此严格地说还谈不上“系统”的概念。

第二阶段：以嵌入式 CPU 为基础，简单操作系统为核心的嵌入式操作系统。随着微电子工艺水平的提高，IC 制造商开始把嵌入式系统应用中所需要的处理器、I/O 接口、串行接口、RAM 及 ROM 等部件统统集成到一块 VLSI，制造出了高可靠、低功耗的嵌入式微控制器。与此同时，嵌入式系统的程序员也开始基于一些简单的操作系统开发嵌入式应用软件，大大缩短了开发周期、提高了开发效率，这推动了各类商业嵌入式操作系统相继出现并以迅雷不及掩耳之势发展起来。该阶段鲜明的特点是系统开销小、效率高、处理器种类繁多、通用性较差，由于配备系统仿真器，因此操作系统具有一定的兼容性与扩展性。由于软件一般较专业，用户界面不够友好，因此系统主要用来监测系统和应用程序的运行。

第三阶段：通用的嵌入式实时操作系统阶段。在分布控制、数字化通信、信息加点等需求的牵引下，嵌入式系统飞速发展，随着对硬件实时性要求的提高，嵌入式系统软件的规模不断扩大，组件形成嵌入式实时操作系统。这一阶段该系统的典型特点就是能够在各种不同类型的处理器上运行，兼容性好、内核小、效率高，具有高度的模块化和扩展化，有文件管理、目录管理、设备支持、多任务、网络支持、图形窗口及用户界面等功能，具有大量的应用程序接口，软件非常丰富，代表就是 Linux、VxWorks 等。

1.4.2 嵌入式操作系统的分类

按照嵌入式操作系统对任务响应的实时性来分类，嵌入式操作系统可以分为嵌入式非实时操作系统和嵌入式实时操作系统（RTOS）。这两类操作系统的主要区别在于任务调度处理方式不同。

1．嵌入式非实时操作系统

嵌入式非实时操作系统主要面向消费类产品应用领域。大部分嵌入式非实时操作系统都支持多用户和多进程，负责管理众多的进程并为它们分配系统资源，属于不可抢占式操作系统。非实时操作系统尽量缩短系统的平均响应时间并提高系统的吞吐率，在单位时间内为尽可能多的用户请求提供服务，注重平均表现性能，不关心个体表现性能。例如，对于整个系统来说，注重所有任务的平均响应时间而不关心单个任务的响应时间；对于某个单个任务来说，注重每次执行的平均响应时间而不关心某次特定执行的响应时间。嵌入式非实时操作系统采用的很多策略和技巧都体现出了这种设计原则，如虚存管理机制由于采用了 LRU 等页替换算法，大部分的访存需求能够快速地通过物理内存完成，只有很小一部分的访存需求需要通过调页完成，但从总体上来看，采用虚存技术的平均访存时间与不采用虚存技术的平均访存时间相比没有明显增加，同时又获得了虚拟空间可以远大于物理内存容量等好处，因此虚存技术在嵌入式非实时操作系统中得到了十分广泛的应用。典型的非实时操作系统有 Linux、iOS 等。

2．嵌入式实时操作系统

嵌入式实时操作系统主要面向控制、通信等领域。实时操作系统除了要满足应用的功能需求，还要满足应用提出的实时性要求，属于抢占式操作系统。嵌入式实时操作系统能及时响应外部事件的请求，并以足够快的速度予以处理，其处理结果能在规定的时间内控制、监控生产过程或对处理系统做出快速响应，并控制所有任务协调、一致地运行。因此，嵌入式实时操作系统采用各种算法和策略，始终保证系统行为的可预测性。这要求在系统运行的任何时刻，在任何情况下，嵌入式实时操作系统的资源调配策略都能为争夺资源（包括 CPU、内存、网络带宽等）的多个实时任务合理地分配资源，使每个实时任务的实时性要求都能得到满足，要求每个实时任务在最坏情况下都要满足实时性要求。嵌入式实时操作系统总是执行当前优先级最高的进程，直至结束执行，中间的时间通过 CPU 频率等可以推算出来。由于虚存技术访问时间的不可确定性，在嵌入式实时操作系统中一般不采用标准的虚存技术。典型的嵌入式实时操作系统有 VxWork、μCOS-Ⅲ、QNX、FreeRTOS、eCOS、RTX 及 RT-Thread 等。

1.4.3 嵌入式实时操作系统的功能

嵌入式实时操作系统满足了实时控制和实时信息处理领域的需要，在嵌入式领域应用十分广泛，一般有实时内核、内存管理、文件系统、图形接口、网络组件等。在不同的应用中，可对嵌入式实时操作系统进行剪裁和重新配置。一般来讲，嵌入式实时操作系统需要完成以下管理功能。

1. 任务管理

任务管理是嵌入式实时操作系统的核心和灵魂，决定了操作系统的实时性能。任务管理通常包含优先级设置、多任务调度机制和时间确定性等部分。

嵌入式实时操作系统支持多个任务，每个任务都具有优先级，任务越重要，被赋予的优先级越高。优先级的设置分为静态优先级和动态优先级两种。静态优先级指的是每个任务在运行前都被赋予一个优先级，而且这个优先级在系统运行期间是不能改变的。动态优先级则是指每个任务的优先级（特别是应用程序的优先级）在系统运行时可以动态地改变。任务调度主要是协调任务对计算机系统资源的争夺使用，任务调度直接影响到系统的实时性能，一般采用基于优先级抢占式调度。系统中每个任务都有一个优先级，内核总是将 CPU 分配给处于就绪态的优先级最高的任务运行。如果系统发现就绪队列中有比当前运行任务更高的优先级任务，就会把当前运行任务置于就绪队列，调入高优先级任务运行。系统采用优先级抢占方式进行调度，可以保证重要的突发事件得到及时处理。嵌入式实时操作系统调用的任务与服务的执行时间应具有可确定性，系统服务的执行时间不依赖于应用程序任务的多少，因此，系统完成某个确定任务的时间是可预测的。

2. 任务同步与通信机制

实时操作系统的功能一般要通过若干任务和中断服务程序共同完成。任务与任务之间、任务与中断间任务及中断服务程序之间必须协调动作、互相配合，这就涉及任务间的同步与通信问题。嵌入式实时操作系统通常是通过信号量、互斥信号量、事件标志和异步信号来实现同步的，是通过消息邮箱、消息队列、管道和共享内存来提供通信服务的。

3. 内存管理

通常在操作系统的内存中既有系统程序也有用户程序，为了使两者都能正常运行，避免程序间相互干扰，需要对内存中的程序和数据进行保护。存储保护通常需要硬件支持，很多系统都采用 MMU，并结合软件实现这一功能；但由于嵌入式系统的成本限制，内核和用户程序通常都在相同的内存空间中。内存分配方式可分为静态分配和动态分配。静态分配是在程序运行前一次性分配给相应内存，并且在程序运行期间不允许再申请或在内存中移动；动态分配则允许在程序运行的整个过程中进行内存分配。静态分配使系统失去了灵活性，但对实时性要求比较高的系统是必需的；而动态分配赋予了系统设计者更多自主性，系统设计者可以灵活地调整系统的功能。

4. 中断管理

中断管理是实时系统中一个很重要的部分，系统经常通过中断与外部事件交互。评估系统的中断管理性能主要考虑的是是否支持中断嵌套、中断处理机制、中断延时等。中断处理是整个运行系统中优先级最高的代码，它可以抢占任何任务级代码运行。中断机制是多任务环境运行的基础，是系统实时性的保证。

1.4.4 常用的嵌入式操作系统

1. μCOS-Ⅲ

μCOS-Ⅲ是一个基于优先级的，可裁剪、可固化、抢占式的开源多任务实时操作系统，它管理的任务个数不受限制。μCOS-Ⅲ是μCOS 第三代内核，提供了任务管理管理、同步、内部任务交流等功能，也提供了很多其他实时内核没有的功能，如能在运行时测量运行性能、直接发送信号或消息给任务、任务能同时等待多个信号量和消息队列等。μCOS-Ⅲ除提供一个实时多任务内核外，还提供其他高级系统服务，如文件系统、协议栈、用户图形界面（GUI）等。

2. VxWorks

VxWorks 是美国 WindRiver 公司于 1983 年设计研发的一种嵌入式实时操作系统，有良好的持续发展能力、可裁剪微内核结构、高效的任务管理、灵活的任务间通信、微秒级的中断处理、友好的开发环境等优点。由于其良好的可靠性和卓越的实时性，VxWorks 被广泛地应用在通信、军事、航空、航天等高精尖技术及实时性要求极高的领域，如卫星通信、军事演习、弹道制导、飞机导航等。VxWorks 不提供源代码，只提供二进制代码和应用接口。

3. FreeRTOS

作为一个轻量级的操作系统，FreeRTOS 的功能包括任务管理、时间管理、信号量、消息队列、内存管理、记录功能、软件定时器、协程等，可基本满足较小系统的需要。FreeRTOS 对系统任务的数量没有限制，既支持优先级调度算法也支持轮换调度算法，因此 FreeRTOS 采用双向链表的方法，而不是采用查任务就绪表的方法，来进行任务调度。FreeRTOS 是完全免费的操作系统，具有源码公开、可移植、可裁剪、调度策略灵活的特点，可以方便地移植到各种嵌入式微控制器上运行。

4. RT-Thread

RT-Thread 是一款主要由中国开源社区主导开发的开源实时操作系统（许可证 GPLv2）。它不仅是一个单一的实时操作系统内核，也是一个完整的应用系统，包含了嵌入式实时系统相关的各个组件：TCP/IP 协议栈、文件系统、图形用户界面等。RT-Thread 拥有一个嵌入式开源社区，被广泛应用于能源、车载、医疗、消费电子等多个行业，成为国人自主开发的国内最大的最成熟稳定的开源实时操作系统。

RT-Thread 拥有良好的软件生态，支持市面上所有主流编译工具，如 GCC、Keil、IAR 等，RT-Thread 工具链完善、友好，支持各类标准接口，如 POSIX、CMSIS、C++应用环境、JavaScript 执行环境等，方便开发者移植各类应用程序。RT-Thread 支持所有主流 MCU 架构，如 ARM Cortex-M/R/A、MIPS、x86、Xtensa、C-SKY、RISC-Ⅴ等芯片。

5. Linux

Linux 诞生于 1991 年 10 月 5 日（这是第一次正式向外公布时间），是一套开源、免费使用和自由传播的类 UNIX 的操作系统。Linux 是一个基于POSIX和 UNIX 的支持多用户、多任务、多线程和多CPU的操作系统。它能运行主要的 UNIX 工具软件、应用程序和网络协议，支持32位和64 位硬件。Linux 继承了UNIX以网络为核心的设计思想，Linux 是一个性能稳定的多用户网络操作系统，存在许多不同的版本，但它们都使用了Linux 内核。Linux 可安装在计算机硬件中，如手机、平板电脑、路由器、视频游戏控制台、台式计算机、大型机和超级计算机。

Linux 遵守 GPL 协议，无须为每例应用交纳许可证费，并且拥有大量免费且优秀的开发工具和庞大的开发人员群体。Linux 有大量应用软件，并且其中大部分都遵守 GPL 协议，是源代码开放且免费的，可以在稍加修改后应用于用户自己的系统，因此软件的开发和维护成本很低。Linux 完全使用 C 语言编写，应用入门简单，只要懂操作系统原理和 C 语言即可。Linux 内核精悍，运行所需资源少、稳定，并具备优秀的网络功能，十分适合嵌入式操作系统应用。

6．Android

Android 由 Google（谷歌）公司和开放手机联盟领导及开发，是一款基于 Linux 平台的开源手机操作系统。Android 主要用于移动设备，如智能手机和平板电脑。Android 由操作系统、中间件、用户界面和应用软件组成，是首个为移动终端打造的真正开放的和完整的移动软件。

1.5 嵌入式系统的设计

嵌入式系统开发已经逐步规范化，在遵循一般工程开发流程的基础上，必须将硬件、软件、人力等各方面资源综合起来。嵌入式系统开发都是软、硬件的结合体和协同开发过程，这是其最大的特点。嵌入式系统设计流程如图 1-2 所示。

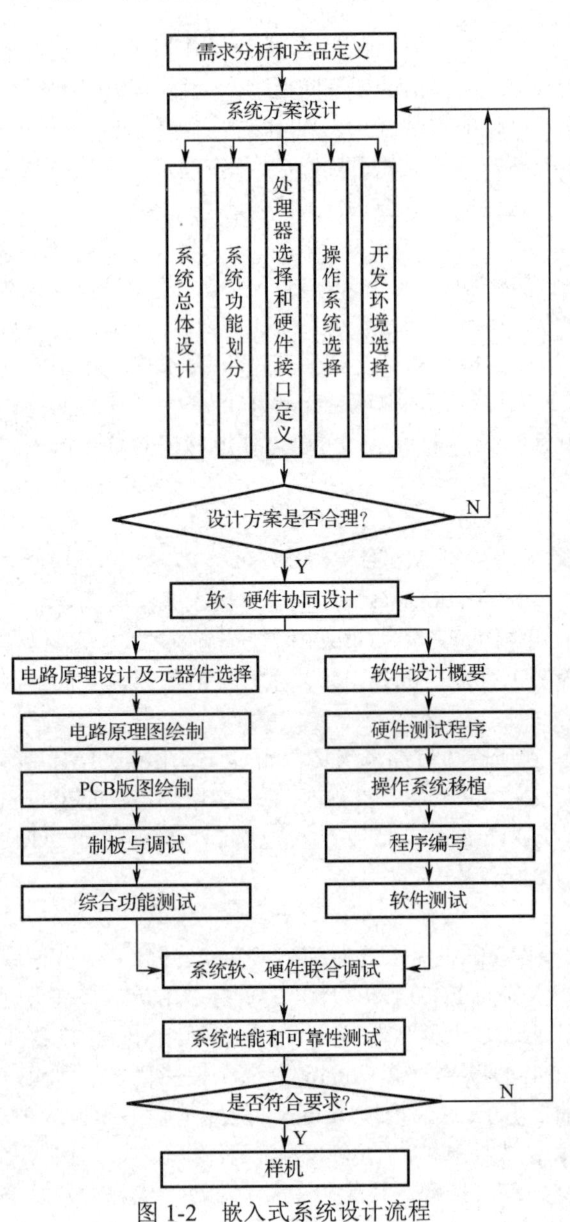

图 1-2 嵌入式系统设计流程

1.5.1 嵌入式系统设计流程

1．需求分析和产品定义

确定设计任务和设计目标，并提炼出设计规格说明书，作为正式设计指导和验收的标准。系统的需求一般分功能性需求和非功能性需求两方面。功能性需求是系统的基本功能，如 I/O 信号、操作方式等；非功能需求包括系统性能、成本、功耗、体积、重量等因素。在这一阶段需要进行市场分析与调研、客户调研、用户定位、成本预算等工作。

2．系统方案设计

描述系统如何实现所述功能和非功能需求，包括对软、硬件和执行装置的功能划分，以及系统的软、硬件选型等。从硬件的角度出发，确认整个系统的架构，并按功能来划分各个模块，确定各个模块的大概实现。根据需要实现的外围功能及产品要完成的工作，来进行位处理器选型。然后根据产品的功能需求选芯片，如是外接 AD 还是用片内 AD，采用什么样的通信方式，有什么外围接口，最重要的是要考虑电磁兼容。根据系统的要求，将整个系统按功能进行模块划分，定义好各个模块之间的功能接口，确定各模块内主要的数据结构，选择合适的操作系统和开发环境等。

系统方案需要通过论证和对比，包括从成本、性能、开发周期、开发难度等多方面，最终选择一个最适合自己的产品总体设计方案，一个好的设计方案是设计成功与否的关键。

3．软、硬件协同设计

基于设计方案，根据定义好的功能接口，对系统的软、硬件进行详细设计，一般采取软、硬件协同并行实施，可有效提高开发效率。这需要在系统方案设计和技术说明阶段，对系统功能有完善和明确的定义，以减少在设计开发后期反复修改系统，以及由此带来的一系列问题。硬件设计包括电路原理设计、元器件选取、电路原理图绘制、PCB 版图绘制、制板及测试等过程。软件设计包括软件设计概要、硬件测试程序、操作系统移植、程序编写、软件测试等过程。相对于嵌入式系统硬件设计来讲，嵌入式系统软件设计工作量更大，一般采用面向对象技术、软件组件技术、模块化设计等方法开展工作。

4．系统软、硬件联合调试

把系统的软、硬件和执行装置集成在一起，进行调试，发现并改进单元设计过程中的错误。调试硬件或代码，修正其中存在的问题和 BUG，使之能正常运行，并尽量使产品的功能达到产品需求规格说明要求。验证软件单个功能是否实现，验证软件整个产品功能是否实现。

5．系统性能和可靠性测试

对设计好的系统进行综合功能测试，看其是否满足系统定义中给定的功能要求，并在不同的工作环境下进行系统可靠性测试。例如，干扰测试、产品寿命测试、防潮湿测试、防粉尘测试、高温测试和低温测试等，以保证设计的产品运行的稳定性。

1.5.2 嵌入式系统开发环境搭建

嵌入式系统通常是一个资源受限的系统，不能在嵌入式系统上编写软件，并且，嵌入式系统处理器的体系架构一般与通用计算机的处理器体系架构不同。因此，一般先在宿主机（通用计算机）上编写程序，然后使用交叉编译器（支持嵌入式系统处理器体系）生成在目标机（嵌入式系统）上可以运行的二进制代码格，然后使用调试器或烧写器将目标代码下载到目标机。在宿主机的集成开发环境（交叉开发软件）和调试器或烧写器的配合下对目标机的程序进行调试和分析，直到程序功能满足系统要求，最后目标机就可以直接脱离宿主机独立运行工作了。

搭建一个嵌入式系统交叉开发环境，一般需要宿主机、交叉开发软件、调试器、目标机或评估电路板等。交叉开发环境结构如图 1-3 所示。

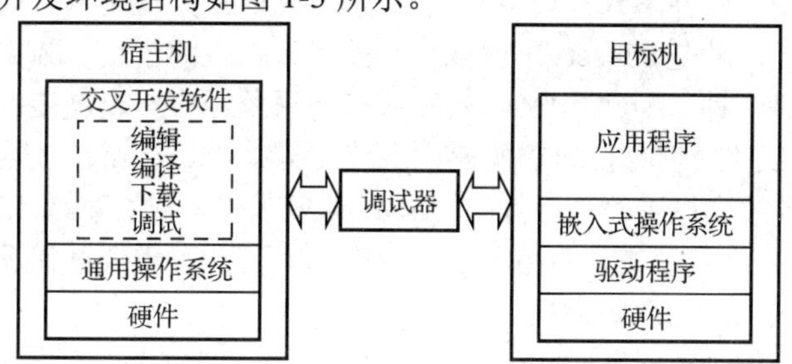

图 1-3　交叉开发环境结构

1．宿主机（Host）

宿主机一般是一台通用计算机（如 PC 或工作站），它通过串口或以太网接口与目标机通信。宿主机的软、硬件资源比较丰富，不但包括功能强大的操作系统（如 Windows 和 Linux），还有各种各样优秀的开发工具（如 Keil MDK、IAR、Tornado 等），能够大大提高嵌入式应用软件的开发速度和效率。

2．目标机（Target）

目标机一般在嵌入式应用软件开发期间使用，用来区别与嵌入式系统通信的宿主机，目标机可以是嵌入式应用软件的实际运行环境，也可以是能够替代实际运行环境的仿真系统，但其软、硬件资源通常比较有限。

3．嵌入式系统交叉调试

嵌入式系统的交叉调试环境一般包括交叉编译器、交叉调试器，其中交叉编译器用于在宿主机上生成能在目标机上运行的代码，而交叉调试器则用于在宿主机与目标机间完成嵌入式软件的调试。

目前，常用的嵌入式系统交叉调试方法分为两种：基于 JTAG 的片上调试和基于调试代理的远程调试。嵌入式系统分为资源宽裕型系统和资源紧缺型系统，前者 CPU 处理能力强、内存资源丰富（一般在几十兆字节），如能支持 Linux 内核运行的嵌入式系统，而资源宽裕型系统一般都是选用基于调试代理的远程调试方法来进行开发的；而后者 CPU 处理能力一般、内存资源有限（一般在 2MB 以下），运行裸机程序或简单的嵌入式实时操作系统（如基于μCOS-Ⅲ内核、FreeRTOS 内核），多见于对成本比较敏感的嵌入式消费类电子系统，系统控制程序难以和 stub 程序一起在内存中运行，因此资源紧缺型系统不会选择基于调试代理的远程调试方法来进行开发，而是选择基于 JTAG 的片上调试方法或者直接串口打印的方式来进行调试。

1）基于 JTAG 的片上调试

JTAG 是一种国际标准芯片测试协议，目前大多数 CPU 体系都支持 JTAG。调试前，需要先将固件（包括操作系统、所有应用程序、UI 资源文件、配置文件）烧写到固件区，才能使用基于 JTAG 的片上调试方法进行调试。基于 JTAG 的片上调试方法最突出的代表就是 J-Link 调试器，其定义了一个软件调试层面的 RDI 接口标准，然后 J-Link 调试器将调试环境软件（Keil MDK、IAR 等）发出的 RDI 接口转化为 JTAG 命令对芯片进行调试，该方法多适用于嵌入式系统底层驱动调试、裸系统调试和单应用调试。

基于 JTAG 的片上调试方法一般需要在宿主机上运行交叉集成开发环境式开发环境软件。这类集成开发环境（IDE）软件一般具有程序编辑、编译工具、下载、调试等功能，常用的集成开发环境有 Keil MDK、IAR、Eclipse、CodeWarrior 和 Tornado。

2）基于调试代理的远程调试

在目标机上运行一个调试代理程序，与宿主机的调试器进行通信交互，一起配合完成调试的任务。该方法主要使用软件陷入来模拟断点以接管 CPU 来完成调试，如 GDB 调试。GDB 调试分为以下两种方式：一种是 gdbserver 调试，其能在目标机的系统上独立运行，用于调试有操作系统的应用程序；另一种是 stub 调试，其和嵌入式系统程序一起链接运行，一般用于调试系统程序。gdbserver 调试比较容易，但需要操作系统支持；stub 调试比较难，需要针对具体的芯片体系进行移植。两者的工作原理是相似的。GDB 调试基于串口协议或 TCP/IP 协议。由于调试代理、串口驱动或 TCP/IP 驱动需要占用大量内存空间，因此基于调试代理的远程调试一般用于内存资源比较丰富的嵌入式系统的调试。

在进行基于 Linux 的系统开发时，建立交叉开发环境需要 GNU 工具链，它能够支持 x86、ARM、MIPS、PowerPC 等多种处理器。例如，ARM 体系的 GNU 工具链包括 arm-linux-gcc、arm-linux-as、arm-linux-ld。

用于处理可执行程序和库的一些基本工具有 arm-linux-strip、arm-linux-ar、arm-linux-ranlib（相当于 arm-linux-s）等。

习题

1．嵌入式系统定义是什么？它由哪几部分组成？

2．试说明冯・诺依曼计算机与现代计算机的结构组成。

3．什么是地址码、操作数？

4．什么是 CISC、RISC 指令系统？二者有什么区别？

5．嵌入式系统处理器有哪几种？如何选择？

6．嵌入式系统存储器从功能上分为哪两类？一般采用何种类型存储器件？

7．I/O 与 CPU 信息传送控制方式是什么？

8．嵌入式实时操作系统定义是什么？典型的嵌入式实时操作系统有哪几种？

9．试说明嵌入式系统调试过程，并说明嵌入式系统有哪几种调试技术。

10．嵌入式系统与计算机系统有什么区别？

第 2 章　ARM Cortex-M 体系架构

2.1　ARM Cortex 体系架构概述

ARM公司在经典处理器ARM11以后的产品都改用 Cortex 命名，主要分成 A、R 和 M 三类，旨在为各种不同的市场提供服务，A 系列处理器面向尖端的基于虚拟内存的操作系统和用户应用，R 系列处理器针对实时系统，M 系列处理器针对微控制器。

2.1.1　CISC 和 RISC

指令的强弱是 CPU 的重要指标，指令集是提高处理器效率的最有效工具之一。从现阶段的主流体系架构来讲，指令集可分为复杂指令集（CISC）和精简指令集（RISC）两部分。

CISC 是一种为了便于编程和提高存储器访问效率的芯片设计体系。在 20 世纪 90 年代中期之前，大多数的处理器都采用 CISC 体系，包括 Intel 的 80x86 和 Motorola 的 68K 系列等，即通常所说的 x86 架构就是属于 CISC 体系的。随着 CISC 处理器的发展和编译器的流行，一方面指令集越来越复杂，另一方面编译器却很少使用这么多复杂的指令集。而且如此多的复杂指令，CPU 难以对每一条指令都做出优化，甚至部分复杂指令本身耗费的时间反而更多，这就是著名的“8020”定律，即在所有指令集中，只有 20%的指令常用，而 80%的指令基本上很少用。

20 世纪 80 年代，RISC 开始出现，它的优势在于将计算机中最常用的 20%的指令集中优化，而剩下的不常用的 80%的指令，则采用拆分为常用指令集的组合等方式运行。RISC 的关键技术在于流水线操作，在一个时钟周期里完成多条指令，而超流水线及超标量技术在芯片设计中已普遍被使用。RISC 体系多用于非 x86 阵营高性能处理器 CPU。例如，ARM、MIPS、PowerPC、RISC-Ⅴ等。

1．CISC 机器

CISC 体系的指令特征为使用微代码，计算机性能的提高往往是通过增加硬件的复杂性来获得的。随着集成电路技术，特别是 VLSI（超大规模集成电路）技术的迅速发展，为了软件编程方便和提高程序的运行速度，硬件工程师采用的办法是不断增加可实现复杂功能的指令和多种灵活的编址方式，甚至，某些指令可支持高级语言语句归类后的复杂操作，因此硬件越来越复杂，造价也越来越提高。为实现复杂操作，CISC 处理器除了向程序员提供类似各种寄存器和机器指令功能，还通过存于 ROM 中的微代码来实现其极强的功能，指令集直接在微代码存储器（比主存储器的速度快很多）中执行。庞大的指令集可以减少编程所需要的代码行数，减轻程序员的负担。

优点：指令丰富，功能强大，寻址方式灵活，能够有效缩短新指令的微代码设计时间，允许设计师实现 CISC 体系机器的向上相容。

缺点：指令集及晶片的设计比上一代产品更复杂，不同的指令需要不同的时钟周期来完成，执行较慢的指令，将影响整台机器的执行效率。

2．RISC 机器

RISC 体系的指令特征：RISC 包含简单、基本的指令，这些简单、基本的指令可以组合成复杂指令。每条指令的长度都是相同的，可以在一个单独操作里完成。大多数指令都可以在一个机器周期里完成，并且允许处理器在同一时间内执行一系列的指令。

优点：在使用相同的晶片技术和相同运行时钟下，RISC 系统的运行速度是 CISC 系统的运行速度的 2～4 倍。由于 RISC 处理器的指令集是精简的，它的存储管理单元、浮点单元等都能设计在同一块芯片上。RISC 处理器比相对应的 CISC 处理器设计更简单，所需要的时间将变得更短，并可以比 CISC 处理器应用更多先进的技术，开发更快的下一代处理器。

缺点：多指令的操作使得程序开发者必须小心地选用合适的编译器，而且编写的代码量会变得非常大。另外就是 RISC 处理器需要更快的存储器，并将其集成于处理器内部，如一级缓存（L1 Cache）。

3. RISC 和 CISC 比较

综合 RISC 和 CISC 的特点，可以由以下几点来分析两者之间的区别。

（1）指令系统：RISC 设计者把主要精力放在那些经常使用的指令上，尽量使它们具有简单高效的特点。对不常用的功能，常通过组合指令来完成。因此，在 RISC 机器上实现特殊功能时，效率可能较低。但可以利用流水技术和超标量技术加以改进和弥补。而 CISC 机器的指令系统比较丰富，有专用指令来完成特定的功能，因此，处理特殊任务效率较高。

（2）存储器操作：RISC 对存储器的操作有限制，使控制简单化；而 CISC 机器的存储器操作指令多，且操作直接。

（3）程序：RISC 汇编语言程序一般需要较大的内存空间，实现特殊功能时程序复杂，不易设计；而 CISC 汇编语言程序编程相对简单，科学计算及复杂操作的程序设计相对容易，效率较高。

（4）CPU：RISC CPU 包含较少的单元电路，因而面积小、功耗低；CISC CPU 包含丰富的电路单元，因而功能强、面积大、功耗大。

（5）设计周期：RISC 处理器结构简单，布局紧凑，设计周期短，且易于采用最新技术；CISC 处理器结构复杂，设计周期长。

（6）用户使用：RISC 处理器结构简单，指令规整，性能容易把握，易学易用；CISC 处理器结构复杂，功能强大，实现特殊功能容易。

（7）应用范围：由于 RISC 指令系统的确定与特定的应用领域有关，故 RISC 机器更适合于专用机，而 CISC 机器更适合于通用机。

RISC 和 CISC 特点对比如表 2-1 所示。

表 2-1 RISC 和 CISC 特点对比

项目	RISC	CISC
指令系统	简单、精简	复杂、丰富
指令数目	一般小于 100 条	一般大于 200 条
指令格式	少	多
寻址方式	少	多
指令字长	基本等长	不固定
可访存指令	主要是 Load/Store	不加限制
各种指令使用频率	相差不大	相差很大
各种指令执行时间	大部分单周期	相差很大
优化编译实现	较容易	难

2.1.2 ARM 架构发展史

ARM 架构是一个 32 位 RISC 处理器架构，被广泛地应用于许多嵌入式系统设计。2019 年，ARM 架构已经发展到了第八代（ARMv8），在了解最新架构之前有必要重温一下 ARM 架构发展史。

1985 年，ARMv1 架构诞生，该版架构只在原型机 ARM1 中出现过，它只有 26 位的寻址空间（64MB），没有用于商业产品。

1986 年，ARMv2 架构诞生，首颗量产的 ARM 处理器 ARM2 就是基于该架构，包含了对 32 位乘法指令和协处理器指令的支持，仍为 26 位的寻址空间。之后还出现了变种的 ARMv2a 架构，ARM3 即采用了 ARMv2a 架构，ARM3 是第一个采用片上 Cache 的 ARM 处理器。

1990 年，ARMv3 架构诞生，第一个采用 ARMv3 架构的处理器是 ARM6（610）及 ARM7，其具有片上 Cache、MMU 和写缓冲的功能，寻址空间增大到 32 位（4GB）。

1993 年，ARMv4 架构诞生，这个架构被广泛使用，ARM7（7TDMI）、ARM8、ARM9（9TDMI）和 StrongARM 均采用了该架构。ARM 公司在这个系列中引入了 T 变种指令集，即增加了 16 位 Thumb 指令集，处理器可工作在 Thumb 状态。

1998 年，ARMv5 架构诞生，ARM7（EJ）、ARM9（E）、ARM10（E）和 Xscale 均采用了该架构，这版架构改进了 ARM/Thumb 状态之间的切换效率。此外，还引入了 DSP 指令和对 Java 字节代码的支持。

2001 年，ARMv6 架构诞生，ARM11、SC000采用的是该架构，这版架构强化了图形处理性能。通过追加有效进行多媒体处理的 SIMD，大大提高了语音及图像的处理功能。此外 ARM 公司在这个系列中引入了混合 16 位/32 位的 Thumb-2 指令集。

2004 年，ARMv7 架构诞生，从这个时候开始 ARM 公司以 Cortex 来重新命名处理器，Cortex-M3/4/7、Cortex-R4/5/6/7、Cortex-A8/9/5/7/15/17、SC300都是基于该架构的。该架构包括 NEON™技术扩展，可将 DSP 和媒体处理吞吐量提升 400%，并提供改进的浮点支持以满足下一代 3D 图形和游戏及传统嵌入式控制应用的需要。

2007 年，在 ARMv6 架构的基础上衍生了 ARMv6-M 架构，该架构是专门为低成本、高性能设备设计的，向以前由 8 位设备占主导地位的市场提供 32 位功能强大的解决方案。Cortex-M0/1/0+采用的就是该架构。

2011 年，ARMv8 架构诞生，Cortex-A32/35/53/57/72/73/75/76、Neoverse N1 采用的是该架构，这是 ARM 公司的首款支持 64 位指令集的处理器架构。

技术越先进的内核，初始频率越高、架构越先进，功能也越强。

2.1.3 ARM 处理器的类型

ARM 处理器分为 6 类：Cortex-A 系列处理器、Cortex-R 系列处理器、Cortex-M 系列处理器、Machine Learning 系列处理器、SecurCore 系列处理器、Neoverse 系列处理器。

Cortex-A 系列处理器属于应用处理器（Application Processors），是面向移动计算、智能手机、服务器等市场的高端处理器。

Cortex-R 系列处理器属于实时处理器（Real-time Processors），是面向实时应用的高性能处理器，如汽车、相机、工业等。

Cortex-M 系列处理器属于微控制器处理器（Microcontroller Processors），微控制器处理器通常设计成面积很小和能效比很高，在单片机和深度嵌入式系统市场非常成功和受欢迎，如汽车、能源网、医学、智能设备、传感器设备、可穿戴设备等。

Cortex 系列处理器的主要特征如表 2-2 所示。

表 2-2　Cortex 系列处理器的主要特征

项目	Cortex-A 系列处理器	Cortex-R 系列处理器	Cortex-M 系列处理器
设计特点	高时钟频率、长流水线、高性能、支持媒体处理（NEON 指令集扩展）	高时钟频率、较长的流水线、高确定性	较短的流水线、超低功耗
系统特性	有内存管理单元（MMU）、cache memory、ARM TrustZone 安全扩展	有内存保护单元（MPU）、cache memory、紧耦合内存（TCM）	有内存保护单元（MPU）、嵌套向量中断控制器（NVIC）、唤醒中断控制器（WIC）、ARM TrustZone 安全扩展
目标市场	移动计算、智能手机、高能效服务器、高端微处理器	工业微控制器、汽车电子、硬盘控制器	微控制器、深度嵌入系统（如传感器、MEMS、混合信号 IC、IoT）

Machine Learning（机器学习）系列处理器专为 8 位整数运算和卷积神经网络而设计，主要用于人工智能、增强现实、边缘计算、神经网络框架等应用领域，主要有 Project Trillium、Arm ML Processor、Arm NN 3 个系列。

SecurCore 系列处理器主要针对支付系统、电子护照、公共交通、智能卡等领域，提供强大的安全应用解决方案，主要有 SC000、SC300 两个系列。

Neoverse 系列处理器主要针对超大规模云数据中心、存储解决方案和 5G 网络等互联网基础设施应用场景，为云原生和联网工作负载专门构建的一流高性能、安全 IP 和架构，主要有 Neoverse N1、Neoverse E1 两个系列。

Cortex 系列处理器发展历程简图如图 2-1 所示。

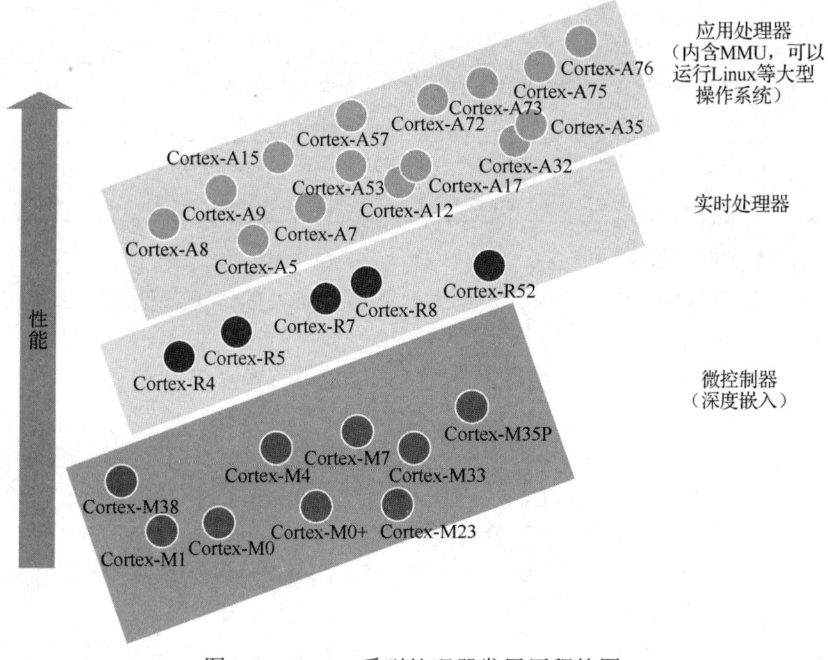

图 2-1　Cortex 系列处理器发展历程简图

2.1.4 Cortex-M 系列处理器

Cortex-M 系列处理器应用主要集中在低性能端领域，但是这些处理器相比于传统处理器（如 8051 处理器、AVR 处理器等）性能仍然很强大，不仅具备强大的控制功能、丰富的片上外设、灵活的调试手段，一些处理器还具备一定的 DSP 运算能力（如 Cortex-M4 处理器和 Cortex-M7 处理器），这使其在综合信号处理和控制领域也具备较大的竞争力。Cortex-M 系列处理器主要特性如表 2-3 所示。

表 2-3 Cortex-M 系列处理器主要特性

处理器	主要特性
Cortex-M0 处理器	面向低成本，超低功耗的微控制器和深度嵌入应用的非常小的处理器（最小 12K 门电路）
Cortex-M0+处理器	针对小型嵌入式系统的最高能效的处理器，尺寸大小和编程模式与 Cortex-M0 处理器相近，但是具有扩展功能，如单周期 I/O 接口和向量表重定位功能
Cortex-M1 处理器	针对 FPGA 设计优化的小处理器，利用 FPGA 上的存储器块实现了紧耦合内存（TCM）和 Cortex-M0 处理器有相同的指令集
Cortex-M3 处理器	针对低功耗微控制器设计的处理器，面积小但是性能强劲，支持可以处理器快速处理复杂任务的丰富指令集，具有硬件除法器和乘加指令（MAC）。并且，由于 Cortex-M3 处理器支持全面的调试和跟踪功能，软件开发者可以快速地开发他们的应用
Cortex-M4 处理器	不但具备 Cortex-M3 处理器的所有功能，而且扩展了面向数字信号处理（DSP）的指令集，如单指令多数据指令（SMID）和更快的单周期 MAC 操作。此外，它还有一个可选的支持 IEEE754 浮点标准的单精度浮点运算单元
Cortex-M7 处理器	针对高端微控制器和数据处理密集的应用开发的高性能处理器，具备 Cortex-M4 处理器支持的所有指令功能，扩展支持双精度浮点运算，并且具备扩展的存储器功能，如 Cache 和紧耦合存储器（TCM）
Cortex-M23 处理器	面向超低功耗、低成本应用设计的小尺寸处理器，和 Cortex-M0 处理器相似，但是支持各种增强的指令集和系统层面的功能特性。Cortex-M23 处理器还支持 TrustZone 安全扩展
Cortex-M33 处理器	主流的处理器设计，与之前的 Cortex-M3 处理器和 Cortex-M4 处理器类似，但系统设计更灵活，能耗比更高效，性能更高。Cortex-M33 处理器还支持 TrustZone 安全扩展

1. Cortex-M 系列处理器的特征

（1）RISC 处理器内核：高性能 32 位 CPU、具有确定性的运算、低延迟 3 阶段管道，可达 1.25DMIPS/MHz。

（2）Thumb-2 指令集：16/32 位指令的最佳混合、小于 8 位设备 3 倍的代码大小、对性能没有负面影响，提供最佳的代码密度。

（3）低功耗模式：集成的睡眠状态支持、多电源域、基于架构的软件控制。

（4）嵌套矢量中断控制器（NVIC）：低延迟、低抖动中断响应、不需要汇编编程、以纯 C 语言编写中断服务例程，能完成出色的中断处理。

（5）工具和 RTOS 支持：广泛的第三方工具支持、Cortex 微控制器软件接口标准（CMSIS）、最大限度地增加软件成果重用。

（6）CoreSight 调试和跟踪：JTAG 或 2 针串行线调试（SWD）连接、支持多处理器、支持实时跟踪。此外，Cortex-M 系列处理器还提供了一个可选的内存保护单元（MPU），提供低成本的调试/追踪功能和集成的休眠状态，以增加灵活性。

Cortex-M0 处理器、Cortex-M0+处理器、Cortex-M3 处理器、Cortex-M4 处理器、Cortex-M7 处理器之间有很多的相似之处，例如：

① 基本编程模型；

② 嵌套向量中断控制器（NVIC）的中断响应管理；

③ 架构设计的休眠模式，包括睡眠模式和深度睡眠模式；

④ 操作系统支持特性；

⑤ 调试功能。

2．Cortex-M3 指令集

Cortex-M3 处理器是基于 ARMv7-M 架构的处理器，支持更丰富的指令集，包括许多 32 位指令，这些指令可以高效地使用高位寄存器。另外，Cortex-M3 处理器还支持：

① 查表跳转指令和条件执行（使用 IT 指令）；

② 硬件除法指令；

③ 乘加指令（MAC 指令）；

④ 各种位操作指令。

更丰富的指令集通过以下几种途径来增强性能：如 32 位 Thumb 指令支持了更大范围的立即数，跳转偏移和内存数据范围的地址偏移；支持基本的 DSP 操作（如支持若干条需要多个时钟周期执行的 MAC 指令，还有饱和运算指令）；这些 32 位指令允许用单个指令对多个数据一起做桶形移位操作。但是，支持更丰富的指令导致了更高的成本和功耗。

3．Cortex-M4指令集

Cortex-M4 处理器在很多地方和 Cortex-M3 处理器相同，如流水线、编程模型等。Cortex-M4 处理器支持 Cortex-M3 处理器的所有功能，并额外支持各种面向 DSP 应用的指令，如 SIMD 指令、饱和运算指令、一系列单周期 MAC 指令（Cortex-M3 处理器只支持有限条数的 MAC 指令，并且是多周期执行的）和可选的单精度浮点运算指令。

Cortex-M4 处理器的 SIMD 操作可以并行处理 2 个 16 位数据和 4 个 8 位数据。在某些 DSP 运算中，使用 SIMD 指令可以加速计算 16 位和 8 位数据，因为这些运算可以并行处理。但是，在一般的编程中，C 编译器并不能充分利用 SIMD 运算能力，这是 Cortex-M3 处理器和 Cortex-M4 处理器典型 benchmark 的分数差不多的原因。然而，Cortex-M4 处理器的内部数据通路和 Cortex-M3 处理器的内部数据通路不同，在某些情况下 Cortex-M4 处理器可以处理得更快（如单周期 MAC 指令，可以在一个周期中写回到两个寄存器）。

2.2 Cortex-M4 内核基础

Cortex-M4 处理器是由 ARM 公司专门开发的最新嵌入式处理器，在 Cortex-M3 处理器的基础上强化了运算能力，新加了浮点、DSP、并行计算等，用以满足需要控制和信号处理混合功能的数字信号控制市场。Cortex-M4 处理器将 32 位控制与领先的数字信号处理技术集成来满足需要很高能效级别的市场。高效的信号处理功能与 Cortex-M 系列处理器的低功耗、低成本和易于使用的优点的组合，旨在满足专门面向电动机控制、汽车、电源管理、嵌入式音频和工业自动化市场的新兴类别的灵活解决方案。

Cortex-M4 处理器已设计具有适用于数字信号控制市场的多种高效信号处理功能。Cortex-M4 处理器采用扩展的单周期 MAC 指令、优化的 SIMD 指令、饱和运算指令和一个可选的单精度浮点单元（FPU）。Cortex-M4 系列处理器数字信号处理功能如表 2-4 所示。

表 2-4　Cortex-M4 系列处理器数字信号处理功能

项目	功能
硬件结构	用于指令提取的 32 位 AHB-Lite 接口 用于数据和调试访问的 32 位 AHB-Lite 接口
单周期 16 位、32 位 MAC	大范围的 MAC 32 位或 64 位累加选择 指令在单个周期中执行
单周期 SIMD	4 路并行 8 位加法或减法 2 路并行 16 位加法或减法 指令在单个周期中执行
单周期双 16 位 MAC	2 路并行 16 位 MAC 32 位或 64 位累加选择 指令在单个周期中执行
浮点单元	符合 IEEE 754 标准 单精度浮点单元 用于获得更高精度的融合 MAC
其他	饱和数学 桶形移位器

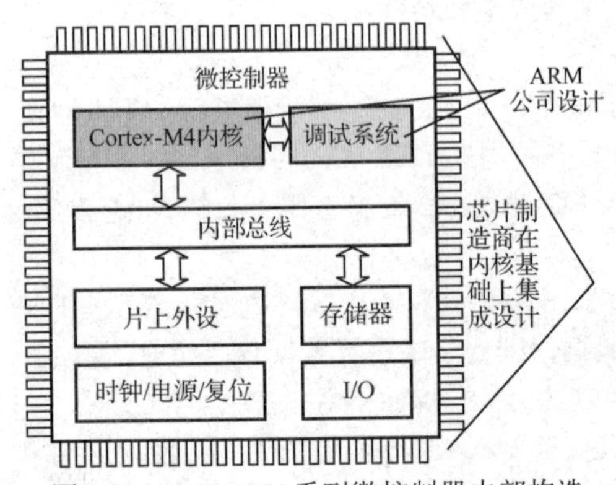

图 2-2　Cortex-M4 系列微控制器内部构造

Cortex-M4 内核仅仅是一个 CPU 内核，而一个完整的微控制器还需要集成除内核外的很多其他组件。芯片生产商在得到 Cortex-M4 内核的使用授权后，可以把 Cortex-M4 内核用在自己的硅片设计中，添加存储器、片上外设、I/O 及其他功能块，Cortex-M4 系列微控制器内部构造如图 2-2 所示。不同厂家设计的微控制器会有不同的配置，存储器容量、类型、外设等都各具特色。如果想要了解某个具体型号的微控制器，还需查阅相关厂家提供的文档。很多领先的 MCU 半导体公司已经获得 Cortex-M4 内核授权，并已有很多成熟的微控制器产品，其中包括意法半导体公司（STM32F4 系列微控制器）、恩智浦（LPC4000 系列微控制器）和德州仪器（TM4C 系列微控制器）等。

2.2.1　寄存器组

Cortex-M4 内核具有以下 32 位寄存器。

- 13 个通用寄存器：R0～R12。
- 堆栈指针（SP）：存储寄存器（R13）的别名，SP_process 和 SP_main；
- 链接寄存器（LR）：R14。
- 程序计数寄存器（PC）：R15。

大多数指定通用寄存器的指令都能够使用 R0～R12。寄存器 R13、R14、R15 具有特殊功能。Cortex-M4 内核寄存器组如图 2-3 所示。

D_{31}　D_0

R0
R1
R2
R3
R4
R5
R6
R7
通用寄存器（低组）

R8
R9
R10
R11
R12
通用寄存器（高组）

R13　主堆栈指针（MSP）
R13　进程堆栈指针（PSP）

R14　链接寄存器（LR）

R15　程序计数寄存器（PC）

图 2-3　Cortex-M4 内核寄存器组

1．通用寄存器（R0～R12）

通用寄存器用于数据操作。低组通用寄存器（R0～R7）可以被指定通用寄存器的所有指令访问。高组通用寄存器

（R8～R12）可以被指定通用寄存器的所有 32 位指令访问。高组通用寄存器不能被 16 位指令访问。

2．堆栈指针（R13）

Cortex-M4 内核拥有两个堆栈指针：主堆栈指针（MSP）和进程堆栈指针（PSP），它们是分组寄存器，在 SP_main 和 SP_process 之间切换。在任何时候，进程堆栈和主堆栈中只有一个是可见的，由堆栈指针指示。何时使用哪一个堆栈指针，按照以下规则确定。

（1）主堆栈指针：复位后默认使用的堆栈指针，用于操作系统内核及异常处理例程（包括中断服务例程）。

（2）进程堆栈指针：由用户的应用程序代码使用。

（3）堆栈指针最低的两位永远是 0，这意味着堆栈总是 4 字节对齐的。

（4）结束复位后，所有代码都使用主堆栈。

（5）所有异常都使用主堆栈。

（6）异常处理程序（如 SVC）可以通过改变其在退出时使用的 EXC_RETURN 值来改变线程模式使用的堆栈。

（7）在线程模式中，使用 MSR 指令对 CONTROL[1]（控制寄存器的位 1）执行写操作，也可以从主堆栈切换到进程堆栈。一般通过中断返回指令进行堆栈切换，MSR 指令切换用的极少。

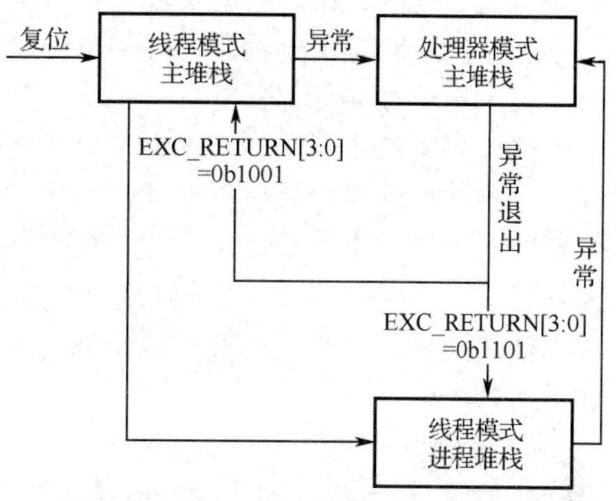

图 2-4　Cortex-M4 线程切换状态图

Cortex-M4 线程切换状态图如图 2-4 所示。

3．链接寄存器（R14）

在执行分支和链接指令（BL）或带有交换的分支和链接指令（BLX）时，链接寄存器用于接收来自程序计数寄存器的返回地址。

链接寄存器也用于异常返回。其他任何时候都可以将链接寄存器看作一个通用寄存器。

ARM CPU 为了减少访问内存的次数（访问内存的操作往往要 3 个以上指令周期，带 MMU 和 cache 的更加不确定），把返回地址直接存储在寄存器中。这样足以使很多只有 1 级子程序调用的代码无须访问内存（堆栈内存），从而提高了子程序调用的效率。如果子程序多于 1 级，则需要把前一级的链接寄存器的值压到堆栈里。在 ARM 微控制器上编程时，应尽量只使用寄存器保存中间结果，迫不得已时才访问内存。

在 main()函数中有两个函数 delay()和 led()，代码地址分别为 0x1000 和 0x1004。其中，子程序 delay()的入口地址为 0x2000。那么主程序在执行到子程序 delay()时，对应的汇编代码为 BL delay，BL 指令将子程序返回地址保存在链接寄存器中（返回地址为 0x1004），然后将子程序 delay()的入口地址 0x2000 存入程序计数寄存器，程序跳转到子程序 delay()开始执行。在子程序 delay()执行完后，通过执行 BX LR 指令将链接寄存器中的地址 0x1004 恢复到程序计数寄存器，从而使得程序返回到主程序的 led()处继续执行。链接寄存器在程序调用和返回中的作用如图 2-5 所示。

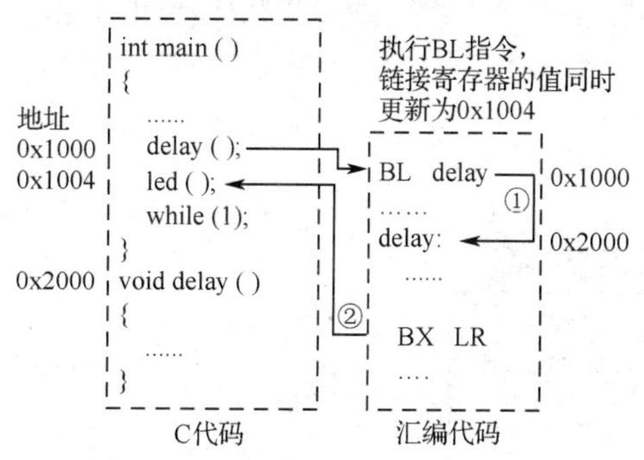

图 2-5　链接寄存器在程序调用和返回中的作用

4．程序计数寄存器（R15）

程序计数寄存器总是指向下一条待执行的指令。只要修改程序计数寄存器的值，就能改变程序的执行流程。处理器复位后，程序计数寄存器一般有一个复位值，也就是整个程序开始执行的起始点，然后 CPU 根据设计的程序流程执行后续的程序功能。

2.2.2 堆栈操作

堆栈是一种数据结构，按先进后出（First In Last Out，FILO）的方式工作，使用一个称作堆栈指针的专用寄存器指示当前的操作位置，堆栈指针总是指向栈顶。

1．栈的作用

（1）当正在执行的函数需要使用寄存器（寄存器组）进行数据处理时，栈临时存储数据的初始值，这些数据在函数结束时可以被恢复出来，以免调用函数的程序丢失数据。

（2）用于函数或子程序中的信息传递。

（3）用于存储局部变量。

（4）用于在中断等异常产生时保存处理器状态和寄存器数值。

当堆栈指针指向最后压入堆栈的数据时，称为满堆栈（Full Stack）；当堆栈指针指向下一个将要放入数据的空位置时，称为空堆栈（Empty Stack）。根据堆栈的生成方式，堆栈又可以分为递增堆栈（Ascending Stack）和递减堆栈（Decending Stack），当堆栈由低地址向高地址生成时，称为递增堆栈；当堆栈由高地址向低地址生成时，称为递减堆栈。因此，堆栈工作方式可分为如下 4 种类型。

① 满递减堆栈。堆栈首部是高地址，堆栈向低地址增长。堆栈指针总是指向堆栈最后一个元素（最后一个元素是最后压入的数据）。ARM-Thumb 过程调用标准和 ARM、Thumb C/C++编译器总是使用满递减堆栈类型堆栈。

② 满递增堆栈。堆栈首部是低地址，堆栈向高地址增长。堆栈指针总是指向堆栈最后一个元素（最后一个元素是最后压入的数据）。

③ 空递增堆栈。堆栈首部是低地址，堆栈向高地址增长。堆栈指针总是指向下一个将要放入数据的空位置。

④ 空递减堆栈。堆栈首部是高地址，堆栈向低地址增长。堆栈指针总是指向下一个将要放入数据的空位置。

在默认情况下使用满递减堆栈。

2．入栈操作

R0 中存储了 0x12345678，通过 PUSH {R0}入栈指令，使 R0 中的内容入栈到堆栈，假设入栈前堆栈指针指向单元的地址是 0x1008。按照满递减堆栈的入栈规律，执行 PUSH {R0}指令，则先将堆栈指针减 4，使其指向地址是 0x1004 的单元，然后将 R0 中的数据 0x12345678 存储到 0x1004 存储单元中。入栈操作示意图如图 2-6 所示。

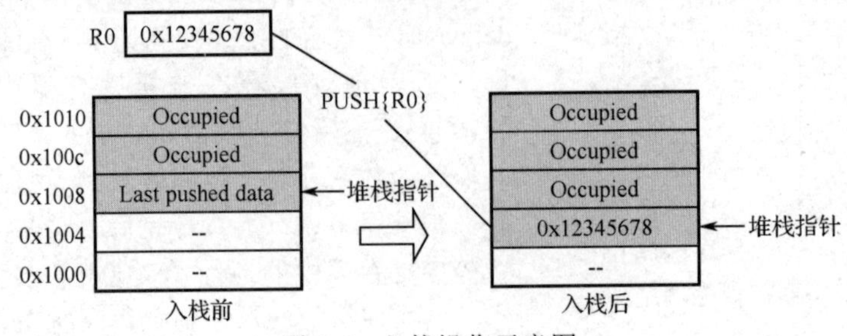

图 2-6　入栈操作示意图

3．出栈操作

通过 POP {R0}出栈指令，使栈顶单元中的存储内容出栈到 R0，假设出栈前堆栈指针指向单元的地址是 0x1004。按照满递减堆栈的出栈规律，执行 POP {R0}指令，则先将堆栈指针指向的栈顶单元内容 0x12345678 出栈到 R0，然后将堆栈指针加 4，使其指向地址为 0x1008 的单元。出栈操作示意图如图 2-7 所示。

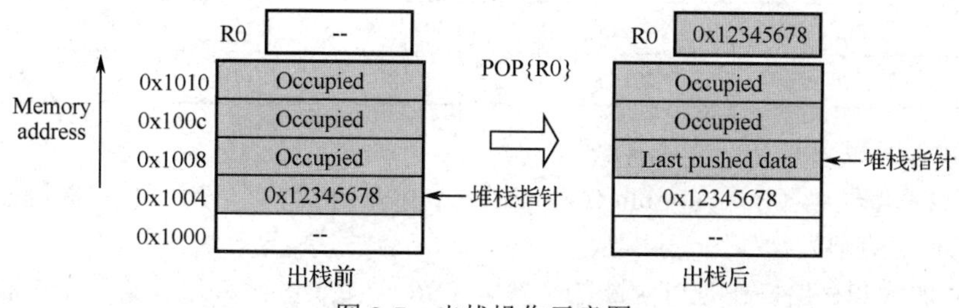

图 2-7　出栈操作示意图

入栈操作与出栈操作顺序相反。

2.2.3　特殊功能寄存器组

除通用寄存器之外，Cortex-M4 内核还包括三组寄存器，即特殊寄存器。Cortex-M4 内核的特殊寄存器如图 2-8 所示。Cortex-M4 内核的特殊寄存器包括程序状态寄存器（*x*PSR）、中断屏蔽寄存器（PRIMASK、FAULTMASK、BASEPRI）、控制寄存器（CONTROL）。

D_{31}　D_0
*x*PSR　程序状态寄存器（三合一）
PRIMASK
FAULTMASK　中断屏蔽寄存器
BASEPRI
CONTROL　控制寄存器

图 2-8　Cortex-M4 内核的特殊寄存器

程序状态寄存器可以分为三个状态寄存器：应用 PSR（APSR）、中断 PSR（IPSR）和执行 PSR（EPSR）。

1. 应用 PSR

应用 PSR 用于存储 CPU 指令执行过程中产生的一些状态标志，如负数或小于标志、零标志、进位/借位标志、溢出标志、粘着饱和标志（用于饱和运算）等，这些状态标志可以作为程序中条件指令执行判断的依据。应用 PSR 各位域功能如表 2-5 所示。

表 2-5　应用 PSR 各位域功能

位	31	30	29	28	27	26:25	24	23:20	19:16	15:10	9	8	7	6	5	4:0
APSR	N	Z	C	V	Q	保留										

N 为负数或小于标志，1 表示结果为负数或小于，0 表示结果为正数或大于。

Z 为零标志，1 表示结果为 0，0 表示结果为非 0。

C 为进位/借位标志，1 表示进位或借位，0 表示没有进位或借位。

V 为溢出标志，1 表示溢出，0 表示没有溢出。

Q 为粘着饱和标志。

2. 中断 PSR

中断 PSR 各位域功能如表 2-6 所示。

表 2-6　中断 PSR 各位域功能

位	31	30	29	28	27	26:25	24	23:20	19:16	15:10	9	8	7	6	5	4:0
IPSR	保留											Exception No.				

中断 PSR 包含当前激活异常的 ISR 编号。

3. 执行 PSR

执行 PSR 各位域功能如表 2-7 所示。

表 2-7　执行 PSR 各位域功能

位	31	30	29	28	27	26:25	24	23:20	19:16	15:10	9	8	7	6	5	4:0
EPSR	保留					ICI/IT	T	保留		ICI/IT	保留					

执行 PSR 包含以下两个重叠的区域。

（1）可中断-可继续（Interruptible-Continuable）指令的 ICI 区，用于被打断的多寄存器加载（LDM）和存储（STM）指令。

多寄存器加载和存储操作是可中断的。执行 PSR 的 ICI 区用来保存从产生中断的点继续执行多寄存器加载和存储操作时所必需的信息。

（2）用于 If-Then（IT）指令的执行状态区，以及 T 位（Thumb 状态位）。

执行 PSR 的 IT 区包含了 If-Then 指令的执行状态位。

执行 PSR 各位域的具体功能如表 2-8 所示。

表 2-8　执行 PSR 各位域的具体功能

位	名称	定义
[31:27]	—	保留
[15:12]	ICI	可中断-可继续的指令位。如果在执行多寄存器加载或存储操作时产生一次中断，则多寄存器加载或存储操作暂停。执行 PSR 使用位[15:12]来保存该操作中下一个寄存器操作数的编号。在中断响应之后，处理器返回由 ICI 区指向的寄存器并恢复操作。如果 ICI 区指向的寄存器不在指令的寄存器列表中，则处理器对列表中的下一个寄存器（如果有）继续执行多寄存器加载/存储操作
[15:10]:[26:25]	IT	If-Then 位。它们是 If-Then 指令的执行状态位，包含 If-Then 模块的指令数目和它们的执行条件
[24]	T	T 位使用一条可相互作用的指令来清零，这里写入程序计数寄存器的位 0 为 0；也可以使用异常出栈操作来清零，被压栈的 T 位为 0。 当 T 位为零时，执行指令会引起 INVSTATE 异常
[23:16]	—	保留
[9:0]	—	保留

2.2.4　操作模式

Cortex-M4 内核包含两种处理器操作模式：线程模式和处理器模式。这两种模式可以区别普通应用程序的代码和异常服务例程的代码（包括中断服务例程的代码）。

Cortex-M4 内核按照软件执行的权限级别分为特权级和用户级，这可以提供一种存储器访问的保护机制，使得普通的用户程序代码不能意外地，甚至恶意地执行涉及要害的操作。处理器支持两种特权级，这也是一个基本的安全模型。

用户级：

① 有限制地使用 MSR 指令和 MRS 指令，不能使用 CPS 指令；

② 不能访问系统定时器、NVIC 和系统控制模块；

③ 有限制地访问存储器和外围模块。

特权级：能够使用所有指令，访问所有资源。

用户级和特权级之间的区别如表 2-9 所示。

表 2-9　用户级和特权级之间的区别

项目	特权级	用户级
当运行一个异常（中断）程序	处理器模式	错误的用法
当运行主应用程序	线程模式	线程模式

特权级提供了一种机制来保障访问存储器的关键区域，还提供了一种基本的安全模式。通过写 Control register[0]=1，软件为特权访问级时可以使程序转换到用户访问级。

用户程序不能通过写控制寄存器直接变回特权状态。它要经过一个异常处理程序设置 Control register[0]=0 使得处理器切换回特权访问级。

在线程模式下，控制寄存器控制着软件运行于哪种特权级；在处理器模式下，软件一直运行于特权级。

只有特权级的软件能够在线程模式下写控制寄存器、更改特权级别，用户级软件能够通过使用 SVC 指令申请异常进入特权级代码。

1．线程模式

（1）在复位时，控制器进入线程模式。

（2）在异常返回时，控制器进入线程模式。

（3）特权和用户（非特权）代码能够在线程模式下运行。

2．处理器模式

（1）出现异常时，控制器进入处理器模式。

（2）在处理器模式下，所有代码都是特权访问的。

线程模式和处理器模式状态切换如图 2-9 所示。

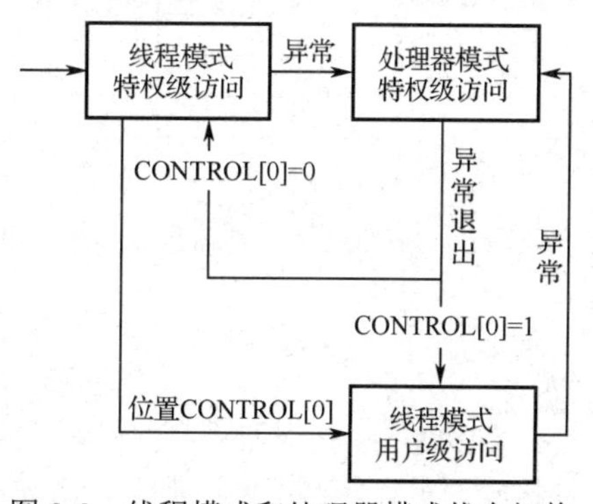

图 2-9　线程模式和处理器模式状态切换

在 Cortex-M4 处理器运行主应用程序时（线程模式），既可以使用特权级，也可以使用用户级；但是异常服务例程必须在特权级下执行。复位后，处理器默认进入线程模式，特权级访问。在特权级下，程序可以访问所有范围的存储器（如果有 MPU，该范围不包括 MPU 规定的禁地），并且可以执行所有指令。在特权级下的程序可以为所欲为，也可以切换到用户级。一旦进入用户级，程序将不能简简单单地试图改写控制寄存器就回到特权级，它必须先执行一条系统调用（SVC）指令，触发 SVC 异常，然后由异常服务例程（通常是操作系统的一部分）接管。如果批准进入，则只有异常服务例程修改控制寄存器，才能在用户级的线程模式下重新进入特权级。

从用户级到特权级的唯一途径就是异常，如果在程序执行过程中触发了一个异常，处理器总是先切换成特权级，并且在异常服务例程执行完毕退出时，返回先前的状态。Cortex-M4 处理器综合模式切换状态如图 2-10 所示。

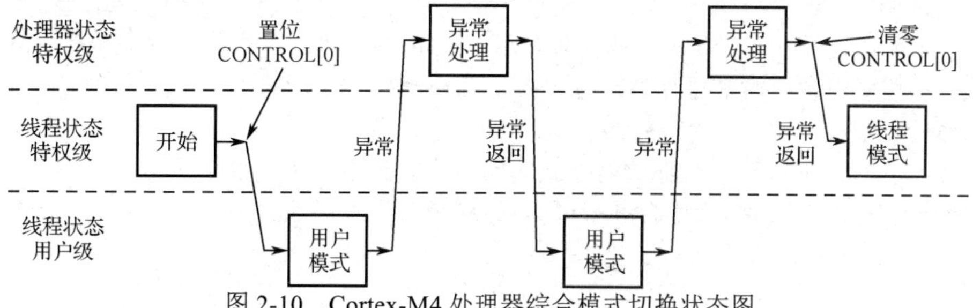

图 2-10　Cortex-M4 处理器综合模式切换状态图

2.3 存储器系统

Cortex-M4 内核的存储器系统的主要特性如下。

（1）可寻址 4GB 线性地址物理空间。

（2）支持小端和大端的存储器系统。Cortex-M4 处理器可以选择使用小端或者大端的存储器系统。

（3）位段访问。

（4）写缓冲。对可缓冲存储器区域写操作需要花费几个周期时间，Cortex-M4 处理器的写缓冲可以把写操作缓存起来，因此处理器可以继续执行下一条指令，从而提高了程序的执行速度。

（5）MPU。MPU 定义了各存储器区域的访问权限，且为可编程。Cortex-M4 处理器中的 MPU 支持 8 个可编程区域，可在嵌入式操作系统中提高系统的健壮性。Cortex-M4 处理器中的 MPU 是可选的。多数应用不会用到 MPU，可以忽略。

（6）非对齐传输支持。ARMv7-M 架构的所有处理器（包括 Cortex-M4 处理器）支持非对齐传输。

2.3.1 数据类型

Cortex-M4 处理器支持以下数据类型：32 位字、16 位半字、8 位字节。

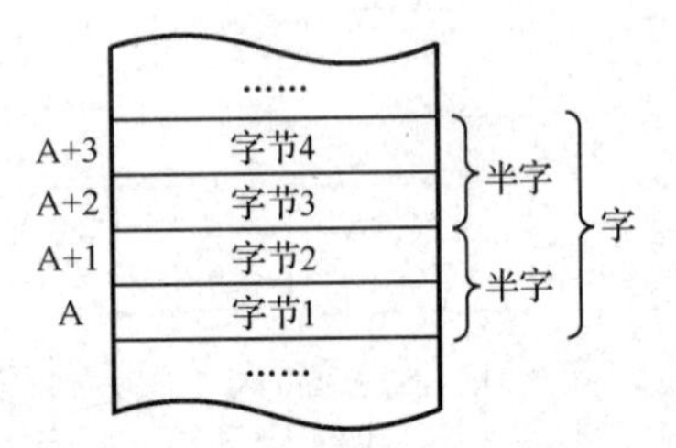

图 2-11 Cortex-M4 处理器数据类型存储示意图

存储器系统应该支持所有的数据类型，尤其是需要满足在不破坏一个字中的相邻字节的情况下支持小于 1 个字的写操作的要求。

通常，在存储系统中一个存储单元就是一个字节，并占用一个地址；半字占用两个存储单元、两个地址；字占用四个存储单元、四个地址。Cortex-M4 处理器数据类型存储示意图如图 2-11 所示。

2.3.2 存储形式

Cortex-M4 处理器将存储器看作从 0 开始向上编号的字节的线性集合，能够以小端格式或大端格式访问存储器中的数据字，而在访问代码时始终使用小端格式。小端格式是 Cortex-M4 处理器默认的存储器格式。

在小端格式中，一个字的中低地址的字节为该字的低有效字节，高地址的字节为高有效字节。存储器系统地址 0 的字节与数据线 7-0 相连。

在大端格式中，一个字的中低地址的字节为该字的高有效字节，而高地址的字节为低有效字节。存储器系统地址 0 的字节与数据线 31-24 相连。

图 2-12 为小端格式和大端格式存储示意图，显示了小端格式和大端格式的区别。

Cortex-M4 处理器有一个配置引脚 BIGEND，可以通过该配置引脚，选择小端格式或 BE-8 大端格式。该引脚在复位时被采样，结束复位后存储器格式不能修改。

对系统控制空间（SCS）的访问始终采用小端格式。

在非复位的状态下试图改变存储器格式的操作将被忽略。

PPB 空间只能是小端格式，BIGEND 的设置无效。

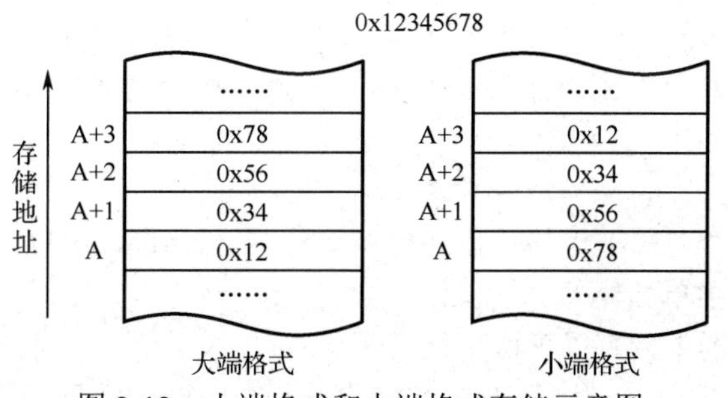

图 2-12　小端格式和大端格式存储示意图

2.3.3　存储器映射

通过 32 位选址，Cortex-M4 处理器可以访问 2^{32}B=4GB 的存储器空间，Cortex-M4 处理器存储空间分配示意图如图 2-13 所示。4GB 的存储器空间被划分为多个区域，用于预定义的存储器和外设，以优化处理器设计的性能（Cortex-M4 处理器具有多个总线接口，允许程序代码用的 CODE 区域的访问和对 SRAM 区域或对外设区域的数据操作同时进行）。

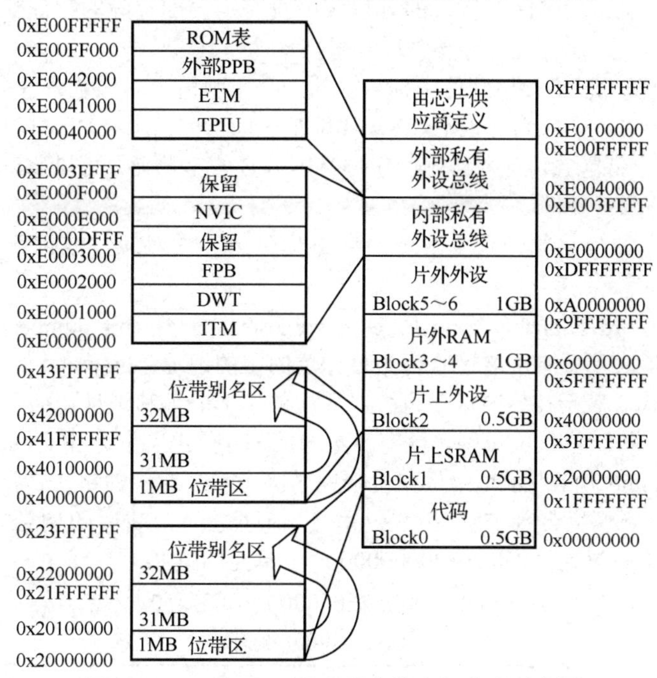

图 2-13　Cortex-M4 处理器存储空间分配示意图

Cortex-M4 处理器的 4GB 地址空间被分为如下多个存储器区域。

（1）程序代码访问（如 CODE 区域）。

（2）数据访问（如 SRAM 区域）。

（3）外设（如外设区域）。

（4）处理器的内部控制和调试部件。

这样的架构具有很大的灵活性，存储器区域可用于其他目的。程序既可以在 CODE 区域里执行，也可以在 SRAM 区域里执行，并且微控制器也可以在 CODE 区域加入 SRAM 块。

在实际应用中，微控制器设备只会使用每个区域的一小部分作为程序的 Flash 存储器、SRAM 和外设，有些区域不会用到。所有 Cortex-M4 处理器的存储器映射处理都是一样的，如 PPB 地址区域中存在嵌套向量中断控制器（NVIC）的寄存器、处理器配置寄存器及调试部件的寄存器等（这样做可提高不同 Cortex-M 设备间的软件可移植性和代码可重用性）。

2.3.4 位带区

存储器映射中的两个 1MB 区域可以通过两个位带（bit-band）区进行位寻址，从而实现对 SRAM 或外设地址空间中单独位的原子操作。

在 Cortex-M4 处理器中，有以下两个位带区。

（1）SRAM 区的最低 1MB 范围（0x20000000～0x20100000）。

（2）片上外设区的最低 1MB 范围（0x40000000～0x40100000）。

这两个区中的地址除可以像普通的 RAM 一样使用外，还都有自己的位带别名区，位带别名区把每个比特膨胀成一个 32 位的字。

对应于两个位带区有以下两个位带别名区。

（1）32MB SRAM 位带别名区（0x22000000～0x23FFFFFF）。

（2）32MB 外设位带别名区（0x42000000～0x43FFFFFF）。

在一般情况下，位带别名区在实际的处理区中没有被分配实际的物理存储对象，被空余出来用来做位带操作。

Cortex-M4 处理器可以将存储器位带别名区的一个字映射为对应位带区的一个位。对 32MB SRAM 位带别名区的访问映射为对 1MB SRAM 位带区的访问。对 32MB 外设位带别名区的访问映射为对 1MB 外设位带区的访问。通过操作位带别名区的字单元，可以修改对应位带区的某个位，从而实现对位的原子操作。

映射公式显示了如何将位带别名区中的字与位带区中的对应位或目标位关联。映射公式如下：

bit_word_addr=bit_band_base+ (byte_offset×8×4)+(bit_number×4)

式中，bit_word_addr 表示位带别名区映射为目标位的字的地址；bit_band_base 表示位带别名区的起始地址；bit_offset 表示在位带区中包含目标位的字节的偏移地址；byte_offset×8×4 表示每个字节包含 8 个位，每个位在位带别名区有一个对应的字（4 字节）；bit_number 表示目标位的位置（0～7）；bit_number×4 表示每个位在位带别名区有一个对应的字（4 字节）。

图 2-14 为 SRAM 位带别名区和 SRAM 位带区之间的映射的例子。位带别名区地址 0x22000000 的别名字映射为位带区 0x20000000 地址单元的位 0：

0x22000000=0x22000000+(0×32)+0×4

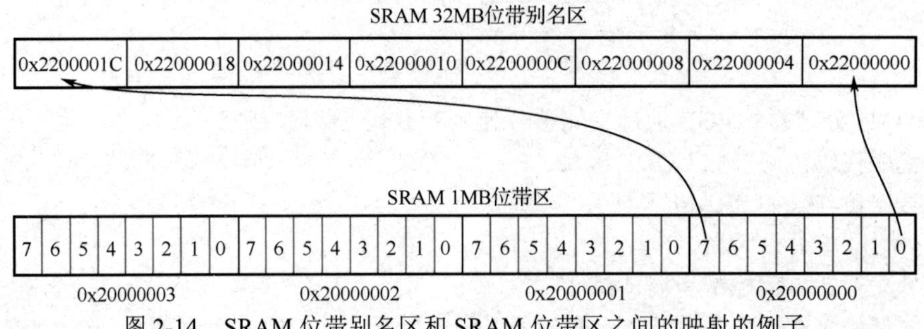

图 2-14 SRAM 位带别名区和 SRAM 位带区之间的映射的例子

位带别名区地址 0x2200001C 的别名字映射为位带区 0x20000000 地址单元的位 7：

0x2200001C=0x22000000+(0×32)+7×4

向位带别名区写入一个字与在位带区的目标位执行读—修改—写操作具有相同的作用。写入位带别名区的字的位 0 决定了写入位带区的目标位的值。将 1 写入位带别名区表示向位带区目标位写入 1，将 0 写入位带别名区表示向位带区目标位写入 0。

位带别名区的位[31:1]在位带区目标位上不起作用。写入 0x01 与写入 0xFF 的效果相同。写入 0x00 与写入 0x0E 的效果相同。

读位带别名区的一个字返回 0x01 或 0x00。0x01 表示位带区中的目标位被置位。0x00 表示目标位被清零。位[31:1]将为 0。

在 C 语言中，为了方便进行位带操作，一般首先进行位带操作宏定义，例如：

```
#define BITBAND(addr,bitnum)    ((addr &0xF0000000)+0x2000000+((addr &0xFFFFF)<<5)+(bitnum<<2))
#define MEM_ADDR(addr)          *((volatile unsigned int*)(addr))
```

其中，addr 是需要操作的位带区的一个单元地址；bitnum 是需要操作的位码。

假设要将位带区 0x40000000 地址单元的位 1 置位，则可以通过以下操作实现：

```
#define DEVICE_REG0          0x40000000
MEM_ADDR(BITBAND(DEVICE_REG0,1)) = 0x1;
```

如果通过读—修改—写的操作实现同样功能，操作如下：

```
*((volatile unsigned int*) (DEVICE_REG0)) |= (0x00000001<<1);
```

2.4 异常和中断

异常和中断的作用是指示系统中的某个地方发生一些事件，需要引起处理器（包括正在执行的程序和任务）的注意。当中断和异常发生时，典型的结果是迫使处理器将控制从当前正在执行的程序或任务转移到另一个例程或任务，该例程叫作中断服务程序（ISR），或者异常处理程序。如果是一个任务，则发生任务切换。异常和中断程序状态切换图如图 2-15 所示。

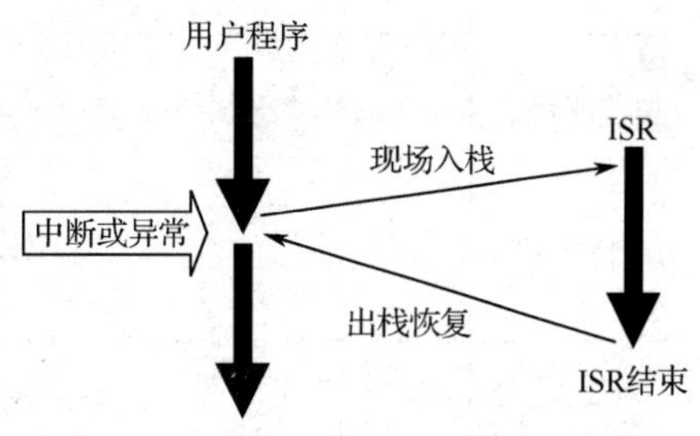

图 2-15　异常和中断程序状态切换图

Cortex-M4 处理器对所有异常按优先级进行排序并处理，所有异常都在处理模式中操作。出现异常时，自动将处理器状态保存到堆栈中，并在 ISR 结束时自动从堆栈中恢复。在保存状态的同时取出向量快速地进入中断。处理器支持末尾连锁中断技术，它能够在没有多余的状态保存和恢复指令的情况下执行背对背中断。以下特性可使能高效的低延迟异常处理。

（1）自动保存和恢复状态。处理器在进入 ISR 之前将状态寄存器压栈，退出 ISR 之后将它们出栈，实现上述操作时不需要多余的指令。

（2）自动读取代码存储器或 SRAM 中包含 ISR 地址的向量表入口。该操作与状态保存同时执行。

（3）支持末尾连锁，在末尾连锁中，处理器在两个 ISR 之间没有对寄存器进行出栈和压栈操作的情况下处理背对背中断。

（4）中断优先级可动态重新设置。

（5）Cortex-M4 处理器与 NVIC 之间采用紧耦合接口，通过该接口可以及早地对中断和高优先级的迟来中断进行处理。

（6）中断数目可配置为 1～240。

（7）中断优先级的位数可配置为 1～8 位（1～256 级）。处理器模式和线程模式具有独立的堆栈和特权等级。

（8）使用C/C++标准的调用规范：ARM架构的过程调用标准（PCSAA）执行ISR控制传输。

（9）优先级屏蔽支持临界区注：中断的数目和中断优先级的位数在实现时配置。软件可以选择只使能已配置中断数目的子集，以及选择所配置的优先级使用多少个位。

2.4.1 向量表

Cortex-M4处理器中存在多种异常类型。异常是指由于执行指令时的一个错误条件而产生的故障。出现故障后可以同步或不同步地向引起故障的指令报告，在一般情况下会同步报告。同步故障总是和引起该故障的指令一同被报告。不同步故障不能保证与引起该故障的指令相关的方式报告。

表2-10为异常类型表，它显示了异常类型、位置及优先级等。在优先级中，数字越小表示优先级越高。

表2-10 异常类型表

异常类型	位置	位移	向量	优先级	描述
N/A	0	0x0000	初始堆栈指针值	N/A	在复位时栈顶从向量表的第一个入口加载
复位	1	0x0004	重置	-3（高）	在上电和热复位时调用；在第一条指令上优先级下降到低（线程模式）；是异步的
不可屏蔽的中断	2	0x0008	NMI	-2	可以通过一个外设或由软件触发发出信号；不能被除复位之外的任何异常停止或占先；是异步的
硬故障	3	0x000C	硬故障	-1	异常处理期间有错误的异常，或者因为异常不能被任何异常机制管理；是同步的
存储器管理	4	0x0010	内存管理故障	可调整	MPU 不匹配，包括违反访问规范及不匹配；即使MPU被禁止或不存在，也可以用它来支持默认的存储器映射的XN区域；是同步的
总线故障	5	0x0014	总线故障	可调整	预取故障、存储器访问故障，以及其他相关的地址/存储故障；精确时是同步的，不精确时是异步的
使用故障	6	0x0018	应用故障	可调整	使用故障，如执行未定义的指令或尝试不合法的状态转换；是同步的
N/A	7:10	N/A	重置	N/A	保留
SVCall	11	N/A	SVCall	可调整	利用SVC指令调用系统服务，在操作系统环境下，应用程序可以使用SVC指令来访问操作系统内核函数和器件驱动；是同步的
调试监控	12	N/A	保留	可调整	调试监控，在处理器没有停止时出现；是同步的，但只在使能时是有效的；如果它的优先级比当前有效的异常的优先级要低，则不能被激活
—	13	N/A	保留	N/A	保留
PendSV	14	N/A	PendSV	可调整	可挂起的系统服务请求；在操作系统环境下，使用PendSV作为背景切换时，没有其他异常活动；是异步的，只能由软件来实现挂起
SysTick	15	0x0038	SysTick	可调整	当系统定时器达到零产生，软件也可以生成一个SysTick异常；在操作系统环境下，处理器可以使用该异常作为系统时钟；是异步的

续表

异常类型	位置	位移	向量	优先级	描述
外部中断	16 及以上	0x003C	IRQ0	可调整	在内核的外部产生，外围信号或者通过软件请求生成。INTISR[239:0]，通过 NVIC（设置优先级）输入，都是异步的
		0x0040	IRQ1		
		0x0044	IRQ2		
		0x0048	IRQ3		
		0x004C	IRQ4		

在系统复位时，向量表固定在地址 0x00000000。特权软件可以写入 SCB_VTOR 寄存器重定位向量表的起始地址到不同的内存位置，范围为 0x00000080～0x3FFFFF80。

2.4.2 优先级

1．优先级概述

所有异常都有其相关的优先级，具有以下特点。

（1）一个较低的优先级值，表示较高的优先级；

（2）可配置的优先事项为除复位、硬件复位和 NMI 外的所有异常。

如果软件没有配置任何优先级，那么可配置优先级的所有异常的优先级为 0。

在处理器的异常模型中，优先级决定了处理器何时及怎样处理异常。优先级分为两组，占先优先级和次优先级，程序能够指定中断的优先级。

NVIC 支持由软件指定的优先级，可以将中断的优先级指定为 0～255。硬件优先级随着中断号的增加而降低，0 优先级高，255 优先级低。指定软件优先级后，硬件优先级无效。需要注意的是，实际上在大部分处理中，只用到了部分可配置优先级，如 STM32F 系列的微控制器，其可配置的中断优先级只用到了 16 级。

软件优先级的设置对复位、NMI 和硬故障无效。它们的优先级始终比外部中断要高。如果两个或更多的中断指定了相同的优先级，则由它们的硬件优先级来决定处理器对它们进行处理时的顺序。

2．优先级分组

为了对具有大量中断的系统加强优先级控制，NVIC 支持优先级分组机制，分为抢占优先级和响应优先级。如果有多个挂起异常共用相同的抢占优先级，则需使用响应优先级来决定同组中的异常的优先级，这就是同组内的响应优先级。抢占优先级和响应优先级的结合就是通常所说的优先级。如果两个挂起异常具有相同的优先级，则挂起异常的编号越低优先级越高。完成优先级分组功能，需要对 NVIC 的应用程序中断及复位控制寄存器（AIRCR）（见表 2-11）中的名称为 PRIGROUP（优先级组）的位段进行操作。该位段的值对每一个优先级可配置的异常都有影响——把其优先级分为两个位段：MSB 所在的位段（左边的）对应抢占优先级，LSB 所在的位段（右边的）对应响应优先级。抢占优先级和响应优先级的表达位数与分组位置的关系如表 2-12 所示。

表 2-11　应用程序中断及复位控制寄存器（AIRCR）（地址：0xE000_ED00）

位段	名称	类型	复位值	描述
31:16	VECTKEY	rw	—	访问钥匙。任何对该寄存器的写操作，都必须同时把 0x05FA 写入此段，否则写操作将被忽略。若读取此半字，则为 0xFA05
15	ENDIANESS	r	—	指示端设置。1＝大端（BE8），0＝小端。此值是在复位时确定的，不能更改

续表

位段	名称	类型	复位值	描述
10:8	PRIGROUP	r/w	0	优先级分组
2	SYSRESETREQ	w	—	请求芯片控制逻辑产生一次复位
1	VECTCLRACTIVE	w	—	清零所有异常的活动状态信息。通常只在调试时用，或者在操作系统从错误中恢复时用
0	VECTRESET	w	—	复位 CM4 处理器内核（调试逻辑除外），但是此复位不影响芯片上在内核以外的电路

表 2-12　抢占优先级和响应优先级的表达位数与分组位置的关系

分组位置	表示抢占优先级的位段	表示响应优先级的位段
0	[7:1]	[0:0]
1	[7:2]	[1:0]
2	[7:3]	[2:0]
3	[7:4]	[3:0]
4	[7:5]	[4:0]
5	[7:6]	[5:0]
6	[7:7]	[6:0]
7	—	[7:0]（所有位）

在大多数实际微控制器中只用到了部分优先级分组。例如，在 STM32F429 微控制器中对应于中断的 8 位优先级寄存器（IP）只用到高 4 位，而低 4 位保留。这样优先级分组的值只能设置为 3～7。下面通过一个例子来加深对优先级分组的应用。

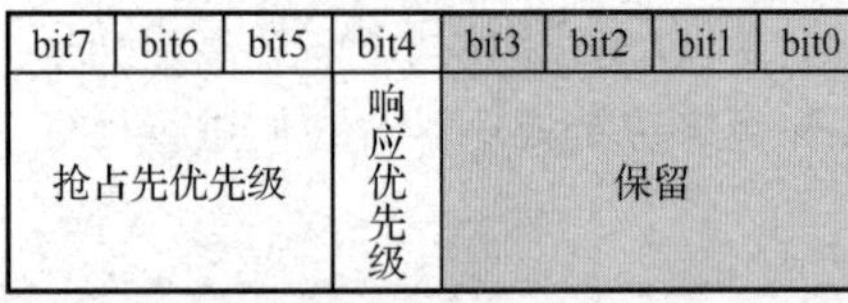

假设将 STM32F429 微控制器优先级分组的值设置为 4（从 bit4 处分组，bit5～7 是抢占优先级，bit0～4 是响应优先级，但是 bit0～3 保留不用），则可得到 3 级抢占优先级，且在每个抢占优先级的内部有 1 个响应优先级。STM32F429 微控制器抢占优先级和响应优先级在优先级寄存器中的位数关系如图 2-16 所示。

bit7	bit6	bit5	bit4	bit3	bit2	bit1	bit0
抢占先优先级			响应优先级	保留			

图 2-16　STM32F429 微控制器抢占优先级和响应优先级在优先级寄存器中的位数关系

2.4.3　响应过程

1．进入异常/中断步骤

（1）处理器在当前堆栈上把程序状态寄存器、程序计数寄存器、链接寄存器、R12、R3～R0 八个寄存器自动依次入栈。

（2）读取向量表（如果是复位中断，则更新堆栈指针的值）。

（3）根据向量表更新程序计数寄存器的值。

（4）加载新程序计数寄存器处的指令［步骤（2）～（4）与步骤（1）同时进行］。

（5）更新链接寄存器为 EXC_RETURN（EXC_RETURN 表示退出异常后返回的模式及使用的堆栈）。

2．退出异常步骤

（1）根据 EXC_RETURN 指示的堆栈，弹出进入中断时被压栈的八个寄存器。

（2）从刚出栈的 IPSR 寄存器[8:0]位检测恢复到哪个异常（此时为嵌套中断中），若为 0 则恢复到线程模式。

（3）根据 EXC_RETURN，选择使用相应的堆栈指针。

当以上述方式返回时，写入程序计数寄存器的值被截取，以作为 EXC_RETURN 的值。EXC_RETURN[3:0]用来提供返回信息，异常返回的行为如表 2-13 所示。

表 2-13 异常返回的行为

EXC_RETURN[3:0]	功能
0bxxx0	保留
0b0001	返回处理模式 异常返回，获得来自主堆栈的状态 在返回时指令执行使用主堆栈
0b0011	保留
0b01x1	保留
0b1001	返回线程模式 异常返回，获得来自主堆栈的状态返回时指令执行使用主堆栈
0b1101	返回线程模式 异常返回，获得来自进程堆栈的状态返回时指令执行使用进程堆栈
0b1x11	保留

如果 EXC_RETURN[3:0]的值为表 2-13 中的保留值，则将导致一个被称作使用故障的连锁异常。

3．抢占

新的异常比当前的异常或线程的优先级更高并打断当前的流程，这是对挂起中断的响应。如果挂起中断的优先级比当前的 ISR 或线程的优先级更高，则进入挂起中断的 ISR。如果一个 ISR 抢占了另一个 ISR，则产生了中断嵌套。在中断 1 的服务程序（ISR1）执行过程中，中断 2 发出中断请求，如果中断 2 的优先级高于中断 1 的优先级，则 ISR1 停止执行，转而执行中断 2 的服务程序（ISR2）。Cortex-M4 处理器中断抢占状态转换如图 2-17 所示。

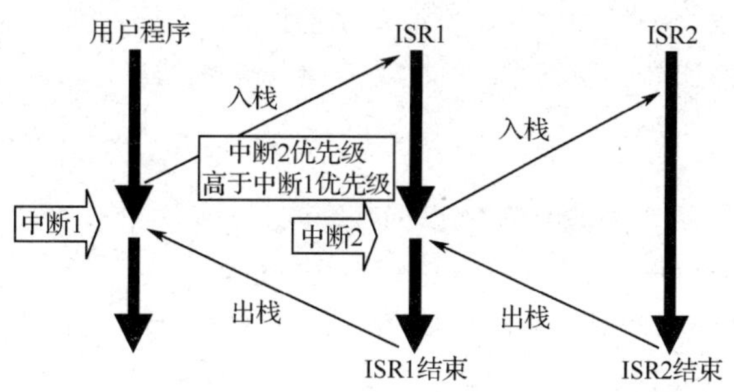

图 2-17 Cortex-M4 处理器中断抢占状态转换

在进入异常时，处理器自动保存其状态，将状态压栈。与此同时，取出相应的中断向量。当处理器状态被保存并且 ISR 的第一条指令进入处理器流水线的执行阶段时，开始执行 ISR 的第一条指令。状态保存在系统总线上执行。取向量操作根据向量表所在位置可以在系统总线或 D 总线上执行。

4．末尾连锁

末尾连锁是处理器用来加速中断响应的一种机制。在结束 ISR 时，如果存在一个挂起中断，其优先级高于正在返回的 ISR 或线程，那么就会跳过出栈操作，转而将控制权让给新的 ISR。

当一个ISR1正在执行时，出现一个中断请求2，其优先级低于中断1的优先级，那么中断2被挂起。当前执行的ISR1结束后，跳过出栈操作，直接将控制权让给ISR2。

按照以前没有末尾连锁的处理，处理过程大概按照如下步骤进行。

（1）压栈保存寄存器。

（2）进入ISR1。

（3）处理中断1。

（4）退栈恢复寄存器。

（5）压栈保存寄存器。

（6）进入ISR2。

（7）处理中断2。

（8）退栈恢复寄存器。

引入末尾连锁的概念后上述的步骤（4）和步骤（5）被省略，节省了时间。

非末尾连锁技术和末尾连锁技术之间的区别如图2-18所示。

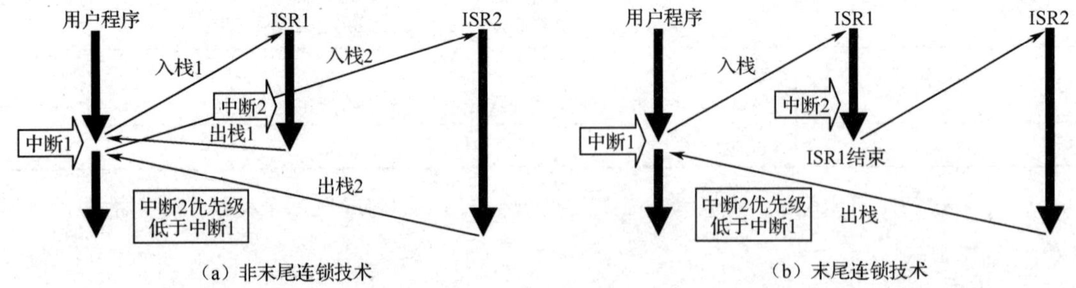

（a）非末尾连锁技术　　（b）末尾连锁技术

图2-18　非末尾连锁技术和末尾连锁技术之间的区别

5．返回

在没有挂起异常或没有比被压栈的ISR优先级更高的挂起异常时，处理器执行出栈操作，并返回到被压栈的ISR或线程模式。

在响应ISR之后，处理器通过出栈操作自动将处理器状态恢复为进入ISR之前的状态。如果在状态恢复过程中出现一个新的中断，并且该中断的优先级比正在返回的ISR或线程更高，则处理器放弃状态恢复操作并将新的中断作为末尾连锁来处理。

2.4.4　复位

处理器复位后，它会从存储器中读取以下两个字。

（1）从地址0x00000000处取出主堆栈指针的初始值。

（2）从地址0x00000004处取出程序计数寄存器的初始值——这个值是复位向量。然后从这个值对应的地址处取值。

主堆栈指针的初始值必须是堆栈内存的末地址加1。如果堆栈区域为0x20007C00～0x20007FFF，则主堆栈指针的初始值就必须是0x20008000。

程序计数寄存器的初始值=启动代码的首地址+1（CM4在Thumb状态执行）。假设复位后执行的第一个指令的地址是0x00000100，那么复位后程序计数寄存器的值=0x00000100+1=0x00000101。

Cortex-M4处理器复位程序执行过程如图2-19所示。

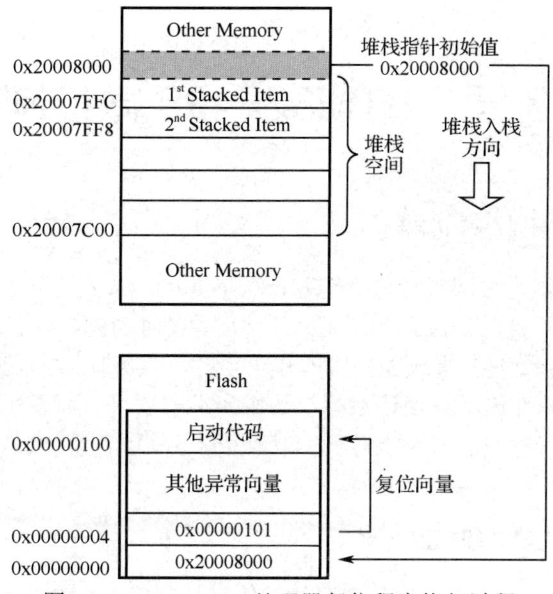

图 2-19　Cortex-M4 处理器复位程序执行过程

习题

1．列举出三家公司生产的 Cortex-M3 和 Cortex-M4 内核控制器。

2．列举 Cortex-M3/M4 处理器使用的寄存器组，并说明 R13、R14、R15 的功能。

3．试说明 Cortex-M3/M4 处理器堆栈操作。

4．试说明 Cortex-M3/M4 处理器两种模式和两种特权的使用。

5．什么是大端格式和小端格式？

6．试说明存储器分类及其用途。

7．编写 C 语言，将存储空间 0x40000004 单元的位 3 置位（普通方式和位带操作）。

8．试说明异常响应过程。

9．Cortex-M3/M4 处理器中断向量处存放的是对应中断的什么信息？

10．Cortex-M3/M4 处理器复位后执行的第一项操作是什么？第二项操作是什么？

11．意法半导体 STM32F0 系列微控制器使用的内核是________，STM32F1 系列微控制器使用的内核是________，STM32F4 系列微控制器使用的内核是________。

12．意法半导体低功耗系列微控制器有________系列、________系列、________系列。

13．STM32F4 系列微控制器主要应用于________。

14．进行 STM32F4 系列微控制器程序开发一般需要准备________、________、________。

15．常用 ARM 程序开发集成开发环境有________、________。

16．STM32F 系列微控制器基于函数库的程序设计与直接寄存器操作程序设计有什么区别？

第 3 章　STM32F429 微控制器

3.1　STM32 系列微控制器

STM32 系列微控制器是意法半导体（STMicroelectronics）公司基于 ARM Cortex-M 内核开发的处理器，支持 32 位广泛的应用，支持包括高性能、实时功能、数字信号处理，以及低功耗、低电压操作，同时拥有一个完全集成和易用的开发环境。STM32 系列微控制器基于行业标准内核，提供了大量工具和软件选项，使该系列产品成为小型项目和完整平台的理想选择。STM32 系列微控制器的主要特点有性能高、电压低、功耗低、外设丰富、软件和硬件开发资源多、简单易用等。

3.1.1　STM32 系列微控制器概述

STM32 系列微控制器（MCU）主要包括主流级微控制器、高性能微控制器、超低功耗微控制器及无线微控制器，按照内核分类包括 Cortex-M0/M0+、Cortex-M3、Cortex-M4 及 Cortex-M7 系列微控制器。STM32 系列微控制器各系列简述表如表 3-1 所示。

表 3-1　STM32 系列微控制器各系列简述表

系列	微控制器
主流级微控制器	STM32 F0 系列：ARM Cortex-M0 入门级微控制器
	STM32 F1 系列：ARM Cortex-M3 基础型微控制器
	STM32 F3 系列：ARM Cortex-M4 混合信号微控制器
高性能微控制器	STM32 F2 系列：ARM Cortex-M3 高性能微控制器
	STM32 F4 系列：ARM Cortex-M4 高性能微控制器
	STM32 F7 系列：ARM Cortex-M7 高性能微控制器
	STM32 H7 系列：ARM Cortex-M7 超高性能微控制器
超低功耗微控制器	STM32 L0 系列：ARM Cortex-M0+低功耗微控制器
	STM32 L1 系列：ARM Cortex-M3 超低功耗微控制器
	STM32 L4 系列：ARM Cortex-M4 超低功耗微控制器
	STM32 L4+系列：ARM Cortex-M4 超低功耗高性能微控制器
无线微控制器	STM32 WB 系列：ARM Cortex-M4 和 Cortex-M0+双核无线微控制器

STM32 系列微控制器集成了大量常用的片上外设，这为嵌入式系统设计提供了极大的方便，促使设计者使用更小的面积开发出了更高功能密度的产品。STM32 系列微控制器通用的片上资源如下。

（1）大量 GPIO。

（2）多种通信外设：USART、SPI、I2C。

（3）14 个基本、通用和高级定时器。

（4）直接内存存取（DMA）。

（5）看门狗和实时时钟。

（6）锁相环（Phase Locked Loop，PLL）和实时时钟（Integrated Regulator PLL、Clock Circuit）。

（7）3 个 12 位数模转换器（DAC）。

（8）4 个 12 位模数转换器（ADC）。

（9）工作温度：-40～85℃（工业级），-40～125℃（汽车级）。

（10）低电压：2.0～3.6V。

（11）内部温度传感器（Temperature Sensor）。

3.1.2 芯片命名规则

STM32 系列微控制器命名方法如图 3-1 所示。

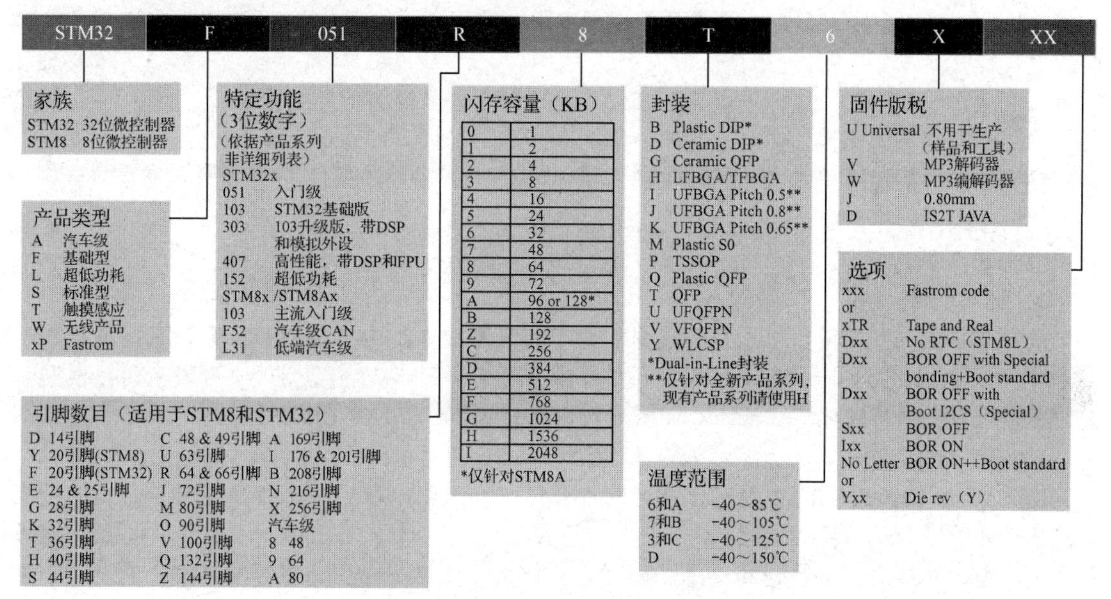

图 3-1 STM32 系列微控制器命名方法

STM32F429IGT6 命名中各位含义如表 3-2 所示。

表 3-2 STM32F429IGT6 命名中各位含义

组成	含义
家族	STM32 表示 32 位的微控制器
产品类型	F 表示基础型
特定功能	429 表示高性能，带 DSP、FPU、LTDC 控制器和 FMC
引脚数目	I 表示 176 引脚
闪存容量	G 表示 1024KB
封装	T 表示 QFP 封装，这是最常用的封装
温度	6 表示温度等级为 A（-40～85℃）

3.1.3 开发工具

进行 STM32F 系列微控制器的程序开发需要搭建一个交叉开发环境，其中包括计算机、开发软件、调试器、开发板或自己设计的电路板（包括 STM32F 系列微控制器）。程序交叉开发环境搭建示意图如图 3-2 所示。

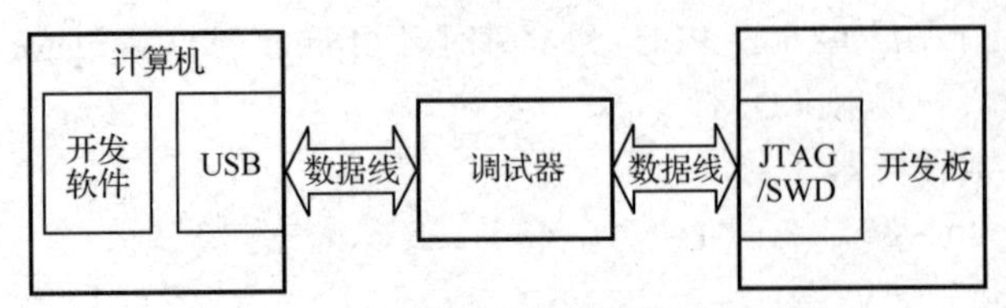

图 3-2　程序交叉开发环境搭建示意图

在计算机中使用开发软件编写应用程序，然后使用调试器将计算机和开发板连接起来，再将应用程序通过调试器下载到开发板中（一般是 STM32F 系列微控制器内部的存储器中），即可使用开发软件在线调试应用程序，在发现应用程序有错误时进行调试（语法错误一般能够在编译阶段排除，使用在线调试主要是为了发现程序中功能或逻辑错误），直至应用程序满足设计要求，大致有以下几个步骤。

（1）创建一个工程，选择一块目标芯片，并且做一些必要的工程配置。

（2）编写 C 或汇编源文件。

（3）编译应用程序。

（4）修改源程序中的错误。

（5）联机调试。

1．开发软件

选择合适的开发环境可以加快开发进度，节省开发成本。由于 STM32 系列微控制器基于 ARM 内核，所以很多基于 ARM 嵌入式开发环境都可用于 STM32 开发平台，开发者可以根据需求选择适合自己的开发环境。常用商业版软件有 Keil MDK 和 IAR EWARM。

1）Keil MDK

Keil MDK（MDK-ARM）是德国知名软件公司——Keil（现已并入 ARM 公司）开发的微控制器软件开发平台，是目前 ARM 内核单片机开发的主流工具。MDK-ARM 提供了包括 C 编译器、宏汇编、连接器、库管理和一个功能强大的仿真调试器在内的完整开发方案，通过一个集成开发环境将这些功能组合在一起集成了业内最领先的技术。MDK-ARM 支持 Cortex-M、Cortex-R 等 ARM 内核处理器，集成 Flash 烧写模块等，具备针对不同调试器的在线调试功能，已经成为 ARM 软件开发工具的标准。MDK-ARM 有 4 个可用版本，分别是 MDK-Lite、MDK-Basic、MDK- Standard、MDK-Professional。最新版本为 MDK-ARM Version 5.27（截止时间为 2019.03.25）。

2）IAR EWARM

IAR EWARM（Embedded Workbench for ARM）是瑞典IARSystems 公司为 ARM 微处理器开发的一个集成开发环境。它包含项目管理器、编辑器、C/C++编译器、汇编器、连接器和调试器，IAR EWARM 具有入门容易、使用方便、代码紧凑等特点。通过其内置的针对不同芯片的代码优化器，IAR EWARM 可以为 ARM 芯片生成非常高效、可靠的 Flash/PROMable 代码。IAR EWARM 中包含一个全软件的模拟程序，用户不需要任何硬件支持就可以模拟 ARM 内核、外围设备，甚至中断的软件运行环境。最新版本为 IAR EWARM 8.32（截止时间为 2019.03.25）。

2．调试工具

大部分 STM32F 系列微控制器内核包含用于高级调试功能的硬件，利用这些调试功能，可以在取指（指令断点）或取访问数据（数据断点）时使内核停止。当内核停止时，可以查询内核的内部状态和系统的外部状态。查询完成后，将恢复内核和系统并恢复程序执行。

当调试器与 STM32F 系列微控制器相连并进行调试时，将使用内核的硬件调试模块。调试接口（SWJ-DP）把 SWD-DP 和 JTAG-DP 功能合二为一，并且支持自动协议检测。

调试工具提供两个调试接口：串行（SWD）接口和 JTAG 接口。STM32F4 系列微控制器调试接口结构框图如图 3-3 所示。

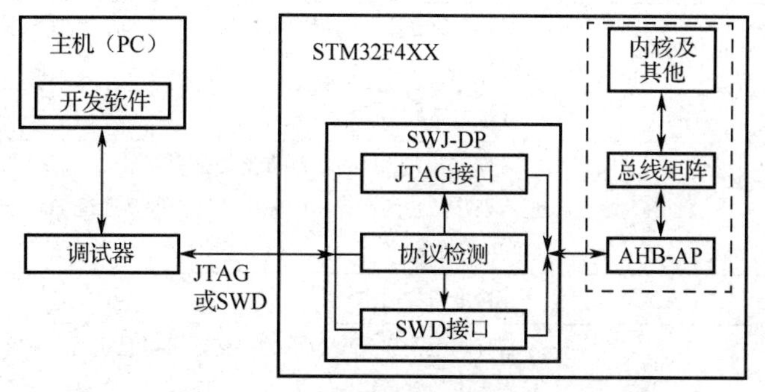

图 3-3　STM32F4 系列微控制器调试接口结构框图

STM32F4 系列微控制器调试接口引脚图如图 3-4 所示。

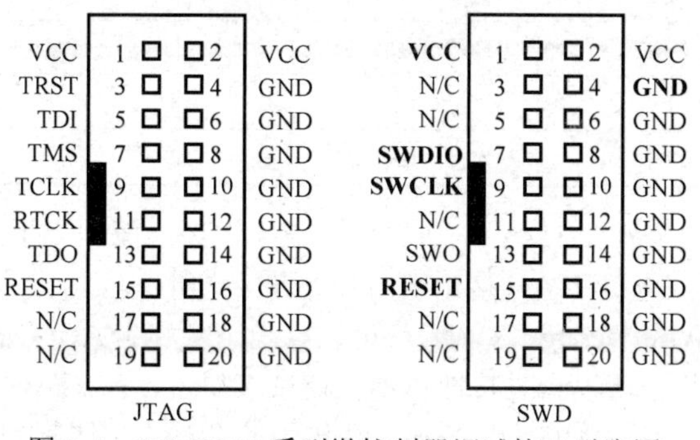

图 3-4　STM32F4 系列微控制器调试接口引脚图

STM32F4 系列微控制器调试接口各引脚功能如表 3-3 所示。

表 3-3　STM32F4 系列微控制器调试接口各引脚功能

仿真器接口	连接目标板	备注
1：VCC	微控制器电源 VCC	连接接口信号电平参考电压，一般直接连接电路板电源
2：VCC（可选）	微控制器电源 VCC	连接接口信号电平参考电压，一般直接连接电路板电源
3：TRST	TRST	测试复位，输入引脚，低电平有效
4：GND	GND	连接电路板 GND
5：TDI	TDI	TDI 接口是数据输入的接口，在 IEEE1149.1 标准里是强制要求的。所有要输入至特定寄存器的数据都是通过 TDI 接口一位一位串行输入的（由 TCK 驱动）
6：GND	GND	连接电路板 GND
7：TMS，SWDIO	TMS，SWDIO	TMS：测试模式选择（Test Mode State） SWDIO：串行数据输入、输出（Serial Wire Input and Output） 在 TCK 的上升沿有效。TMS 在 IEEE1149.1 标准里是强制要求的。TMS 信号用来控制 TAP 状态机的转换
8：GND	GND	连接电路板 GND
9：TCLK，SWCLK	TMS，SWCLK	TCLK：测试时钟（Test Clock），SWCLK：串行时钟（Serial Wire Clock） TCLK 与 SWCLK 在 IEEE1149.1 标准里是强制要求的。TCK 为 TAP 的操作提供了一个独立的、基本的时钟信号，TAP 的所有操作都是通过这个时钟信号来驱动的
10：GND	GND	连接电路板 GND

续表

仿真器接口	连接目标板	备注
11：RTCK	RTCK	目标端反馈给仿真器的时钟信号，用来同步 TCK 信号的产生，不使用时直接接地
12：GND	GND	连接电路板 GND
13：TDO	TDO	TDO 在 IEEE1149.1 标准里是强制要求的。TDO 接口是数据输出的接口。所有要从特定的寄存器中输出的数据都是通过 TDO 接口一位一位串行输出的（由 TCK 驱动）
14：GND	GND	连接电路板 GND
15：RESET	RESET	目标板上的系统复位信号相连，可以直接对目标系统复位。同时可以检测目标系统的复位情况，为了防止误触发，应在目标端加上适当的上拉电阻
16：GND	GND	连接电路板 GND
17：N/C	N/C	悬空
18：GND	GND	连接电路板 GND
19：N/C	N/C	悬空
20：GND	GND	连接电路板 GND

在实际的使用中，为了减少 JTAG 接口在电路板中占用的面积，通常使用双排的 10 针 JTAG 接口作为仿真接口使用。10 针 JTAG 接口电路图如图 3-5 所示。

串行调试（Serial Wire Debug，SWD），可以算是一种和 JTAG 不同的调试模式，二者使用的调试协议也应该不一样，所以最直接地体现在调试接口上，与 JTAG 接口的 20 个引脚相比，SWD 接口只需要 4 个引脚，结构简单。SWD 和传统的调试方式区别如下。

SWD 模式比 JTAG 在高速模式下更加可靠，在基本使用 JTAG 仿真模式的情况下是可以直接使用 SWD 模式的，只要仿真器支持，所以推荐大家使用这个模式。

在电路板空间紧张的时候，推荐使用 SWD 模式的接口。SWD 模式的接口只需要使用一个很小的 2.54mm 间距的 4 芯端子作仿真接口。由于它需要的引脚少，因此占用的 PCB 空间就小。SWD 接口电路图如图 3-6 所示。

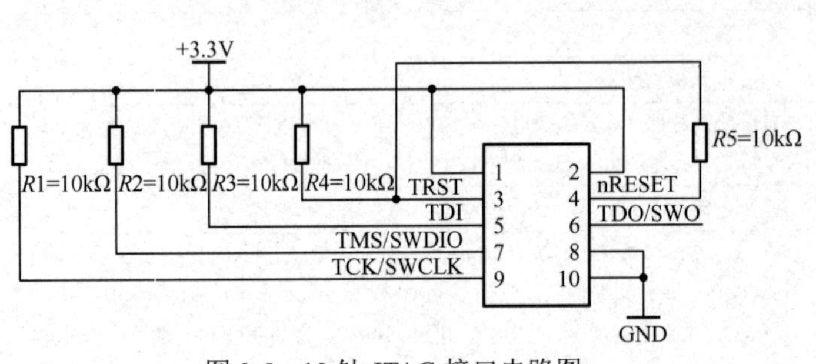

图 3-5　10 针 JTAG 接口电路图

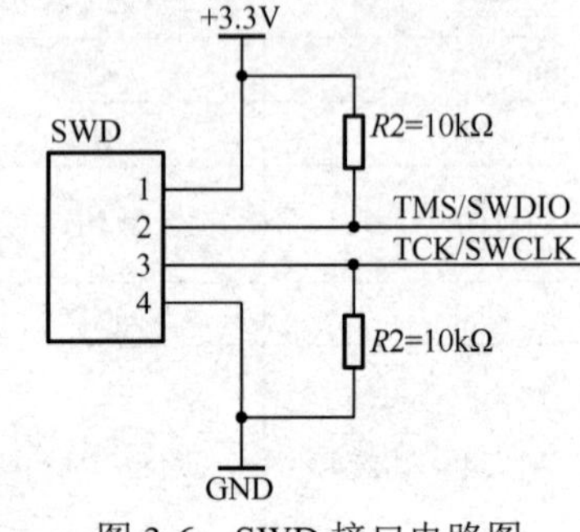

图 3-6　SWD 接口电路图

1）J-Link

J-Link 是 SEGGER 公司为支持仿真 ARM 内核芯片推出的 JTAG 仿真器。它是通用的开发工具，配合 MDK-ARM、IAR EWARM 等开发平台，可以实现对 ARM7、ARM9、ARM11、Cortex-M0/M1/M3/M4、Cortex-A5/A8/A9 等大多数 ARM 内核芯片的仿真。J-Link 需要安装驱动程序，才能配合开发平台使用。J-Link 仿真器有 J-Link Plus、J-Link Ultra、J-Link Ultra+、J-Link Pro、

J-Link EDU、J-Trace 等多个版本，可以根据不同的需求来选择不同的产品。J-Link 外观图如图 3-7 所示。

（1）JTAG 最高时钟频率可达 15MHz。

（2）目标板电压范围为 1.2～3.3V，5V 兼容。

（3）具有自动速度识别功能。

（4）支持编辑状态的断点设置，并在仿真状态下有效。可快速查看寄存器和方便配置外设。

（5）带 J-Link TCP/IP server，允许通过 TCP/ IP 网络使用 J-Link。

2）U-Link2

U-Link2 是 Keil 公司开发的仿真器，专用于 MDK-ARM 平台。在 MDK-ARM 平台下无须驱动，可直接使用。U-Link2 外观图如图 3-8 所示。

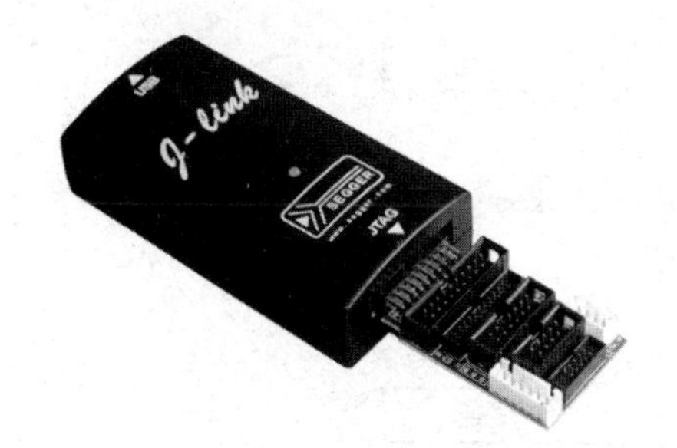

图 3-7　J-Link 外观图

图 3-8　U-Link2 外观图

（1）JTAG 最高时钟频率可达 10MHz。

（2）支持 Cortex-M 串行查看器（SWV）数据和时间跟踪，速度高达 1Mbit/s（UART 模式）。

（3）支持编辑状态的断点设置，并在仿真状态下有效。

（4）拥有独特的工具窗口，可快速查看寄存器和方便配置外设。

（5）存储区域/寄存器查看。

3）ST-Link

ST-Link 是 ST 公司为 STM8 系列和 STM32 系列微控制器设计的仿真器。ST-Link 外观图如图 3-9 所示。编程功能：可烧写 Flash ROM、EEPROM、AFR 等，需要安装驱动程序才能使用。

仿真功能：支持全速运行、单步调试、断点调试等调试方法，可查看 I/O 状态、变量数据等。

仿真性能：采用 USB2.0 接口进行仿真调试，单步调试，断点调试，反应速度快。

编程性能：采用 USB2.0 接口，进行 SWIM/JTAG/SWD 下载，下载速度快。

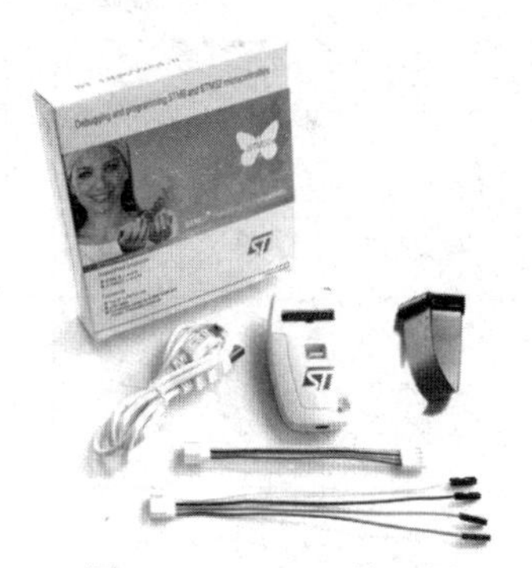

图 3-9　ST-Link 外观图

3．开发板

开发板是用来进行嵌入式系统开发的电路板，包括嵌入式微处理器、存储器、输入设备、输出设备、数据通路/总线和外部资源接口等一系列硬件组件。开发板是为初学者了解和学习嵌入式系统的硬件和软件而设计的，部分开发板还提供了基础集成开发环境、软件源代码和硬件原理图等。

4．软件开发形式

进行 STM32 系列微控制器的程序开发主要分为两种方式：直接寄存器操作开发方式和库函数开发方式。

使用直接寄存器操作开发方式需要完全熟悉微控制器的使用方法、流程及寄存器的配置方法。在编写程序时，直接面对寄存器，需要程序员自己编写所有操作代码。

库函数开发方式是在一个特定的库函数基础上进行程序开发的。库函数把对寄存器的操作抽象成了一系列操作微控制器的API（Application Program Interface）函数，程序员只需要在功能层面熟悉API函数使用方法，然后按照一定的流程编写程序即可。

意法半导体公司提供了操作STM32F系列微控制器的标准函数库，该函数库包括对STM32F系列微控制器操作的基本API函数。开发者可调用这些函数接口来配置STM32F系列微控制器的寄存器，使开发人员得以脱离最底层的寄存器操作。使用函数库开发方式进行应用开发，有开发快速、易于阅读、维护成本低等优点。

库函数开发方式和直接寄存器操作开发方式之间的对比如图3-10所示。

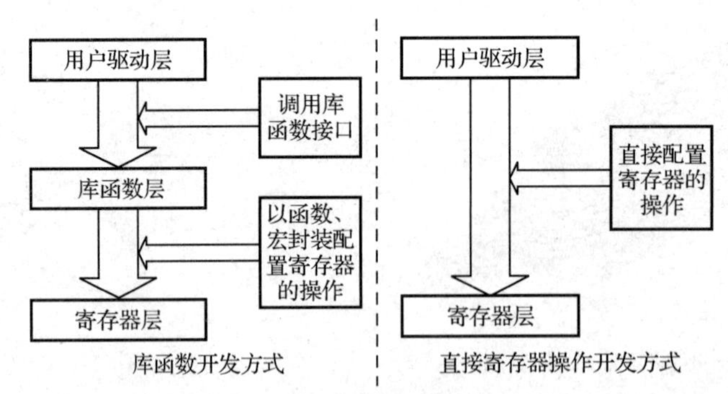

图3-10　库函数开发方式和直接寄存器操作开发方式之间的对比

库函数是架设在寄存器层与用户驱动层之间的代码，向下处理与寄存器直接相关的配置，向上为用户提供配置寄存器的接口。库函数开发方式与直接寄存器操作开发方式的区别如表3-4所示。

表3-4　库函数开发方式与直接寄存器操作开发方式的区别

软件开发形式	特点
库函数开发方式	更接程序员的思维：①用结构体封装寄存器参数；②用宏表示参数，意义明确；③用函数封装对寄存器的操作
	移植性好：代码的易读性好，使得驱动修改非常方便
直接寄存器操作开发方式	更接近机械思维：直接针对寄存器的某些为进行置1或清零操作，能清晰看到驱动代码控制的底层对象
	运行效率高：没有库函数层，省去代码为分层而消耗的资源

在实际使用过程中，大量使用库函数的地方主要集中在初始化阶段，在需要大量数据传输或响应操作等场合，库函数使用得并不是非常频繁，因此库函数开发方式和直接寄存器操作开发方式在运行效率上的区别不大。综合考虑两种方式的优缺点，在STM32系列微控制器实际开发过程中，推荐使用库函数开发方式。

为了理解API函数实现的原理，程序员需要掌握寄存器操作方式的编程方法，在后续章节将会就寄存器操作方法进行讲解。

3.1.4　STM32标准函数库介绍

STM32系列内核是ARM公司设计的处理器体系架构。ST公司或其他芯片生产商，负责设计的是除内核之外的部件，被称为核外外设或片上外设、设备外设，如芯片内部的模数转换外设 ADC、串口 UART、定时器 TIM 等。

为了解决不同的芯片生产商生产的 Cortex 微控制器软件的兼容性问题，ARM 公司与芯片生产商建立了 CMSIS 标准（Cortex Microcontroller Software Interface Standard），CMSIS 标准软件结构图如图 3-11 所示，它包括以下几部分。

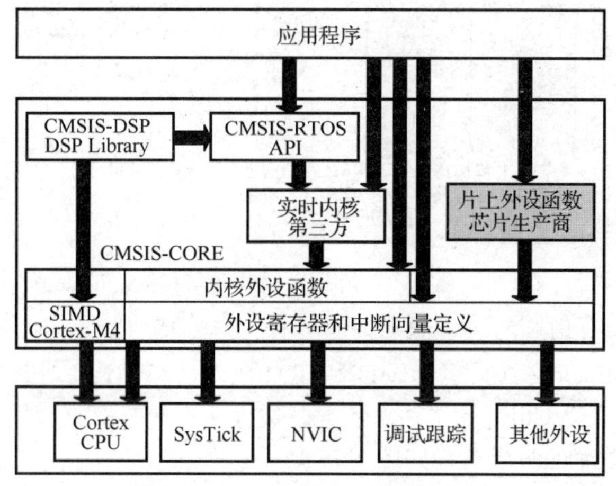

图 3-11　CMSIS 标准软件结构图

（1）CMSIS-CORE：提供 Cortex-M0、Cortex-M3、Cortex-M4、SC000 和 SC300 等处理器与外围寄存器之间的接口。

（2）CMSIS-DSP：包含以定点（分数 q7、q15、q31）和单精度浮点（32 位）实现的 60 多种函数的 DSP 函数库。

（3）CMSIS-RTOS API：用于线程控制、资源和时间管理的实时操作系统的标准化编程接口。

CMSIS 层位于硬件层与操作系统或用户层之间，它提供了与芯片生产商无关的硬件抽象层，可以为接口外设、实时操作系统提供简单的处理器软件接口，屏蔽了硬件差异，这对软件的移植是有极大好处的。

在此基础上，芯片生产商设计片上外设函数，从而形成一个完整的标准函数库，它包括以下几部分。

核内外设访问层（Core Peripheral Access Layer，CPAL）：该层由 ARM 公司负责实现，包括对核内寄存器名称、地址的定义，内核寄存器、NVIC、调试子系统的访问接口定义，以及对特殊用途寄存器的访问接口（如控制寄存器、程序状态寄存器）定义。由于对特殊用途寄存器的访问以内联方式定义，所以针对不同的编译器 ARM 公司统一用__INLINE 来屏蔽差异。该层定义的接口函数均是可重入的。

片上外设访问层（Device Peripheral Access Layer，DPAL）：该层由芯片生产商负责实现。该层的实现与 CPAL 类似，负责对硬件寄存器地址及外设访问接口进行定义。该层可调用 CPAL 层提供的接口函数，同时根据设备特性对异常向量表进行扩展，以处理相应外设的中断请求。

外设访问函数（Access Functions for Peripherals，AFP）：该层也由芯片生产商负责实现，主要提供访问片上外设的访问函数。STM32 的标准函数库按照 CMSIS 标准建立，是一个固件函数库，由程序、数据结构和宏组成，包括微控制器所有外设的性能特征。该固件函数库还包括每一个外设的驱动描述和应用实例，为开发者访问底层硬件提供了一个中间 API，通过使用固件函数库，无须深入掌握底层硬件细节，开发者就可以轻松应用每一个外设。因此，使用固态函数库可以大大减少开发者开发使用片内外设的时间，进而降低开发成本。每个外设驱动都由一组函数组成，这组函数覆盖了该外设所有功能。每个器件的开发都由一个通用的标准化的 API 函数驱动。

库文件主要包括 Libraries、Project、Utilities 三个文件夹和三个说明文件。库文件结构图如图 3-12 所示。

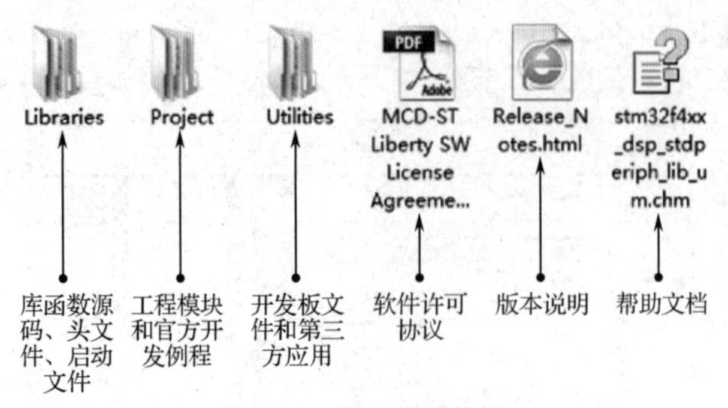

图 3-12　库文件结构图

Libraries 文件夹包含用到的函数库的所有文件，用户通过对这个文件夹中文件的使用来完成应用程序的设计。Project 文件夹包含 MDK-ARM、IAR EWARM 等集成开发环境工程模板和官方片上外设的一些例程。Utilities 文件夹包含开发板文件和第三方应用。

STM32 的标准函数库的组成机构如图 3-13 所示。

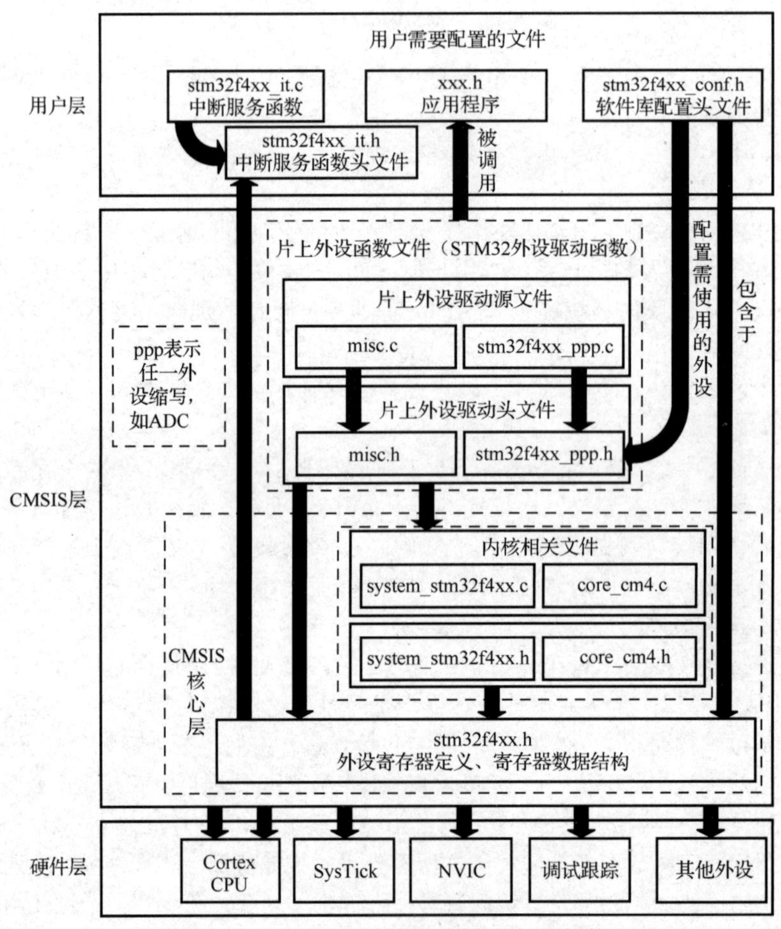

图 3-13　STM32 的标准函数库的组成机构

在实际应用中，需要按照图 3-13 中的结构把各环节用到的文件一并加载到集成开发环境的工程之中，以在 MDK-ARM 下建立 STM32F429 应用工程为例，工程中用到的各程序功能和目录如表 3-5 所示。

表 3-5　工程中用到的各程序功能和目录

功能分类	文件名	功能说明	目录地址
启动文件	startup_stm32f429_439xx.s	启动文件	..\Libraries\CMSIS\Device\ST \STM32F4xx\Source\Templates\arm
外设相关	stm32f4xx.h	外设寄存器定义	..\Libraries\CMSIS\Device\ST\ STM32F4xx\Include
	system_stm32f4xx.h	—	..\Libraries\CMSIS\Device\ST \STM32F4xx\Include
	system_stm32f4xx.c	用于配置系统时钟等	..\Libraries\CMSIS\Device\ST \STM32F4xx\Source\Templates
	stm32f4xx_conf.h	可以选择应用中的外设	..\Project\STM32F4xx_StdPeriph_Templates
	stm32f4xx_ppp.h	外设标准函数库头文件	..\Libraries\STM32F4xx_StdPeriph_Driver\inc
	stm32f4xx_ppp.c	外设标准函数库源件	..\Libraries\STM32F4xx_StdPeriph_Driver\src
	misc.h	—	..\Libraries\STM32F4xx_StdPeriph_Driver\inc
	misc.c	NVIC、SysTick 相关函数	..\Libraries\STM32F4xx_StdPeriph_Driver\src
内核相关	core_cm4.h	内核寄存器定义	..\Libraries\CMSIS\Include
	core_cmFunc.h	操作内核相关，不常用	..\Libraries\CMSIS\Include
	core_cmInstr.h	内核指令定义	..\Libraries\CMSIS\Include
	core_cmSimd.h	SIMD 指令定义	..\Libraries\CMSIS\Include
通用	stdint.h	数据类型定义	..\Keil_v5\ARM\ARMCC\include\
用户相关	stm32f4xx_it.h	中断服务函数头文件	..\Project\STM32F4xx_StdPeriph_Templates
	stm32f4xx_it.c	用户编写的中断服务函数	..\Project\STM32F4xx_StdPeriph_Templates
	main.c	用户应用程序主程序入口	可自定义
	其他应用子程序	用户自定义应用功能	可自定义

启动文件 startup_stm32f429_439xx.s 实现了如下功能。

（1）初始化堆栈指针，SP=__initial_sp。

（2）初始化程序计数寄存器指针，PC=Reset_Handler。

（3）初始化中断向量表。

（4）配置系统时钟。

（5）调用 C 库函数__main 初始化用户堆栈，从而最终调用 main 函数进入 C 程序的世界。

在\Libraries\CMSIS\Device\ST\STM32F4xx\Source\Templates 这个目录下，除 arm 文件夹外，还有 gcc_ride7、iar、SW4STM32、TrueSTUDIO 等文件夹，这些文件夹包含了对应编译平台的汇编启动文件，在实际使用时要根据编译平台来选择。如果使用其他型号的芯片，要在此处选择对应的启动文件，如 STM32F407 型号的芯片使用 startup_stm32f4xx.s 启动文件。

stm32f4xx.h 文件是一个 STM32 系列芯片底层相关的文件，比较重要。它包含了 STM32 标准函数库中所有外设寄存器地址和结构体类型定义，在使用到 STM32 标准函数库的地方都要包含这个头文件。

system_stm32f4xx.c 文件包含 STM32 系列芯片上电后初始化系统时钟、扩展外部存储器用的函数。例如，用于上电后初始化时钟的 SystemInit 函数，对应的头文件是 system_stm32f4xx.h。STM32F429 系列的芯片，执行 SystemInit 函数后，系统时钟频率被初始化为 180MHz，如有需要可以修改这个文件的内容，将其设置成自己所需的时钟频率。

stm32f4xx_conf.h 文件被包含进 stm32f4xx.h 文件中。STM32 标准函数库支持所有 STM32F4 型号的芯片，但有的型号芯片外设功能比较多，所以在使用这个配置文件时需要根据芯片型号增减 STM32 标准函数库的外设文件。通过宏定义指定不同芯片的型号所包含的不同外设。例如，STM32F429 和 STM32F427 型号芯片片上外设有差异，分别使用了不同的宏定义不一样的头文件。

在 STM32 标准函数库的函数中，一般会包含输入参数检查，使用 assert_param 宏完成这一功能，当参数不符合要求时，会调用 assert_failed 函数，这个函数默认是空的。

stm32f4xx_ppp.c 文件定义了处理器中各个片上外设的驱动接口函数，这些文件是我们使用函数库的主体。操作片上外设所需要的功能函数都可以在相应的 stm32f4xx_ppp.c 文件中找到。ppp 表示任一外设缩写。例如，adc 对应的文件是 stm32f4xx_adc.c，对应的头文件是 stm32f4xx_adc.h。

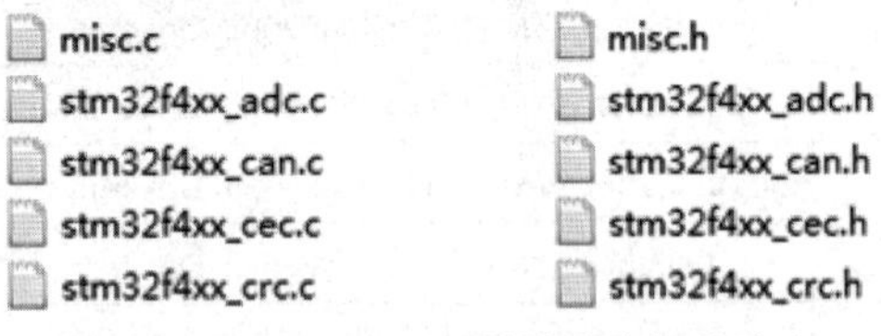

图 3-14　STM32F429 型号芯片部分片上外设驱动文件和头文件

misc.c 文件提供了外设对内核中的 NVIC（中断向量控制器）的访问函数，如果需要使用中断，就必须把这个文件添加到工程。

图 3-14 显示了 STM32F429 型号芯片部分片上外设驱动文件和头文件。

与内核相关的头文件包括 core_cm4.h、core_cmFunc.h、core_cmInstr.h、core_cmSimd.h。这些文件是与 Cortex-M 内核设备相关的头文件，它们为采用 Cortex-M 内核设计 SoC 的芯片生产商设计的芯片外设提供了一个进入内核的接口，定义了一些与内核相关的寄存器。对于相同 Cortex-M 内核的不同芯片生产商的微控制器芯片，这些文件是一样的。在同目录下还有几个文件是 DSP 函数库使用的头文件。

stm32f4xx_it.c 文件是专门用来编写中断服务函数的。这个文件默认已经定义了一些系统异常（特殊中断）的接口函数，其他普通中断服务函数需要用户自己添加。中断服务函数放置的位置不是必须放在 stm32f4xx_it.c 文件中，可以在用户自定义的程序文件中定义，但是，中断服务函数名不能随便定义，需要和启动文件中的对应中断服务函数名保持一致。stm32f4xx_it.c 文件对应的头文件是 stm32f4xx_it.h。

stdint.h 文件是 C99 中的一个标准头文件，是独立于处理器之外的，位于 MDK-ARM 软件的安装目录下，主要作用是提供一些数据类型定义，在编程过程中经常用到这些定义的数据类型。这些新类型定义屏蔽了在不同芯片平台时，数据类型的差异（如不同平台下 int 类型数据可能是 16 位的也可能是 32 位的）。在不同平台上移植程序时，只需要改变 stdint.h 文件中的数据类型定义即可，这样简化了程序的移植过程。

core_cm4.h 和 stm32f4xx.h 文件包含了 stdint.h 这个头文件。

```
/*exact-width signed integer types*/
typedef    signed          char int8_t;
typedef    signed short    int int16_t;
typedef    signed          int int32_t;
typedef    signed          __INT64 int64_t;

/*exact-width unsigned integer types*/
typedef  unsigned          char uint8_t;
```

```
typedef   unsigned short      int uint16_t;
typedef   unsigned            int uint32_t;
typedef   unsigned            __INT64 uint64_t;
```

3.2　STM32F429 微控制器结构

STM32F429微控制器属于STM32F4系列微控制器，采用了最新的 180MHz 的Cortex-M4处理器内核，可取代当前基于微控制器和中低端独立数字信号处理器的双片解决方案，或者将两者整合成一个基于标准内核的数字信号控制器。微控制器与数字信号处理器整合还可提高能效，让用户使用支持 STM32 的强大研发生态系统。STM32 全系列产品在引脚、软件和外设上相互兼容，并配有巨大的开发支持生态系统，包括例程、设计 IP、低成本的探索工具和第三方开发工具，可提升设计系统扩展和软、硬件再用的灵活性，使 STM32 平台的投资回报率最大化。因此，与STM32F429微控制器的相关结构、原理及使用方法适用于其他STM32F4系列微控制器，对于使用相同封装形式和相同的功能的片上外设应用来讲，代码和电路可以公用。后面章节均以STM32F429微控制器为对象讲解芯片的内部构造、片上外设工作原理及应用方法。

STM32F429 微控制器的封装形式有 LQFP100（14mm×14mm）、LQFP144（20mm×20mm）、UFBGA169（7mm×7mm）、LQFP176（24mm× 24mm）、LQFP208（28mm×28mm）、UFBGA176（10mm×10mm）、TFBGA216（13mm×13mm）、WLCSP143。一般来讲，引脚数量越大可用的片内资源越多，在实际使用中根据应用需求选择合适的芯片。本书以 STM32F429IGT6 芯片为例进行讲解，对应的封装形式是 LQFP176（24mm×24mm）。STM32F429IGT6 芯片的外观图如图 3-15 所示。

图 3-15　STM32F429IGT6 芯片的外观图

3.2.1　芯片资源

STM32F429IGT6 芯片使用的是 Cortex-M4 处理器内核，支持 FPU 指令和 DSP 指令，集成了丰富的片上外设，能够满足大部分嵌入式系统设计应用。该芯片内部的资源如下。

1．内核

（1）32 位高性能 Cortex-M4 处理器。

（2）时钟：频率高达 180MHz。

（3）支持 FPU（浮点运算）和 DSP 指令。

2．I/O 端口

（1）共 176 个引脚，有 140 个 I/O 引脚。

（2）大部分 I/O 引脚都耐 5V（模拟通道除外）。

3．存储器容量

1024KB Flash，256KB SRAM。

4．LCD 控制器

分辨率为 800 像素×600 像素，具备专用于图像处理的专业 DMA——Chrom-Art Accelerator™（DMA2D）。

5．时钟、复位和电源管理

（1）1.8～3.6V 电源和 I/O 端口工作电压。

（2）上电复位、掉电复位和可编程的电压监控。

（3）强大的时钟系统：外部高速晶振、内部高速 RC 振荡器、内部低速 RC 振荡器、看门狗时钟、内部锁相环（倍频，其输出作为系统时钟）、外部低速晶振（主要作 RTC 时钟源）。

6．低功耗

睡眠、停止和待机三种低功耗模式。

7．模数转换器（ADC）

3 个 12 位 ADC（多达 24 个外部测量通道）。

8．数模转换器（DAC）

2 个 12 位 DAC。

9．直接内存存取（DMA）

16 个 DMA 通道，带 FIFO 和突发支持。

10．定时器

多达 17 个定时器。

11．通信接口

多达 21 个通信接口。

3 个 I2C 接口、8 个 USART、6 个 SPI 接口、1 个 SAI 接口、2 个 CAN2.0、1 个 SDIO。

12．USB OTG

2 个 USB OTG。

13．以太网媒体接入控制器（MAC）

1 个以太网媒体接入控制器。

3.2.2 芯片内部结构

STM32F429IGT6 芯片主系统由 32 位多层 AHB 总线矩阵构成，STM32F429 IGT6 芯片内部通过 8 条主控总线（S0～S7）和 7 条被控总线（M0～M6）组成的总线矩阵将 Cortex-M4 内核、存储器及片上外设连在一起。

1．8 条主控总线

（1）Cortex-M4 内核 I 总线、D 总线和 S 总线（S0～S2）。

S0：I 总线。此总线用于将 Cortex-M4 内核的指令总线连接到总线矩阵。内核通过此总线获取指令。此总线访问的对象是包含代码的存储器（内部 Flash/SRAM 或通过 FSMC 的外部存储器）。

S1：D 总线。此总线用于将 Cortex-M4 内核的数据总线和 64KB CCM 数据 RAM 连接到总线矩阵。内核通过此总线进行立即数加载和调试访问。此总线访问的对象是包含代码或数据的存储器（内部 Flash 或通过 FSMC 的外部存储器）。

S2：S 总线。此总线用于将 Cortex-M4 内核的系统总线连接到总线矩阵。此总线用于访问位于外设或 SRAM 中的数据。也可通过此总线获取指令（效率低于 I 总线）。此总线访问的对象是内部 SRAM（112KB、64KB 和 16KB）、包括 APB 外设在内的 AHB1 外设和 AHB2 外设，以及通过 FSMC 的外部存储器。

（2）DMA1 存储器总线、DMA2 存储器总线（S3、S4）。

S3、S4：DMA 存储器总线。此总线用于将 DMA 存储器总线主接口连接到总线矩阵。DMA 通过此总线来执行存储器数据的传入和传出。此总线访问的对象是如下数据存储器：内部 SRAM（112KB、64KB、16KB）及通过 FSMC 的外部存储器。

（3）DMA2 外设总线（S5）。

S5：DMA2 外设总线。此总线用于将 DMA2 外设总线主接口连接到总线矩阵。DMA 通过此总线访问 AHB 外设或执行存储器间的数据传输。此总线访问的对象是 AHB 和 APB 外设及数据存储器（内部 SRAM 及通过 FSMC 的外部存储器）。

（4）以太网 DMA 总线（S6）。

S6：以太网 DMA 总线。此总线用于将以太网 DMA 主接口连接到总线矩阵。以太网 DMA 通过此总线向存储器存取数据。此总线访问的对象是如下数据存储器：内部 SRAM（112KB、64KB 和 16KB）及通过 FSMC 的外部存储器。

（5）USB OTG HS DMA 总线（S7）。

S7：USB OTG HS DMA 总线。此总线用于将 USB OTG HS DMA 主接口连接到总线矩阵。USB OTG DMA 通过此总线向存储器加载/存储数据。此总线访问的对象是如下数据存储器：内部 SRAM（112KB、64KB 和 16KB）及通过 FSMC 的外部存储器。

2．7 条被控总线

（1）内部 Flash I 总线（M0）。

（2）内部 Flash D 总线（M1）。

（3）主要内部 SRAM1（112KB）总线（M2）。

（4）辅助内部 SRAM2（16KB）总线（M3）。

（5）辅助内部 SRAM3（64KB）总线（仅适用于 STM32F42 系列和 STM32F43 系列器件）（M7）。

（6）AHB1 外设（包括 AHB-APB 总线桥和 APB 外设）总线（M5）。

（7）AHB2 外设总线（M4）。

（8）FSMC 总线（M6）。FSMC 借助总线矩阵，可以实现主控总线到被控总线的访问，这样即使在多个高速外设同时运行期间，系统也可以实现并发访问和高效运行。

主控总线所连接的设备是数据通信的发起端，通过矩阵总线可以和与其相交被控总线上连接的设备进行通信。例如，Cortex-M4 内核可以通过 S0 总线与 M0 总线、M2 总线和 M6 总线连接 Flash、SRAM1 及 FSMC 进行数据通信。STM32F429IGT6 芯片总线矩阵结构图如图 3-16 所示。

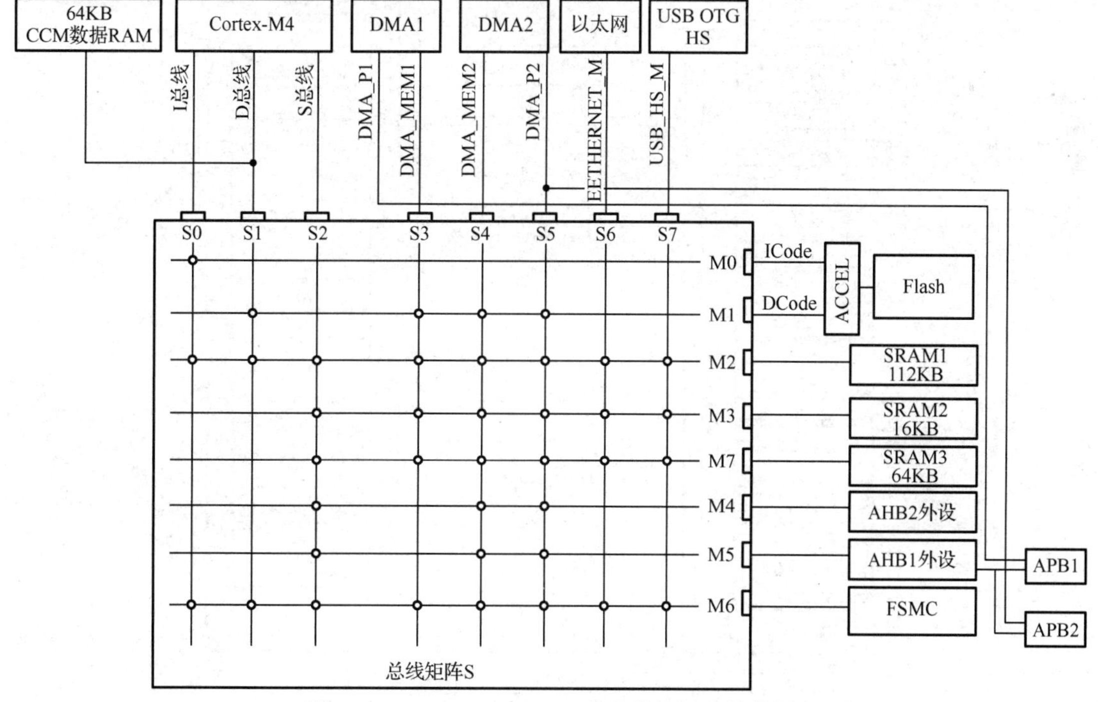

图 3-16　STM32F429IGT6 芯片总线矩阵结构图

在总线矩阵的互联下，将芯片内部的所有设备连接在一起，形成如图 3-17 所示的芯片内部构造结构图。

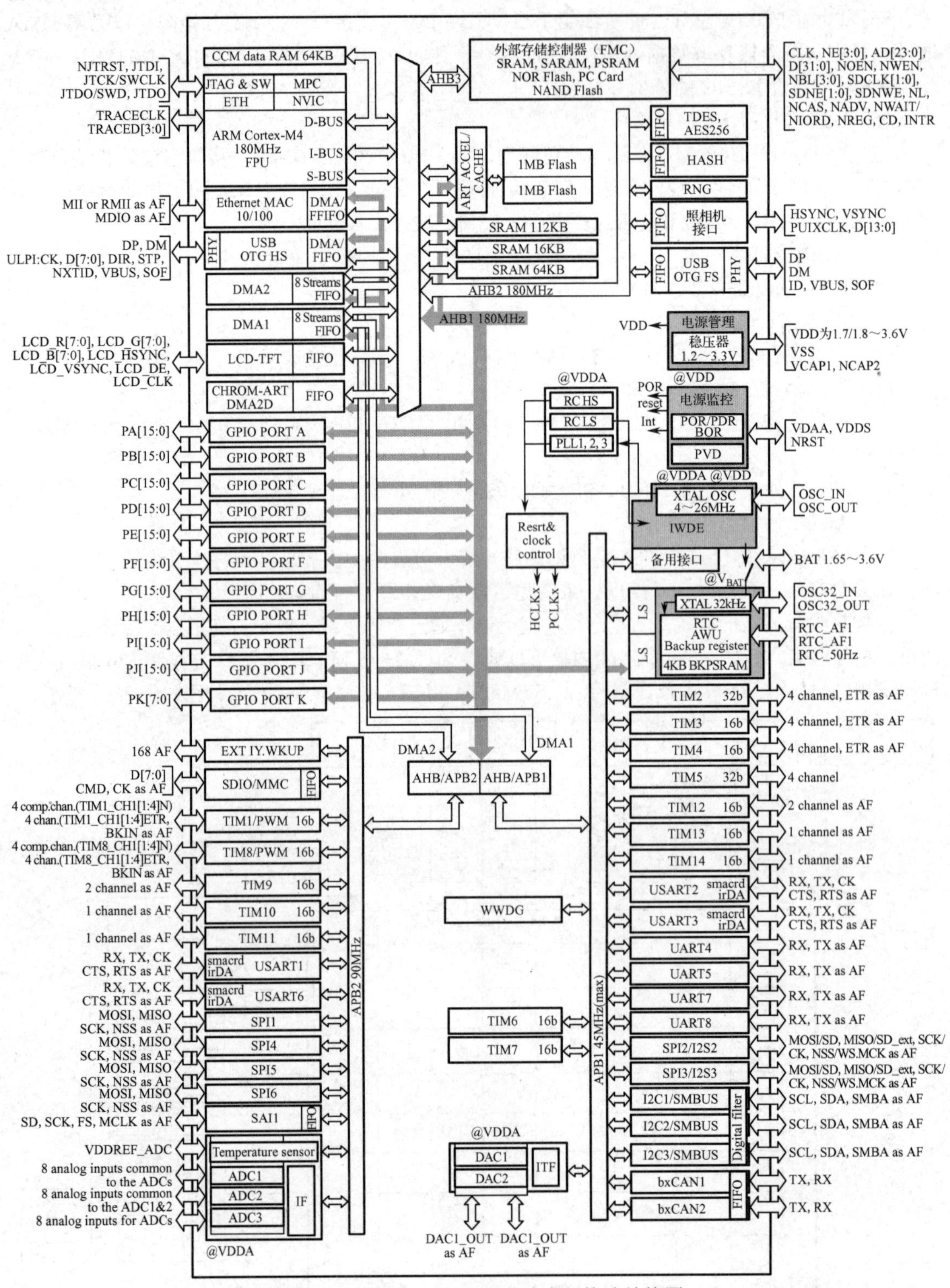

图 3-17　STM32F429IGT6 芯片内部构造结构图

3.2.3 芯片引脚和功能

STM32F429IGT6 芯片引脚示意图如图 3-18 所示。图 3-18 只列出了每个引脚的基本功能。但是，由于芯片内部集成功能较多，实际引脚有限，因此多数引脚为复用引脚（一个引脚可复用为多个功能）。例如，56 号引脚可以作为 PB0、TIM1_CH2N、TIM3_CH3、TIM8_CH2N、LCD_R3、OTG_HS_ULPI_D1、ETH_MII_RXD2、EVENTOUT、ADC12_IN8。对于每个引脚的功能定义请查看《STM32F427XX、STM32F429XX 数据手册》。

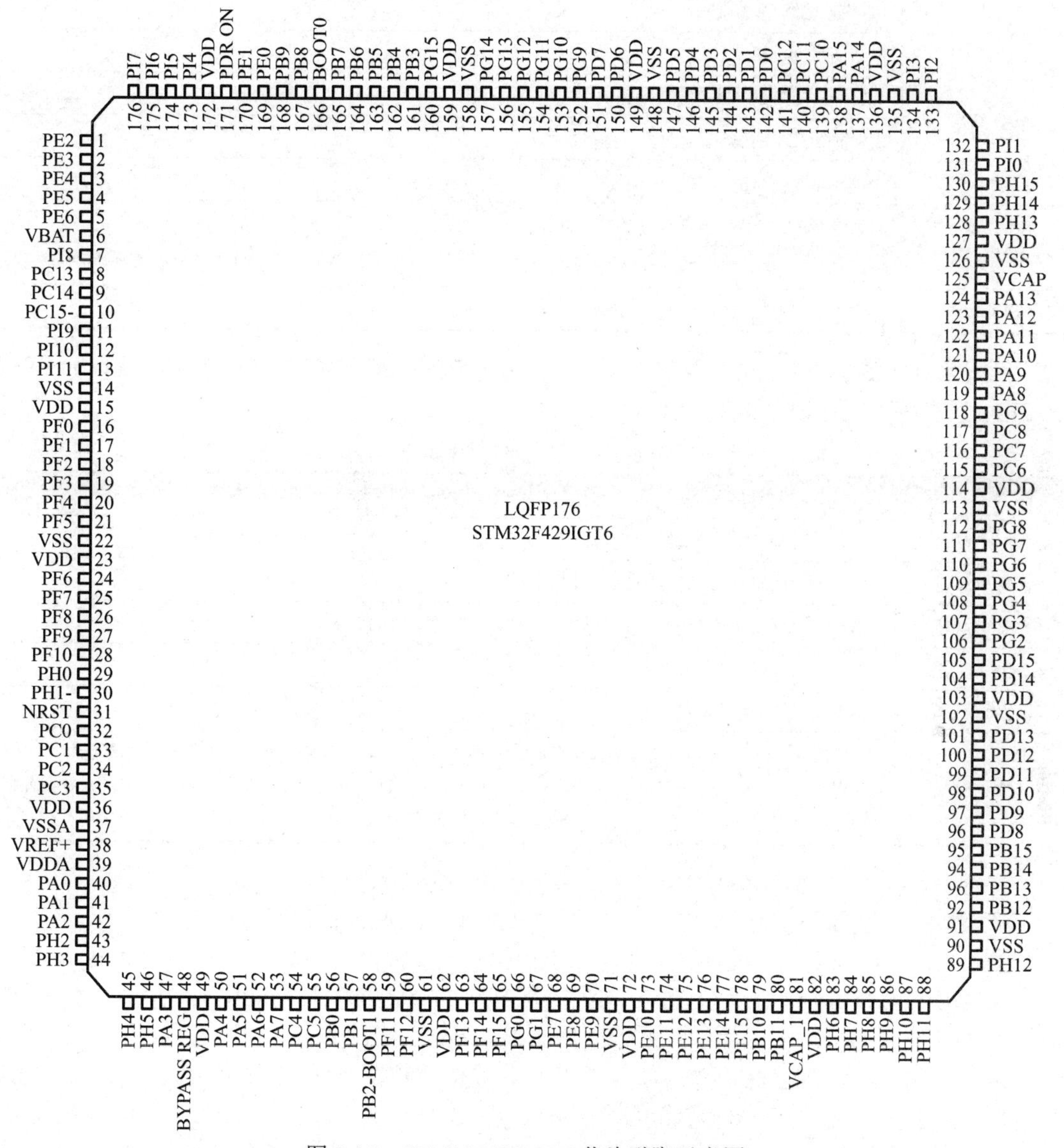

图 3-18 STM32F429IGT6 芯片引脚示意图

对微控制器引脚的说明主要从引脚序号、引脚名称、引脚类型、I/O 结构、注意事项、复用功能及额外功能等方面进行。微控制器引脚说明如表 3-6 所示。

表 3-6 微控制器引脚说明

名称	说明
引脚序号	阿拉伯数字表示 LQFP 封装，英文字母+阿拉伯数字表示 BGA 封装
引脚名称	指复位状态下的引脚名称
引脚类型	S 表示电源引脚
	I 表示输入引脚
	I/O 表示输入/输出引脚
I/O 结构	FT 表示兼容 5V
	TTa 表示只支持 3V3，且直接到 ADC
	B 表示 BOOT 引脚
	RST 表示复位引脚，内部带弱上拉引脚
注意事项	对某些 I/O 引脚要注意的事项的特别说明
复用功能	I/O 引脚的复用功能，通过 GPIO*x*_AFR 寄存器来配置选择。一个 I/O 引脚可以复用成多个功能
额外功能	I/O 引脚的额外功能，通过直连的外设寄存器配置来选择

引脚类型主要有电源引脚、晶振 I/O 引脚、下载 I/O 引脚、BOOT I/O 引脚、复位 I/O 引脚及 GPIO 引脚等，具体如表 3-7 所示。

表 3-7 微控制器引脚类型

引脚分类	引脚说明
电源引脚	V_{BAT}、V_{DD}、V_{SS}、V_{DDA}、V_{SSA}、V_{REF+}、V_{REF-}等
晶振 I/O 引脚	主晶振 I/O 引脚、RTC 晶振 I/O 引脚
下载 I/O 引脚	用于 JTAG 下载的 I/O 引脚：JTMS、JTCK、JTDI、JTDO、NJTRST
BOOT I/O 引脚	BOOT0、BOOT1，用于设置系统的启动方式
复位 I/O 引脚	NRST，用于外部复位
GPIO 引脚	专用器件接到专用的总线，比如 I2C、SPI、SDIO、FSMC、DCMI，这些总线的器件需要接到专用的 I/O 引脚，普通的元器件接到 GPIO 引脚，如蜂鸣器、LED 等元器件用普通的 GPIO 引脚，如果还有剩下的 I/O 引脚，可根据项目需要引出或者不引出

在表 3-7 中由前 5 部分 I/O 引脚组成的系统也叫作最小系统。

STM32F4 系列微控制器的所有标准输入引脚都是 CMOS 的，但与 TTL 兼容。

STM32F4 系列微控制器的所有容忍 5V 电压的输入引脚都是 TTL 的，但与 CMOS 兼容。

在输出模式下，在供电电压 2.7～3.6V 的范围内，STM32F4 系列微控制器所有的输出引脚都是与 TTL 兼容的。

表 3-8 列出了部分引脚的功能，其中 1 号引脚复位功能是 PE2（GPIOE 的 2 号引脚），引脚类型是 I/O 类型，具有容忍 5V 电压功能，并能复用成 TRACECLK、SPI4_SCK、SAI1_MCLK_A、ETH_MII_TXD3、FMC_A23、EVENTOUT 功能，大部分 GPIO 引脚都具备类似 PE2 的功能。6 号、14 号、15 号引脚是电源引脚，分别是 V_{BAT}、V_{SS}（电源负极）、V_{DD}（电源正极），除这几个引脚外，还有其他电源引脚。31 号引脚是复位引脚。166 号引脚是 STM32F429IGT6 微控制器的自举控制引脚。更多引脚功能请查阅《STM32F427XX、STM32F429XX 数据手册》。

表 3-8　部分引脚的功能说明

序号	名称	类型	I/O 结构	复用功能
1	PE2	I/O	FT	TRACECLK，SPI4_SCK，SAI1_MCLK_A，ETH_MII_TXD3，FMC_A23，EVENTOUT
6	V_{BAT}	S	—	无
14	V_{SS}	S	—	无
15	V_{DD}	S	—	无
31	NRST	I/O	RST	无
166	BOOT0	I	B	无

3.2.4　电源系统

STM32F429 微控制器的工作电压（V_{DD}）范围为 1.8～3.6V。嵌入式线性调压器用于提供内部 1.2V 数字电源。当主电源 V_{DD} 断电时，可通过 V_{BAT} 引脚为实时时钟（RTC）、RTC 备份寄存器和备份 SRAM（BKP SRAM）供电。电源系统主要分为备份电路、ADC 电路及调压器主供电电路三部分。STM32F429 微控制器内部电源系统结构图如图 3-19 所示。

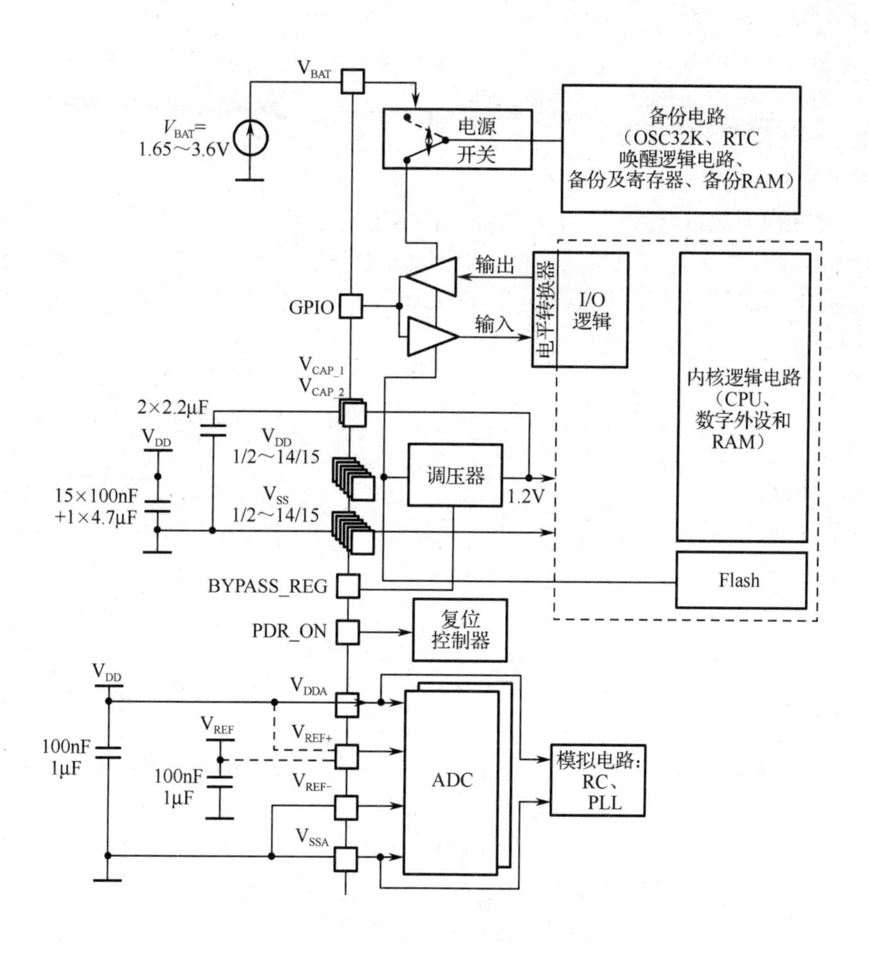

图 3-19　STM32F429 微控制器内部电源系统结构图

1．独立 ADC 电源和参考电压

为了提高转换精度，ADC 配有独立电源，可以单独滤波并屏蔽 PCB 上的噪声。

ADC 电源电压从单独的 V_{DDA} 引脚输入。

V_{SSA} 引脚提供了独立的电源接地连接。

为了确保在测量低电压时具有更高的精度，用户可以在 V_{REF} 引脚上连接单独的 ADC 外部参考电压输入。V_{REF} 介于 1.8V 到 V_{DDA} 之间。

2．备份电路

要想系统的电源 V_{DD} 关闭后保留 RTC 备份寄存器和备份 SRAM 的内容并为 RTC 供电，需要将 V_{BAT} 引脚连接到通过电池或其他电源供电的可选备用电压。在实际电路设计中，一般用两个二极管来设计 V_{BAT} 电源供电：将两个二极管阴极连在一起，并与 V_{BAT} 引脚连接，其中一个二极管连接电池电源输出脚，另外一个二极管的阳极连接 V_{DD} 引脚。

3．调压器主供电电路

嵌入式线性调压器为除备份域和待机电路外的所有数字电路供电，包括内核和所有片上外设、总线等，调压器输出电压约为 1.2V。此调压器需要将两个外部电容连接到专用引脚 V_{CAP_1} 和 V_{CAP_2}，用于对 1.2V 输出电压进行纹波处理。根据应用模式的不同，可采用以下三种不同的模式工作。

① 运行模式，调压器为 1.2V 域（内核、存储器和数字外设）提供全功率。

② 停止模式，调压器为 1.2V 域提供低功率，保留寄存器和内部 SRAM 的内容。

③ 待机模式，调压器掉电。除待机电路和备份域外，寄存器和 SRAM 的内容都将丢失。

当 BYPASS_REG 引脚连接 V_{DD} 引脚时，调压器被禁止，这时就需要通过 V_{CAP_1} 和 V_{CAP_2} 两个引脚提供 1.2V 工作电源。

STM32F429 微控制器内部具有电源监控器，用于检测 V_{DD} 引脚的电压，以实现复位功能及掉电紧急处理功能，保证系统可靠地运行，检测功能包括上电复位（POR）、掉电复位（PDR）、欠压复位（BOR）和可编程电压检测器（PVD）。要想使能复位控制器，需要将 PDR_ON 引脚连接到 V_{DD} 引脚。

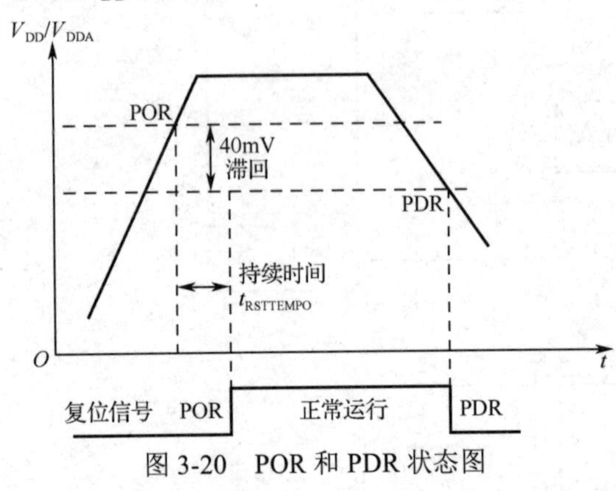

图 3-20　POR 和 PDR 状态图

1）上电复位与掉电复位

上电复位（Power On Reset，POR）功能是在 V_{DD} 由低向高上升越过规定的阈值（典型值为 1.72V）之前，保持芯片复位，在越过这个阈值后的一小段时间（$t_{RSTTEMPO}$，最大值为 3ms，最小值为 0.5ms）后，结束复位并取复位向量，开始执行指令。掉电复位（Power Down Reset，PDR）功能是在 V_{DD} 由高向低下降越过规定的阈值（典型值为 1.68V）后，将在芯片内部产生复位。

POR 和 PDR 状态图如图 3-20 所示。

2）欠压复位

通过设定欠压复位（Brownout Reset，BOR）的电压阈值，可以实现灵活的电压监控方案。在 V_{DD} 由低向高上升越过规定的阈值上限之前，保持芯片复位。在 V_{DD} 由高向低下降越过规定的阈值下限后，将在芯片内部产生复位。BOR 状态图如图 3-21 所示。通过对器件选项字节进行配置可以设定 BOR 的级别。可设置的 BOR 阈值如表 3-9 所示。

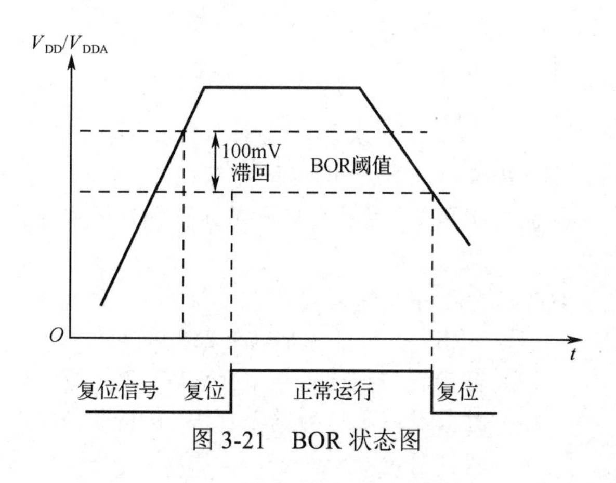

图 3-21　BOR 状态图

表 3-9　可设置的 BOR 阈值

级别	条件	典型值/V
1 级 BOR 阈值	下降沿	2.19
	上升沿	2.29
2 级 BOR 阈值	下降沿	2.5
	上升沿	2.59
3 级 BOR 阈值	下降沿	2.83
	上升沿	2.92

3）可编程电压检测器

可编程电压检测器（Programmable Votage Detector，PVD）的作用是监视供电电压，在 V_{DD} 下降到给定的阈值以下时，PVD 产生一个中断，通知软件做紧急处理。当 V_{DD} 又恢复到给定的阈值以上时，PVD 也会产生一个中断，通知软件供电恢复。供电下降的阈值与供电上升的 PVD 阈值有一个固定的差值，引入这个差值的目的是防止因电压在阈值上下小幅抖动而频繁地产生中断。PVD 状态图如图 3-22 所示。

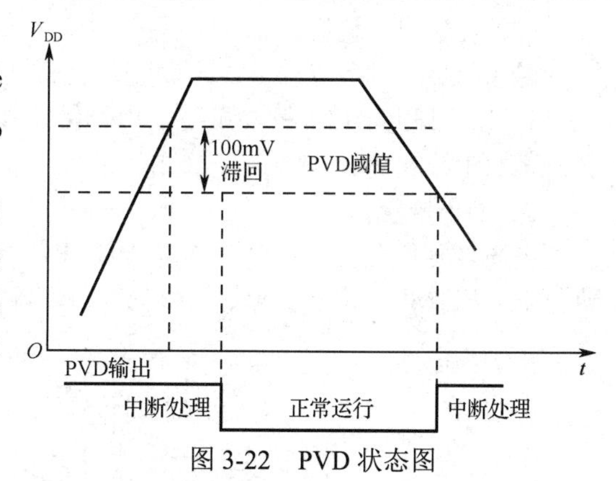

图 3-22　PVD 状态图

可设置的 PVD 阈值如表 3-10 所示。

表 3-10　可设置的 PVD 阈值

级别	条件	典型值/V	级别	条件	典型值/V
0 级 PVD 阈值	下降沿	2.14	4 级 PVD 阈值	下降沿	2.76
	上升沿	2.04		上升沿	2.66
1 级 PVD 阈值	下降沿	2.3	5 级 PVD 阈值	下降沿	2.93
	上升沿	2.19		上升沿	2.84
2 级 PVD 阈值	下降沿	2.45	6 级 PVD 阈值	下降沿	3.03
	上升沿	2.35		上升沿	2.93
3 级 PVD 阈值	下降沿	2.6	7 级 PVD 阈值	下降沿	3.14
	上升沿	2.51		上升沿	3.03

3.2.5 复位系统

STM32F429 微控制器的复位共有三种类型，分别为系统复位、电源复位和备份域复位。除RCC 时钟控制和状态寄存器（RCC_CSR）中的复位标志和备份域中的寄存器外，系统复位会将其他寄存器全部都复位为复位值。RESET 复位入口向量在存储器映射中固定在地址 0x00000004。

1．系统复位

当发生以下事件之一时，就会产生系统复位。

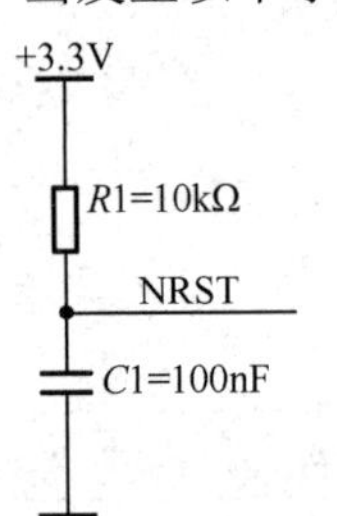

图 3-23　RC 复位电路

（1）NRST 引脚低电平（外部复位）。

（2）窗口看门狗计数结束（WWDG 复位）。

（3）独立看门狗计数结束（IWDG 复位）。

（4）软件复位（SW 复位）。

（5）低功耗管理复位。

使用 NRST 引脚低电平进行复位，需要设计一个复位电路。这个复位电路可以使用 RC 复位电路或专用复位芯片电路来实现。RC 复位电路如图 3-23 所示。

要对器件进行软件复位，必须将 Cortex-M4 应用中断和复位控制寄存器中的 SYSRESETREQ 位置 1，并可通过查看 RCC_CSR 中的复位标志确定。

2．电源复位

当发生以下事件之一时，就会产生电源复位。

（1）POR、PDR 或 BOR。

（2）在退出待机模式时。

除备份域中的寄存器外，电源复位会将其他寄存器设置为复位值。芯片内部的复位信号会在 NRST 引脚上输出。脉冲发生器用于保证复位脉冲持续时间，可确保每个内部复位源的复位脉冲都至少持续 20μs。

3．备份域复位

备份域复位会将所有 RTC 寄存器和 RCC 备份域控制寄存器（RCC_BDCR）复位为各自的复位值。BKPSRAM 不受此复位影响。备份域复位内部结构图如图 3-24 所示。

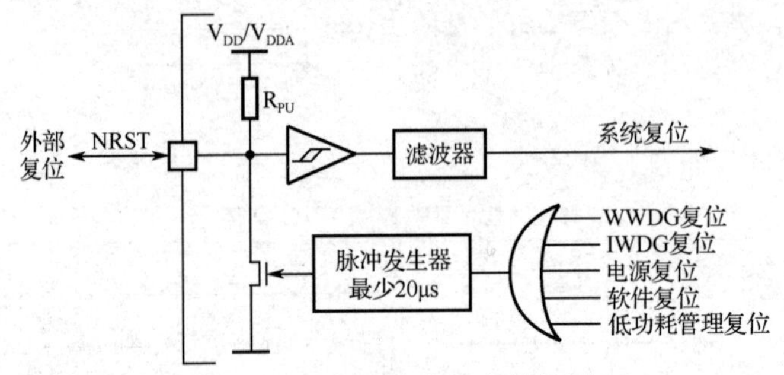

图 3-24　备份域复位内部结构图

当发生以下事件之一时，就会产生备份域复位。

（1）软件复位，通过将 RCC_BDCR 中的 BDRST 位置 1 触发。

（2）在电源 V_{DD} 和 V_{BAT} 都已掉电后，其中任何一个又再上电。

3.3　STM32F4 系列微控制器存储器映射和寄存器

3.3.1　存储器映射

存储器映射是指把程序存储器、数据存储器和寄存器等按照统一编址，分配在 4GB 地址空间内，用地址来表示对象。地址绝大多数是由厂家规定好的，用户只能用不能改。用户只能在外部扩展的 RAM 或 Flash 的情况下，对存储空间进行自定义。

STM32F429 微控制器的 4GB 可寻址的存储空间分为 8 个块，每个块 0.5GB。STM32F429 微控制器存储空间映射图如图 3-25 所示。

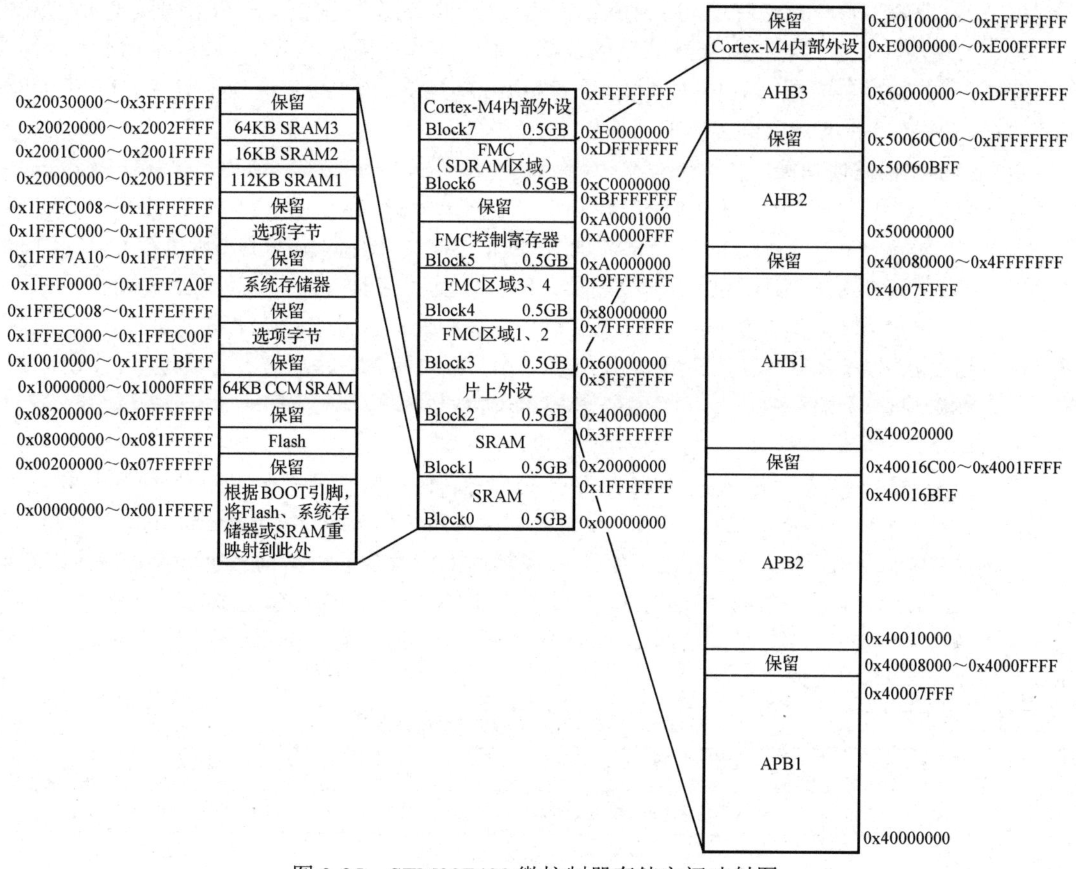

图 3-25　STM32F429 微控制器存储空间映射图

1．Block0 存储块功能

这一区域是代码区，我们编写的代码主要在这一区域运行，并集成了 Flash、CCM 及系统自举 Bootloader 等。

（1）0x00000000～0x001FFFFF：2MB。Cortex-M4 的复位地址是 0x00000000，而实际存储代码的位置可能在不同的存储介质和不同的存储位置，因此需要一种机制，使得存储其他位置的代码能够映射到 0x00000000 运行。STM32F429 微控制器可以根据 BOOT 引脚的不同设置，将 Flash、系统存储器或 SRAM 重映射到这一区域，以实现不同代码运行方式。

（2）0x08000000～0x081FFFFF：2MB。内部集成的 Flash，用户代码可以被烧写在此处。代码在内部 Flash 中运行是最常用的一种 BOOT 方式。

（3）0x10000000～0x1000FFFF：64KB。紧耦合（CCM）SRAM 区，没有被挂载在总线矩阵上，只能 CPU 访问，但访问速度很快。一般用于分配全局或静态变量、堆、栈空间。

（4）0x1FFEC000～0x1FFEC00F：16 个字节。0x1FFEC008～0x1FFEC00F 用作 Flash 扇区 12～23 的写保护。0x1FFEC000～0x1FFEC007 保留。

（5）0x1FFF0000～0x1FFF7A0F：0x1FFF0000～0x1FFF77FF 是系统存储器区，存储了意法半导体烧写的自举代码，通过这一部分代码可以实现程序的远程下载。0x1FFF7800～0x1FFF7A0F 是 528 个字节的一次编程区（One Time Programable，OTP）区域，前 512 个字节的 OTP（一次性可编程），用于存储用户数据 OTP 区域。最后 16 个额外字节，用于锁定对应的 OTP 数据块。

（6）0x1FFFC000～0x1FFFC00F：16 个字节。用于配置读写保护、BOR 级别、软件和硬件看门狗，以及器件处于待机或停止模式下的复位。如果芯片被锁住，那么可以在 RAM 中运行代码，修改相应的寄存器配置。0x1FFFC000～0x1FFFC007 是 ROP 和用户选项字节，0x1FFFC008～0x1FFFC00F 用作 Flash 扇区 0～11 的写保护。

2．Block1 存储块功能

这一存储块用于分配给内部集成的 SRAM，分为三部分：112KB 的 SRAM1、16KB 的 SRAM2 和 64KB 的 SRAM3，共 192KB。这一部分的 SRAM 被挂载在总线矩阵上，可以被 CPU 访问，也可以通过 DMA 控制器实现存储器与存储器之间，以及存储器与外设之间的数据通信。

SRAM1 通过 M2 总线与 I 总线、D 总线和 S 总线相连，因此 SRAM1 可以运行代码，也可以用作数据存储区。SRAM2 和 SRAM3 分别通过 M3 总线和 M7 总线与 S 总线连接，CPU 只能通过 S 总线访问这两个区域。

3．Block2 存储块功能

这一区域被分配给了片内外设的寄存器组。所有片上外设都挂载在高级高性能总线（Advanced High-performance Bus，AHB）和高级外设总线（Advanced Peripheral Bus，APB）上，CPU 通过 AHB 和 APB 访问片上外设，而 CPU 控制片上外设是通过访问片上外设对应的寄存器组实现的。AHB 分为 AHB1 和 AHB2，又通过 AHB1 的两个 AHB/APB 总线桥将 AHB1 连接到 APB1（低速）和 APB2（高速），从而实现 AHB 与两个 APB 之间完全同步连接。Block2 存储块功能分配如表 3-11 所示。

表 3-11　Block2 存储块功能分配

总线名称	总线地址范围	空间
APB1	0x40000000～0x40007FFF	32KB
APB2	0x40010000～0x40016BFF	27KB
AHB1	0x40020000～0x4007FFFF	384KB
AHB2	0x50000000～0x50060BFF	387KB

4．Block3～Block6 存储块功能

这几个存储块被分配给 AHB3，主要用于外部存储器的扩展，包括 SRAM、SDRAM、NOR Flash 和 NAND Flash。

1）Block3～Block4

（1）0x60000000～0x6FFFFFFF 是灵活的存储控制器（Flexible Memory Controller，FMC）的区域 1（Bank1），用于扩展 NOR Flash、PSRAM 和 SRAM。

（2）0x70000000～0x7FFFFFFF 和 0x80000000～0x8FFFFFFF 分别是 FMC 的区域 2（Bank2）

和区域 3（Bank3），用于扩展 NAND Flash。

（3）0x90000000～0x9FFFFFFF 是 FMC 的区域 4（Bank4），用于扩展 PC 卡。

2）Block6

0xC0000000～0xCFFFFFFF 和 0xD0000000～0xDFFFFFFF 是 SDRAM 的区域（Bank1 和 Bank2），用于扩展 SDRAM。

3）Block5

0xA0000000 开始分布了 FMC 的一些控制寄存器。

5．Block7 存储块功能

这个存储块的 0xE0000000～0xE00FFFFF 存储区域被分配给了 Cortex-M4 的内核寄存器，0xE00FFFFF～0xFFFFFFFF 的存储区域保留。

3.3.2 自举配置

存储器采用固定的存储器映射，代码区域起始地址为 0x00000000（通过 I 总线/D 总线访问），而数据区域起始地址为 0x20000000（通过系统总线访问）。Cortex-M4 CPU 始终通过 I 总线获取复位向量，这意味着只有代码区域（通常为 Flash）可以提供自举空间。STM32F4 系列微控制器实施一种特殊机制，可以从其他存储器（如内部 SRAM）进行自举。在 STM32F4 系列微控制器中，可通过 BOOT[1:0]引脚选择三种不同的自举模式。

复位后，用户可以通过设置 BOOT1 引脚和 BOOT0 引脚来选择需要的自举模式，如表 3-12 所示。BOOT0 引脚为专用引脚，而 BOOT1 引脚则与 GPIO 引脚共用。一旦完成对 BOOT1 引脚的采样，相应 GPIO 引脚即进入空闲状态，可用于其他用途。

表 3-12 自举模式配置

自举模式选择引脚		自举模式	自举空间
BOOT1	BOOT0		
x	0	主 Flash	选择主 Flash 作为自举空间
0	1	系统存储器	选择系统存储器作为自举空间
1	1	嵌入式 SRAM	选择嵌入式 SRAM 作为自举空间

例如，通常选择主 Flash 作为复位后指令执行的位置，那么就需要将 BOOT0 引脚接到低电平上。

如果器件从 SRAM 自举，那么在应用程序初始化代码中，需要使用 NVIC 异常及中断向量表和偏移寄存器来重新分配 SRAM 中的向量表。

当微控制器退出待机模式时，会对 BOOT 引脚重新采样。因此，当微控制器处于待机模式时，这些引脚必须保持所需的自举模式配置。在启动延迟结束后，CPU 将从地址 0x00000000 获取栈顶值，然后从始于 0x00000004 的自举存储器开始执行代码。

3.3.3 寄存器映射

把片上外设对应的寄存器在存储空间上分配地址的过程称为寄存器映射。与存储单元一样，每个寄存器（一般都是 32 位的）都有一个寻址地址，访问和操作寄存器和存储单元基本一致。寄存器是一个很重要的概念，应用程序对片上外设的初始化和控制都是通过对片上外设对应的一系列寄存器的修改、读写来实现的。可以说，寄存器是应用程序控制和操作硬件设备的接口。Cortex-M4 内核通过 S 总线经 M4 总线和 M5 总线，访问 AHB1、AHB2，以及 APB1 和 APB2 总线上挂载的片上外设的寄存器组，进而完成对相应片上外设的操作。所有片上外设寄存器组都被分配在 Block2 中。

1．寄存器操作

以 GPIOA 的输出为例讲解寄存器的操作方法。控制 GPIOA 的输出功能的是数据输出寄存器（ODR），其地址是 0x40020014。每个 GPIO 端口有 16 个引脚，分别对应于 ODR 的低 16 位 ODR0～ODR15，高 16 位保留。GPIOA 的 ODR 如图 3-26 所示。

31	30	29	28	27	26	25	24	23	22	21	20	19	18	17	16	③
保留																②
15	14	13	12	11	10	9	8	7	6	5	4	3	2	1	0	③
ODR15	ODR14	ODR13	ODR12	ODR11	ODR10	ODR9	ODR8	ODR7	ODR6	ODR5	ODR4	ODR3	ODR2	ODR1	ODR0	②
rw	rw	rw	rw	rw	rw	rw	rw	rw	rw	rw	rw	rw	rw	rw	rw	①

位31:16 保留，必须保持复位值。
位15:0 ODRy[15:0]：端口输出数据（y为0～15）这些位可通过软件读取和写入。 ④

图 3-26　GPIOA 的 ODR

图 3-26 中，①是寄存器中位段的操作权限，r 表示只读，w 表示只写，rw 表示可读可写；②是位段名；③是位段编号，从 0 开始；④是对寄存器各位段的使用说明，通过这一部分可以得到这一个寄存器所能实现的功能。

如果让 GPIOA 的 16 个引脚输出高电平，需要将 GPIOA 的 ODR 的低 16 位都设置为 1，通过以下的 C 语言程序实现：

```
*(unsigned int*)(0x40020014)=0xFFFF;//GPIOA 全部输出高电平
```

GPIOA 的 ODR 的地址是 0x40020014，但是这个地址在 C 语言编译器看来只是一个普通的变量，如果要使用地址 0x40020014 进行寄存器访问，则需要将 0x40020014 强制转换为指针，即(unsigned int *)(0x40020014)，其中 unsigned int 表示指针的类型是无符号整型。然后，使用指针运算符*进行指针操作，实现对 GPIOA 的 ODR 的操作。

为了方便记忆，通常使用宏定义对寄存器操作进行别名定义。例如：

```
#define    GPIOA_ODR      *(unsignedint*)(0x40021C14)
GPIOH_ODR=0xFFFF;
```

使用具有特定含义的别名，方便了对操作对象的记忆，增加了程序的可读性。STM32F4XX 的标准函数库使用大量的地址宏定义和结构体，实现了对微控制器片上外设寄存器的别名定义。

2．片上外设地址映射

在 STM32F4XX 的标准函数库中，片上外设寄存器的地址是通过如下形式得到的。

片上外设寄存器地址=片上外设存储块基地址（Block2 基地址，见图 3-25）+总线相对于片上外设存储块基地址的地址偏移+寄存器组相对于总线基地址的地址偏移+寄存器在寄存器组中的地址偏移。其中，片上外设存储块基地址= 0x40000000；APB1 总线相对于片上外设存储块基地址的地址偏移=0；APB2 总线相对于片上外设存储块基地址的地址偏移=0x00010000；AHB1 总线相对于片上外设存储块基地址的地址偏移=0x00020000；AHB2 总线相对于片上外设存储块基地址的地址偏移=0x10000000。

寄存器组相对于总线基地址的地址偏移和寄存器在寄存器组中的地址偏移根据芯片不同外设具体定义设置。

寄存器组相对于总线基地址的地址偏移在 stm32f4xx.h 文件中可以查到。

寄存器在寄存器组中的地址偏移可以在《STM32F4 参考手册》中各片上外设说明章节的最后一节中查到。

在此，以 GPIOA 为例，讲解 GPIOA 的寄存器组中各寄存器的地址。

GPIO 挂载在 AHB1 总线中，GPIO 的寄存器组相对于 AHB1 总线基地址的地址偏移如表 3-13 所示。

表 3-13　GPIO 的寄存器组相对于 AHB1 总线基地址的地址偏移

外设名称	外设寄存器组基地址	相对于 AHB1 总线基地址的地址偏移
GPIOA	0x40020000	0x0
GPIOB	0x40020400	0x00000400
GPIOC	0x40020800	0x00000800
GPIOD	0x40020C00	0x00000C00
GPIOE	0x40021000	0x00001000
GPIOF	0x40021400	0x00001400
GPIOG	0x40021800	0x00001800
GPIOH	0x40021C00	0x00001C00

GPIOA 对应的各个寄存器的地址偏移如表 3-14 所示。

表 3-14　GPIOA 对应的各个寄存器的地址偏移

寄存器名称	寄存器地址	相对于 GPIOA 寄存器组基地址的地址偏移
GPIOA_MODER	0x40020000	0x00
GPIOA_OTYPER	0x40020004	0x04
GPIOA_OSPEEDR	0x40020008	0x08
GPIOA_PUPDR	0x4002000C	0x0C
GPIOA_IDR	0x40020010	0x10
GPIOA_ODR	0x40020014	0x14
GPIOA_BSRR	0x40020018	0x18
GPIOA_LCKR	0x40020000	0x1C
GPIOA_AFRL	0x40020020	0x20
GPIOA_AFRH	0x40020024	0x24

综上所述，GPIOA 的 ODR 的地址是 GPIOA_ODR=0x40000000+0x00020000+0x0+ 0x14。

其中，0x40000000 是片上外设存储块基地址；0x00020000 是 AHB1 总线相对于片上外设存储块基地址的地址偏移；0x0 是 GPIOA 寄存器组相对于 AHB1 总线基地址的地址偏移；0x14 是 ODR 在 GPIOA 寄存器组中的地址偏移。

3．函数库对片上外设寄存器的封装

函数库使用各个片上外设寄存器组的基地址和寄存器组结构体实现对寄存器的封装和定义，这部分内容在函数库的 stm32f4xx.h 文件中能找到。在此以 GPIO 为例，说明封装的方法。

1）寄存器组基地址宏定义

stm32f4xx.h 文件定义了片上外设存储块基地址、总线基地址及各个片上外设寄存器组基地址，在此以 GPIO 为例给出相应的定义，更多内容请查阅《STM32F4 参考手册》。

```
/*片上外设存储块基地址*/
#define PERIPH_BASE                 ((unsigned int)0x40000000)
/*总线基地址*/
#define APB1PERIPH_BASE             PERIPH_BASE
#define APB2PERIPH_BASE             (PERIPH_BASE+0x00010000)
#define AHB1PERIPH_BASE             (PERIPH_BASE+0x00020000)
```

```
#define AHB2PERIPH_BASE             (PERIPH_BASE+0x10000000)
/*GPIO 寄存器组基地址*/
#define GPIOA_BASE                  (AHB1PERIPH_BASE+0x0000)
#define GPIOB_BASE                  (AHB1PERIPH_BASE+0x0400)
#define GPIOC_BASE                  (AHB1PERIPH_BASE+0x0800)
#define GPIOD_BASE                  (AHB1PERIPH_BASE+0x0C00)
#define GPIOE_BASE                  (AHB1PERIPH_BASE+0x1000)
#define GPIOF_BASE                  (AHB1PERIPH_BASE+0x1400)
#define GPIOG_BASE                  (AHB1PERIPH_BASE+0x1800)
#define GPIOH_BASE                  (AHB1PERIPH_BASE+0x1C00)
```

2）片上外设寄存器组结构体封装

stm32f4xx.h 文件给各个片上外设寄存器组定义了结构体类型，在此以 GPIO 寄存器组的结构体定义进行说明，对应的自定义 GPIO 结构体类型是 GPIO_TypeDef，定义如下：

```
typedef struct {
    uint32_t MODER;      //GPIO 模式寄存器                   地址偏移：0x00
    uint32_t OTYPER;     //GPIO 输出类型寄存器               地址偏移：0x04
    uint32_t OSPEEDR;    //GPIO 输出速度寄存器               地址偏移：0x08
    uint32_t PUPDR;      //GPIO 上拉/下拉寄存器              地址偏移：0x0C
    uint32_t IDR;        //GPIO 输入数据寄存器               地址偏移：0x10
    uint32_t ODR;        //GPIO 输出数据寄存器               地址偏移：0x14
    uint16_t BSRRL;      //GPIO 置位/复位寄存器低 16 位部分  地址偏移：0x18
    uint16_t BSRRH;      //GPIO 置位/复位寄存器高 16 位部分  地址偏移：0x1A
    uint32_t LCKR;       //GPIO 配置锁定寄存器               地址偏移：0x1C
    uint32_t AFR[2];     //GPIO 复用功能配置寄存器           地址偏移：0x20～0x24
} GPIO_TypeDef;
```

GPIO_TypeDef 结构体中成员的定义顺序与 GPIO 寄存器组中每个成员的偏移顺序保持一致，所有 GPIO 的寄存器组封装相同。其中，成员 BSRRL 和 BSRRH 是置位/复位寄存器的低 16 位和高 16 位，成员 AFR[2]包含了 AFRL 和 AFRH 两个寄存器。

3）库函数中片上外设操作对象定义

结合各个 GPIO 的寄存器组基地址和 GPIO_TypeDef 结构体类型，定义出每个 GPIO 在库函数中的操作对象，定义如下：

```
/*把地址强制转换成 GPIO_TypeDef 类型地址*/
#define GPIOA               ((GPIO_TypeDef *) GPIOA_BASE)
#define GPIOB               ((GPIO_TypeDef *) GPIOB_BASE)
#define GPIOC               ((GPIO_TypeDef *) GPIOC_BASE)
#define GPIOD               ((GPIO_TypeDef *) GPIOD_BASE)
#define GPIOE               ((GPIO_TypeDef *) GPIOE_BASE)
#define GPIOF               ((GPIO_TypeDef *) GPIOF_BASE)
#define GPIOG               ((GPIO_TypeDef *) GPIOG_BASE)
#define GPIOH               ((GPIO_TypeDef *) GPIOH_BASE)
```

需要注意的是，每一个操作对象都是一个结构体指针。其他片上外设的操作对象定义方法相同，更多内容请查阅《STM32F4 参考手册》。

在此基础上，就可以使用定义的结构体指针访问对应的寄存器。例如，将 GPIOA 的引脚都设置为高电平，可以使用如下方法实现：

```
GPIOA->ODR=0xFFFF;
```

4）读—修改—写操作

在对寄存器进行操作的时候，经常需要修改寄存器的部分字段，但不能影响其他字段，这就需要通过读—修改—写的方式实现。这种操作可以只修改寄存器中部分目标字段，而不影响其他字段。

常用操作如下。

（1）位与：&，可实现目标字段的清零，而不影响其他字段。

一般格式：操作对象&=屏蔽字。

屏蔽字的目标字段设置为0，其他位设置为1。

（2）位或：|，可实现目标字段的置位，而不影响其他字段。

一般格式：操作对象|=屏蔽字。

屏蔽字的目标字段设置为1，其他位设置为0。

（3）异或：^，可实现目标字段的取反，而不影响其他字段。

一般格式：操作对象^=屏蔽字。

屏蔽字的目标字段设置为1，其他位设置为0。

例如，将GPIOA端口的3号、10号引脚输出低电平，使用位与操作将GPIOA的ODR的3位和10位清零实现。

```
GPIOA->ODR&=~(1<<3 | 1<<10);
```

其中，~(1<<3 | 1<<10)是操作需要的屏蔽字，将1左移3位和1左移10位合并在一起，然后取反得到。

例如，将GPIOA端口的2号、8号引脚输出高电平，使用位或操作将GPIOA的ODR的2位和8位置位实现。

```
GPIOA->ODR |= (1<<2) | (1<<8);
```

其中，(1<<2) | (1<<8)是操作需要的屏蔽字，将1左移2位和1左移8位合并在一起得到。

例如，将GPIOA端口的1号、11号和13号引脚的电平反转，使用异或操作将GPIOA的ODR的1位、11位和13位取反实现。

```
GPIOA->ODR ^= (1<<1) | (1<<11) |(1<<13);
```

其中，(1<<1) | (1<<11) |(1<<13)是操作需要的屏蔽字，将1左移1位、1左移11位和1左移13位合并在一起得到。

习题

1．STM32F1系列和STM32F4系列微控制器分别使用什么内核？

2．请列举STM32F1系列微控制器中3个以上具体型号微控制器（全称）。

3．请列举STM32F4系列微控制器中3个以上具体型号微控制器（全称）。

4．写出MDK-ARM的安装过程（最好自己安装一遍），并安装STM32F4系列微控制器的器件支持包。

5．请说明处理器中寄存器的功能。

6．请说明STM32F103RCT6微控制器和STM32F407ZET6微控制器命名中各部分含义。

7．请查询《STM32F429IGT6数据手册》，写出68号引脚都有哪些功能，是否是耐5V引脚？

8．STM32F429IGT6微控制器是否支持浮点运算功能？

9．STM32F429IGT6微控制器内部集成的程序存储器空间大小为________，SRAM的空间大小为________。

10．STM32F429IGT6微控制器的工作电压范围是________。

11．STM32F407ZET6微控制器命名中的32、F、429、I、G、T、6的含义分别是什么？

12．STM32F29IGT6 微控制器内部是通过将________内核和片上外设连在一起的。

13．STM32F29IGT6 微控制器的引脚有哪些类型？

14．一个 STM32F29IGT6 微控制器最小系统板一般包含哪些器件？

15．列举出一个你知道的开发板型号，并指出上面使用的微控制器型号和内核。

16．写出 STM32F429IGT6 微控制器内部 Flash 的地址范围。

17．写出 TIM1 和 USART1 对应的寄存器占用的地址范围。

18．假设一个寄存器的地址为 0x40000400，怎么将数据 0x55aa 写入这一寄存器？

19．将一个数据中个别位清零，其他位保持不变，使用逻辑________操作；将一个数据中个别位置位，其他位保持不变，使用逻辑________操作；将一个数据中个别位取反，其他位保持不变，使用逻辑________操作。

20．如何将 GPIOH 端口（包括 16 引脚，编号为 0～15）的 0 号、2 号、3 号、6 号、7 号引脚设置为低电平，将 1 号、8 号、9 号引脚设置为高电平？请使用两条 C 指令完成。

21．已知 GPIOH 的 ODR 的地址是 0x40021C14，怎么通过 C 程序实现 GPIOH 端口的全部引脚输出低电平？

22．已知 GPIOH 的 ODR 的地址是 0x40021C14，怎么通过 C 程序实现 GPIOH 端口的 2 号、3 号、6 号、8 号引脚输出高电平，而其他引脚电平不变？

23．已知 GPIOH 的 ODR 的地址是 0x40021C14，怎么通过 C 程序实现 GPIOH 端口的 1 号、4 号、9 号、11 号引脚输出低电平，而其他引脚电平不变？

24．已知 GPIOH 的 ODR 的地址是 0x40021C14，怎么通过 C 程序实现 GPIOH 端口的 2 号、4 号、6 号、8 号引脚输出电平状态反转，而其他引脚电平不变？

25．已知 GPIOH 的 IDR 的地址是 0x40021C10，怎么通过 C 程序实现 GPIOH 端口的 2 号引脚电平读取到微控制器内部？假设已经定义了一个变量 PIN_Level 用于存储读取的结果。

26．使用库文件中定义的 GPIO 宏，实现第 21～25 题的功能。

27．STM32 的标准函数库的 CMSIS 层包含________和________两部分。

28．STM32F429 的异常/中断向量表在________文件中，NVIC 相关操作在________文件中，系统时钟初始化在________文件中。

29．在 stm32f4xx.h 文件中，GPIOA 的定义形式是________，GPIO_TypeDef 结构体类型所维护的成员是________。

30．在 stm32f4xx_GPIO.h 文件中，GPIO_Pin_0 的定义形式是________。

第 4 章　启动文件和SysTick

4.1　启动文件

4.1.1　启动文件概述

在 STM32 系列微控制器上电启动后，程序并不是自己从 C 语言的 main 函数开始执行的，在此之前，需要执行一段汇编程序以完成 C 程序执行的硬件资源初始化工作，包括以下功能。

（1）初始化栈指针 MSP=__initial_sp。

（2）初始化复位程序计数寄存器值=Reset_Handler。

（3）初始化异常/中断向量表。

（4）配置系统时钟。

（5）调用 C 库函数__main 初始化用户堆栈。

在完成以上操作后，最终调用 main 函数进入 C 程序并开始执行。启动文件是必须的，而且只能使用汇编程序实现。除启动文件代码外，其他的用户应用程序基本都可以使用 C 语言来实现。

一般的微控制器在复位后，CPU 会从存储空间的绝对地址 0x000000 取出第一条指令，执行复位中断服务程序。而 Cortex-M4 内核在复位后的异常/中断向量表的第一个位置必须存放栈顶指针，而第二个位置存放复位中断服务入口地址，这样在复位后，先将栈指针取出来存入 MSP，然后取出复位中断服务入口地址存入程序计数寄存器，跳转执行复位中断服务程序。根据自举配置的情况，程序存放的位置可以是 Flash 或 SRAM，响应的复位执行的一个指令存放的位置也不同。

由于不同型号的微控制器内部结构的不同，其使用的启动文件也不一样。STM32F429IGT6 微控制器使用的启动文件是 startup_stm32f429_439xx.s。

4.1.2　启动步骤

首先对栈和堆的大小进行定义，并在代码区的起始处建立异常/中断向量表，其第一个表项是栈顶地址，第二个表项是复位中断服务入口地址。然后在复位中断服务程序中跳转执行 C/C++ 标准实时库的__main 函数，完成用户栈等的初始化后，跳转.c 文件中的 main 函数开始执行 C 程序。如果 STM32F4 系列微控制器被设置为从内部 Flash 启动（最常用的一种情况），这时，片内的 Flash 被映射到程序启动空间（0x00000000 开始的存储空间内），异常/中断向量表实际的起始地位为 0x8000000，则栈顶地址存放于 0x8000000 处，而复位中断服务入口地址存放于 0x8000004 处。若 STM32F4 系列微控制器遇到复位信号后，则从 0x80000004 处取出复位中断服务入口地址，继而执行复位中断服务程序，然后跳转__main 函数，最后进入 mian 函数，进入 C 程序的世界。程序启动步骤如图 4-1 所示。

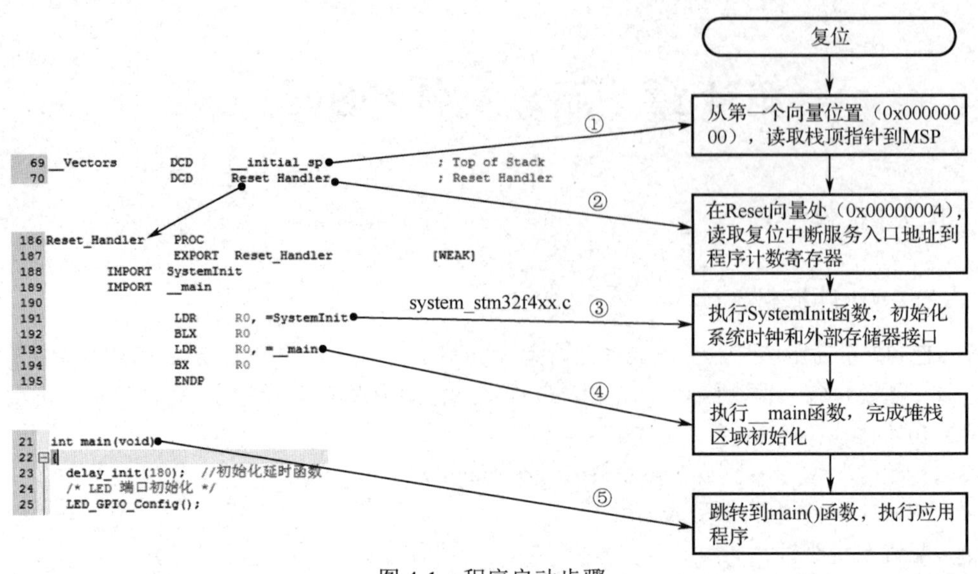

图 4-1　程序启动步骤

4.2　启动文件代码讲解

1. 栈（Stack）定义

```
Stack_Size      EQU     0x00000400
                AREA    STACK, NOINIT, READWRITE, ALIGN=3
Stack_Mem       SPACE   Stack_Size
__initial_sp
```

在 startup_stm32f429_439xx.s 文件中，开始为上述代码，其将栈大小设为 0x00000400（1KB），栈名为 Stack_Mem，不初始化，可读可写，8（2^3）字节对齐。Stack_Size 是栈的大小，最后的 __initial_sp 表示栈的结束地址，即栈顶地址，因为栈是由高地址向低地址生长的。

栈的主要作用是用于局部变量、函数调用及函数形参等的开销，其大小应小于内部 RAM 的大小，以及考虑到局部变量的需求，以防栈溢出。

EQU：宏定义的伪指令，相当于等于，类似于 C 语言中的 define。

AREA：告诉汇编器汇编一个新的代码段或者数据段。STACK 表示段名，这个可以任意命名；NOINIT 表示不初始化；READWRITE 表示可读可写；ALIGN=3 表示按照 2^3 字节对齐，即 8 字节对齐。

SPACE：用于分配一定大小的内存空间，单位为字节。这里指定大小等于 Stack_Size。

2. 堆（Heap）定义

```
Heap_Size       EQU     0x00000200
                AREA    HEAP, NOINIT, READWRITE, ALIGN=3
__heap_base
Heap_Mem        SPACE   Heap_Size
__heap_limit
```

在栈的代码后面便是初始化堆的代码，其中堆的大小设为 0x00000200（512B），栈名为 Heap_Mem，不初始化，可读可写，8（2^3）字节对齐。Heap_Size 为堆的大小，__heap_base 为堆的起始地址，__heap_limit 为堆的结束地址，因为堆是由低地址向高地址生长的。

堆是用于 malloc()函数申请的动态内存的分配。

3．异常/中断向量表

```
        PRESERVE8
        THUMB
```

PRESERVE8：指定当前文件的堆栈按照 8 字节对齐。

THUMB：表示后面指令兼容 Thumb 指令。Thumb 指令集是 ARM 处理器以前的指令集，是 16 位的，现在 Cortex-M 系列处理器都使用 Thumb-2 指令集，Thumb-2 指令集是 32 位的，兼容 16 位和 32 位的指令。

```
        AREA    RESET, DATA, READONLY
                EXPORT  __Vectors
                EXPORT  __Vectors_End
                EXPORT  __Vectors_Size
```

定义一个数据段，段名是 RESET，可读，并声明__Vectors、__Vectors_End 和__Vectors_Size 这三个标号具有全局属性，可供外部的文件调用。

EXPORT：声明一个标号可被外部的文件使用，使标号具有全局属性。如果是 IAR 编译器，则使用的是 GLOBAL 这个指令。

```
        __Vectors       DCD     __initial_sp                ; Top of Stack
                        DCD     Reset_Handler               ; Reset Handler
                        DCD     NMI_Handler                 ; NMI Handler
                        DCD     HardFault_Handler           ; Hard Fault Handler
                        DCD     MemManage_Handler           ; MPU Fault Handler
                        DCD     BusFault_Handler            ; Bus Fault Handler
                        DCD     UsageFault_Handler          ; Usage Fault Handler
                        DCD     0                           ; Reserved
                        DCD     0                           ; Reserved
                        DCD     0                           ; Reserved
                        DCD     0                           ; Reserved
                        DCD     SVC_Handler                 ; SVCall Handler
                        DCD     DebugMon_Handler            ; Debug Monitor Handler
                        DCD     0                           ; Reserved
                        DCD     PendSV_Handler              ; PendSV Handler
                        DCD     SysTick_Handler             ; SysTick Handler
                        ; 外部中断
                        DCD     WWDG_IRQHandler             ; Window WatchDog
                        DCD     PVD_IRQHandler              ; PVD through EXTI Line detection
                        DCD     TAMP_STAMP_IRQHandler       ; Tamper and TimeStamps through the
EXTI line
                        ……
                        DCD     LTDC_IRQHandler             ; LTDC
                        DCD     LTDC_ER_IRQHandler          ; LTDC error
                        DCD     DMA2D_IRQHandler            ; DMA2D
        __Vectors_End
        __Vectors_Size  EQU     __Vectors_End - __Vectors
```

__Vectors 是异常/中断向量表的起始位置，__Vectors_End 是异常/中断向量表的结束位置，__Vectors_Size 是异常/中断向量表的大小。

Cortex-M4 内核支持 256 个中断，其中包含 16 个内核中断和 240 个外部中断，并且具有 256 级的可编程中断设置。STM32F4 并没有使用 Cortex-M4 内核的全部中断定义，而是只用了它的一部分。STM32F42XX/STM32F43XX 异常/中断向量表的位置共有 107 个位置，其中栈顶地址存储地址占用 1 个位置，异常占用 15 个位置（其中有 5 个位置保留），片上外设的中断占用 91 个位置，如表 4-1 和表 4-2 所示。

表 4-1 STM32F42XX/STM32F43XX 异常向量表

优先级	优先级类型	名称	说明	地址	Flash 启动地址
—	—	—	存储 MSP 地址	0x00000000	0x80000000
-3	固定	Reset	复位	0x00000004	0x80000004
-2	固定	NMI	不可屏蔽中断。RCC 时钟安全系统，（CSS）连接到 NMI 向量	0x00000008	0x80000008
-1	固定	HardFault	所有类型的错误	0x0000000C	0x8000000C
0	可编程	MemManage	存储器管理	0x00000010	0x80000010
1	可编程	BusFault	预取指失败，存储器访问失败	0x00000014	0x80000014
2	可编程	UsageFault	未定义的指令或非法状态	0x00000018	0x80000018
—	—	—	保留（4 个位置）	0x0000001C～0x0000002B	0x8000001C～0x8000002B
3	可编程	SVCall	通过 SWI 指令调用的系统服务	0x0000002C	0x8000002C
4	可编程	Debug Monitor	调试监控器	0x00000030	0x80000030
—	—	—	保留（1 个位置）	0x00000034	0x80000034
5	可编程	PendSV	可挂起的系统服务	0x00000038	0x80000038
6	可编程	SysTick	系统嘀嗒定时器	0x0000003C	0x8000003C

表 4-2 STM32F42XX/STM32F43XX 部分中断向量表

位置	优先级	优先级类型	名称	说明	地址	Flash 启动地址
0	7	可设置	WWDG	窗口看门狗中断	0x00000040	0x80000040
1	8	可设置	PVD	连接到 EXTI 线的可编程电压检测（PVD）中断	0x00000044	0x80000044
2	9	可设置	TAMP_STAMP	连接到 EXTI 线的入侵和时间戳中断	0x00000048	0x80000048
……						
88	94	可编程	LTDC	LTDC 全局中断	0x000001A0	0x800001A0
89	95	可编程	LTDC_ER	LTDC_ER 全局中断	0x000001A4	0x800001A4
90	96	可编程	DMA2D	DMA2D 全局中断	0x000001A8	0x000001A8

注：中间省略，详见启动文件。

在异常/中断向量表中的每一个位置存储的都是一个 4 字节的服务程序入口地址，当有异常或中断请求，并且 CPU 响应了请求，CPU 就会在异常/中断向量表中找到对应的位置，取出异常或中断复位程序入口地址到程序计数寄存器，进而转到相应的服务程序中并开始执行程序。

4．复位中断服务程序

```
AREA    |.text|, CODE, READONLY
```

定义一个名称为.text 的代码段，可读。

```
Reset_Handler    PROC
```

```
                EXPORT    Reset_Handler                 [WEAK]
        IMPORT    SystemInit
        IMPORT    __main
                LDR        R0, =SystemInit
                BLX        R0
                LDR        R0, =__main
                BX         R0
                ENDP
```

复位中断服务程序是系统上电后第一个执行的程序，调用 SystemInit 函数初始化系统时钟，然后调用 C 库函数__mian，最终调用 main 函数进入 C 程序的世界。

LDR：从存储器加载字到一个寄存器。

BL：跳转到由寄存器/标号给出的地址，并把跳转前的下条指令地址保存到链接寄存器。

BLX：跳转到由寄存器给出的地址，并根据寄存器的 LSE 确定处理器的状态，还要把跳转前的下条指令地址保存到链接寄存器。

BX：跳转到由寄存器/标号给出的地址，不用返回。

WEAK：表示弱定义，如果外部文件优先定义了该标号，则首先引用该标号，可以在 C 语言中重新定义中断服务程序；如果在启动文件之外没有重新定义中断服务程序，则在对应的异常/中断向量表位置处存储的是汇编文件定义的中断服务程序入口地址。如果在启动文件外，在另外一个 C 文件中重新定义了中断服务程序，则在对应的异常/中断向量表位置处存储的是 C 文件中的中断服务程序入口地址。需要注意的是，启动文件中的中断服务程序的名称和 C 文件中重新定义的中断服务程序名称必须保持一致。

IMPORT：表示该标号来自外部文件，跟 C 语言中的关键字 EXTERN 类似。这里表示 SystemInit 和__main 这两个函数均来自外部的文件。

SystemInit 是一个标准的库函数，在 system_stm32f4xx.c 这个库文件中定义，主要作用是配置系统时钟，在调用这个函数之后，STM32 F429 的系统时钟被配置为 180MHz。

__main 是一个标准的 C 库函数，主要作用是初始化用户堆栈，最终调用 main 函数进入 C 程序的世界。在 C 应用程序中，必须有一个 main 函数。需要注意的是，__main 不是用户 C 程序的 main 函数。

5．异常和中断服务程序

```
NMI_Handler     PROC
                EXPORT   NMI_Handler                  [WEAK]
                B        .
                ENDP
……
SysTick_Handler PROC
                EXPORT   SysTick_Handler              [WEAK]
                B        .;空循环，在本指令出无限循环
                ENDP

Default_Handler PROC

                EXPORT   WWDG_IRQHandler              [WEAK]
                EXPORT   PVD_IRQHandler               [WEAK]
                EXPORT   TAMP_STAMP_IRQHandler        [WEAK]
……
```

```
EXPORT   LTDC_IRQHandler                       [WEAK]
                EXPORT   LTDC_ER_IRQHandler             [WEAK]
                EXPORT   DMA2D_IRQHandler               [WEAK]

WWDG_IRQHandler
PVD_IRQHandler
TAMP_STAMP_IRQHandler
……
LTDC_IRQHandler
LTDC_ER_IRQHandler
DMA2D_IRQHandler
                B       .;空循环，在本指令出无限循环
                ENDP
                ALIGN
```

在启动文件中定义了所有异常和中断的服务程序，其中异常的服务程序相互独立，但是所有中断的服务程序共用了一个。而且，在启动文件中定义的所有异常和中断的服务程序执行的内容都是一个空循环（B .)。因此，所有异常和中断的服务程序都定义了[WEAK]属性，程序员可以在C文件中重新定义所有异常和中断的服务程序内容。

6．用户堆栈初始化

```
IF      :DEF:__MICROLIB
                EXPORT   __initial_sp
                EXPORT   __heap_base
                EXPORT   __heap_limit

 ELSE

IMPORT   __use_two_region_memory
                EXPORT   __user_initial_stackheap
__user_initial_stackheap

                LDR      R0,=Heap_Mem
                LDR      R1,=(Stack_Mem+Stack_Size)
                LDR      R2,=(Heap_Mem+Heap_Size)
                LDR      R3,=Stack_Mem
                BX       LR

ALIGN
                ENDIF
                END
```

判断是否定义了__MICROLIB，如果定义了则赋予标号__initial_sp（栈顶地址）、__heap_base（堆起始地址）、__heap_limit（堆结束地址）全局属性，可供外部文件调用。如果没有定义（实际的情况就是我们没定义__MICROLIB），则使用默认的C库函数，然后初始化用户堆栈大小，这部分由C库函数__main来完成，当初始化完堆栈之后，就调用main函数进入C程序的世界。

IF、ELSE、ENDIF：汇编的条件分支语句，跟C语言的if、else类似。

4.3 SysTick

4.3.1 SysTick 概述

SysTick（嘀嗒时钟）是一个简单的系统时钟节拍计数器，属于 Cortex-M4 内核内嵌向量中断控制器（NVIC）里的一个功能单元。SysTick 是一个 24 位的倒计数定时器（它放在了 NVIC 中），当计数到 0 时，将从 SysTick 重装载数值寄存器（LOAD）中自动重新装载定时初值。只要不把它在 SysTick 控制与状态寄存器（CTRL）中的使能位 ENABLE 清除，就永不停息。

以前，大多数操作系统将由一个硬件定时器产生的嘀嗒中断作为整个系统的时基。因此，操作系统需要一个定时器来产生周期性的中断。但是，操作系统在不同硬件平台移植时，需要重新修改系统时钟函数。

SysTick 定时器被捆绑在 NVIC 中，可产生 SysTick 异常（异常号：15），属于 Cortex-M4 内核里的一个功能单元。因此，将 SysTick 作为操作系统节拍定时器，可使操作系统代码在不同厂家的 Cortex-M4 内核芯片上都能够方便地进行移植。因此，SysTick 常作为系统节拍定时器用于操作系统（如μCOS-Ⅱ、FreeRTOS 等）的系统节拍定时，从而推动任务和时间的管理。

在不采用操作系统的场合下 SysTick 完全可以作为一般的定时/计数器使用。

SysTick 的最大使命就是作为系统的时基定期地产生异常请求。

（1）SysTick 控制与状态寄存器如表 4-3 所示，其地址为 0xE000E010。

表 4-3　SysTick 控制与状态寄存器

位	名称	类型	复位值	描述
16	COUNTFLAG	R	0	如果在上次读取本寄存器后，SysTick 已经数到了 0，则该位为 1。如果读取该位，则该位将自动清零
2	CLKSOURCE	R/W	0	0=外部时钟源（HCLK/8） 1=内核时钟源（FCLK）
1	TICKINT	R/W	0	1=SysTick 倒数到 0 时产生 SysTick 异常请求 0=倒数到 0 时无动作
0	ENABLE	R/W	0	SysTick 定时器使能位

（2）SysTick 重装载数值寄存器如表 4-4 所示，其地址为 0xE000E014。

表 4-4　SysTick 重装载数值寄存器

位	名称	类型	复位值	描述
23:0	RELOAD	R/W	0	当倒数到 0 时，被重装载的值

需要注意的是，计数最大值是 0xFFFFFF，设置的重装值不能大于这个数值。

（3）SysTick 当前数值寄存器（VAL）如表 4-5 所示，其地址为 0xE000E018。

表 4-5　SysTick 当前数值寄存器

位	名称	类型	复位值	描述
23:0	CURRENT	R/W	0	读取该寄存器时返回当前倒计数的值，写它可使之清零，同时会清除在 SysTick 控制与状态寄存器中的 COUNTFLAG 标志

（4）SysTick 校准数值寄存器（CALIB）如表 4-6 所示，其地址为 0xE000E018。

表 4-6　SysTick 校准数值寄存器

位	名称	类型	复位值	描述
31	NOREF	R	—	1=没有外部参考时钟 0=外部参考始终可用
30	SKEW	R	—	1=校准值不是准确的 10ms 0=校准值是准确的 10ms
23:0	TENMS	R/W	0	10ms 的时间内倒计数的格数。若该值读回零，则表示无法使用校准功能

配置 SysTick 作为时钟基准，主要通过对 SysTick 控制与状态寄存器、SysTick 重装载数值寄存器和 SysTick 当前数值寄存器三个寄存器进行初始化。需要配置的内容如下：

① SysTick 时钟源选择。

② 异常请求设置。

③ SysTick 时钟使能。

④ 初始化 SysTick 重装数值。

⑤ 清零 SysTick 当前数值寄存器。

4.3.2　SysTick 的库函数

头文件：core_cm4.h、misc.h。

源文件：misc.c。

1. SysTick 寄存器结构体类型

SysTick 寄存器结构体类型定义在 core_cm4.h 文件中。

```
typedef struct
{
  __IO uint32_t CTRL;     //!< Offset: 0x00   SysTick Control and Status Register
  __IO uint32_t LOAD;     //!< Offset: 0x04   SysTick Reload Value Register
  __IO uint32_t VAL;      //!< Offset: 0x08   SysTick Current Value Register
  __I   uint32_t CALIB;   //!< Offset: 0x0C   SysTick Calibration Register
} SysTick_Type;
```

在库函数中关于 SysTick 的函数只有 3 个，下面将分别进行介绍。

2. SysTick 时钟源初始化函数

```
void SysTick_CLKSourceConfig(uint32_t SysTick_CLKSource)
{
  /*Check the parameters*/
  assert_param(IS_SYSTICK_CLK_SOURCE(SysTick_CLKSource));
  if (SysTick_CLKSource==SysTick_CLKSource_HCLK)
  {
    SysTick->CTRL |=SysTick_CLKSource_HCLK;
  }
  else
  {
    SysTick->CTRL&=SysTick_CLKSource_HCLK_Div8;
  }
}
```

SysTick_CLKSourceConfig 函数被定义在 misc.c 文件中，配置的是 SysTick 控制与状态寄存器中的位 2。

设置为 0：选择 HCLK/8 作为 SysTick 时钟源。

设置为 1：选择 HCLK 作为 SysTick 时钟源。

在实际使用中，使用的参数被宏定义在 misc.h 文件中，分别是：

```
#define SysTick_CLKSource_HCLK_Div8        ((uint32_t)0xFFFFFFFB)
#define SysTick_CLKSource_HCLK             ((uint32_t)0x00000004)
```

其中，SysTick_CLKSource_HCLK_Div8 表示选择 HCLK/8 作为 SysTick 时钟源；SysTick_CLKSource_HCLK 表示选择 HCLK 作为 SysTick 时钟源。

例如，当选择 HCLK/8 作为 SysTick 时钟源时，函数调用如下：

```
SysTick_CLKSourceConfig(SysTick_CLKSource_HCLK_Div8);
```

3．SysTick 配置函数

```
static __INLINE uint32_t SysTick_Config(uint32_t ticks)
{
  /*如果设定的计数值 ticks 大于允许值 0xFFFFFF，则配置失败，返回 1*/
  if ((ticks - 1) > SysTick_LOAD_RELOAD_Msk)   return (1);
  /*设置重装计数值*/
  SysTick->LOAD = ticks - 1;
  /*设置中断优先级*/
  NVIC_SetPriority (SysTick_IRQn,(1<<__NVIC_PRIO_BITS) - 1);
  /*清零当前计数值寄存器*/
  SysTick->VAL = 0;
  /*设置 SysTick 时钟源为 HCLK，使能异常请求和 SysTick 定时功能*/
  SysTick->CTRL = SysTick_CTRL_CLKSOURCE_Msk |
                  SysTick_CTRL_TICKINT_Msk    |
                  SysTick_CTRL_ENABLE_Msk;
  /*设置成功，返回 0*/
  return (0);
}
```

SysTick_Config 函数被定义在 core_cm3.h 文件中，它的功能是初始化并开启 SysTick 计数器及其中断，输入参数 ticks 是两次中断间的 ticks 数值。通过次函数可以初始化系统嘀嗒定时器及其中断并开启系统嘀嗒定时器在自由运行模式下以产生周期中断。

这个函数选择的时钟源是系统时钟源，并且传递参数的值不能大于 0xFFFFFF。

4．SysTick 异常服务函数

```
void SysTick_Handler(void)
{
}
```

SysTick_Handler 的服务函数已在启动文件中定义过，并定义了[WEAK]属性，函数内执行的是空循环。这就要求用户在使用 SysTick 异常服务时，需要在启动文件之外的其他文件重新定义服务程序，并且其函数名要和启动文件中的函数名保持一致，只有这样才能在编译阶段，将重定义的服务程序入口地址替换到 SysTick 在异常/中断向量表的位置。

SysTick_Handler 函数一般被重新定义在 stm32f10x_it.c（当然也可以定义在其他地方），至于服务程序的内容，用户可根据需求进行自定义。

4.3.3 应用实例

使用 SysTick 产生 1s 的定时，控制 LED 灯以 2s 为周期进行闪烁。

假设 HCLK=180MHz。在 system_stm32f4xx.c 文件中定义了全局变量 uint32_t SystemCoreClock=180 000 000，并在头文件 system_stm32f4xx.c->stm32f4xx.h 中声明。只要程序中包含了 stm32f4xx.h，都可以使用 SystemCoreClock。

1. 配置 SysTick

在频率为 180MHz 的时钟源驱动下，1s 中计数次数是 180 000 000，大于可计数次数的最大值 0xFFFFFF。因此，一次定时直接得到 1s 时间，需要将定时时间进行分片，如 1s 分成 1000 个 1ms、1 000 000 个 1μs 等。

按照 1ms 进行分片，配置程序如下：

```
SysTick_Config(SystemCoreClock/1000);
```

这样，SysTick 会每 1ms 产生一次异常请求。

全局变量定义如下：

```
volatile    uint32_t    TimingDelay;
```

volatile 防止变量 TimingDelay 在使用过程中被优化。

2. 写延时函数

编写以 1ms 为计时基准的函数。

```
void delay_ms(uint32_t nTime)
{
  TimingDelay=nTime;
  while(TimingDelay!=0);
}
```

其中，nTime 是需要计时的 ms 数。

函数判断 TimingDelay 的值，直到 TimingDelay 减到 0 为止。对 TimingDelay 的递减操作是在 SysTick 的服务程序中进行的，每 1ms 对其减 1 次。

3. 写中断函数

每 1ms SysTick 都会产生一次异常请求，执行其异常服务程序 SysTick_Handler。对 SysTick 异常服务程序进行编写，每 1ms 对变量 TimingDelay 减 1 次。

```
void SysTick_Handler(void)
{
if (TimingDelay!=0)
  {
    TimingDelay--;
  }
}
```

4. 应用

```
int main(void)
{
  /*配置 SysTick 为每 1ms 异常一次*/
if (SysTick_Config(SystemCoreClock/1000))
  {
    /*SystemCoreClock/1000 超出计数最大值时报错，程序陷入空循环*/
    while (1);
```

```
    }
  /*初始化 LED 灯的 GPIO*/
    LED_Config ();
    while (1)
    {
      /*反转 LED 灯状态*/
      LED_TOGGLE;
      /*延时 1s*/
      delay_ms (1000);
    }
  }
```

在主函数中，初始化 LED 灯控制 GPIO 和 Systick，并控制 LED 灯以 2s 为周期进行闪烁。

习题

1．尝试分析 STM32F4 系列微控制器从复位到 main()函数启动的过程。
2．请写出复位异常向量、SVC 异常向量和 SysTick 向量地址。
3．请写出启动文件中定义的 SysTick、外部中断 0 和 USART1 中断的中断服务函数名。
4．请编写中断 EXTI0_IRQHandler 的中断服务程序，使用 C 程序实现，只需要空函数。
5．尝试说明在发生 EXTI0_IRQHandler 中断时内核响应的过程。
6．如何配置 1μs 的 SysTick 系统定时函数？

第 5 章　GPIO

GPIO（General-Purpose Input/Output，通用输入/输出）是微控制器和外部进行通信的最基本的通道，几乎所有微控制器上都有 GPIO。GPIO 的每个引脚都能够被独立配合，在微控制器片内外设功能较多而外部引脚数量有限的情况下，GPIO 引脚都具备复用功能。

STM32F 系列微控制器中有多个 GPIO 端口，以英文字母进行编号，每个端口有 16 个引脚，根据芯片型号不同端口数量不同。STM32F429IGT6 微控制器共有 9 个 GPIO 端口，分别是 GPIOA、GPIOB、GPIOC、GPIOD、GPIOE、GPIOF、GPIOG、GPIOH、GPIOI，共 144 个 GPIO 引脚，大部分的引脚都是复用引脚。除了使用 GPIO 实现通用的输入/输出功能（如 LED 灯控制、按键检测等），几乎所有片上外设与外部进行通信，都要使用 GPIO 的复用功能。因此，掌握 GPIO 的结构、原理和使用方法，是掌握 STM32F 系列微控制器使用方法的最基本的要求。

既然一个引脚可以用于输入、输出或其他特殊功能，那么一定有寄存器用来选择这些功能。对于输入，一定可以通过读取某个寄存器来确定引脚电位的高低；对于输出，一定可以通过写入某个寄存器来让这个引脚输出高电位或者低电位；对于其他特殊功能，则有另外的寄存器来控制它们。

5.1　GPIO 结构原理

GPIO 引脚的内部构造图如图 5-1 所示，每个 GPIO 相互独立，包括输入驱动器、输出驱动器、上拉/下拉控制电路和 5V 耐压保护电路（几乎所有 GPIO 引脚都具备耐 5V 功能，在数字模式下可以直接和 5V 接口连接）。

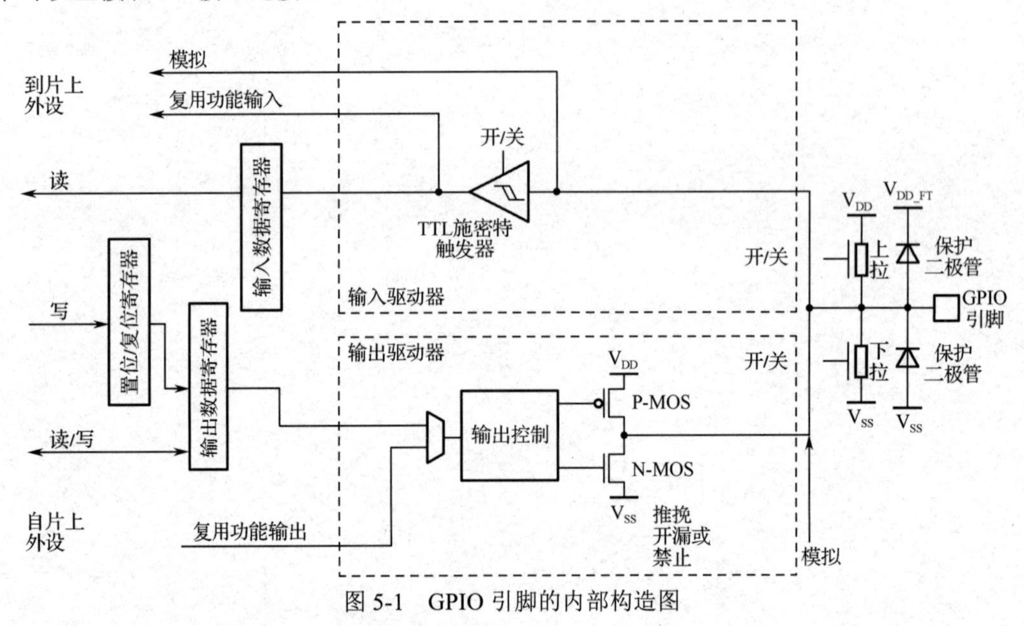

图 5-1　GPIO 引脚的内部构造图

5.1.1　GPIO 功能描述

可将每个 GPIO 配置为输入、输出、复用功能和模拟功能 4 种工作模式，再配合对输出驱动电路和上拉/下拉电阻，可通过软件将 GPIO 的各个端口位分别配置以下多种模式。

（1）输入浮空模式。

（2）输入上拉模式。

（3）输入下拉模式。

（4）模拟功能模式。

（5）具有上拉/下拉功能的开漏输出模式。

（6）具有上拉/下拉功能的推挽输出模式。

（7）具有上拉/下拉功能的复用功能推挽模式。

（8）具有上拉/下拉功能的复用功能开漏模式。

每个 GPIO 端口包括 4 个 32 位配置寄存器（GPIO*x*_MODER、GPIO*x*_OTYPER、GPIO*x*_OSPEEDR 和 GPIO*x*_PUPDR）、2 个 32 位数据寄存器（GPIO*x*_IDR 和 GPIO*x*_ODR）、1 个 32 位置位/复位寄存器（GPIO*x*_BSRR）、1 个 32 位配置锁存寄存器（GPIO*x*_LCKR）和 2 个 32 位复用功能选择寄存器（GPIO*x*_AFRH 和 GPIO*x*_AFRL）。应用程序通过对这些寄存器的操作来实现 GPIO 的配置和应用。

5.1.2 GPIO 输入配置

当 GPIO 被配置为输入模式（也是 GPIO 引脚的复位状态）时，可以通过读输入数据寄存器（GPIO*x*_IDR）获取 GPIO 引脚上的状态对。此时：①输出缓冲器被关闭，防止输出数据寄存器（GPIO*x*_ODR）内容影响 GPIO 引脚输入状态；②TTL 施密特触发器输入被打开，GPIO 引脚到输入数据寄存器（GPIO*x*_IDR）信号通道畅通；③根据上拉/下拉寄存器（GPIO*x*_PUPDR）中的值决定是否打开上拉电阻和下拉电阻；④输入数据寄存器每隔 1 个 AHB1 时钟周期对 GPIO 引脚上的数据进行一次采样；⑤通过对输入数据寄存器的读访问可获取 GPIO 引脚的状态；⑥GPIO 引脚具备耐 5V 功能。

GPIO 输入模式分为输入浮空模式、输入上拉模式、输入下拉模式。

1．输入浮空模式

（1）设置 GPIO 引脚对应模式寄存器（GPIO*x*_MODER）的相应位段为 00，选择输入模式。

（2）设置 GPIO 引脚对应上拉/下拉寄存器的相应位段为 00，上拉/下拉电阻与 GPIO 引脚断开。

输入浮空模式结构示意图如图 5-2 所示。

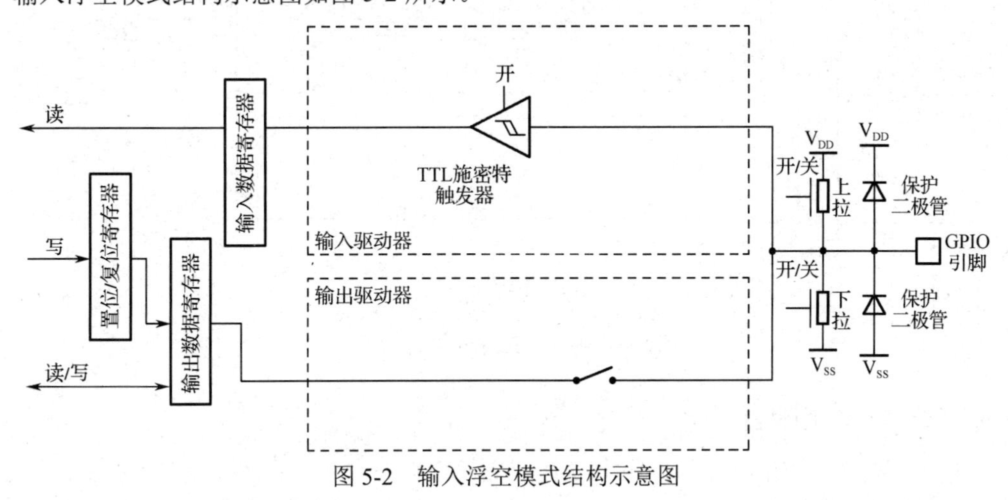

图 5-2　输入浮空模式结构示意图

2．输入上拉模式

（1）设置 GPIO 引脚对应模式寄存器的相应位段为 00，选择输入模式。

（2）设置 GPIO 引脚对应上拉/下拉寄存器的相应位段为 01。

可以在 GPIO 引脚连接电路处于高阻态时，将 GPIO 引脚电位上拉到高电平。输入上拉模式结构示意图如图 5-3 所示。

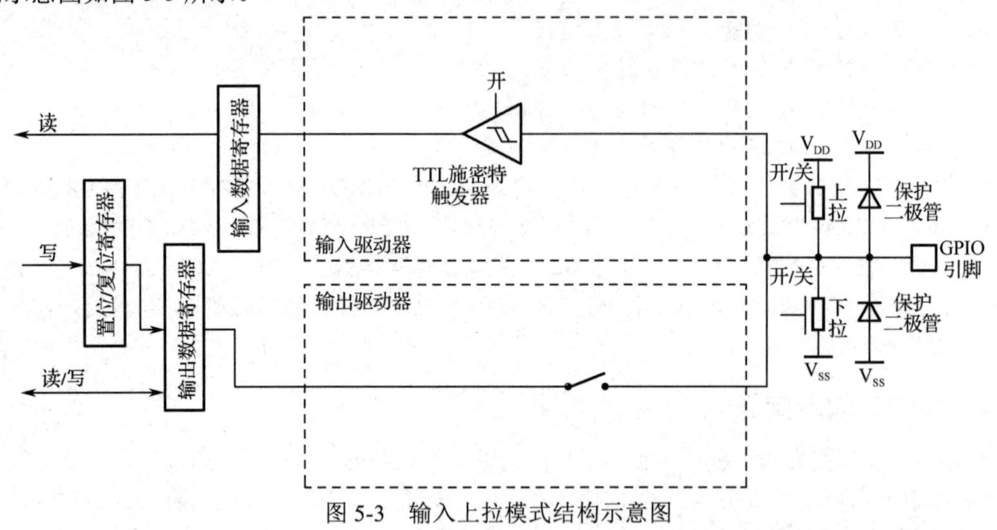

图 5-3　输入上拉模式结构示意图

3．输入下拉模式

（1）设置 GPIO 引脚对应模式寄存器的相应位段为 00，选择输入模式。

（2）设置 GPIO 引脚对应上拉/下拉寄存器的相应位段为 10，将下拉电阻连接到 GPIO 引脚上，上拉电阻与 GPIO 引脚断开。

可以在 GPIO 引脚连接电路处于高阻态时，将 GPIO 引脚电位下拉到低电平。输入下拉模式结构示意图如图 5-4 所示。

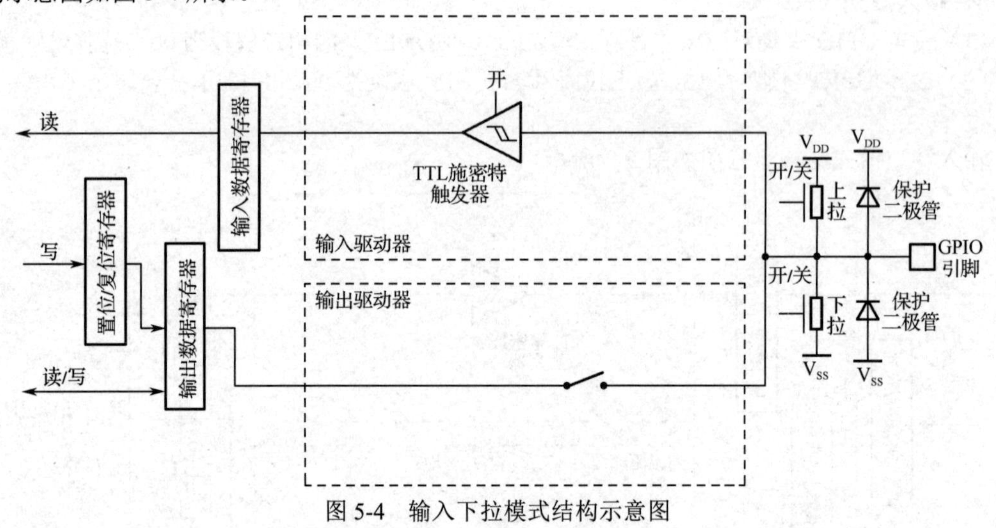

图 5-4　输入下拉模式结构示意图

5.1.3　GPIO 输出配置

当 GPIO 被配置为输出模式时，可以通过操作输出数据寄存器或置位/复位寄存器，在 GPIO 引脚上输出高电平或低电平。此时：①输出缓冲器被打开，具有开漏模式和推挽模式；②TTL

施密特触发器输入被打开，通过对输入数据寄存器的读访问可获取GPIO引脚状态；③根据上拉/下拉寄存器中的值决定是否打开上拉电阻和下拉电阻；④输入数据寄存器每隔1个AHB1时钟周期对GPIO引脚上的数据进行一次采样；⑤通过对输出数据寄存器的读访问可获取最后的写入值；⑥所有GPIO引脚具备5V容忍功能。

GPIO输出模式共有两种：推挽输出模式和开漏输出模式。

1．推挽输出模式

（1）设置GPIO引脚对应模式寄存器的相应位段为01，选择输出模式。

（2）设置GPIO引脚对应输出类型寄存器（GPIO*x*_OTYPER）的相应位段为0，选择推挽输出模式。

（3）根据需求设置GPIO引脚对应上拉/下拉寄存器的相应位段。

（4）根据需求设置输出速度寄存器（GPIO*x*_OSPEEDR），选择GPIO引脚最高输出速度。

由输出驱动电路中的N-MOS管和P-MOS管组成推挽电路结构，N-MOS管负责灌电流，P-MOS管负责拉电流。输出数据寄存器中的“0”可使N-MOS管导通、P-MOS管截止，从而使得GPIO引脚与地导通，输出低电平。而输出数据寄存器中的“1”可使P-MOS管导通、N-MOS管截止，使得GPIO引脚与电源V_{DD}导通，输出高电平。推挽输出模式结构既提高电路的负载能力，又提高开关速度。推挽输出模式结构示意图如图5-5所示。

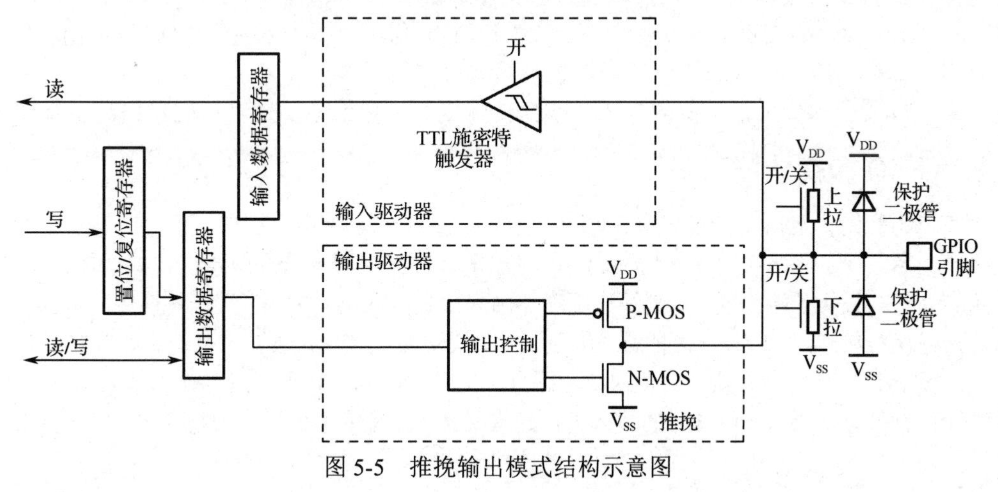

图5-5　推挽输出模式结构示意图

2．开漏输出模式

（1）设置GPIO引脚对应模式寄存器的相应位段为01，选择输出模式。

（2）设置GPIO引脚对应输出类型寄存器的相应位段为1，选择开漏输出模式。

（3）设置GPIO引脚对应上拉/下拉寄存器相应位段为01，将上拉电阻连接到GPIO引脚上，下拉电阻与GPIO引脚断开。或者将GPIO引脚外部连接上拉电阻。开漏输出模式必须连接上拉电阻才能输出高电平。

（4）根据需求设置输出速度寄存器，选择GPIO引脚最高输出速度。

在N-MOS管和P-MOS管组成的电路结构中，P-MOS管始终处于截止状态。输出数据寄存器中的“0”可激活N-MOS管，使得GPIO引脚与地导通，输出低电平。由于P-MOS管始终处于截止状态，输出数据寄存器中的“1”会使N-MOS管也处于截止状态，因此，GPIO引脚保持高阻态。此时，要想GPIO引脚输出高电平，需要在GPIO引脚上加上拉电阻。开漏输出模式结构示意图如图5-6所示。

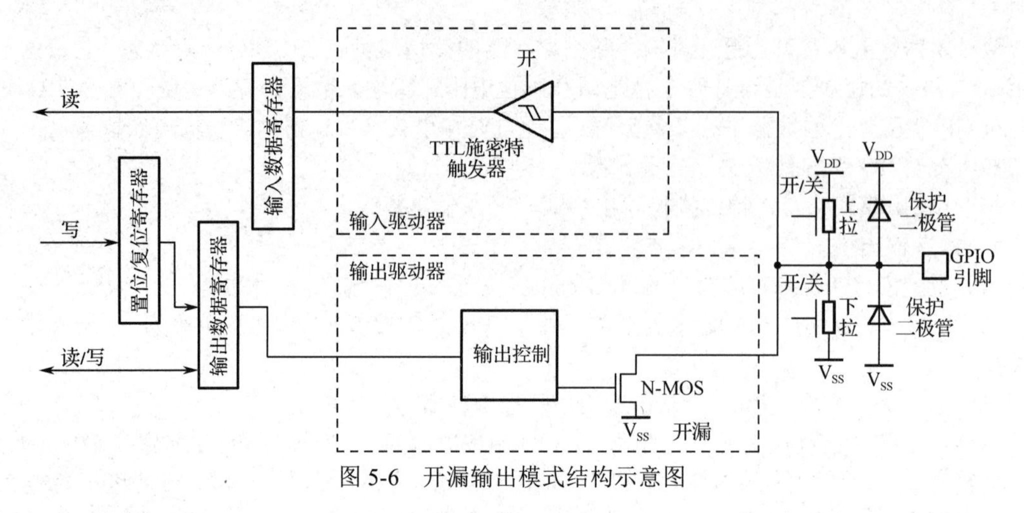

图 5-6 开漏输出模式结构示意图

组成开漏形式的电路有以下几个特点。

（1）必须在外部加上拉电阻。

（2）利用外部电路的驱动能力，减少 IC 内部的驱动。

（3）可以将多个开漏输出的引脚，连接到一条线上，形成逻辑“与”关系。当线上任意一个变低后，开漏线上的逻辑就为低电平。这也是 I2C、SMBus 等总线仲裁的原理，因此在将 GPIO 引脚复用为 I2C、SMBus 等总线时，输出类型需要配置为开漏输出。

（4）可以利用改变上拉电源的电压，改变传输电平，用低电平逻辑控制输出高电平逻辑。

5.1.4 GPIO 复用功能配置

把 GPIO 配置为复用功能模式时，GPIO 引脚在内部连接到相应的复用模块上，GPIO 复用功能模式结构示意图如图 5-7 所示，此时：①可将输出缓冲器配置为开漏或推挽模式；②若 GPIO 引脚复用给片上外设用于输出数据，则输出驱动器由来自外设的信号驱动（发送器使能和数据），而与输出数据寄存器断开；③TTL 施密特触发器输入被打开，通过对输入数据寄存器的读访问可获取 I/O 状态；④根据上拉/下拉寄存器中的值决定是否打开上拉电阻和下拉电阻；⑤输入数据寄存器每隔 1 个 AHB1 时钟周期对 GPIO 引脚上的数据进行一次采样；⑥所有 GPIO 引脚具备 5V 容忍功能。

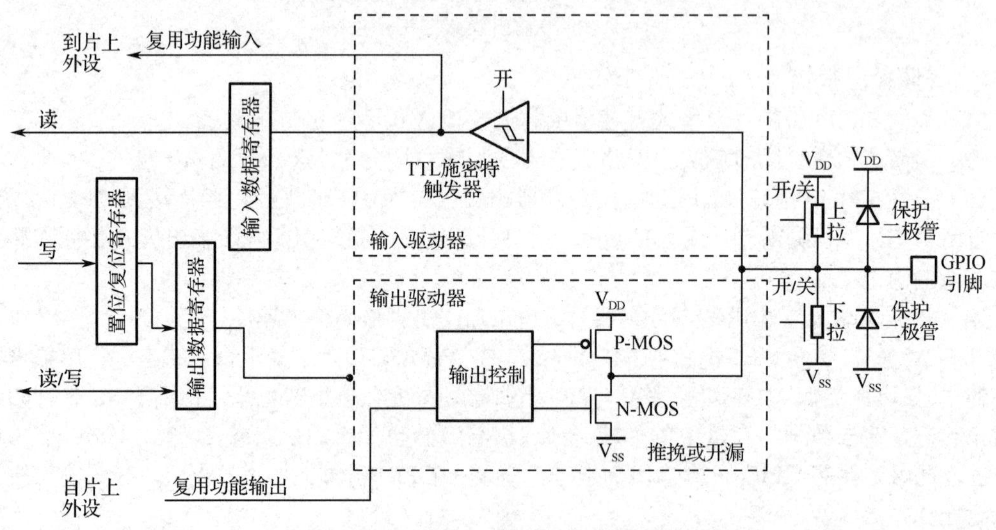

图 5-7 GPIO 复用功能模式结构示意图

将 GPIO 配置为复用功能模式，需要完成以下操作。

（1）设置 GPIO 引脚对应模式寄存器的相应位段为 10，选择复用功能模式。

（2）根据需求设置 GPIO 引脚对应输出类型寄存器的相应位段，选择开漏或推挽输出。

（3）设置 GPIO 引脚对应上拉/下拉寄存器的相应位段。如果是开漏输出模式，则需要加上拉电阻。

（4）根据需求设置输出速度寄存器，选择 GPIO 引脚最高输出速度。

（5）设置复用功能低位寄存器（GPIO*x*_AFRL）或复用功能高位寄存器（GPIO*x*_AFRH），将 GPIO 引脚映射到特定的片上外设。

5.1.5 GPIO 模拟功能配置

模拟功能一般用在模数转换（ADC，模拟信号输入）和数模转换（DAC，模拟信号输出）上，此时需要将电路上的数字电路与模拟通路断开。GPIO 模拟功能模式结构示意图如图 5-8 所示。

（1）输出缓冲器被禁止。

（2）TTL 施密特触发器输入停用，GPIO 引脚的每个模拟输入的功耗变为 0。TTL 施密特触发器的输出被强制处理为恒定值（0）。

（3）上拉电阻和下拉电阻被断开。

（4）对输入数据寄存器的读访问值为 0。

（5）在模拟功能配置中，GPIO 引脚不能为 5V 容忍。

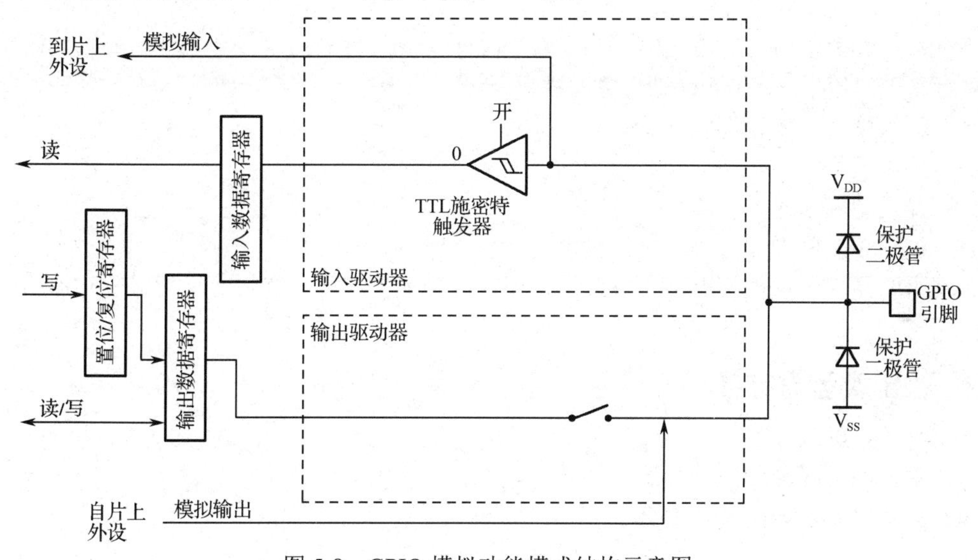

图 5-8 GPIO 模拟功能模式结构示意图

在芯片引脚定义上，模拟输入和模拟输出没有同时定义在同一个 GPIO 引脚上。如果一个 GPIO 引脚具备模拟输入复用功能，那么就不会被复用给模拟输出功能。因此，不需要担心模拟输入和输出之间有冲突。

将 GPIO 引脚配置为模拟功能模式，需要完成以下操作。

（1）设置 GPIO 引脚对应模式寄存器的相应位段为 11，选择模拟功能模式。

（2）设置 GPIO 引脚对应上拉/下拉寄存器的相应位段为 00，禁止上拉和下拉。

5.2 GPIO 相关寄存器

5.2.1 模式寄存器

偏移地址：0x00。

复位值：

0xA8000000（端口 A）；

0x00000280（端口 B）；

0x00000000（其他端口）。

模式寄存器如图 5-9 所示。

31	30	29	28	27	26	25	24	23	22	21	20	19	18	17	16
MODER15[1:0]		MODER14[1:0]		MODER13[1:0]		MODER12[1:0]		MODER11[1:0]		MODER10[1:0]		MODER9[1:0]		MODER8[1:0]	
rw	rw	rw	rw	rw	rw	rw	rw	rw	rw	rw	rw	rw	rw	rw	rw

15	14	13	12	11	10	9	8	7	6	5	4	3	2	1	0
MODER7[1:0]		MODER6[1:0]		MODER5[1:0]		MODER4[1:0]		MODER3[1:0]		MODER2[1:0]		MODER1[1:0]		MODER0[1:0]	
rw	rw	rw	rw	rw	rw	rw	rw	rw	rw	rw	rw	rw	rw	rw	rw

图 5-9　模式寄存器

位 2*y*+1:2*y* MODER*y*[1:0]：端口 *x*（*x* 为端口号 A～I）配置位（*y* 为引脚号 0～15），这些位通过软件写入，用于配置 GPIO 端口方向模式。

00：输入模式（复位状态）。

01：输出模式。

10：复用功能模式。

11：模拟功能模式。

模式寄存器用于设置 GPIO 引脚的工作模式，每个 GPIO 引脚对应于模式寄存器的两个控制位。

5.2.2 输出类型寄存器

偏移地址：0x04。

复位值：0x00000000。

输出类型寄存器如图 5-10 所示。

31	30	29	28	27	26	25	24	23	22	21	20	19	18	17	16
保留															

15	14	13	12	11	10	9	8	7	6	5	4	3	2	1	0
OT15	OT14	OT13	OT12	OT11	OT10	OT9	OT8	OT7	OT6	OT5	OT4	OT3	OT2	OT1	OT0
rw	rw	rw	rw	rw	rw	rw	rw	rw	rw	rw	rw	rw	rw	rw	rw

图 5-10　输出类型寄存器

位 31:16 保留，必须保持复位值。

位 15:0 OT*y*[1:0]：端口 *x*（*x* 为端口号 A～I）配置位（*y* 为引脚号 0～15），这些位通过软件写入，用于配置 GPIO 端口的输出类型。

0：输出推挽（复位状态）。

1：输出开漏。

输出类型寄存器用于设置 GPIO 引脚的输出类型。

5.2.3 输出速度寄存器

偏移地址：0x04。

复位值：0x00000000。

输出速度寄存器如图 5-11 所示。

31	30	29	28	27	26	25	24	23	22	21	20	19	18	17	16
OSPEEDR15 [1:0]		OSPEEDR14 [1:0]		OSPEEDR13 [1:0]		OSPEEDR12 [1:0]		OSPEEDR11 [1:0]		OSPEEDR10 [1:0]		OSPEEDR9 [1:0]		OSPEEDR8 [1:0]	
rw	rw	rw	rw	rw	rw	rw	rw	rw	rw	rw	rw	rw	rw	rw	rw
15	**14**	**13**	**12**	**11**	**10**	**9**	**8**	**7**	**6**	**5**	**4**	**3**	**2**	**1**	**0**
OSPEEDR7 [1:0]		OSPEEDR6 [1:0]		OSPEEDR5 [1:0]		OSPEEDR4 [1:0]		OSPEEDR3 [1:0]		OSPEEDR2 [1:0]		OSPEEDR1 [1:0]		OSPEEDR0 [1:0]	
rw	rw	rw	rw	rw	rw	rw	rw	rw	rw	rw	rw	rw	rw	rw	rw

图 5-11 输出速度寄存器

位（$2y+1:2y$）OSPEEDRy[1:0]：端口 x（x 为端口号 A～I）配置位（y 为引脚号 0～15），这些位通过软件写入，用于配置 GPIO 端口输出速度。

00：2MHz（低速）（C_L=50pF，V_{DD}≥1.7V）。

01：25MHz（中速）（C_L=50pF，V_{DD}≥2.7V）。

10：50MHz（快速）（C_L=40pF，V_{DD}≥2.7V，需要使能 I/O 补偿功能）。

11：100MHz（高速）（C_L=30pF，V_{DD}≥2.7V，需要使能 I/O 补偿功能）。

输出速度寄存器用于定义输出模式下，GPIO 引脚可输出脉冲的速度，也就是在不出现错误的情况下，高低电平最高的切换速度。

5.2.4 上拉/下拉寄存器

偏移地址：0x0C。

复位值：

0x64000000（端口 A）；

0x00000100（端口 B）；

0x00000000（其他端口）。

上拉/下拉寄存器如图 5-12 所示。

31	30	29	28	27	26	25	24	23	22	21	20	19	18	17	16
PUPDR15[1:0]		PUPDR14[1:0]		PUPDR13[1:0]		PUPDR12[1:0]		PUPDR11[1:0]		PUPDR10[1:0]		PUPDR9[1:0]		PUPDR8[1:0]	
rw	rw	rw	rw	rw	rw	rw	rw	rw	rw	rw	rw	rw	rw	rw	rw
15	**14**	**13**	**12**	**11**	**10**	**9**	**8**	**7**	**6**	**5**	**4**	**3**	**2**	**1**	**0**
PUPDR7[1:0]		PUPDR6[1:0]		PUPDR5[1:0]		PUPDR4[1:0]		PUPDR3[1:0]		PUPDR2[1:0]		PUPDR1[1:0]		PUPDR0[1:0]	
rw	rw	rw	rw	rw	rw	rw	rw	rw	rw	rw	rw	rw	rw	rw	rw

图 5-12 上拉/下拉寄存器

位（2y+1:2y）PUPDRy[1:0]：端口 x（x 为端口号 A～I）配置位（y 为引脚号 0～15），这些位通过软件写入，用于配置 GPIO 端口的上拉或下拉功能。

00：无上拉或下拉。

01：上拉。

10：下拉。

11：保留。

上拉/下拉寄存器用于设定 GPIO 引脚在内部是否连接上拉电阻或下拉电阻。

5.2.5 输入数据寄存器

偏移地址：0x10。

复位值：0x0000XXXX（其中 X 表示未定义）。

输入数据寄存器如图 5-13 所示。

31	30	29	28	27	26	25	24	23	22	21	20	19	18	17	16
保留															
15	14	13	12	11	10	9	8	7	6	5	4	3	2	1	0
IDR15	IDR14	IDR13	IDR12	IDR11	IDR10	IDR9	IDR8	IDR7	IDR6	IDR5	IDR4	IDR3	IDR2	IDR1	IDR0
r	r	r	r	r	r	r	r	r	r	r	r	r	r	r	r

图 5-13　输入数据寄存器

位 31:16 保留，必须保持复位值。

位 15:0 IDRy[15:0]：端口输入数据（y 为引脚号 0～15），这些位为只读形式，只能在字模式下访问。它们包含相应 GPIO 端口的输入值。

这个寄存器的低 16 位反映的就是相应 GPIO 引脚上的状态。如果 GPIO 引脚为高电平，则输入数据寄存器对应位被置 1；如果 GPIO 引脚为低电平，则输入数据寄存器对应位被清零。

例如，当 GPIOA 的 2 号引脚为高电平时，GPIOA 的输入数据寄存器（GPIOA_IDR）的 IDR2 位被置 1；反之，被清零。

5.2.6 输出数据寄存器

偏移地址：0x14。

复位值：0x00000000。

输出数据寄存器如图 5-14 所示。

31	30	29	28	27	26	25	24	23	22	21	20	19	18	17	16
保留															
15	14	13	12	11	10	9	8	7	6	5	4	3	2	1	0
ODR15	ODR14	ODR13	ODR12	ODR11	ODR10	ODR9	ODR8	ODR7	ODR6	ODR5	ODR4	ODR3	ODR2	ODR1	ODR0
rw	rw	rw	rw	rw	rw	rw	rw	rw	rw	rw	rw	rw	rw	rw	rw

图 5-14　输出数据寄存器

位 31:16 保留，必须保持复位值。

位 15:0 ODRy[15:0]：端口输出数据（y 为引脚号 0～15），这些位可通过软件读取和写入。

输出数据寄存器的低 16 位用于设置 GPIO 引脚的状态。当输出数据寄存器某个位被置 1 时，对应 GPIO 引脚输出高电平。当输出数据寄存器某个位被清零时，对应 GPIO 引脚输出低电平。

例如，当 GPIOA 的输出数据寄存器（GPIOA_ODR）的 ODR2 位被置 1 时，GPIOA 的 2 号引脚输出高电平；反之，输出低电平。

5.2.7　置位/复位寄存器

偏移地址：0x18。

复位值：0x00000000。

置位/复位寄存器如图 5-15 所示。

31	30	29	28	27	26	25	24	23	22	21	20	19	18	17	16
BR15	BR14	BR13	BR12	BR11	BR10	BR9	BR8	BR7	BR6	BR5	BR4	BR3	BR2	BR1	BR0
w	w	w	w	w	w	w	w	w	w	w	w	w	w	w	w

15	14	13	12	11	10	9	8	7	6	5	4	3	2	1	0
BS15	BS14	BS13	BS12	BS11	BS10	BS9	BS8	BS7	BS6	BS5	BS4	BS3	BS2	BS1	BS0
w	w	w	w	w	w	w	w	w	w	w	w	w	w	w	w

图 5-15　置位/复位寄存器

位 31:16 BR*y*：端口 *x*（*x* 为端口号 A～I）复位位 *y*（*y* 为引脚号 0～15）。这些位为只写形式，只能在字、半字或字节模式下访问。读取这些位可返回值 0x0000。

0：不会对相应的 ODR*y* 位执行任何操作。

1：对相应的 ODR*y* 位进行复位。

需要注意的是，如果同时对 BS*y* 和 BR*y* 置位，则 BS*y* 的优先级更高。

位 15:0 BS*y*：端口 *x*（*x* 为端口号 A～I）置位位 *y*（*y* 为引脚号 0～15）。这些位为只写形式，只能在字、半字或字节模式下访问。读取这些位可返回值 0x0000。

0：不会对相应的 ODR*y* 位执行任何操作。

1：对相应的 ODR*y* 位进行置位。

通过 GPIO 的结构图可以看到，置位/复位寄存器的输出连接到输出数据寄存器，因此操作置位/复位寄存器最终会影响到输出数据寄存器的内容，从而改变 GPIO 引脚的输出状态。

置位/复位寄存器是只读寄存器，并且只有写 1 才能产生控制效果，写 0 没有任何作用。往低 16 位（BSRRL）写 1，对应的 GPIO 引脚输出高电平。往高 16 位（BSRRH）写 1，对应的 GPIO 引脚输出低电平。通过对置位/复位寄存器的操作，可以有针对性地改变 GPIO 个别引脚的输出状态，而不影响其他引脚状态，从而实现 GPIO 输出控制的原子置位/复位，而无须对输出数据寄存器进行读—修改—写操作，简化了程序编写。

例：将 GPIOA 的 3 号、10 号引脚输出低电平。

读—修改—写操作：

```
GPIOA->ODR&=~(1<<3 | 1<<10);
```

原子操作：

```
GPIOA->BSSRH=1<<3 | 1<<10;
```

例：将 GPIOA 的 2 号、8 号引脚输出高电平。

读—修改—写操作：

```
GPIOA->ODR|=1<<2 | 1<<8;
```

原子操作：

```
GPIOA->BSSRL=1<<2 | 1<<8;
```

5.2.8 配置锁存寄存器

偏移地址：0x1C。

复位值：0x00000000。

访问：仅 32 位字，读/写寄存器。

配置锁存寄存器如图 5-16 所示。

31	30	29	28	27	26	25	24	23	22	21	20	19	18	17	16
保留															LCKK
															rw

15	14	13	12	11	10	9	8	7	6	5	4	3	2	1	0
LCK15	LCK14	LCK13	LCK12	LCK11	LCK10	LCK9	LCK8	LCK7	LCK6	LCK5	LCK4	LCK3	LCK2	LCK1	LCK0
rw	rw	rw	rw	rw	rw	rw	rw	rw	rw	rw	rw	rw	rw	rw	rw

图 5-16 配置锁存寄存器

位 31:17 保留，必须保持复位值。

位 16 LCKK[16]：锁定键可随时读取此位。可使用锁定键写序列对其进行修改。

0：端口配置锁定键未激活。

1：端口配置锁定键已激活。

锁定键写序列：

写 LCKR=1<<16+LCKR[15:0]；

写 LCKR=0<<16+LCKR[15:0]；

写 LCKR=1<<16+LCKR[15:0]；

读 LCKR；

读并判断 LCKR[16]=1（此读操作为可选操作，但它可确认锁定已激活）。

需要注意的是，在锁定键写序列期间，不能更改 LCKR[15:0]的值。锁定序列中的任何错误都将中止锁定操作。在任一端口位上的第一个锁定序列之后，对 LCKK 位的任何读访问都将返回 1，直到下一次 CPU 复位为止。

位 15:0 LCKy：端口 x（x 为端口号 A～I）锁定位 y（y 为引脚号 0～15）这些位都是读/写位，但只能在 LCKK 位等于 0 时执行写操作。

0：端口配置未锁定。

1：端口配置已锁定。

将锁定键写序列应用到某个端口位后，在执行下一次复位之前，将无法对该端口位的值进行修改。但是，必须按照特定的写顺序进行操作。

锁定操作锁定的是模式寄存器、输出类型寄存器、输出速度寄存器、上拉/下拉寄存器、复用功能低位寄存器和复用功能高位寄存器。

5.2.9 复用功能寄存器

1. 复用功能低位寄存器

偏移地址：0x20。

复位值：0x00000000。

复用功能低位寄存器如图 5-17 所示。

31	30	29	28	27	26	25	24	23	22	21	20	19	18	17	16
AFRL7[3:0]				AFRL6[3:0]				AFRL5[3:0]				AFRL4[3:0]			
rw	rw	rw	rw	rw	rw	rw	rw	rw	rw	rw	rw	rw	rw	rw	rw

15	14	13	12	11	10	9	8	7	6	5	4	3	2	1	0
AFRL3[3:0]				AFRL2[3:0]				AFRL1[3:0]				AFRL0[3:0]			
rw	rw	rw	rw	rw	rw	rw	rw	rw	rw	rw	rw	rw	rw	rw	rw

图 5-17　复用功能低位寄存器

位 31:0 AFRL*y*：端口 *x*（*x* 为端口号 A～I）位 *y*（*y* 为引脚号 0～7）的复用功能选择，这些位通过软件写入，用于配置 GPIO 引脚的复用功能。AFRL*y* 选择：

0000：AF0　　1000：AF8
0001：AF1　　1001：AF9
0010：AF2　　1010：AF10
0011：AF3　　1011：AF11
0100：AF4　　1100：AF12
0101：AF5　　1101：AF13
0110：AF6　　1110：AF14
0111：AF7　　1111：AF15

2. 复用功能高位寄存器

偏移地址：0x24。

复位值：0x00000000。

复用功能高位寄存器如图 5-18 所示。

31	30	29	28	27	26	25	24	23	22	21	20	19	18	17	16
AFRH7[3:0]				AFRH6[3:0]				AFRH5[3:0]				AFRH4[3:0]			
rw	rw	rw	rw	rw	rw	rw	rw	rw	rw	rw	rw	rw	rw	rw	rw

15	14	13	12	11	10	9	8	7	6	5	4	3	2	1	0
AFRH3[3:0]				AFRH2[3:0]				AFRH1[3:0]				AFRH0[3:0]			
rw	rw	rw	rw	rw	rw	rw	rw	rw	rw	rw	rw	rw	rw	rw	rw

图 5-18　复用功能高位寄存器

位 31:0 AFRH*y*：端口 *x*（*x* 为端口号 A～I）位 *y*（*y* 为引脚号 0～7）的复用功能选择，这些位通过软件写入，用于配置 GPIO 引脚的复用功能。AFRL*y* 选择：

0000：AF0　　1000：AF8
0001：AF1　　1001：AF9
0010：AF2　　1010：AF10
0011：AF3　　1011：AF11
0100：AF4　　1100：AF12
0101：AF5　　1101：AF13
0110：AF6　　1110：AF14
0111：AF7　　1111：AF15

复用功能寄存器用于配置 GPIO 引脚的复用功能，低位和高位复用功能映射图如图 5-19 所示。需要注意的是，如图 5-19 所示的复用功能不是每一个 GPIO 引脚能够复用。具体引脚能够复用成什么功能，还需要结合这一引脚的系统预定义来进行确定。

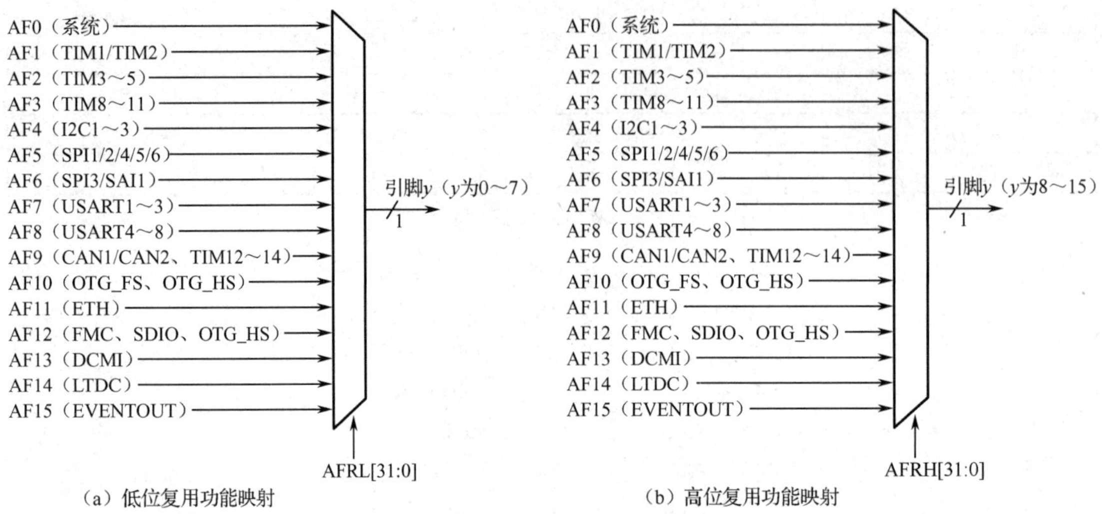

图 5-19　低位和高位复用功能映射图

例如，GPIOE 的 2 号引脚（PE2）的复用功能在《STM32F427XX、STM32F429XX 数据手册》中定义。GPIOE 的 2 号引脚的复用功能如表 5-1 所示。

表 5-1　GPIOE 的 2 号引脚的复用功能

名称	复用功能
PE2	TRACECLK、SPI4_SCK、SAI1_MCLK_A、ETH_MII_TXD3、FMC_A23、EVENTOUT

PE2 只能选择以下复用功能。

AF0（TRACECLK）、AF2（SPI4_SCK）、AF6（SAI1_MCLK_A）、AF11（ETH_MII_TXD3）、AF12（FMC_A23）及 AF15（EVENTOUT）。

PE2 不能选用 AF1、AF3、AF4、AF5、AF7、AF8、AF9、AF10、AF13、AF14。

5.3　GPIO 典型应用步骤及常用库函数

5.3.1　GPIO 典型应用步骤

使用库函数实现 GPIO 的应用，一般需要以下几步。

（1）使能 GPIO 的时钟（非常重要），涉及以下文件。

头文件：stm32f4xx_rcc.h。

源文件：stm32f4xx_rcc.c。

使用的主要函数如下：

```
RCC_AHB1PeriphClockCmd(uint32_t RCC_AHB1Periph, FunctionalState NewState);
```

片上外设一般被设计为数字时序电路，需要驱动时钟才能工作。片上外设大都被挂载在 AHB1、AHB2、APB1、APB2 四条总线上，因此，工作时钟由对应总线时钟驱动。微控制器为每个片上外设设置了一个时钟开关，可以控制片上外设的运行和禁止。通过操作 4 个外设时钟使能寄存器 RCC_AHB1ENR、RCC_AHB2ENR、RCC_APB1ENR、RCC_APB2ENR 相应的位段实现。

所有 GPIO 挂载在 AHB1 总线上，使能 GPIO 的工作时钟，操作的是外设时钟使能寄存器 RCC_AHB1ENR。

例如，使能 GPIOA 的工作时钟使用的函数如下：

```
RCC_AHB1PeriphClockCmd(RCC_AHB1Periph_GPIOA, ENABLE);
```

该函数有以下两个参数。

参数 1：一个片上外设时钟对应于外设时钟使能寄存器中的使能屏蔽字，被定义在 stm32f4xx_rcc.h 文件中。

例如，GPIOA 的时钟使能位在 RCC_AHB1ENR 中的 0 位，因此有如下屏蔽字定义：

```
#define RCC_AHB1Periph_GPIOA                    ((uint32_t)0x00000001)
```

参数 2：使能/禁止片上外设时钟。

ENABLE（使能时钟）和 DISABLE（禁止时钟）以枚举类型分别被定义为 0 和非 0。

RCC_AHB1PeriphClockCmd(RCC_AHB1Periph_GPIOA,ENABLE)函数实现的功能，就是根据第 2 个参数使能状态，将 RCC_AHB1ENR 的 0 位置 1(ENABLE，使能时钟)或清零(DISABLE，禁止时钟)。

（2）设置对应于片上外设使用的 GPIO 工作模式。

（3）如果使用复用功能，需要单独设置每一个 GPIO 引脚的复用功能。

（4）在应用程序中读取引脚状态、控制引脚输出状态或使用复用功能完成特定功能。

5.3.2 常用库函数

与 GPIO 相关的函数和宏都被定义在以下两个文件中。

头文件：stm32f4xx_gpio.h。

源文件：stm32f4xx_gpio.c。

常用库函数有初始化函数、读取输入电平函数、读取输出电平函数、设置输出电平函数、反转引脚状态函数及复用功能设置函数。

1．初始化函数

```
void GPIO_Init(GPIO_TypeDef* GPIOx, GPIO_InitTypeDef* GPIO_InitStruct);
```

初始化 GPIO 的一个或者多个引脚的工作模式、输出类型、输出速度及上拉/下拉方式。操作的是 4 个配置寄存器（模式寄存器、输出类型寄存器、输出速度寄存器和上拉/下拉寄存器）。

初始化函数有以下两个参数。

参数 1：GPIO_TypeDef* GPIOx，是操作的 GPIO 对象，是一个结构体指针。在实际使用中的参数有 GPIOA～GPIOI，被定义在头文件 stm32f4xx.h 中。例如：

```
#define GPIOA                    ((GPIO_TypeDef *) GPIOA_BASE)
……
#define GPIOI                    ((GPIO_TypeDef *) GPIOI_BASE)
```

参数 2：GPIO_InitTypeDef* GPIO_InitStruct，是 GPIO 初始化结构体指针。结构体类型 GPIO_InitTypeDef 被定义在头文件 stm32f4xx_gpio.h 中。

```
typedef struct
{
  uint32_t   GPIO_Pin;                                    //初始化的引脚
  GPIOMode_TypeDef   GPIO_Mode;                           //工作模式
  GPIOSpeed_TypeDef   GPIO_Speed;                         //输出速度
  GPIOOType_TypeDef   GPIO_OType;                         //输出类型
  GPIOPuPd_TypeDef   GPIO_PuPd;                           //上拉/下拉
}GPIO_InitTypeDef;
```

成员 1：uint32_t GPIO_Pin，声明需要初始化的引脚，以屏蔽字的形式出现，在头文件

stm32f4xx_gpio.h 中有如下定义：

```
#define GPIO_Pin_0                  ((uint16_t)0x0001)       //Pin 0 selected
#define GPIO_Pin_1                  ((uint16_t)0x0002)       //Pin 1 selected
……
#define GPIO_Pin_15                 ((uint16_t)0x8000)       //Pin 15 selected
#define GPIO_Pin_All                ((uint16_t)0xFFFF)       //All pins selected
```

在实际编程中，当一个 GPIO 的多个引脚被初始化为相同工作模式时，可以通过位或操作合并选择多个引脚。

例如，引脚 1、3、5 被初始化为相同工作模式时，通过位或操作合并如下：

```
GPIO_Pin_1| GPIO_Pin_3| GPIO_Pin_5
```

成员 2：GPIOMode_TypeDef　GPIO_Mode，选择 GPIO 引脚工作模式，在头文件 stm32f4xx_gpio.h 中有如下定义：

```
typedef enum
{
  GPIO_Mode_IN=0x00,                  //输入模式
  GPIO_Mode_OUT=0x01,                 //输出模式
  GPIO_Mode_AF=0x02,                  //复用功能模式
  GPIO_Mode_AN=0x03                   //模拟功能模式
}GPIOMode_TypeDef;
```

成员 3：GPIOSpeed_TypeDef　GPIO_Speed，选择 GPIO 引脚输出速度，在头文件 stm32f4xx_gpio.h 中有如下定义：

```
typedef enum
{
  GPIO_Low_Speed=0x00,                //低速
  GPIO_Medium_Speed=0x01,             //中速
  GPIO_Fast_Speed=0x02,               //快速
  GPIO_High_Speed=0x03                //高速
}GPIOSpeed_TypeDef;
#define   GPIO_Speed_2MHz     GPIO_Low_Speed
#define   GPIO_Speed_25MHz    GPIO_Medium_Speed
#define   GPIO_Speed_50MHz    GPIO_Fast_Speed
#define   GPIO_Speed_100MHz   GPIO_High_Speed
```

成员 4：GPIOOType_TypeDef　GPIO_OType，选择 GPIO 引脚输出类型，在头文件 stm32f4xx_gpio.h 中有如下定义：

```
typedef enum
{
  GPIO_OType_PP = 0x00,               //推挽输出
  GPIO_OType_OD = 0x01                //开漏输出
}GPIOOType_TypeDef;
```

成员 5：GPIOPuPd_TypeDef　GPIO_PuPd，选择 GPIO 引脚上拉/下拉功能，在头文件 stm32f4xx_gpio.h 中有如下定义：

```
typedef enum
{
  GPIO_PuPd_NOPULL=0x00,              //不上拉/下拉
  GPIO_PuPd_UP=0x01,                  //上拉
  GPIO_PuPd_DOWN=0x02                 //下拉
}GPIOPuPd_TypeDef;
```

例如，将 GPIOF 的 9 号、10 号引脚配置为推挽输出模式、100MHz、使能上拉功能。

```
//定义 GPIO_InitTypeDef 结构体变量
GPIO_InitTypeDef    GPIO_InitStructure;
//使能 GPIOF 时钟
RCC_AHB1PeriphClockCmd(RCC_AHB1Periph_GPIOF, ENABLE);
//GPIOF 9 号、10 号引脚初始化设置
GPIO_InitStructure.GPIO_Pin = GPIO_Pin_9 | GPIO_Pin_10;        //需要配置的 GPIO 引脚
GPIO_InitStructure.GPIO_Mode = GPIO_Mode_OUT;                  //输出模式
GPIO_InitStructure.GPIO_OType = GPIO_OType_PP;                 //推挽输出
GPIO_InitStructure.GPIO_Speed = GPIO_Speed_100MHz;             //100MHz
GPIO_InitStructure.GPIO_PuPd = GPIO_PuPd_UP;                   //上拉
//调用 GPIO_Init 函数，完成 GPIOF 9 号、10 号引脚初始化
GPIO_Init(GPIOF, &GPIO_InitStructure);
```

2．读取输入电平函数

（1）uint8_t GPIO_ReadInputDataBit(GPIO_TypeDef* GPIOx,uint16_t GPIO_Pin);

作用：读取某个 GPIO 的输入电平。实际操作的是输入数据寄存器。

参数 1：GPIO 操作对象，同初始化函数的参数 1 定义。

参数 2：操作引脚，同初始化函数的参数 2 结构体 GPIO_InitTypeDef 的成员 1 定义。

例如，读取 GPIOA 5 号引脚电平。

```
GPIO_ReadInputDataBit(GPIOA,GPIO_Pin_5);
```

该函数每次只能获取一个引脚状态。

（2）uint16_t GPIO_ReadInputData(GPIO_TypeDef* GPIOx);

作用：读取某组 GPIO 的输入电平。实际操作的是输入数据寄存器。

参数 1：GPIO 操作对象，同初始化函数的参数 1 定义。

参数 2：操作引脚，同初始化函数的参数 2 结构体 GPIO_InitTypeDef 的成员 1 定义。

例如，读取 GPIOA 所有引脚状态。

```
GPIO_ReadInputData(GPIOA);
```

3．读取输出电平函数

（1）uint8_t GPIO_ReadOutputDataBit (GPIO_TypeDef* GPIOx, uint16_t GPIO_Pin);

作用：读取某个 GPIO 的输出电平。实际操作的是输出数据寄存器。

参数 1：GPIO 操作对象，同初始化函数的参数 1 定义。

参数 2：操作引脚，同初始化函数的参数 2 结构体 GPIO_InitTypeDef 的成员 1 定义。

例如，读取 GPIOA 5 号引脚的输出状态。

```
GPIO_ReadOutputDataBit(GPIOA, GPIO_Pin_5);
```

（2）uint16_t GPIO_ReadOutputData(GPIO_TypeDef* GPIOx);

作用：读取某组 GPIO 的输出电平。实际操作的是输出数据寄存器。

参数 1：GPIO 操作对象，同初始化函数的参数 1 定义。

参数 2：操作引脚，同初始化函数的参数 2 结构体 GPIO_InitTypeDef 的成员 1 定义。

例如，读取 GPIOA 组中所有引脚输出电平。

```
GPIO_ReadOutputData(GPIOA);
```

以上这两个函数不常用。

4．设置输出电平函数

（1）void GPIO_SetBits(GPIO_TypeDef* GPIOx, uint16_t GPIO_Pin);

作用：设置 GPIO 引脚为高电平（1）。实际操作的是置位/复位寄存器的低 16 位（BSRRL）

寄存器。

参数 1：GPIO 操作对象，同初始化函数的参数 1 定义。

参数 2：操作引脚，同初始化函数的参数 2 结构体 GPIO_InitTypeDef 的成员 1 定义。

例如，设置 GPIOA 3 号、5 号引脚为高电平。

```
GPIO_SetBits(GPIOA, GPIO_Pin_3|GPIO_Pin_5);
```

该函数可同时设置多个引脚的状态。

（2）void GPIO_ResetBits(GPIO_TypeDef* GPIOx,uint16_t GPIO_Pin);

作用：设置 GPIO 引脚为低电平（0）。实际操作的是置位/复位寄存器的高 16 位（BSRRH）。

参数 1：GPIO 操作对象，同初始化函数的参数 1 定义。

参数 2：操作引脚，同初始化函数的参数 2 结构体 GPIO_InitTypeDef 的成员 1 定义。

例如，设置 GPIOA 2 号、4 号引脚为低电平。

```
GPIO_ ResetBits (GPIOA, GPIO_Pin_2|GPIO_Pin_4);
```

该函数可同时设置多个引脚的状态。

（3）void GPIO_WriteBit(GPIO_TypeDef* GPIOx,uint16_t GPIO_Pin,BitAction BitVal);

作用：设置某个 GPIO 引脚为特定电平。实际操作的是置位/复位寄存器。

例如：设置 GPIOA 2 号引脚为低电平。

参数 1：GPIO 操作对象，同初始化函数的参数 1 定义。

参数 2：操作引脚，同初始化函数的参数 2 结构体 GPIO_InitTypeDef 的成员 1 定义。

参数 3：引脚状态，Bit_SET 或 Bit_RESET。

例如，设置 GPIOA 3 号引脚为高电平。

```
GPIO_WriteBit(GPIOA,GPIO_Pin_3,Bit_SET);
```

例如，设置 GPIOA 5 号引脚为低电平。

```
GPIO_WriteBit(GPIOA,GPIO_Pin_5,Bit_RESET);
```

该函数只能设置一个引脚状态。

（4）void GPIO_Write(GPIO_TypeDef* GPIOx,uint16_t PortVal);

作用：设置某个 GPIO 所有引脚为特定电平。实际操作的是输出数据寄存器。

参数 1：GPIO 操作对象，同初始化函数的参数 1 定义。

参数 2：16 位的无符号数据，此数据每一位对应控制一个引脚的输出状态，0 代表对应引脚输出低电平，1 代表对应引脚输出高电平。

例如，设置 GPIOA 所有引脚为高电平。

```
GPIO_Write (GPIOA, 0xFFFF);
```

5．反转引脚状态函数

```
void GPIO_ToggleBits(GPIO_TypeDef* GPIOx, uint16_t GPIO_Pin);
```

作用：将 GPIO 引脚状态反转。使用位异或操作输出数据寄存器。

参数 1：GPIO 操作对象，同初始化函数的参数 1 定义。

参数 2：操作引脚，同初始化函数的参数 2 结构体 GPIO_InitTypeDef 的成员 1 定义。

例如，设置 GPIOA 的 3 号、5 号引脚状态反转。

```
GPIO_ToggleBits(GPIOA, GPIO_Pin_3|GPIO_Pin_5);
```

6．复用功能设置函数

```
void GPIO_PinAFConfig(GPIO_TypeDef* GPIOx, uint16_t GPIO_PinSource, uint8_t GPIO_AF);
```

作用：将 GPIO 的某个引脚设置为特定的复用功能。操作的是复用功能低位寄存器或复用功能高位寄存器。

参数 1：GPIO 操作对象，同初始化函数的参数 1 定义。

参数 2：复用引脚，在 stm32f4xx_gpio.h 文件中有如下定义：

```
#define GPIO_PinSource0                    ((uint8_t)0x00)
#define GPIO_PinSource1                    ((uint8_t)0x01)
……
#define GPIO_PinSource14                   ((uint8_t)0x0E)
#define GPIO_PinSource15                   ((uint8_t)0x0F)
```

参数 3：复用对象，在 stm32f4xx_gpio.h 文件中有片上外设引脚复用宏定义。例如，USART1 的引脚复用宏定义。

```
#define GPIO_AF_USART1                     ((uint8_t)0x07)
```

例如，将 PA9、PA10 分别复用为 USART1 的发送（TX）引脚和接收（RX）引脚。

在《STM32F427XX、STM32F429XX 数据手册》中，PA9、PA10 可复用的功能如表 5-2 所示。

表 5-2　PA9、PA10 可复用的功能

名称	复用功能
PA9	TIM1_CH2、I2C3_SMBA、USART1_TX、DCMI_D0、EVENTOUT
PA10	TIM1_CH3、USART1_RX、OTG_FS_ID、DCMI_D1、EVENTOUT

USART1 对应的复用标号是 GPIO_AF_USART1（AF7），因此实现程序如下：

```
//PA9 连接 AF7，复用为 USART1_TX
GPIO_PinAFConfig(GPIOA,GPIO_PinSource9,GPIO_AF_USART1);
//PA10 连接 AF7，复用为 USART1_RX
GPIO_PinAFConfig(GPIOA,GPIO_PinSource10,GPIO_AF_USART1);
```

5.4　应用实例

5.4.1　GPIO 输出应用实例

控制 LED 灯，以 1s 为周期进行闪烁。

1．电路图

LED 灯的驱动电路有共阳极连接和共阴极连接两种接法，由于共阴极电路驱动 LED 灯的驱动电流由微控制器提供，增加了微控制器的负担，因此 LED 灯驱动电路一般使用共阳极连接方法，如图 5-20 所示。

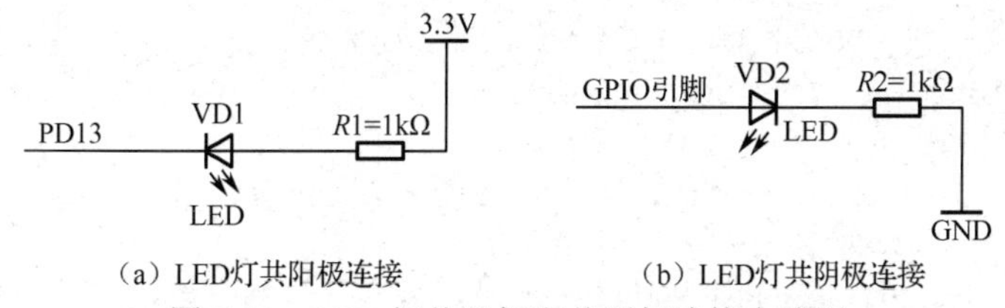

（a）LED灯共阳极连接　（b）LED灯共阴极连接

图 5-20　LED 灯共阳极和共阴极连接电路图

LED 灯阴极连接 GPIO 引脚，阳极通过一个限流电阻连接到电源。限流电阻的阻值可以控制流经 LED 灯的电流大小，在 3.3V 电压驱动下，限流电阻大小为 330～1000Ω。

图 5-20（a）中，当 PD13 被置为低电平时，LED 灯亮；当 PD13 被置为高电平时，LED 灯灭。

2．编程要点

（1）使能 GPIO 时钟。调用函数 RCC_AHB1PeriphClockCmd()。

不同的外设调用的时钟使能函数可能不一样。

（2）初始化 GPIO 模式。调用函数 GPIO_Init()。

（3）操作 GPIO，设置引脚输出状态。调用函数 GPIO_SetBits()或 GPIO_ResetBits()或 GPIO_ToggleBits()。

3．主程序实现

在 main 函数中完成如下功能。

（1）初始化 SysTick。

（2）初始化 LED 灯的 GPIO 引脚。

（3）在无限循环中控制 LED 灯亮、灭。

代码实现在 main.c 中，具体如下：

```
int main(void)
{
    delay_init();                    //初始化 SysTick，用于延时
    LED_Config();                    //初始化 LED 灯的 GPIO 引脚
    /*控制 LED 灯*/
    while (1)
    {
        LED_ON;                      //点亮 LED 灯
        delay_ms(500);               //延时 500ms
        LED_OFF;                     //熄灭 LED 灯
        delay_ms(500);               //延时 500ms
    }
}
```

4．LED 灯的 GPIO 引脚初始化

实现 LED 灯的 GPIO 引脚 PD13 的初始化：

（1）输出模式；

（2）推挽输出；

（3）连接上拉电阻；

（4）2MHz 输出速度。

```
void LED_Config(void)
{
    /*定义一个 GPIO_InitTypeDef 类型的结构体变量*/
    GPIO_InitTypeDef   GPIO_InitStructure;
    /*开启 LED 灯相关的 GPIO 外设时钟*/
    RCC_AHB1PeriphClockCmd (RCC_AHB1Periph_GPIOD, ENABLE);
    /*选择要控制的 GPIO 引脚*/
    GPIO_InitStructure.GPIO_Pin = GPIO_Pin_13;
    /*设置引脚模式为输出模式*/
    GPIO_InitStructure.GPIO_Mode = GPIO_Mode_OUT;
    /*设置引脚的输出类型为推挽输出*/
    GPIO_InitStructure.GPIO_OType = GPIO_OType_PP;
    /*设置引脚为上拉模式*/
    GPIO_InitStructure.GPIO_PuPd = GPIO_PuPd_UP;
    /*设置引脚输出速度为 2MHz*/
    GPIO_InitStructure.GPIO_Speed = GPIO_Speed_2MHz;
```

```
        /*调用库函数，使用上面配置的 GPIO_InitStructure 初始化 GPIO*/
        GPIO_Init(GPIOD, &GPIO_InitStructure);
        /*打开 LED 灯*/
        LED_ON;
    }
```

程序被实现在文件 bsp_led.c 中。

程序中使用到的 LED_ON 和 LED_OFF 被宏定义在文件 bsp_led.h 中，定义如下：

```
#define LED_OFF              GPIO_SetBits(GPIOD, GPIO_Pin_13);
#define LED_ON               GPIO_ResetBits(GPIOD, GPIO_Pin_13);
```

5.4.2 GPIO 输入应用实例

使用独立按键 S1 和 S2 控制 LED 灯，按下按键 S1 点亮 LED 灯，按下按键 S2 熄灭 LED 灯。

1. 电路图

独立按键电路结构分为两种，分别如图 5-21（a）和 5-21（b）所示。

图 5-21（a）中，当没有按键动作时，GPIO 引脚电平被下拉电阻 R2 拉到低电平，在按键 S1 被按下后，GPIO 引脚电平变为高电平。这种独立按键有效按键动作检测电平是高电平。

图 5-21（b）中，当没有按键动作时，GPIO 引脚电平被上拉电阻 R3 拉到高电平，在按键 S2 被按下后，GPIO 引脚电平变为低电平。这种独立按键有效按键动作检测电平是低电平。

由于机械按键的结构特点，在按键被按下和松开时，会产生机械抖动，从而引起 GPIO 引脚电平的抖动，如图 5-22 所示（以图 5-21（a）为例）。

因此，为了保证按键检测的正确性，需要在程序中加去抖动处理，防止抖动对检测的干扰。独立按键软件扫描方法，需要在程序运行过程中循环或定时检测按键连接的 GPIO 引脚：①在首次检测到按键有效电平时；②延时 10ms（不同按键延时时间不同）后；③再检测一次 GPIO 引脚电平，如能再次检测到有效电平，则是一次有效按键动作，反之则认为是误操作。

一般独立按键检测程序流程图如图 5-23 所示。

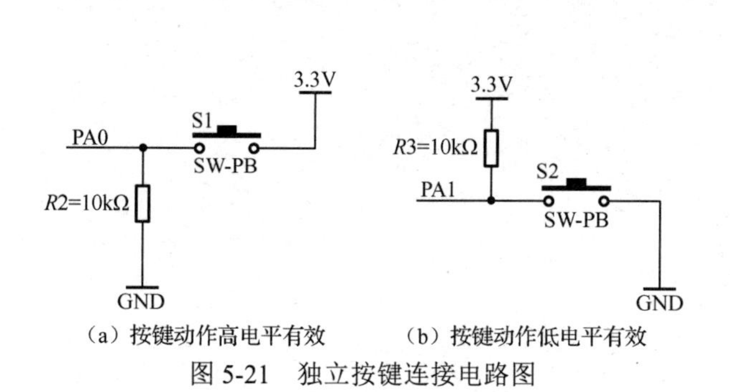

（a）按键动作高电平有效　（b）按键动作低电平有效

图 5-21　独立按键连接电路图

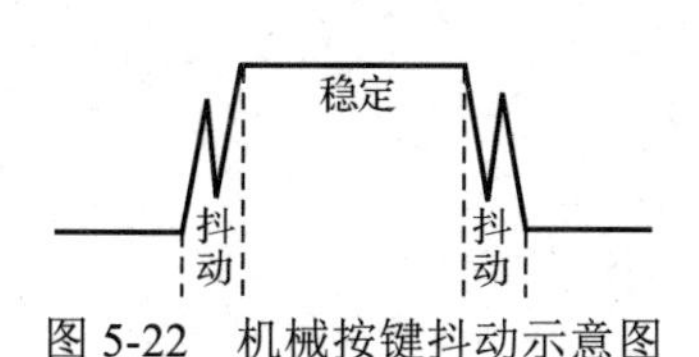

图 5-22　机械按键抖动示意图

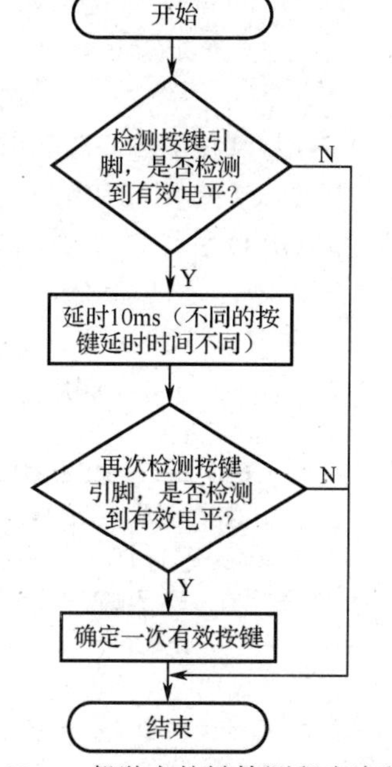

图 5-23　一般独立按键检测程序流程图

2．编程要点

（1）使能 GPIO 时钟。调用函数 RCC_AHB1PeriphClockCmd()。

（2）初始化 GPIO 模式。调用函数 GPIO_Init()。

（3）操作 GPIO，读取引脚状态。调用函数 GPIO_SetBits()或 GPIO_ReadInputDataBit()。

3．主程序实现

在 main 函数中完成如下功能。

（1）初始化 SysTick。

（2）初始化 LED 灯和按键的 GPIO 引脚。

（3）在无限循环中扫描按键，并在检测到有效按键动作后，控制 LED 灯亮或灭。

代码实现在文件 main.c 中，具体如下：

```
int main(void)
{
      delay_init();                               //初始化 SysTick，用于延时
      LED_Config();                               //初始化 LED 灯的 GPIO 引脚
      Key_Config();                               //初始化按键的 GPIO 引脚
      /*按键控制 LED 灯*/
      while (1)
      {     /*按键 S1 扫描判别，高电平有效*/
            if(Key_Scan(GPIOA,GPIO_Pin_0,1) == KEY_ON)
            {
                  LED_ON;                         //点亮 LED 灯
            }
            /*按键 S2 扫描判别，低电平有效*/
            if(Key_Scan(GPIOA,GPIO_Pin_1,0) == KEY_ON)
            {
                  LED_OFF;                        //熄灭 LED 灯
            }
      }
}
```

4．LED 灯和按键的 GPIO 引脚初始化

LED 灯的 GPIO 引脚初始化见 5.4.1 节。

按键的 GPIO 引脚 PA0 和 PA1 的初始化：

（1）输入模式；

（2）上拉/下拉电阻断开。

```
void Key_Config(void)
{
      GPIO_InitTypeDef GPIO_InitStructure;
      /*开启按键的 GPIO 时钟*/
      RCC_AHB1PeriphClockCmd(RCC_AHB1Periph_GPIOA,ENABLE);
      /*选择按键的 GPIO 引脚*/
      GPIO_InitStructure.GPIO_Pin = GPIO_Pin_0|GPIO_Pin_1;
      /*设置引脚模式为输入模式*/
      GPIO_InitStructure.GPIO_Mode = GPIO_Mode_IN;
      /*设置引脚模式为不上拉也不下拉*/
      GPIO_InitStructure.GPIO_PuPd = GPIO_PuPd_NOPULL;
```

```
        /*使用上面的结构体初始化按键*/
        GPIO_Init(GPIOA, &GPIO_InitStructure);
    }
```

程序被实现在文件 bsp_key.c 中。

5. 按键扫描程序

```
    uint8_t Key_Scan(GPIO_TypeDef* GPIOx,uint16_t GPIO_Pin,uint8_t Key_Lvl)
    {
        /*检测是否有按键按下*/
        if(GPIO_ReadInputDataBit(GPIOx,GPIO_Pin) == Key_Lvl )        //第一次检测有效电平
        {
            delay_ms(10);                                             //去抖动
            if(GPIO_ReadInputDataBit(GPIOx,GPIO_Pin) == Key_Lvl)      //第二次检测有效电平
                return      KEY_ON;                                   //确认有效按键动作返回
            else
                return   KEY_OFF;                                     //无有效按键动作返回
        }
        else
            return   KEY_OFF;                                         //无有效按键动作返回
    }
```

参数 1：按键连接的 GPIO 对象。

参数 2：按键连接的 GPIO 引脚。

参数 3：uint8_t Key_Lvl，按键有效电平，高电平为 1，低电平为 0。

程序中使用到的 KEY _ON 和 KEY _OFF 被宏定义在文件 bsp_key.h 中，定义如下：

```
    #define KEY_OFF                  0;
    #define KEY_ON                   1;
```

5.4.3 GPIO 复用应用实例

初始化引脚 PA9 和 PA10，并将 PA9 和 PA10 复用为 USART1 的发送（TX）和接收（RX）引脚。

1. 编程要点

（1）使能 GPIO 时钟。调用函数 RCC_AHB1PeriphClockCmd()。

使能 USART1 时钟。调用函数 RCC_APB2PeriphClockCmd()。

（2）初始化 GPIO 模式。调用函数 GPIO_Init()。

（3）将 PA9 和 PA10 配置复用为 USART1 的发送（TX）和接收（RX）引脚。调用函数 GPIO_PinAFConfig()。

```
    GPIO_InitTypeDef GPIO_InitStructure;
    /*使能 GPIOA 时钟*/
    RCC_AHB1PeriphClockCmd(RCC_AHB1Periph_GPIOA,ENABLE);
    /*使能 USART1 时钟*/
    RCC_APB2PeriphClockCmd(RCC_APB2Periph_USART1, ENABLE);
    /*GPIO 初始化*/
    GPIO_InitStructure.GPIO_OType = GPIO_OType_PP;
    GPIO_InitStructure.GPIO_PuPd = GPIO_PuPd_UP;
    GPIO_InitStructure.GPIO_Speed = GPIO_Speed_50MHz;
    /*配置 PA9 为复用功能模式*/
```

```
GPIO_InitStructure.GPIO_Mode = GPIO_Mode_AF;
GPIO_InitStructure.GPIO_Pin = GPIO_Pin_9;
GPIO_Init(GPIOA, &GPIO_InitStructure);
/*配置 PA10 为复用功能模式*/
GPIO_InitStructure.GPIO_Mode = GPIO_Mode_AF;
GPIO_InitStructure.GPIO_Pin = GPIO_Pin_10;
GPIO_Init(GPIOA, &GPIO_InitStructure);
/*连接 PA9 到 USART1 的 TX*/
GPIO_PinAFConfig(GPIOA,GPIO_PinSource9,GPIO_AF_USART1);
/*连接 PA10 到 USART1 的 RX*/
GPIO_PinAFConfig(GPIOA,GPIO_PinSource10,GPIO_AF_USART1);
```

5.4.4 矩阵按键应用

1．矩阵按键原理

每个独立按键占用一个 GPIO 引脚，控制程序相对简单。当需要使用的按键数量较多时，占用的 GPIO 引脚较多。例如，当需要 16 个按键时，使用独立按键方法，需要使用 16 个 GPIO 引脚。为了节省 GPIO 引脚数量，引入矩阵按键方法，可以将使用 GPIO 引脚数量大幅度降低。例如，16 个按键，使用矩阵按键的方法只需要使用 8 个 GPIO 引脚。

矩阵按键的电路连接方法相对于独立按键方法要复杂些，4×4 矩阵按键按照矩阵方式分成 4 行和 4 列，将同一行中按键的同一引脚（按键的 2 号引脚）连接在一起作为行线，同时，将同一列中按键的另外一个引脚（按键的 1 号引脚）连接在一起作为列线。为了方便使用，在电路上将每一条行线和列线通过上拉电阻连接到高电平。行线分别连接到 PE0～PE3，列线分别连接到 PE4～PE7。4×4 矩阵按键电路原理图如图 5-24 所示。

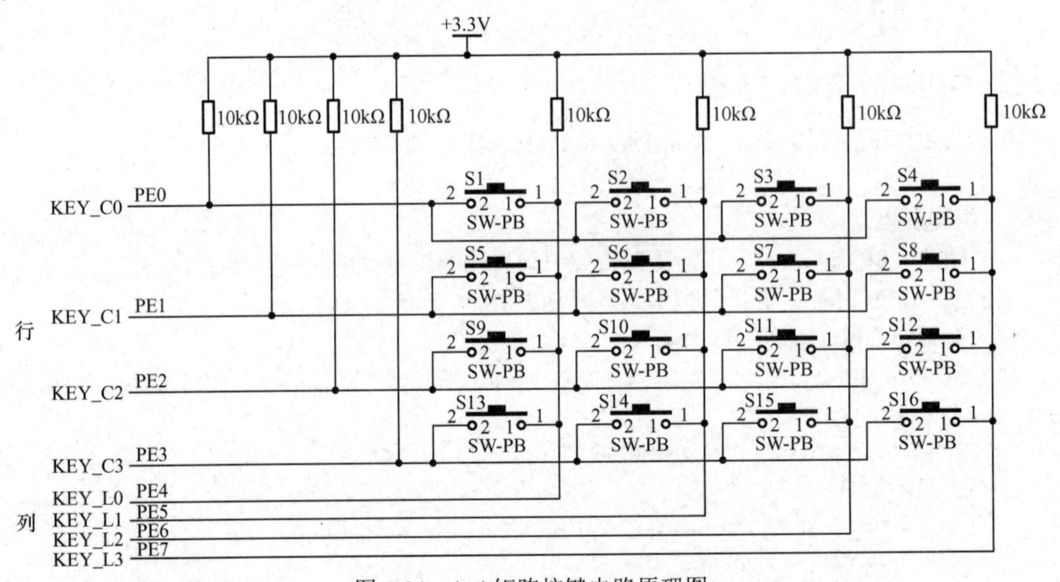

图 5-24 4×4 矩阵按键电路原理图

识别矩阵按键中哪一个有按键动作，需要分别检测连接到这一按键的行号和列号（相当于坐标），然后确认这一按键在矩阵中的位置，以确定它所定义的功能。

矩阵按键扫描的方法有两种，分别是逐行扫描法和行列扫描法。

1）逐行扫描

通过在矩阵按键的每一条行线上轮流输出低电平，检测矩阵按键的列线，当检测到的列线不全为高电平的时候，说明有按键被按下。然后，根据当前输出低电平的行号和检测到低电平的列号组合，判断是哪一个按键被按下。

2）行列扫描

首先在全部行线上输出低电平，检测矩阵按键的列线，当检测到的列线不全为高电平的时候，说明有按键被按下，并判断是哪一列的按键被按下。

然后，反过来，在全部列线上输出低电平，检测矩阵按键的行线，当检测到的行线不全为高电平的时候，说明有按键被按下，并判断是哪一行的按键被按下。

最后，根据检测到的行号和检测的列号组合，判断是哪一个按键被按下。

在程序实现上，行列扫描法要比逐行扫描法简单，行列扫描法的程序流程图如图 5-25 所示。

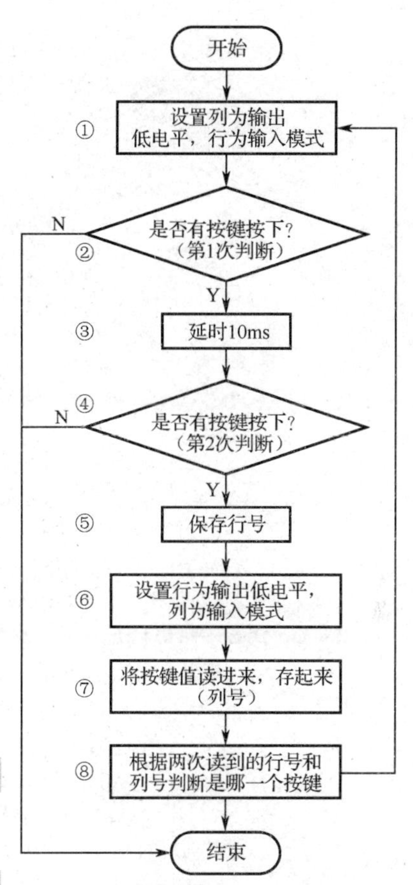

图 5-25　行列扫描法的程序流程图

2．矩阵按键程序实现

根据矩阵原理，编写矩阵按键应用程序，轮询 S1～S16 按键动作，若检测到 S15（15 号）按键被按下，则反转 LED 灯状态。

根据程序需要可以改变程序中矩阵按键中检测的按键号。

3．编程要点

（1）使能 LED 灯和矩阵按键的 GPIO 时钟。调用函数：

```
RCC_AHB1PeriphClockCmd();
```

（2）初始化 LED 灯（同 5.4.1 节中“初始化程序”）和矩阵按键的 GPIO 模式。调用函数：

```
GPIO_Init();
```

（3）编写矩阵按键扫描程序。

4．主程序

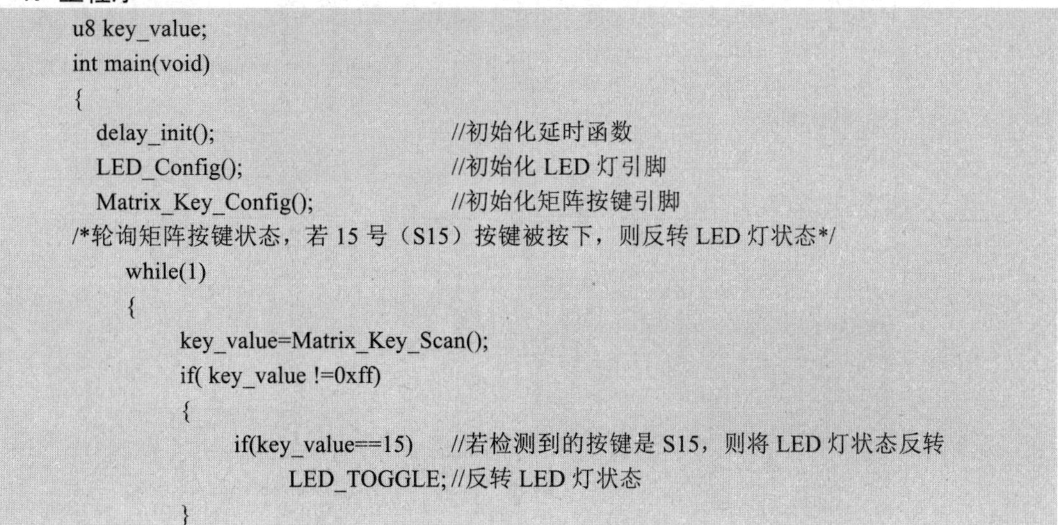

```
u8 key_value;
int main(void)
{
  delay_init();                          //初始化延时函数
  LED_Config();                          //初始化 LED 灯引脚
  Matrix_Key_Config();                   //初始化矩阵按键引脚
/*轮询矩阵按键状态，若 15 号（S15）按键被按下，则反转 LED 灯状态*/
    while(1)
    {
        key_value=Matrix_Key_Scan();
        if( key_value !=0xff)
        {
            if(key_value==15)    //若检测到的按键是 S15，则将 LED 灯状态反转
                LED_TOGGLE; //反转 LED 灯状态
        }
```

```
    }
}
```

5．矩阵按键 GPIO 初始化

```
void Matrix_Key_Config(void)
{
    GPIO_InitTypeDef GPIO_InitStructure;
    /*开启按键 GPIO 的时钟*/
    RCC_AHB1PeriphClockCmd(RCC_AHB1Periph_GPIOE,ENABLE);
    /*选择按键的引脚*/
    GPIO_InitStructure.GPIO_Pin = GPIO_Pin_0|GPIO_Pin_1|GPIO_Pin_2|GPIO_Pin_3|
                                  GPIO_Pin_4|GPIO_Pin_5|GPIO_Pin_6|GPIO_Pin_7;
    /*设置引脚模式为输出模式*/
    GPIO_InitStructure.GPIO_Mode = GPIO_Mode_OUT;
    /*设置引脚的输出类型为开漏输出*/
    GPIO_InitStructure.GPIO_OType = GPIO_OType_OD;
    /*设置引脚模式为不上拉下拉模式*/
    GPIO_InitStructure.GPIO_PuPd = GPIO_PuPd_NOPULL;
    /*设置引脚输出速度为 25MHz*/
    GPIO_InitStructure.GPIO_Speed = GPIO_Speed_25MHz;
    /*使用上面的结构体初始化按键*/
    GPIO_Init(GPIOE, &GPIO_InitStructure);
}
```

6．矩阵按键扫描程序

```
uint8_t Matrix_Key_Scan(void)
{
    u8    hang,lie,key_value;
    GPIO_InitTypeDef    GPIO_InitStructure;
    /*1、将列设置为输出模式，将行设置为输入模式*/
    //将列设置为输出模式
    GPIO_InitStructure.GPIO_Pin=GPIO_Pin_4|GPIO_Pin_5|GPIO_Pin_6|GPIO_Pin_7;
    GPIO_InitStructure.GPIO_Mode=GPIO_Mode_OUT;
    GPIO_InitStructure.GPIO_OType=GPIO_OType_OD;
    GPIO_InitStructure.GPIO_PuPd=GPIO_PuPd_NOPULL;
    GPIO_InitStructure.GPIO_Speed=GPIO_Speed_25MHz;
    GPIO_Init(GPIOE,&GPIO_InitStructure);
    //列输出低电平
    GPIO_ResetBits(GPIOD,GPIO_Pin_4|GPIO_Pin_5|GPIO_Pin_6|GPIO_Pin_7);
    //将行设置为输入模式
    GPIO_InitStructure.GPIO_Pin=GPIO_Pin_0|GPIO_Pin_1|GPIO_Pin_2|GPIO_Pin_3;
    GPIO_InitStructure.GPIO_Mode=GPIO_Mode_IN;
    GPIO_InitStructure.GPIO_PuPd=GPIO_PuPd_NOPULL;
    GPIO_Init(GPIOE, &GPIO_InitStructure);
    /*2、第一次检测是否有按键被按下/
    if((GPIO_ReadInputData(GPIOE)&0x0f)!=0x0f)    //00001111
    {
    /*3、去抖动*/
        delay_ms(100);//去抖动
```

```
/*4、第二次检测是否有按键被按下*/
		if((GPIO_ReadInputData(GPIOE)&0x0f)!=0x0f)	//00001111
		{
/*5、保存行号*/
			hang=GPIO_ReadInputData(GPIOE)&0x0f;
/*6、将列设置为输入模式，将行设置为输出模式*/
			//将列设置为输入模式
			GPIO_InitStructure.GPIO_Pin=GPIO_Pin_4|GPIO_Pin_5|GPIO_Pin_6|GPIO_Pin_7;
			GPIO_InitStructure.GPIO_Mode=GPIO_Mode_IN;
			GPIO_InitStructure.GPIO_PuPd=GPIO_PuPd_NOPULL;
			GPIO_Init(GPIOE,&GPIO_InitStructure);
			//将行设置为输出模式
			GPIO_InitStructure.GPIO_Pin=GPIO_Pin_0|GPIO_Pin_1|GPIO_Pin_2|GPIO_Pin_3;
			GPIO_InitStructure.GPIO_Mode=GPIO_Mode_OUT;
			GPIO_InitStructure.GPIO_OType=GPIO_OType_OD;
			GPIO_InitStructure.GPIO_PuPd=GPIO_PuPd_NOPULL;
			GPIO_InitStructure.GPIO_Speed=GPIO_Speed_25MHz;
			GPIO_Init(GPIOE,&GPIO_InitStructure);
			//行列扫描法，将行设置为低电平
			GPIO_ResetBits(GPIOD,GPIO_Pin_0|GPIO_Pin_1|GPIO_Pin_2|GPIO_Pin_3);
	if((GPIO_ReadInputData(GPIOE)&0xf0)!=0xf0)		//可以不判断
			{
/*7、保存列号*/
				lie=GPIO_ReadInputData(GPIOE)&0xf0;
/*8、根据行列号组合，返回按键对应的预设值*/
				switch(hang|lie)			//高4位是列号，低4位是行号
				{
					case 0x77:			//01110111
						key_value=16;	//按键16
					break;
					case 0x7b:			//01111011
						key_value=15;	//按键15
					break;
					case 0x7d:			//01111101
						key_value=14;	//按键14
					break;
					case 0x7e:			//01111110
						key_value=13;	//按键13
					break;
					case 0xb7:			//10110111
						key_value=12;	//按键12
					break;
					case 0xbb:			//10111011
						key_value=11;	//按键11
					break;
					case 0xbd:			//10111101
						key_value=10;	//按键10
```

```
                    break;
                case 0xbe:                          //10111110
                        key_value=9;                //按键 9
                    break;
                case 0xd7:                          //11010111
                        key_value=8;                //按键 8
                    break;
                case 0xdb:                          //11011011
                        key_value=7;                //按键 7
                    break;
                case 0xdd:                          //11011101
                        key_value=6;                //按键 6
                    break;
                case 0xde:                          //11011110
                        key_value=5;                //按键 5
                    break;
                case 0xe7:                          //11100111
                        key_value=4;                //按键 4
                    break;
                case 0xeb:                          //11101011
                        key_value=3;                //按键 3
                    break;
                case 0xed:                          //11101101
                        key_value=2;                //按键 2
                    break;
                case 0xee:                          //11101110
                        key_value=1;                //按键 1
                break;
                default:
                        key_value=0xff;             //无效按键
                break;
            }
        }
        else
            key_value=0xff;                         //无效按键
    }
    else
        key_value=0xff;                             //无效按键
}
else
    key_value=0xff;                                 //无效按键
return key_value;
}
```

习题

1. 列举 GPIO 的工作模式。
2. STM32F429 系列微控制器每个 GPIO 端口有______引脚。

3．当引脚被配置为模拟功能模式时，上拉/下拉功能被______。

4．当引脚被配置为输出模式，且输出类型被配置为开漏时，引脚要输出高电平，需要______。

5．控制引脚输出电平时，需要操作______寄存器；获取引脚状态需要操作______寄存器。

6．在 STM32F429 的库函数中，使能 GPIOA 时钟，使用的库函数是______。

7．在 STM32F429 的库函数中，初始化 GPIO 功能，使用的库函数是______。

8．当要同时初始化某个 GPIO 的 1 号、2 号引脚，赋给 GPIO_InitTypeDef 结构体类型成员 GPIO_Pin 的值是______。

9．在 STM32F429 的库函数中，读取某个特定 GPIO 引脚状态，使用的库函数是______。

10．在 STM32F429 的库函数中，设定某些特定 GPIO 引脚输出状态，使用的库函数是______。

11．结合电路说明推挽输出和开漏输出的区别。

12．当把引脚配置为模拟输入模式时，那么它是否还具备耐 5V 功能？

13．简述片上外设使用初始化流程。

14．编写程序，将 GPIOD 的 1 号、3 号、5 号、7 号、9 号引脚配置为推挽输出模式，输出速度为 50MHz，将 0、2 号、4 号、6 号、8 号引脚配置为上拉输入模式。

15．编写程序，将 GPIOD 的 1 号、5 号、7 号引脚输出高电平，3 号、9 号引脚输出低电平，并将引脚 2 号、6 号、8 号上的状态读到处理器。

16．有独立按键电路，连接在 STM32F429IGT6 微控制器的 GPIOE 的 6 号引脚，要求在每次按键后将连接 GPIOB 的 2 号引脚上的 LED 灯状态反转，电路图如图 5-26 所示。

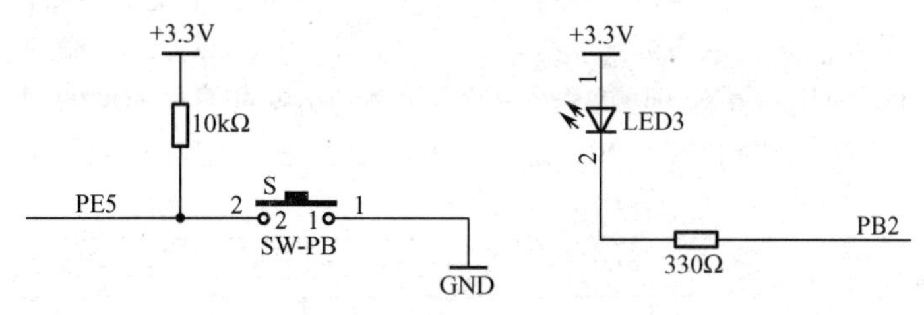

图 5-26　16 题电路图

请编写程序实现按键动作的检测，编写以下程序。

（1）主程序。

（2）连接按键引脚和 LED 引脚的初始化程序。

（3）按键检测程序。

假设已有延时函数 void delay_ms(u16 nms)，此函数可直接调用。

17．有矩阵按键，其电路图如图 5-27 所示。

（1）简述矩阵按键扫描原理和画出流程图。

（2）编写程序实现矩阵按键控制，按键 S1～S4 分别对应数字 1～4（引脚初始化程序和按键控制程序）。

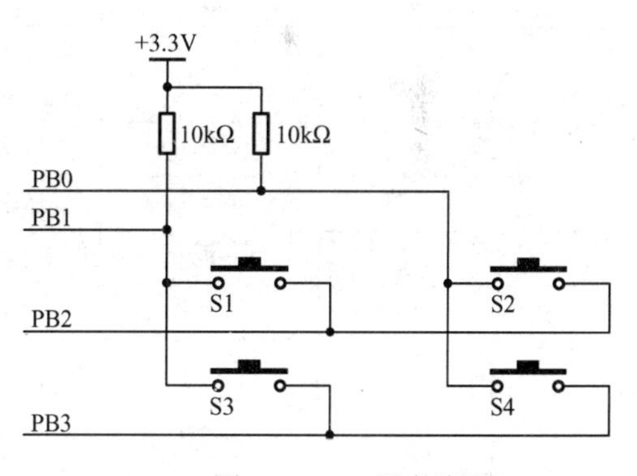

图 5-27　17 题电路图

第 6 章　NVIC

内嵌向量中断控制器（Nested Vectored Interrupt Controller，NVIC）和 Cortex-M4 内核紧密相连，能够支持嵌套和向量中断、自动保存和恢复处理器状态、动态改变优先级、简化和确定中断时间。Cortex-M4 内核支持 256 个中断，其中包含 16 个内核中断（异常）和 240 个核外中断，并且具有 256 级可编程的中断优先级，240 个核外中断由 Cortex-M4 内核的 NVIC 管理。芯片实际的设计没有用到这么多的中断，具体的数值由芯片生产商根据片上外设的数量和应用要求决定。Cortex-M4 内核具有强大的异常响应系统，把能够打断当前代码执行流程的事件分为异常和中断，并把它们用一个异常/中断向量表管理起来，编号为 0～15 的事件称为异常，编号为 16 以上的事件则称为核外中断。

6.1　NVIC 的中断类型及中断管理方法

6.1.1　中断类型

意法半导体公司生产的 STM32 系列芯片对 Cortex-M4 内核的 NVIC 的使用进行了一些小的改动，减少了用于设置优先级的位数（Cortex-M4 内核使用 8 位来定义中断优先级）。STM32F4 系列微控制器只用了 4 位来表示中断的优先级。例如，STM32F429IGT6 微控制器共有 101 个异常和中断，包括 10 个内核中断和 91 个核外中断，具有 16 级可编程的中断优先级，而我们常用的就是这 91 个核外中断。STM32F429IGT6 微控制器异常优先级如表 6-1 所示。

表 6-1　STM32F429IGT6 微控制器异常优先级

优先级	优先级类型	名称	说明	地址	Flash 启动地址
—	—	—	存储 MSP 地址	0x00000000	0x80000000
-3	固定	Reset	复位	0x00000004	0x80000004
-2	固定	NMI	不可屏蔽中断。RCC 时钟安全系统，（CSS）连接到 NMI 向量	0x00000008	0x80000008
-1	固定	HardFault	所有类型的错误	0x0000000C	0x8000000C
0	可编程	MemManage	存储器管理	0x00000010	0x80000010
1	可编程	BusFault	预取指失败，存储器访问失败	0x00000014	0x80000014
2	可编程	UsageFault	未定义的指令或非法状态	0x00000018	0x80000018
—	—	—	保留（4 个位置）	0x0000001C～0x0000002B	0x8000001C～0x8000002B
3	可编程	SVCall	通过 SWI 指令调用的系统服务	0x0000002C	0x8000002C
4	可编程	Debug Monitor	调试监控器	0x00000030	0x80000030
—	—	—	保留（1 个位置）	0x00000034	0x80000034
5	可编程	PendSV	可挂起的系统服务	0x00000038	0x80000038
6	可编程	SysTick	系统嘀嗒定时器	0x0000003C	0x8000003C

在异常中，除 Reset、NMI 和 HardFault 异常的优先级固定不变外，其他异常的优先级都能更改，这可以通过 3 个系统处理器优先级寄存器（寄存器地址分别是 0xE000ED18、0xE000ED1C、

0xE000ED20）实现。

Cortex-M4 内核为每一个核外中断（240 个）分配了一个 8 位的中断优先级寄存器，但是意法半导体公司只是用了中断优先级寄存器的高 4 位，中断优先级寄存器的低 4 位保留，如表 6-2 所示。因此，STM32F4 系列微控制器只能定义 16 个中断优先级。

表 6-2　STM32F429IGT 微控制器中断优先级寄存器定义

位数	7	6	5	4	3	2	1	0
功能	定义优先级				保留			

表 6-3 中的优先级是在默认情况下定义的，编号越小，优先级越高。

表 6-3　STM32F429IGT 微控制器中断优先级

位置	优先级	优先级类型	名称	说明	地址	Flash 启动地址
0	7	可设置	WWDG	窗口看门狗中断	0x00000040	0x80000040
1	8	可设置	PVD	连接到 EXTI 线的可编程电压检测（PVD）中断	0x00000044	0x80000044
2	9	可设置	TAMP_STAMP	连接到 EXTI 线的入侵和时间戳中断	0x00000048	0x80000048
……						
88	94	可编程	LTDC	LTDC 全局中断	0x000001A0	0x800001A0
89	95	可编程	LTDC_ER	LTDC_ER 全局中断	0x000001A4	0x800001A4
90	96	可编程	DMA2D	DMA2D 全局中断	0x000001A8	0x000001A8

注：中间省略，详见启动文件。

6.1.2　中断管理方法

1．中断优先级分组

Cortex-M4 内核中定义了两个优先级的概念：抢占优先级和响应优先级，每个中断源都需要被指定这两种优先级，由两者的组合得到中断的优先级。为了能够定义每个中断的抢占优先级和响应优先级，Cortex-M4 内核使用了分组的概念。中断和复位控制寄存器（Application Interrupt And Reset Control Register，SCB_AIRCR）中的位段[10:8]用于定义中断优先级分组。SCB_AIRCR[10:8]三个位定义了中断优先级寄存器 0～7 截断位置。例如，当 SCB_AIRCR[10:8]=0b010 时，系统会从中断优先级寄存器位 2 处进行截断，位 0～2 用于定义响应优先级，位 3～7 用于定义抢占优先级。这时，可以使用 3 位定义 0～7 级的响应优先级（8 级），使用 5 位定义 0～31 级的抢占优先级（32 级），组合在一起共 256 级优先级。

由于 STM32F4 系列微控制器只使用了中断优先级寄存器的高 4 位，因此分组截断只能从中断优先级寄存器的位 3 处开始截断。这样一来，SCB_AIRCR[10:8]就只能取 0b011～0b111 这 5 种分组，相应的分组情况如表 6-4 所示。

表 6-4　STM32F4 系列微控制器中断优先级分组情况

组	SCB_AIRCR[10:8]	IP bit[7:4]分配情况	分配结果	优先级
0	0b111	0:4	0 位抢占优先级，4 位响应优先级	1 个抢占优先级和 16 个响应优先级
1	0b110	1:3	1 位抢占优先级，3 位响应优先级	2 个抢占优先级和 8 个响应优先级
2	0b101	2:2	2 位抢占优先级，2 位响应优先级	4 个抢占优先级和 4 个响应优先级

续表

组	SCB_AIRCR[10:8]	IP bit[7:4]分配情况	分配结果	优先级
3	0b100	3:1	3 位抢占优先级，1 位响应优先级	8 个抢占优先级和 2 个响应优先级
4	0b011	4:0	4 位抢占优先级，0 位响应优先级	16 个抢占优先级和 1 个响应优先级

例如，当 SCB_AIRCR[10:8]=0b100 时，可以定义 8 个抢占优先级（3 位）和 2 个响应优先级（1 位），如表 6-5 所示。这时，在定义中断优先级时，抢占优先级从 0～7 中选取，响应优先级从 0～1 中选取。

表 6-5 SCB_AIRCR[10:8]=0b100 时中断优先级寄存器示意

位数	7	6	5	4	3	2	1	0
功能	抢占优先级定义位			响应优先级定义位	保留			

需要注意的是，在应用程序中，如没有特殊的要求，中断优先级分组只需要设置 1 次。

2. 中断优先级管理方法

每个中断的优先级由抢占优先级和响应优先级组成。NVIC 对中断优先级的管理方法如下。

（1）抢占优先级较高的中断可以打断正在进行的抢占优先级较低的中断，不同抢占优先级的中断可以实现中断的嵌套。

（2）抢占优先级相同的中断，响应优先级高的不可以打断响应优先级低的中断。

（3）在两个抢占优先级相同的中断同时发生的情况下，哪个中断响应优先级高，哪个中断就先执行。

（4）若两个中断的抢占优先级和响应优先级都一样，则哪个中断先发生，哪个中断就先执行。

（5）若两个中断的抢占优先级和响应优先级都一样，且同时请求，则根据异常/中断向量表中的排位顺序决定哪个中断先执行。

例如，假定设置中断优先级组为 2，然后设置：①中断 3（RTC 中断）的抢占优先级为 2，响应优先级为 1；②中断 6（外部中断 0）的抢占优先级为 3，响应优先级为 0；③中断 7（外部中断 1）的抢占优先级为 2，响应优先级为 0。

中断 3 和中断 7 的抢占优先级都为 2，中断 6 的抢占优先级为 3，因此中断 3 和中断 7 的优先级都高于中断 6。

中断 3 的响应优先级为 1，中断 7 的响应优先级为 0，因此中断 7 的优先级高于中断 3 的优先级。

综上所述，这 3 个中断的优先级顺序由高到低依次为中断 7、中断 3、中断 6。

6.2 常用库函数

与 NVIC 相关的函数和宏都被定义在以下两个文件中。

头文件：core_cm4.h、misc.h。

源文件：misc.c。

1. 中断优先级分组函数

中断优先级分组函数用于中断优先级分组，操作的是 SCB_AIRCR 的位段[10:8]。

```
void NVIC_PriorityGroupConfig(uint32_t NVIC_PriorityGroup);
```

参数：uint32_t NVIC_PriorityGroup，分组用的屏蔽字，在 misc.h 文件中定义如下：

```
#define NVIC_PriorityGroup_0        ((uint32_t)0x700) /*0 位抢占优先级，4 位响应优先级*/
#define NVIC_PriorityGroup_1        ((uint32_t)0x600) /*1 位抢占优先级，3 位响应优先级*/
#define NVIC_PriorityGroup_2        ((uint32_t)0x500) /*2 位抢占优先级，2 位响应优先级*/
#define NVIC_PriorityGroup_3        ((uint32_t)0x400) /*3 位抢占优先级，1 位响应优先级*/
#define NVIC_PriorityGroup_4        ((uint32_t)0x300) /*4 位抢占优先级，0 位响应优先级*/
```

例如，中断优先级寄存器定义优先级的高 3 位，抢占优先级占 1 位，响应优先级占 3 位。

```
NVIC_PriorityGroupConfig(NVIC_PriorityGroup_1);
```

这时，中断抢占优先级可以是 0～1，中断响应优先级可以是 0～7。

2．中断优先级设置和使能函数

```
void NVIC_Init(NVIC_InitTypeDef*  NVIC_InitStruct);
```

中断优先级设置和使能函数用于配置异常/中断向量表中一个中断的抢占优先级和响应优先级，以及是否使能中断。

参数：NVIC_InitTypeDef* NVIC_InitStruct 是一个 NVIC 初始化结构体指针，NVIC_InitTypeDef 是一个结构体类型，定义在 misc.h 文件中，定义如下：

```
typedef struct
{
  uint8_t   NVIC_IRQChannel;                          /*中断通道号*/
  uint8_t   NVIC_IRQChannelPreemptionPriority;        /*抢占优先级*/
  uint8_t   NVIC_IRQChannelSubPriority;               /*响应优先级*/
  FunctionalState   NVIC_IRQChannelCmd;               /*使能或禁止*/
} NVIC_InitTypeDef;
```

结构体成员 1：uint8_t NVIC_IRQChannel，表示中断通道号，以枚举类型定义在 stm32f4xx.h 文件中。例如，EXTI0_IRQn=6，6 就是 EXTI0 在异常/中断向量表中的位置。

结构体成员 2：uint8_t NVIC_IRQChannelPreemptionPriority，表示抢占优先级，可直接根据优先级分组和应用需求赋值。

结构体成员 3：uint8_t NVIC_IRQChannelSubPriority，表示响应优先级，可直接根据优先级分组和应用需求赋值。

结构体成员 4：FunctionalState NVIC_IRQChannelCmd，表示使能或禁止，可以是 ENABLE 或 DISABLE，定义在 stm32f4xx.h 文件中，定义如下：

```
typedef enum {DISABLE=0, ENABLE=!DISABLE} FunctionalState;
```

NVIC_Init 函数配置的寄存器包括中断优先级控制的寄存器组、中断使能寄存器组、中断失能寄存器组、中断挂起寄存器组、中断解挂寄存器组、中断激活标志位寄存器组、软件触发中断寄存器。它们以结构体类型定义在 core_cm4.h 文件中，定义如下：

```
typedef struct
{
  __IO  uint32_t ISER[8];                    /*中断使能寄存器组*/
  uint32_t RESERVED0[24];
  __IO  uint32_t ICER[8];                    /*中断失能寄存器组*/
 uint32_t RSERVED1[24];
  __IO  uint32_t ISPR[8];                    /*中断挂起寄存器组*/
  uint32_t RESERVED2[24];
  __IO  uint32_t ICPR[8];                    /*中断解挂寄存器组*/
 uint32_t RESERVED3[24];
  __IO  uint32_t IABR[8];                    /*中断激活标志位寄存器组*/
  uint32_t RESERVED4[56];
```

```
    __IO   uint8_t   IP[240];                     /*中断优先级控制的寄存器组*/
    uint32_t RESERVED5[644];
    __IO   uint32_t STIR;                         /*软件触发中断寄存器*/
  }  NVIC_Type;
```

在实际使用中一般只需要理解异常/中断向量表中的中断通道、中断优先级分组、抢占优先级、响应优先级和优先级管理方法，使用 NVIC_PriorityGroupConfig 和 NVIC_Init 两个函数就可以实现大部分的应用需求。

需要注意的是，一个应用中断优先级组只需定义 1 次。使用 NVIC_Init 函数每次只能初始化一个中断通道的优先级和使能状态。因此，如果有多个中断通道需要初始化，则需要对每个中断通道使用 NVIC_Init 函数进行配置。

6.3 应用实例

编写 NVIC 中断初始化程序以实现如下功能。

（1）设置中断优先级组为 1 组。

（2）设置外部中断 1 的抢占优先级为 0，响应优先级为 2。

（3）设置定时器 1 的溢出更新中断的抢占优先级为 1，响应优先级为 4。

（4）设置 USART1 的抢占优先级为 1，响应优先级为 5。

并说明当同时出现以上 3 个中断请求时，中断服务程序执行的顺序。

```
void NVIC_Configuration(void)
{
  NVIC_InitTypeDef   NVIC_InitStructure;                  //声明 NVIC 初始化临时变量
  /*将 NVIC 中断优先级组设置为 1 组*/
  NVIC_PriorityGroupConfig(NVIC_PriorityGroup_1);         //1 位抢占优先级可以是 0 和 1
                                                          //3 位响应优先级可以是 0～7
 /*设置中断源为 EXTI1_IRQn*/
  NVIC_InitStructure.NVIC_IRQChannel=EXTI1_IRQn;
 /*设置抢先优占级*/
  NVIC_InitStructure.NVIC_IRQChannelPreemptionPriority=0;
 /*设置响应优先级*/
  NVIC_InitStructure.NVIC_IRQChannelSubPriority=2;
 /*使能这一中断*/
  NVIC_InitStructure.NVIC_IRQChannelCmd=ENABLE;
 /*完成以上中断的初始化功能*/
 NVIC_Init(&NVIC_InitStructure);

/*设置中断源为 TIM1_UP_TIM10_IRQn*/
  NVIC_InitStructure.NVIC_IRQChannel = TIM1_UP_TIM10_IRQn;
 /*设置抢占优先级*/
  NVIC_InitStructure.NVIC_IRQChannelPreemptionPriority=1;
 /*设置响应优先级*/
  NVIC_InitStructure.NVIC_IRQChannelSubPriority=4;
 /*使能这一中断*/
  NVIC_InitStructure.NVIC_IRQChannelCmd=ENABLE;
 /*完成以上中断的初始化功能*/
  NVIC_Init(&NVIC_InitStructure);
```

```
    /*设置中断源为 USART1_IRQn*/
     NVIC_InitStructure.NVIC_IRQChannel=USART1_IRQn;
    /*设置抢占优先级*/
     NVIC_InitStructure.NVIC_IRQChannelPreemptionPriority=1;
    /*设置响应优先级*/
     NVIC_InitStructure.NVIC_IRQChannelSubPriority=5;
    /*使能这一中断*/
     NVIC_InitStructure.NVIC_IRQChannelCmd=ENABLE;
    /*完成以上中断的初始化功能*/
     NVIC_Init(&NVIC_InitStructure);
}//初始化函数结束
```

习题

1．简述 STM32F429 微控制器中的 NVIC 中断管理方法。

2．若中断优先级编号越小，则其优先级越________。

3．中断抢占优先级高的是否可以抢占优先级低的中断流程？

4．响应抢占优先级高的是否可以抢占优先级低的中断流程？

5．两个中断抢占优先级和响应优先级都相同，同时向内核申请中断，应怎样响应中断？

6．假定设置中断优先级组为 1，然后设置如下：中断 3（RTC 中断）的抢占优先级为 1，响应优先级为 1；中断 6（外部中断 0）的抢占优先级为 3，响应优先级为 0；中断 7（外部中断 1）的抢占优先级为 1，响应优先级为 6。那么，这 3 个中断的优先级顺序为（由高到低）：________。

7．void NVIC_PriorityGroupConfig(uint32_t NVIC_PriorityGroup)函数用于设置________。

8．void NVIC_Init(NVIC_InitTypeDef* NVIC_InitStruct) 函数用于设置________。

9．void NVIC_Init(NVIC_InitTypeDef* NVIC_InitStruct) 函数的参数是个 NVIC_InitTypeDef 结构体指针，这个结构体维护的成员分别是________、________、________、________。

10．在头文件 stm32f4xx.h 中定义的中断编号是以枚举类型定义的。请问外部中断 0 的编号是________。

11．当中断优先级组设置为 2 组时，抢占优先级和响应优先级可以分别设置为哪些优先级？

12．编写 NVIC 中断初始化程序实现如下功能。

（1）设置中断优先级组为 2 组。

（2）设置外部中断 2 的抢占优先级为 0，响应优先级为 2。

（3）设置定时器 2 中断的抢占优先级为 2，响应优先级为 1。

（4）设置 USART2 的中断抢占优先级为 3，响应优先级为 3。

并说明当同时出现以上 3 个中断请求时，中断服务程序执行的顺序。

第 7 章　EXTI

7.1　EXTI 概述

EXTI（外部中断/事件控制器）可以处理 23 个外部中断/事件请求信号（23 根 EXTI 线），用于向内核产生外部中断/事件请求信号。

每根 EXTI 线都可单独进行配置，以选择请求类型（中断或事件）和相应的触发事件（上升沿触发、下降沿触发或双边沿触发）。

每根 EXTI 线可被单独屏蔽。

挂起请求寄存器可保持中断请求的状态。

EXTI 的存在使得用户可以自定义一些紧急事件，从而及时地、有针对性地处理特殊事务。例如，可以使用温度检测阈值检测电路，当温度超过设置的阈值时，EXTI 发出一个电平切换信号，通过 EXTI 线可以及时通知 CPU 处理这一事件，提高系统对紧急事件响应的实时性。

7.1.1　EXTI 结构

STM32F4 系列微控制器的 EXTI 支持 23 个外部中断/事件请求信号。

（1）EXTI 线 0～15：对应 GPIO 的外部中断。

（2）EXTI 线 16：连接到 PVD 输出。

（3）EXTI 线 17：连接到 RTC 闹钟事件。

（4）EXTI 线 18：连接到 USB OTG FS 唤醒事件。

（5）EXTI 线 19：连接到以太网唤醒事件。

（6）EXTI 线 20：连接到 USB OTG HS（在 FS 中配置）唤醒事件。

（7）EXTI 线 21：连接到 RTC 入侵和时间戳事件。

（8）EXTI 线 22：连接到 RTC 唤醒事件。

其中，EXTI 线 0～15 的外部中断/事件请求信号在芯片外部产生，通过 GPIO 引脚输入。EXTI 线 16～22 的外部中断/事件请求信号由芯片内部的一些片上外设产生。外部中断向量表如表 7-1 所示。

表 7-1　外部中断向量表

位置	优先级	优先级类型	名称	说明	地址
1	8	可设置	PVD	连接到 EXTI 线的 PVD 中断	0x00000044
2	9	可设置	TAMP_STAMP	连接到 EXTI 线的入侵和时间戳中断	0x00000048
3	10	可设置	RTC_WKUP	连接到 EXTI 线的 RTC 唤醒中断	0x0000004C
6	13	可设置	EXTI0	EXTI 线 0 中断	0x00000058
7	14	可设置	EXTI1	EXTI 线 1 中断	0x0000005C
8	15	可设置	EXTI2	EXTI 线 2 中断	0x00000060
9	16	可设置	EXTI3	EXTI 线 3 中断	0x00000064

续表

位置	优先级	优先级类型	名称	说明	地址
10	17	可设置	EXTI4	EXTI 线 4 中断	0x00000068
23	30	可设置	EXTI9_5	EXTI 线 9～5	0x0000009C
40	47	可设置	EXTI15_10	EXTI 线 15～10	0x000000E0
41	48	可设置	RTC_Alarm	连接到 EXTI 线的 RTC 闹钟（A 和 B）中断	0x000000E4
42	49	可设置	OTG_FS WKUP	连接到 EXTI 线的 USB OTG FS 唤醒中断	0x000001A0
62	69	可设置	ETH_WKUP	连接到 EXTI 线的以太网唤醒中断	0x00000138

其中，EXTI 线 9～5 共用一个向量位置，这几个在 EXTI 线上产生的中断请求共用一个中断通道；EXTI 线 15～10 共用一个向量位置，这几个在 EXTI 线上产生的中断请求共用一个中断通道。

EXTI 的结构图如图 7-1 所示。

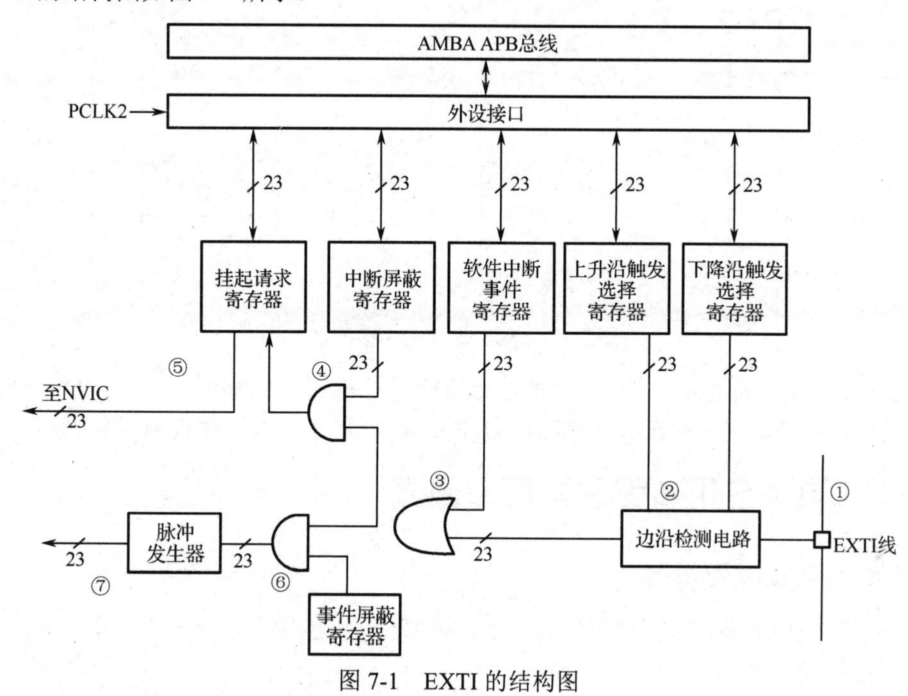

图 7-1　EXTI 的结构图

EXTI 有两种功能：产生中断请求和触发事件。

1．中断请求

请求信号通过图 7-1 中的①②③④⑤的路径向 NVIC 产生中断请求。

图 7-1 中，①是 EXTI 线。②是边沿检测电路，可以通过上升沿触发选择寄存器（EXTI_RTSR）和下降沿触发选择寄存器（EXTI_FTSR）选择输入信号检测的方式——上升沿触发、下降沿触发和上升沿下降沿都能触发（双沿触发）。③是一个或门，它的输入是边沿检测电路输出和软件中断事件寄存器（EXTI_SWIER），也就是说外部信号或人为的软件设置都能产生一个有效的请求。④是一个与门，在此它的作用是一个控制开关，只有中断屏蔽寄存器（EXTI_IMR）相应位被置位，才能允许请求信号进入下一步。⑤在中断被允许的情况下，请求信号将挂起请求寄存器（EXTI_PR）相应位置位，表示有外部中断请求信号。之后，挂起请求寄存器相应位置位，在条件允许的情况下，将通知 NVIC 产生相应中断通道的激活标志。

2．触发事件

请求信号通过图 7-1 中的①②③⑥⑦的路径产生触发事件。

图 7-1 中，⑥是一个与门，它是触发事件的控制开关，当事件屏蔽寄存器（EXTI_EMR）相应位被置位时，它将向脉冲发生器输出一个信号，使得脉冲发生器产生一个脉冲，触发某个事件。例如，可以将 EXTI 线 11 和 EXTI 线 15 分别作为 ADC 的注入通道和规则通道的启动触发信号。

7.1.2 GPIO 相关 EXTI 线

EXTI 线 0～15 的请求信号通过 GPIO 引脚输入到芯片内部。每一根 EXTI 线，由 P*xy*（*x* 是 GPIO 端口号，*y* 是引脚号）作为输入引脚，引脚的选择由 SYSCFG_EXTICR1～SYSCFG_EXTICR4 来控制，EXTI 线 0～15 结构图如图 7-2 所示。

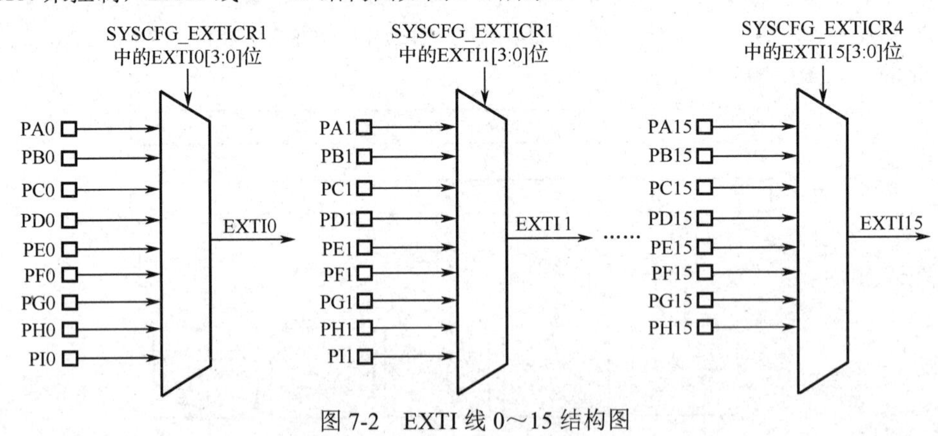

图 7-2 EXTI 线 0～15 结构图

例如，EXTI 线 0 的输入引脚由 P*x*0 的一组引脚通过多路开关选择，可以是 PA0～PI0 的 16 个引脚中的任何一个。引脚的选择由 SYSCFG_EXTICR1 的 EXTI0[3:0]控制。

7.2 EXTI 典型应用步骤及常用库函数

7.2.1 EXTI 典型应用步骤

外部中断的应用，通常按照以下步骤进行，以 GPIO 引脚输入外部中断为例。

（1）使能用到 GPIO 时钟和 SYSCFG 时钟。

① 根据用到的 GPIO 选择时钟使能函数。

② 使能 SYSCFG 时钟。

```
RCC_APB2PeriphClockCmd(RCC_APB2Periph_SYSCFG, ENABLE);
```

由系统控制器（SYSCFG）完成与 EXTI 中断源有关的 GPIO 配置。

（2）初始化相应 GPIO 引脚为输入。

```
GPIO_Init();
```

（3）设置 GPIO 引脚与 EXTI 线的映射关系。

```
SYSCFG_EXTILineConfig();
```

通过设置 SYSCFG_EXTICR1～SYSCFG_EXTICR4 的相应位段，将用到的 GPIO 引脚映射到对应的 EXTI 线。

（4）初始化工作类型、设置触发条件、使能等。

```
EXTI_Init();
```

（5）配置中断分组（NVIC），并初始化相应中断通道的优先级及使能/禁止。

```
NVIC_PriorityGroupConfig();
NVIC_Init();
```

在此需要注意，使用中断需要使能两个开关：EXTI 线使能（第 4 步）和中断通道使能（第 5 步）。

其中任何一个开关没有使能，中断请求信号都进入不了 CPU。

（6）编写中断服务函数。

```
EXTIx_IRQHandler();
```

在中断服务程序中，一般要先判断中断源。

```
EXTI_GetITStatus();
```

确定中断源并清除相应的中断标志位。

```
EXTI_ClearITPendingBit();
```

中断挂起标志必须在退出中断服务程序前及时清除，否则会反复触发同一个中断。中断挂起标志不能自动清除，需要通过向挂起请求寄存器相应位写 1，或通过改变边沿检测触发方式实现清零。

（7）编写中断服务程序处理内容。

7.2.2 常用库函数

与 EXTI 相关的函数和宏都被定义在以下两个文件中。

头文件：stm32f4xx_exti.h。

源文件：stm32f4xx_exti.c。

1. 设置 GPIO 引脚与 EXTI 线的映射函数

```
void SYSCFG_EXTILineConfig(uint8_t EXTI_PortSourceGPIOx, uint8_t EXTI_PinSourcex);
```

参数 1：uint8_t EXTI_PortSourceGPIOx，选择的 GPIO 端口，以宏定义形式定义在 stm32f4xx_syscfg.h 文件中。例如：

```
#define EXTI_PortSourceGPIOA          ((uint8_t)0x00)
#define EXTI_PortSourceGPIOB          ((uint8_t)0x01)
#define EXTI_PortSourceGPIOC          ((uint8_t)0x02)
……
#define EXTI_PortSourceGPIOK          ((uint8_t)0x0A)
```

参数 2：uint8_t EXTI_PinSourcex，选择的引脚号，以宏定义形式定义在 stm32f4xx_syscfg.h 文件中。例如：

```
#define EXTI_PinSource0          ((uint8_t)0x00)
#define EXTI_PinSource1          ((uint8_t)0x01)
#define EXTI_PinSource2          ((uint8_t)0x02)
……
#define EXTI_PinSource15         ((uint8_t)0x0F)
```

例如，将 GPIOE 的 2 号引脚作为 EXTI 线 2 的信号输入引脚。

```
SYSCFG_EXTILineConfig(EXTI_PortSourceGPIOE, EXTI_PinSource2);
```

2. 初始化 EXTI 线（选择中断源、中断模式、触发方式、使能等）函数

```
void EXTI_Init(EXTI_InitTypeDef* EXTI_InitStruct);
```

参数：EXTI_InitTypeDef* EXTI_InitStruct，EXTI 初始化结构体指针，定义在 stm32f4xx_ exti.h 文件中。例如：

```
typedef struct
{
```

```
    uint32_t EXTI_Line;                          //指定要配置的 EXTI 线
    EXTIMode_TypeDef EXTI_Mode;                  //中断模式：事件或中断
    EXTITrigger_TypeDef EXTI_Trigger;            //触发方式：上升沿/下降沿/双边沿触发
    FunctionalState EXTI_LineCmd;                //使能或禁止
}EXTI_InitTypeDef;
```

成员 1：uint32_t EXTI_Line，指定要配置的 EXTI 线，以宏定义形式定义在 stm32f4xx_exti.h 文件中。例如：

```
#define EXTI_Line0              ((uint32_t)0x00001)
……
#define EXTI_Line22             ((uint32_t)0x00400000)
```

成员 2：EXTIMode_TypeDef EXTI_Mode，模式（事件或中断）选择，以枚举形式定义在 stm32f4xx_exti.h 文件中。例如：

```
typedef enum
{
  EXTI_Mode_Interrupt=0x00,
  EXTI_Mode_Event=0x04
}EXTIMode_TypeDef;
```

成员 3：EXTITrigger_TypeDef EXTI_Trigger，选择触发方式，有三种方式：上升沿、下降沿和双边沿触发，以枚举形式定义在 stm32f4xx_exti.h 文件中。例如：

```
typedef enum
{
  EXTI_Trigger_Rising=0x08,
  EXTI_Trigger_Falling=0x0C,
  EXTI_Trigger_Rising_Falling=0x10
}EXTITrigger_TypeDef;
```

成员 4：FunctionalState EXTI_LineCmd，使能（ENABLE）或禁止（DISABLE）选择的 EXTI 线。

例如，将 EXTI 线 2 设置为中断模式、上升沿触发、使能，程序代码如下：

```
EXTI_InitStructure.EXTI_Line=EXTI_Line2;
EXTI_InitStructure.EXTI_Mode=EXTI_Mode_Interrupt;
EXTI_InitStructure.EXTI_Trigger=EXTI_Trigger_Falling;
EXTI_InitStructure.EXTI_LineCmd=ENABLE;
EXTI_Init(&EXTI_InitStructure);
```

EXTI_Init()函数设置的是寄存器，有中断屏蔽寄存器、事件屏蔽寄存器、上升沿触发选择寄存器、下降沿触发选择寄存器。

3．判断 EXTI 线的中断状态函数

```
ITStatus   EXTI_GetITStatus(uint32_t EXTI_Line);
```

参数：uint32_t EXTI_Line，需要检测的 EXTI 线。同 EXTI_InitTypeDef 结构体成员 1。

操作的是挂起请求寄存器。

共用中断通道的 EXTI 线 5～9 和 EXTI 线 10～15 分别共用一个中断服务程序（EXTI9_5_IRQHandler 和 EXTI15_10_IRQHandler）。因此，在相应的中断服务程序中必须检测中断状态，以判断是哪一个 EXTI 线触发的中断。

4．清除 EXTI 线上的中断标志位函数

```
void EXTI_ClearITPendingBit(uint32_t EXTI_Line);
```

参数：uint32_t EXTI_Line，需要清除挂起标志的 EXTI 线，同 EXTI_InitTypeDef 结构体成员 1。

该函数操作的是挂起请求寄存器。

7.3 应用实例

按照图 7-3 中的控制电路，编写程序将 PA0 配置为外部中断输入，将中断输入触发方式配置为上升沿触发，并编写中断服务程序，实现对 LED 灯的控制。当检测到按键动作时将 LED 灯状态反转（忽略去抖动操作）。

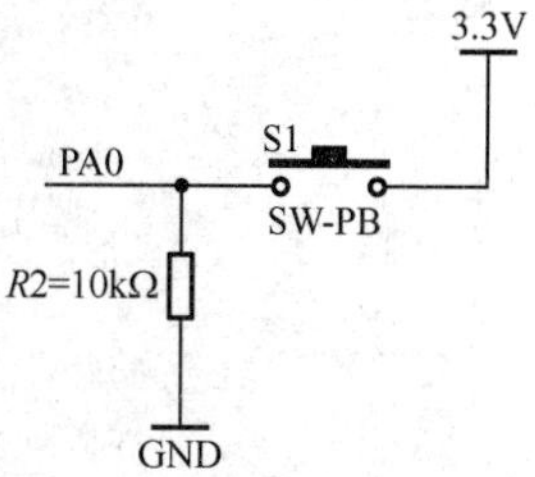

图 7-3 外部中断触发电路图

1. 编程要点

（1）使能 GPIOA 时钟和 SYSCFG 时钟。调用函数：

```
RCC_AHB1PeriphClockCmd();
RCC_APB2PeriphClockCmd();
```

（2）初始化 PA0 为输入模式。

（3）设置 EXTI 线 0 的工作模式、触发方式和使能。

（4）设置 NVIC 中断组和 EXTI 线 0 中断通道的优先级和使能状态。

（5）编写中断服务程序。需要判断 EXTI 线状态，在确认后，清除中断挂起标志。

2. 主程序

```
int main(void)
{
        LED_Config();          //LED 灯端口初始化
    EXTI_Key_Config();         //初始化 EXTI 中断，按下按键会触发中断
    /*等待中断*/
    while(1)
    {}
}
```

在函数中，首先初始化 LED 灯的 GPIO 引脚，然后初始化 EXTI 中断相关所有内容，最后在 while(1)的空循环中等待中断。

由于外部信号主动申请中断，因此，在程序中无须轮询按键引脚状态。一旦存在有效的按键操作，CPU 就会跳转到对应的中断服务程序，这是和软件检测按键操作的最大区别之处。

3. EXTI 中断初始化函数

```
void EXTI_Key_Config(void)
{
    GPIO_InitTypeDef GPIO_InitStructure;
    EXTI_InitTypeDef EXTI_InitStructure;
    NVIC_InitTypeDef NVIC_InitStructure;
    //------------------第 1 步------------------
    /*开启按键 GPIO 端口的时钟*/
    RCC_AHB1PeriphClockCmd(RCC_AHB1Periph_GPIOA ,ENABLE);
    /*使能 SYSCFG 时钟，使用 GPIO 外部中断时必须使能 SYSCFG 时钟*/
    RCC_APB2PeriphClockCmd(RCC_APB2Periph_SYSCFG, ENABLE);
    //------------------第 2 步------------------
    /*选择按键 1 的引脚*/
    GPIO_InitStructure.GPIO_Pin = GPIO_Pin_0;
    /*设置引脚为输入模式*/
    GPIO_InitStructure.GPIO_Mode = GPIO_Mode_IN;
```

```
        /*设置引脚不上拉也不下拉*/
        GPIO_InitStructure.GPIO_PuPd = GPIO_PuPd_NOPULL;
        /*使用上面的结构体初始化按键*/
        GPIO_Init(GPIOA, &GPIO_InitStructure);
        //-------------------第 3 步--------------------
        /*连接 EXTI 中断源到按键 1 引脚*/
        SYSCFG_EXTILineConfig(EXTI_PortSourceGPIOA,EXTI_PinSource0);
        //-------------------第 4 步--------------------
        /*选择 EXTI 中断源*/
        EXTI_InitStructure.EXTI_Line = EXTI_Line0;
        /*中断模式*/
        EXTI_InitStructure.EXTI_Mode = EXTI_Mode_Interrupt;
        /*上升沿触发*/
        EXTI_InitStructure.EXTI_Trigger = EXTI_Trigger_Rising;
        /*使能 EXTI 线*/
        EXTI_InitStructure.EXTI_LineCmd = ENABLE;
        EXTI_Init(&EXTI_InitStructure);
        //-------------------第 5 步--------------------
        /*配置 NVIC*/
        /*配置 NVIC 为优先级组 1，保证整个程序使用的中断处于同一组*/
        NVIC_PriorityGroupConfig(NVIC_PriorityGroup_1);

        /*配置中断源：按键 1*/
        NVIC_InitStructure.NVIC_IRQChannel = EXTI0_IRQn;
        /*配置抢占优先级：1*/
        NVIC_InitStructure.NVIC_IRQChannelPreemptionPriority=1;
        /*配置响应优先级：1*/
        NVIC_InitStructure.NVIC_IRQChannelSubPriority=1;
        /*使能中断通道*/
        NVIC_InitStructure.NVIC_IRQChannelCmd=ENABLE;
        NVIC_Init(&NVIC_InitStructure);

    }
```

4．中断服务程序

```
    void EXTI0_IRQHandler(void)
    {
        //确保 EXTI 线产生了中断
        if(EXTI_GetITStatus(EXTI_Line0) !=RESET)
        {
        //清除中断标志位
            EXTI_ClearITPendingBit(EXTI_Line0);
            //LED 灯状态反转
            LED_TOGGLE;
        }
    }
```

在没有按键操作时，PA0 为低电平，在按键被按下去后电平变为高电平，此时出现由低到高的电平跳变，这就是本例要检测的信号。

维持按下状态，PA0 处于高电平，没有电平跳变不会触发中断。

当按键被松开后，电平由高电平变为低电平，这一电平转换也不会触发中断。

中断时，按键检测使用边沿检测，软件扫描式按键检测使用有效电平检测，这是两者之间的另外一个重要区别。

习题

1．外部中断的中断请求信号可以是控制器外部产生并由 GPIO 引脚引入的，也可以是控制器内部一些片上外设产生的。这一说法是否正确？

2．每个 GPIO 引脚都可以作为外部中断请求信号输入引脚，GPIO 引脚编号相同的映射到同一个 EXTI 线，那么 GPIOA 的 0 号引脚映射到 EXTI 线________，GPIOD 的 0 号引脚映射到 EXTI 线________，GPIOC 的 5 号引脚映射到 EXTI 线________，GPIOG 的 10 号引脚映射到 EXTI 线________。

3．外部中断请求信号输入的触发信号形式可以是________、________、________。

4．每个外部中断在中断向量表中，是否都独立占用一个位置？

5．外部中断________共用一个中断向量和外部中断________共用一个中断向量。

6．外部中断的中断 0 在库函数启动文件中定义的默认中断函数名是________。

7．函数 SYSCFG_EXTILineConfig(EXTI_PortSourceGPIOA, EXTI_PinSource0)有什么功能？

8．函数 void EXTI_Init(EXTI_InitTypeDef* EXTI_InitStruct)有什么功能？

9．应用外部中断，需要先使能 GPIO 端口的时钟和________时钟。

10．试述初始化外部中断的步骤。

11．初始化外部中断 1：将 GPIOA 的 1 号引脚作为输入引脚，中断模式，上升沿触发，中断优先级组为 3 组，抢占优先级为 3，响应优先级为 1，并使能中断。________、________、________、________、________、________、________、________、________。（程序填空。）

12．外部中断被挂起后，不能硬件清除，需要在相应的中断服务程序中将中断挂起标志清除，使用的函数是________。

13．请说明中断服务程序的响应过程及中断服务程序的函数名怎么更改。

14．根据图 7-4，编写程序以完成外部中断初始化，中断输入引脚为 PE5，上升沿检测方式。

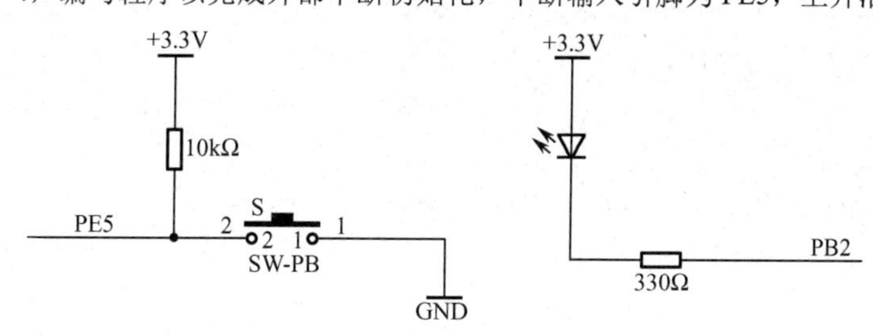

图 7-4　14 题电路图

15．编写 14 题的外部中断的服务程序，完成 LED 灯（PB2）的开关控制。

第 8 章　时钟系统

8.1　时钟系统结构

微控制器内核、总线、片上外设多数为数字时序逻辑，它们都需要时钟系统的约束，按照一定节拍工作。时钟系统是驱动系统工作的心脏，正确地选择时钟源、配置时钟参数是时钟系统正常运行、外设正常交互的前提。

复位和时钟控制器（Reset Clock Control，RCC）为 STM32F429 微控制器提供了内核和片上外设需要的工作时钟，RCC 具备高度的时钟选择和配置灵活性。STM32F429 微控制器内部时钟系统以时钟树的形式存在，如图 8-1 所示。

用户在运行内核和外设时可选择使用外部晶振、内部振荡器或 PLL（锁相环），也可为以太网、USB OTG FS，以及 HS、I2S 和 SDIO 等需要特定时钟的外设提供合适的时钟源。

1．总线时钟

RCC 可通过多个预分频器配置 AHB、高速 APB（APB2）和低速 APB（APB1）。

AHB 域的最大允许频率为 180MHz，标记为 HCLK。高速 APB 域的最大允许频率为 90MHz，标记为 PCLK2。低速 APB 域的最大允许频率为 45MHz，标记为 PCLK1。大部分片上外设挂载在 AHB1、AHB2、APB1 和 APB2 总线上，片上外设的工作时钟也由总线时钟通过时钟使能开关控制。常用总线时钟配置表如表 8-1 所示。

表 8-1　常用总线时钟配置表

系统时钟频率=180MHz	
总线时钟	频率
HCLK	180MHz
PCLK1	45MHz
PCLK2	90MHz

2．特殊外设时钟

大部分的外设时钟均由系统时钟（SYSCLK）提供，个别有特殊需要的外设有独立的时钟驱动源。

（1）来自主 PLL 输出（PLL48CLK）的 USB OTG FS 时钟（48MHz）、基于模拟技术的随机数发生器（RNG）时钟（48MHz）和 SDIO 时钟（48MHz）。

（2）I2S 时钟：通过专用 PLL（PLLI2S）或映射到 I2S_CKIN 引脚的外部时钟提供 I2S 的驱动时钟，以实现高品质的音频性能。

（3）由外部 PHY 提供的 USB OTG HS（60MHz）时钟。

（4）由外部 PHY 提供的以太网 MAC 时钟（TX、RX 和 RMII）。当使用以太网时，AHB 时钟频率至少为 25MHz。

3．SysTick 时钟

RCC 向 Cortex 系统定时器（SysTick）馈送 8 分频的 AHB 时钟（HCLK/8）。SysTick 可使用 HCLK/8 作为其时钟源，也可使用系统时钟 FCLK 作为其时钟源，具体可在 SysTick 控制与状态寄存器中配置。

4．定时器时钟

STM32F42 系列和 STM32F43 系列微控制器的定时器时钟频率由硬件自动设置。根据 RCC 时钟配置寄存器（RCC_CFGR）中 TIMPRE 位的取值，共分为以下两种情况。

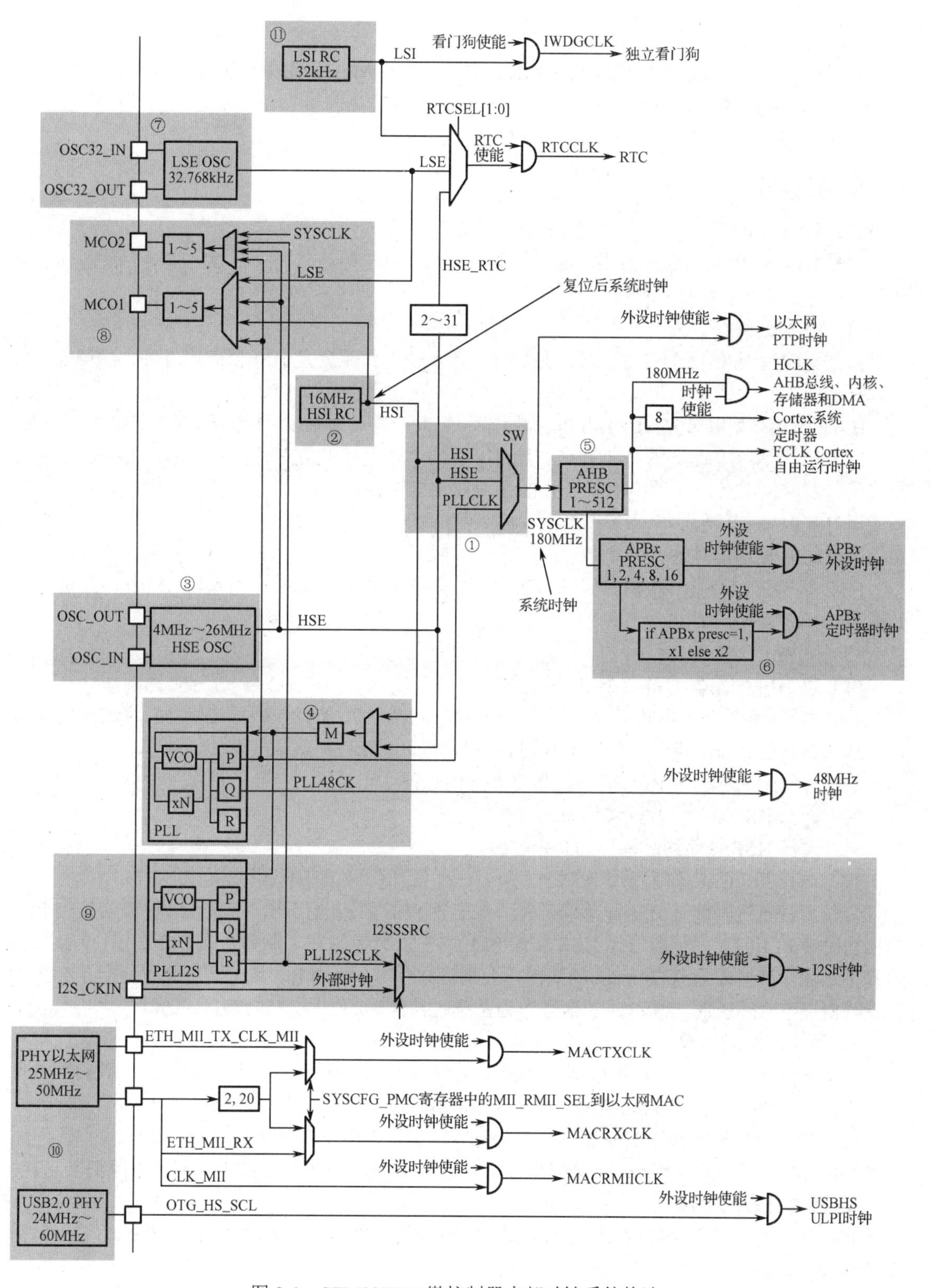

图 8-1　STM32F429 微控制器内部时钟系统构造

（1）RCC_DKCFGR 寄存器的 TIMPRE 位清零：如果 APB 预分频器的预分频系数是 1，则定时器时钟频率（TIM*x*CLK）为 PCLK*x*；否则，定时器时钟频率将为 APB 域的频率的 2 倍，即 TIM*x*CLK=2×PCLK*x*。

（2）RCC_DKCFGR 寄存器的 TIMPRE 位置 1：如果 APB 预分频器的预分频系数是 1、2 或 4，则定时器时钟频率为 HCLK；否则，定时器时钟频率将为 APB 域的频率的 4 倍，即 TIM*x*CLK=4×PCLK*x*。

8.1.1 时钟源

1．系统时钟源

STM32F429 微控制器的系统时钟（SYSCLK）可由三种不同的时钟源来驱动，可通过多选开关选择，如图 8-1 中的①所示。

（1）HSI 振荡器时钟。

内部集成的 16MHz HSI RC 时钟在复位后，系统工作源就是 HSI 振荡器时钟，如图 8-1 中的②所示。

HSI 时钟信号由内部 16MHz HSI RC 振荡器生成，可直接用作系统时钟信号，或者用作 PLL 输入。

HSI RC 振荡器的优点是成本较低。此外，其启动速度比 HSE 晶振快，但是 HSI RC 振荡器精度低，即使校准后，其精度也不及外部晶振或陶瓷谐振器。因此，除了在复位启动阶段，很少使用 HSI RC 振荡器。

（2）HSE 振荡器时钟。

HSE 振荡器时钟是外接的时钟输入源，可以是有源的或无源的，频率为 4MHz～26MHz，如图 8-1 中的③所示。

（3）主 PLL（PLL）时钟。

PLL 以 HIS 振荡器时钟或 HSE 振荡器时钟作为输入的参考时钟，进行时钟频率倍频，如图 8-1 中的④所示。PLL 将低频输入信号倍频到较高的频率，使微控制器可以在较高的速度下运行，从而获取更高的性能。CPU 的系统时钟信号大都由 PLL 提供。

系统时钟源的选择由 RCC 时钟配置寄存器的位段[1:0]设置。

00：选择 HSI 振荡器时钟作为系统时钟。

01：选择 HSE 振荡器时钟作为系统时钟。

10：选择 PLLCLK 作为系统时钟。

复位后，系统时钟是 HSI 振荡器时钟，在配置 PLL 后启动代码，将系统时钟源切换为 PLL 的输出时钟 PLLCLK，一般选择 HSE 作为 PLL 的输入参考时钟。例如，在 STM32F429 微控制器复位之后，进入 C 程序的 main 函数前，会执行程序 SystemInit，其主要功能就是配置 PLL，在默认情况下将输出的 180MHz 的信号作为系统时钟信号。

2．两个次级时钟源

（1）32kHz 低速内部 RC 振荡器（LSI RC 振荡器），该 RC 振荡器用于驱动独立看门狗，也可用于停机/待机模式下的自动唤醒，如图 8-1 中的⑪所示。

（2）32.768kHz 低速外部晶振（LSE OSC），该晶振用于驱动 RTC 时钟（RTCCLK），如图 8-1 中的⑦所示。对于每个时钟源来说，在未使用时都可单独打开或者关闭，以降低其功耗。

3．特殊外设时钟源

特殊外设时钟源主要提供 OTG_HS_SCL、随机数发生器、以太网 MAC、SDIO、I2S 等需要的时钟，如图 8-1 中⑨和⑩所示。

8.1.2 HSE 时钟

高速外部时钟信号（HSE）有以下两种电路连接方式。

（1）外部晶振/陶瓷谐振器（无源电路）。

OSC_IN 和 OSC_OUT 引脚上外接的晶振电路和内部谐振电路产生谐振输出信号，以此作为 HSE 供系统使用。HSE 无源外接晶振电路图如图 8-2 所示。

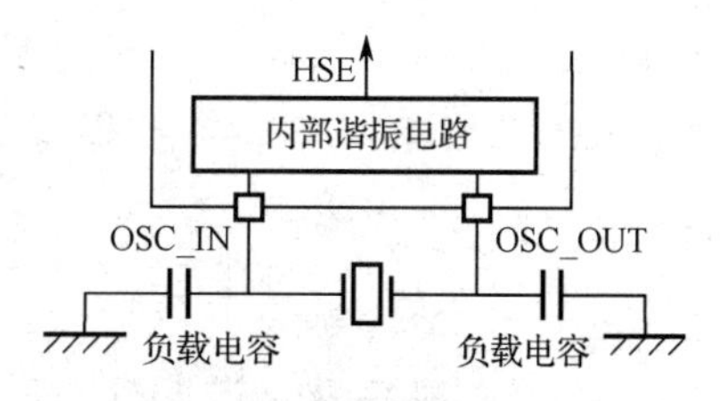

图 8-2　HSE 无源外接晶振电路图

谐振器和负载电容必须尽可能地靠近振荡器的引脚，以尽量减小输出失真和起振稳定时间。负载电容值必须根据所选振荡器的不同做适当调整。负载电容一般选择 22～33pF。

HSE 电路工作需要先被使能，可通过 RCC 时钟控制寄存器（RCC_CR）中的 HSEON 位使能或禁止。

（2）外部时钟（有源电路）。

在此模式下，可以旁路内部谐振电路，直接将外部时钟信号输入芯片内部作为 HSE 使用。通过将 RCC 时钟控制寄存器中的 HSEBYP 和 HSEON 位置 1 选择此模式。必须使用占空比约为 50%的外部时钟信号（方波、正弦波或三角波）来驱动 OSC_IN 引脚，同时 OSC_OUT 引脚应保持为高阻态，一般悬空。HSE 时钟输入电路图如图 8-3 所示。

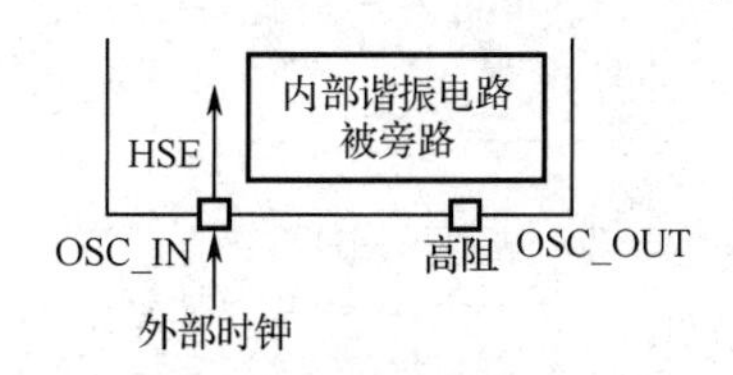

图 8-3　HSE 时钟输入电路图

8.1.3　PLL 配置

STM32F4 系列微控制器的器件具有两个 PLL，PLL 内部结构图如图 8-4 所示。

1．主 PLL

主 PLL 由 HSE 振荡器或 HSI 振荡器提供时钟信号，并具有两个不同的输出时钟，如图 8-1 中的④所示。

（1）第一个输出用于生成高速系统时钟（180MHz）。

（2）第二个输出用于生成 USB OTG FS 时钟（48MHz）、随机数发生器时钟（48MHz）和 SDIO 时钟（48MHz）。

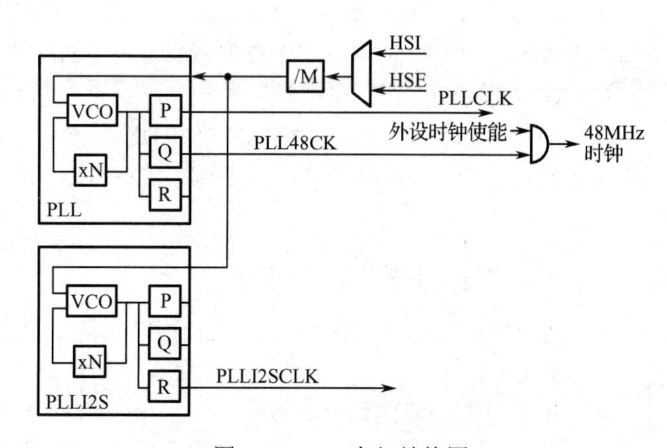

图 8-4　PLL 内部结构图

2．专用 PLL（PLLI2S）

专用 PLL（PLLI2S）用于生成精确时钟，在 I2S 接口可实现高品质音频性能，如图 8-1 中的⑨所示。

由于在 PLL 使能后主 PLL 配置参数便不可更改，因此建议先对 PLL 进行配置，然后使能（选择 HIS 振荡器时钟或 HSE 振荡器时钟作为 PLL 时钟源，并配置预分频系数 M、N、P 和 Q）。

PLLI2S 使用与主 PLL 相同的输入时钟（PLLM[5:0]和 PLLSRC 位为两个 PLL 所共用）。但是，PLLI2S 具有专门的使能/禁止和预分频系数（N 和 R）配置位。在 PLLI2S 使能后，配置参数便不能更改。

在进入停机和待机模式后，两个 PLL 将由硬件禁止，如将 HSE 振荡器时钟或 PLLCLK（由 HSE 振荡器提供时钟信号）用作系统时钟，则在 HSE 振荡器发生故障时，两个 PLL 也将由硬件禁止。RCC PLL 配置寄存器（RCC_PLLCFGR）和 RCC 时钟配置寄存器可分别用于配置主 PLL

和 PLLI2S。

选择 HSE 振荡器作为主 PLL 的输入源，PLLCLK=（HSE/M）×N/P。

8.1.4 LSE 时钟

低速外部时钟信号（LSE）有以下 2 种电路连接方式。

1．外部晶振/陶瓷谐振器（无源电路）

LSE 晶振是 32.768kHz 低速外部晶振或陶瓷谐振器，可作为实时时钟外设（RTC）的时钟源来提供时钟/日历或其他定时功能，LSE 晶振具有功耗低且精度高的优点。

LSE 晶振通过 RCC 备份域控制寄存器（RCC_BDCR）中的 LSEON 位打开和关闭。

通过检测 RCC 备份域控制寄存器中的 LSERDY 标志，可以知道 LSE 晶振是否稳定。例如，在 RCC 时钟中断寄存器（RCC_CIR）中使能中断，LSE 就可以产生中断请求。

2．外部时钟（有源电路）

此时内部 LSE 振荡电路被旁路，必须提供外部时钟源，最高频率不超过 1MHz。

此模式通过将 RCC 备份域控制寄存器中的 LSEBYP 和 LSEON 位置 1 进行选择。外部时钟必须使用占空比约为 50%的外部时钟信号（方波、正弦波或三角波）来驱动 OSC32_IN 引脚，同时 OSC32_OUT 引脚应保持为高阻态。

8.1.5 LSI 时钟

LSI RC 振荡器可作为低功耗时钟源在停机和待机模式下保持运行，供独立看门狗（IWDG）和自动唤醒单元（AWU）使用。LSI 时钟频率在 32kHz 左右。

LSI RC 振荡器可通过 RCC 时钟控制和状态寄存器（RCC_CSR）中的 LSION 位打开或关闭。

RCC 时钟控制和状态寄存器中的 LSIRDY 标志指示低速内部振荡器是否稳定。在启动时，硬件将此位置 1 后，LSI 时钟才可以使用。若在 RCC 时钟中断寄存器中使能中断，则 LSI 就绪后可产生中断。

8.1.6 时钟输出功能

RCC 共有两个微控制器时钟输出（MCO）引脚，如图 8-1 中的⑧所示。

1．MCO1

用户可通过可配置的预分频器（1～5）向 MCO1 引脚（PA8）输出 4 个不同的时钟源：HSI 时钟、LSE 时钟、HSE 时钟、PLL 时钟。用户所需的时钟源通过 RCC 时钟配置寄存器中的 MCO1PRE[2:0]和 MCO1[1:0]位选择。

2．MCO2

用户可通过可配置的预分频器（1～5）向 MCO2 引脚（PC9）输出 4 个不同的时钟源：HSE 时钟、PLL 时钟、系统时钟、PLLI2S 时钟。

用户所需的时钟源通过 RCC 时钟配置寄存器中的 MCO2PRE[2:0]和 MCO2 位选择。对于不同的 MCO 引脚，必须将相应的 GPIO 端口在复用功能模式下进行设置。MCO 输出时钟频率不得超过 100MHz。

8.2 PLL 时钟系统配置步骤及常用库函数

在微控制器中的使用过程中，一般使用 PLLCLK 作为系统时钟，并选择 HSE 振荡器时钟作为 PLL 的输入参考时钟。

8.2.1 PLL 时钟系统配置步骤

以使用 HSE 振荡器时钟作为 PLL 时钟源为例，PLL 时钟系统的配置步骤如下。

（1）开启 HSE 振荡器，并等待 HSE 振荡器稳定。

如果当前微控制器正在使用 PLLCLK 作为系统时钟，则需要将系统时钟源切换到 HSE 振荡器时钟（或其他），然后关闭 PLL；否则，在 PLL 运行期间，PLL 不能配置成功。

（2）设置 AHB、APB2、APB1 的预分频系数。

（3）设置 PLL 的参数。

设置 VCO 输入时钟预分频系数 M。

设置 VCO 输出时钟倍频系数 N。

设置 PLLCLK 时钟预分频系数 P。

设置 OTG FS、SDIO、RNG 时钟预分频系数 Q。

PLLCLK 输出频率计算公式：SYSCLK=(HSE×N/M)/P。

（4）开启 PLL，并等待 PLL 稳定。

（5）将 PLLCLK 切换为系统时钟。

（6）读取时钟切换状态位，确保 PLLCLK 被选为系统时钟。

在此过程涉及的寄存器有：RCC 时钟控制寄存器［步骤（1）、（4）］、RCC PLL 配置寄存器［步骤（3）］、RCC 时钟配置寄存器［步骤（2）、（5）、（6）］。

8.2.2 常用库函数

与 RCC 相关的函数和宏都被定义在以下两个文件中。

头文件：stm32f4xx_rcc.h。

源文件：stm32f4xx_rcc.c。

1．时钟使能配置函数

控制片上外设时钟的使能或禁止，只有工作时钟被使能，片上外设才能工作。对于片上外设来讲，其初始化的第一步是时钟使能。片上外设的时钟信号大都来自 AHB1、AHB2、APB1 和 APB2 四条总线的时钟。涉及以下函数：

（1）AHB1 总线片上外设时钟使能。

```
RCC_AHB1PeriphClockCmd(uint32_t RCC_AHB1Periph, FunctionalState NewState);
```

参数 1：uint32_t RCC_AHB1Periph，时钟使能对象，以宏定义形式定义在 stm32f4xx_rcc.h 文件中。

```
#define RCC_AHB1Periph_GPIOA              ((uint32_t)0x00000001)
#define RCC_AHB1Periph_GPIOB              ((uint32_t)0x00000002)
……
#define RCC_AHB1Periph_OTG_HS_ULPI        ((uint32_t)0x40000000)
```

每一个宏定义实际是一个对应于 RCC AHB1 外设时钟使能寄存器（RCC_AHB1ENR）的屏蔽字。例如，RCC_AHB1Periph_GPIOA 表示 GPIOA 的时钟使能位在 RCC_AHB1ENR 中的 0 位。RCC_AHB1Periph_GPIOB 表示 GPIOA 的时钟使能位在 RCC_AHB1ENR 中的 1 位，依此类推。

参数 2：FunctionalState NewState，使能（ENABLE）或禁止（DISABLE）时钟。

例如，通过将 RCC_AHB1ENR 的位 3 置位，使能 GPIOD 的时钟。

```
RCC_AHB1PeriphClockCmd (RCC_AHB1Periph_GPIOD, ENABLE);
```

（2）AHB2 总线片上外设时钟使能。

```
RCC_AHB2PeriphClockCmd(uint32_t RCC_AHB2Periph, FunctionalState NewState);
```

参数 1：uint32_t RCC_AHB2Periph，时钟使能对象，以宏定义形式定义在 stm32f4xx_rcc.h 文件中。

```
#define RCC_AHB2Periph_DCMI            ((uint32_t)0x00000001)
#define RCC_AHB2Periph_CRYP            ((uint32_t)0x00000010)
#define RCC_AHB2Periph_HASH            ((uint32_t)0x00000020)
#define RCC_AHB2Periph_RNG             ((uint32_t)0x00000040)
#define RCC_AHB2Periph_OTG_FS          ((uint32_t)0x00000080)
```

操作的是 RCC AHB2 外设时钟使能寄存器（RCC_AHB2ENR），功能同函数 RCC_AHB1PeriphClockCmd。

参数 2：FunctionalState NewState，使能（ENABLE）或禁止（DISABLE）时钟。

例如，通过将 RCC_AHB2ENR 的位 6 置位，使能 RNG 的时钟。

```
RCC_AHB1PeriphClockCmd (RCC_AHB2Periph_RNG,ENABLE);
```

（3）APB1 总线片上外设时钟使能。

```
RCC_APB1PeriphClockCmd(uint32_t RCC_APB1Periph, FunctionalState NewState);
```

参数 1：uint32_t RCC_ APB1Periph，时钟使能对象，以宏定义形式定义在 stm32f4xx_rcc.h 文件中。

```
#define RCC_APB1Periph_TIM2            ((uint32_t)0x00000001)
#define RCC_APB1Periph_TIM3            ((uint32_t)0x00000002)
……
#define RCC_APB1Periph_UART8           ((uint32_t)0x80000000)
```

操作的是 RCC APB1 外设时钟使能寄存器（RCC_APB1ENR），功能同函数 RCC_AHB1PeriphClockCmd。

参数 2：FunctionalState NewState，使能（ENABLE）或禁止（DISABLE）时钟。

例如，通过将 RCC_ APB1ENR 的位 0 置位，使能 TIM2 的时钟。

```
RCC_APB1PeriphClockCmd(RCC_APB1Periph_TIM2,ENABLE);
```

（4）APB2 总线片上外设时钟使能。

```
RCC_APB2PeriphClockCmd(uint32_t RCC_APB2Periph, FunctionalState NewState);
```

参数 1：uint32_t RCC_ APB2Periph，时钟使能对象，以宏定义形式定义在 stm32f4xx_rcc.h 文件中。

```
#define RCC_APB2Periph_TIM1            ((uint32_t)0x00000001)
#define RCC_APB2Periph_TIM8            ((uint32_t)0x00000002)
……
#define RCC_APB2Periph_LTDC            ((uint32_t)0x04000000)
```

操作的是 RCC APB2 外设时钟使能寄存器（RCC_APB2ENR），功能同函数 RCC_AHB1PeriphClockCmd。

参数 2：FunctionalState NewState，使能（ENABLE）或禁止（DISABLE）时钟。

例如，通过将 RCC_ APB2ENR 的位 0 置位，使能 TIM1 的时钟。

```
RCC_APB2PeriphClockCmd(RCC_APB2Periph_TIM1,ENABLE);
```

2．配置系统时钟源函数

```
void RCC_SYSCLKConfig(uint32_t RCC_SYSCLKSource)
```

参数：uint32_t RCC_SYSCLKSource，时钟源，定义在 stm32f4xx_rcc.h 文件中。

```
#define RCC_SYSCLKSource_HSI           ((uint32_t)0x00000000)
#define RCC_SYSCLKSource_HSE           ((uint32_t)0x00000001)
#define RCC_SYSCLKSource_PLLCLK        ((uint32_t)0x00000002)
```

配置的是 RCC 时钟配置寄存器位段[1:0]的值。

00：HSI 振荡器时钟用作系统时钟。

01：HSE 振荡器时钟用作系统时钟。

10：PLLCLK 用作系统时钟。

例如，将 RCC 时钟配置寄存器的位段[1:0]设置为 10，使用 PLLCLK 作为系统时钟。

```
RCC_SYSCLKConfig(RCC_SYSCLKSource_ PLLCLK);
```

3．获取系统时钟源函数

```
uint8_t RCC_GetSYSCLKSource(void)
```

返回：当前选择的时钟源。实际返回的是 RCC 时钟配置寄存器位段[3:2]的状态。

0：HSI 振荡器时钟用作系统时钟。

4：HSE 振荡器时钟用作系统时钟。

8：PLLCLK 用作系统时钟。

例如，判断当前时钟源是否是 PLLCLK。

```
if(RCC_GetSYSCLKSource()!=0x08)
```

4．PLL 使能/禁止控制函数

```
void RCC_PLLCmd(FunctionalState NewState)
```

参数：FunctionalState NewState，使能（ENABLE）或禁止（DISABLE）PLL。

例如，使能 PLL 功能。

```
RCC_PLLCmd(ENABLE);
```

5．PLL 配置函数

```
void RCC_PLLConfig(uint32_t RCC_PLLSource, uint32_t PLLM, uint32_t PLLN, uint32_t PLLP,
uint32_t PLLQ)
```

参数 1：uint32_t RCC_PLLSource，PLL 的参考时钟源，定义在 stm32f4xx_rcc.h 文件中。

```
#define RCC_PLLSource_HSI                  ((uint32_t)0x00000000)
#define RCC_PLLSource_HSE                  ((uint32_t)0x00400000)
```

参数 2：uint32_t PLLM，输入时钟预分频系数。

参数 3：uint32_t PLLN，PLL 倍频系数。

参数 4：uint32_t PLLP，PLLCLK 预分频系数。

参数 5：32_t PLLQ，PLL48CK 预分频系数。

例如，选择 HSE 振荡器时钟作为 PLL 输入参考时钟，如果 HSE 振荡器时钟频率为 25MHz，那么 PLLCLK=(25×360/25)/2= 180MHz。

```
RCC_PLLConfig(RCC_PLLSource_HSE,25,360, 2, 4);
```

6．HSE 振荡器时钟配置函数

```
void RCC_HSEConfig(uint8_t RCC_HSE)
```

参数：uint8_t RCC_HSE，HSE 振荡器时钟的配置方式，有三种方式，定义在 stm32f4xx_rcc.h 文件中。

```
#define RCC_HSE_OFF                  ((uint8_t)0x00) //关闭 HSE 振荡器时钟
#define RCC_HSE_ON                   ((uint8_t)0x01) //打开 HSE 振荡器时钟
#define RCC_HSE_Bypass               ((uint8_t)0x05) //旁路 HSE 振荡器时钟
```

7．等待 HSE 振荡器启动成功函数

```
ErrorStatus RCC_WaitForHSEStartUp(void)
```

返回：成功（SUCCESS）或失败（ERROR）。

8．获取 RCC 状态函数

```
FlagStatus RCC_GetFlagStatus(uint8_t RCC_FLAG)
```

参数：uint8_t RCC_FLAG，操作对象，定义在 stm32f4xx_rcc.h 文件中。

```
#define RCC_FLAG_HSIRDY                    ((uint8_t)0x21)
#define RCC_FLAG_HSERDY                    ((uint8_t)0x31)
……
#define RCC_FLAG_LPWRRST                   ((uint8_t)0x7F)
```

例如，获取 HSE 振荡器是否就绪。

```
RCC_GetFlagStatus(RCC_FLAG_HSERDY);
```

返回：置位（SET）或清零（RESET）。

8.3 应用实例

选择 PLLCLK 作为系统时钟，使用 25MHz（HSE）作为 PLL 的参考输入频率。在程序运行过程中，按下按键使得 PLLCLK 的频率可在 90MHz 和 180MHz 之间切换改变，从而改变系统时钟频率，控制 LED 灯的闪烁频率。

LED 灯和按键电路分别如图 5-20（a）和图 5-21（a）所示。

1．编程要点

（1）由于系统正在使用 PLL，因此在配置 PLL 前，需要线切换系统时钟源到 HSE 振荡器时钟（或其他），然后禁止 PLL。

（2）配置 PLL 参数。

90MHz 配置参数：M=25，N=180，P=2，Q=4。

180MHz 配置参数：M=25，N=360，P=2，Q=4。

（3）使能 PLL。

（4）等待 PLL 稳定，切换系统时钟源到 PLLCLK。

2．主程序

```
int main(void)
{
    /*
    程序运行到这里，默认情况下，SystemInit()函数把系统时钟初始化成 180MHz，SystemInit()
在 system_stm32f4xx.c 中定义
    */
    u8 flag=0;        //标志位，用于频率切换控制
    delay_init();     //初始化 SysTick 的延时函数
    LED_Config(); //LED 灯端口初始化
    Key_Config();     //初始化按键//
    while (1)
    {
        if( Key_Scan(GPIOA,GPIO_Pin_0,1) == KEY_ON)
        {
            flag=~flag; //flag 反转
            if(flag)//根据 flag 值设置不同的 PLLCLK
                //将系统时钟频率切换到 90MHz，最高频率是 216MHz
                SetSysClock_HSE(25, 180, 2, 9);
            else
                //将系统时钟频率切换到 180MHz，最高频率是 216MHz
                SetSysClock_HSE(25, 360, 2, 9);
        }
```

```
            LED_ON          //亮
            delay_ms(500);  //延时函数计数次数不变，但是延时计数的时间基准变了
            LED_OFF         //灭
            delay_ms(500);
        }
    }
```

在主程序中初始化延时、LED 灯和按键等功能，然后在空循环中轮询按键引脚，当存在有效按键时，改变 PLL 的配置将会改变 PLLCLK 的频率。

程序中，延时函数 delay_ms(500)的计数次数不变，但是延时计数的时间基准变了，因此，LED 灯的闪烁频率是不同的。

3．PLL 配置函数

分别设置 PLL 的 4 个参数：M、N、P、Q。

使用 HSE 振荡器作为输入参考信号源。

按照 PLL 时钟系统配置步骤，程序实现如下：

```
void SetSysClock_HSE(uint32_t m, uint32_t n,uint32_t p,uint32_t q)
{
    __IO uint32_t HSEStartUpStatus = 0;
    /*------------------第 1 步-------------------*/
    RCC_HSEConfig(RCC_HSE_ON);     //使能 HSE 振荡器，开启外部晶振
    HSEStartUpStatus = RCC_WaitForHSEStartUp();//等待 HSE 振荡器稳定
    if (HSEStartUpStatus == SUCCESS)//判断 HSE 振荡器是否启动成功，不成功的话，出错处理
    {
        /*在程序运行中更改系统时钟的话需要先将时钟源切换到其他，并关闭 PLL，再进行
PLL 配置*/
        RCC_SYSCLKConfig(RCC_SYSCLKSource_HSE); //将系统时钟切换到 HSE 振荡器时钟
        while (RCC_GetSYSCLKSource()!=0x04) //判断 HSE 振荡器时钟是否被选为系统时钟
        {
        }
        RCC_PLLCmd(DISABLE);//禁止 PLL
/*------------------第 2 步-------------------*/
        RCC_HCLKConfig(RCC_SYSCLK_Div1); //HCLK=SYSCLK/1
        RCC_PCLK2Config(RCC_HCLK_Div2); //PCLK2=HCLK/2
        RCC_PCLK1Config(RCC_HCLK_Div4); //PCLK1=HCLK/4
/*------------------第 3 步-------------------*/
        RCC_PLLConfig(RCC_PLLSource_HSE, m, n, p, q); //配置 PLL
/*------------------第 4 步-------------------*/
        RCC_PLLCmd(ENABLE); //使能 PLL
        while (RCC_GetFlagStatus(RCC_FLAG_PLLRDY) == RESET) //等待 PLL 稳定
            {
        }

/*--------开启 OVER-RIDE 模式，以能达到更高频率---------*/
    PWR->CR |= PWR_CR_ODEN;
    while((PWR->CSR & PWR_CSR_ODRDY) == 0)
    {
    }
    PWR->CR |= PWR_CR_ODSWEN;
    while((PWR->CSR & PWR_CSR_ODSWRDY) == 0)
```

```
        {
        }
        /*--------配置 Flash 预取指、指令缓存、数据缓存和等待状态---------*/
        FLASH->ACR = FLASH_ACR_PRFTEN
                   | FLASH_ACR_ICEN
                   | FLASH_ACR_DCEN
                   | FLASH_ACR_LATENCY_5WS;

/*------------------第 5 步--------------------*/
        RCC_SYSCLKConfig(RCC_SYSCLKSource_PLLCLK); //把 PLLCLK 切换为系统时钟
/*------------------第 6 步--------------------*/
        while (RCC_GetSYSCLKSource() != 0x08) //判断 PLLCLK 是否被选为系统时钟
        {
        }
    }
    else //HSE 振荡器启动出错处理
    {
        while (1)
        {
        }
    }
}
```

习题

1．系统时钟的三个输入选择分别是________、________、________。

2．复位后，系统时钟源是________。

3．STM32F429 微控制器内部的 5 个时钟源分别是 HIS、________、LSI、LSE、________。

4．RC 复位电路形式是什么？

5．STM32F429 微控制器中 GPIO、USART1 和 TIM1 的时钟分别来自________、________、________。

6．阐述 PLL 的倍频原理。

7．请说明 SYSCLK、HCLK、PCLK1 及 PCLK2 这 4 个时钟之间的关系。

8．选择 HSE 振荡器时钟（8MHz）作为 PLL 时钟源，并选择 PLL 生成 180MHz 的系统时钟，那么 PLL 的预分频系数 M、P 和倍频系数 N，可以分别是________、________、________，系统时钟不分频产生 AHB 时钟，HCLK=180MHz。当 APB1 总线 4 分频 HCLK 时钟，PCLK1=________MHz，当 APB2 总线 2 分频 HCLK 时钟，PCLK2=________MHz。

9．阐述使用 HSE 振荡器时钟作为 PLL 的时钟源，并配置 PLL 作为系统时钟源的方法（系统时钟设置为 168MHz）。

10．请查阅资料确定 USART1、SPI1、GPIOA、TIM1 及 TIM2 分别使用的时钟源是什么？

11．4 个片上外设时钟使能函数分别是（只需要函数名）：________、________、________、________。

12．使能 ADC1 的时钟使用函数________。

第 9 章　定时器系统

9.1　定时器系统概述

定时器在检测、控制领域有广泛应用，可作为应用系统运行的控制节拍，实现信号检测、控制、输入信号周期测量或电机驱动等功能。在很多的应用场合，都会用到定时器，因此定时器系统是现在微控制器中的一个不可缺少的组成部分。

STM32F429 微控制器共有 14 个定时器，包括 2 个高级定时器（TIM1 和 TIM8）、10 个通用定时器（TIM2～TIM5 和 TIM9～TIM14）及 2 个基本定时器（TIM6 和 TIM7）。其中，TIM2 和 TIM5 是 32 位定时器，其他的定时器都是 16 位定时器。STM32F429 微控制器的各个定时器之间的区别如表 9-1 所示。

表 9-1　STM32F429 微控制器各个定时器之间的区别

<table>
<tr><th>定时器</th><th>类型</th><th>计数器长度</th><th>预分频系数</th><th>计数方向</th><th>捕抓/比较通道</th><th>总线</th><th>最大定时器时钟/MHz</th><th>互补输出</th><th>编码器接口</th><th>同步功能</th><th>DMA 请求</th></tr>
<tr><td>TIM1 和 TIM8</td><td>高级</td><td>16 位</td><td>1～65 536（整数）</td><td>递增、递减、递增/递减</td><td>4</td><td>APB2</td><td>180</td><td>有</td><td>有</td><td>有</td><td>有</td></tr>
<tr><td>TIM2 和 TIM5</td><td rowspan="6">通用</td><td>32 位</td><td>1～65 536（整数）</td><td>递增、递减、递增/递减</td><td>4</td><td rowspan="2">APB1</td><td rowspan="2">90/180</td><td>无</td><td>有</td><td>有</td><td>有</td></tr>
<tr><td>TIM3 和 TIM4</td><td>16 位</td><td>1～65 536（整数）</td><td>递增、递减、递增/递减</td><td>4</td><td>无</td><td>有</td><td>有</td><td>有</td></tr>
<tr><td>TIM9</td><td>16 位</td><td>1～65 536（整数）</td><td>递增</td><td>2</td><td rowspan="2">APB2</td><td rowspan="2">180</td><td>无</td><td>无</td><td>有</td><td>无</td></tr>
<tr><td>TIM10 和 TIM11</td><td>16 位</td><td>1～65 536（整数）</td><td>递增</td><td>1</td><td>无</td><td>无</td><td>无</td><td>无</td></tr>
<tr><td>TIM12</td><td>16 位</td><td>1～65 536（整数）</td><td>递增</td><td>2</td><td rowspan="3">APB1</td><td rowspan="3">90/180</td><td>无</td><td>无</td><td>有</td><td>无</td></tr>
<tr><td>TIM13 和 TIM14</td><td>16 位</td><td>1～65 536（整数）</td><td>递增</td><td>1</td><td>无</td><td>无</td><td>无</td><td>无</td></tr>
<tr><td>TIM6 和 TIM7</td><td>基本</td><td>16 位</td><td>1～65 536（整数）</td><td>递增</td><td>0</td><td>无</td><td>无</td><td>无</td><td>有</td></tr>
</table>

定时器有很多用途，包括基本定时功能、生成输出波形（比较输出、PWM 和带死区插入的互补 PWM）和测量输入信号的脉冲宽度（输入捕抓）等。

9.1.1 定时器结构

STM32F429 微控制器的定时器的主要有时钟源、预分频器、计数器、比较器、输入捕抓通道和比较输出通道。STM32F429 微控制器的定时器内部构造简图如图 9-1 所示。

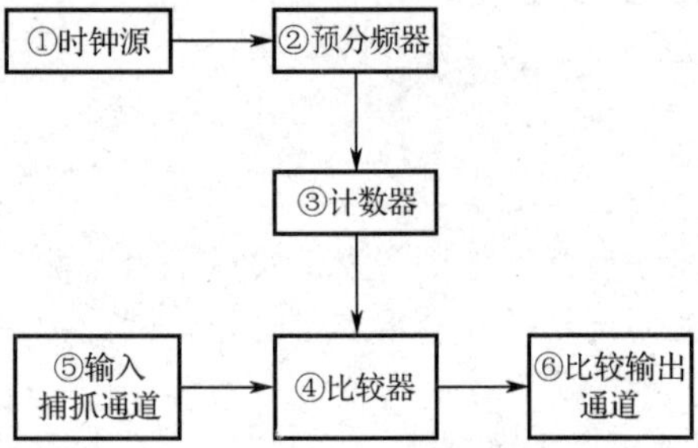

图 9-1 STM32F429 微控制器的定时器内部构造简图

定时器的时钟源经预分频器后输出计数器的计数时钟，计数器在计数到特定值（计数次数×计数时钟=定时时间）后可以产生一个更新事件，还可以产生中断信号，执行特定功能的服务。在基本定时功能基础上，定时器可以检测外部输入信号的边沿跳变，以捕抓计数器的计数值到比较器，用于测量信号的周期（两次捕抓到的计数次数之差×计数时钟=信号周期）。同时，可以在比较器中设定特定比较值，与计数器中的计数值比较，比较输出产生高低电平持续时间不同的高低电平（脉宽调制波：PWM 波）。

在所有的定时器中，高级定时器 TIM1 和 TIM8 的功能最多，通用定时器和基本定时器在结构上有不同程度的简化。在此，以高级定时器为例讲解其工作原理，其他定时器中与高级定时器相同的结构，其功能和使用方法基本一致。

TIM1 和 TIM8 的特性如下。

（1）16 位递增、递减、递增/递减自动重载计数器。

（2）16 位可编程预分频器，用于对定时器时钟源进行分频（即运行时修改），预分频系数为 1～65 536。

（3）多达 4 个独立通道，可用于输入捕抓、比较输出、PWM 生成（边沿和中心对齐模式）、单脉冲模式输出。

（4）带可编程死区的互补输出。

（5）使用外部信号控制定时器且可实现多个定时器互连的同步电路。

（6）重复计数器，用于仅在给定数目的计数器周期后更新定时器寄存器。

（7）用于将定时器的输出信号置于复位状态或已知状态的断路输入。

（8）发生如下事件时生成中断/DMA 请求：更新、计数器上溢/下溢、计数器初始化（通过软件或内部/外部触发）、触发事件（计数器启动、停止、初始化或通过内部/外部触发计数）、输入捕抓、比较输出、断路输入。

（9）支持定位用增量（正交）编码器和霍尔传感器电路。

（10）外部时钟触发输入或逐周期电流管理。

高级定时器内部详细构造图如图 9-2 所示。

9.1.2 时钟源

定时器计数需要的计数时钟可由下列时钟源提供。

① 内部时钟（CK_INT）源。

② 外部时钟源模式 1：外部输入引脚。

③ 外部时钟源模式 2：外部触发输入 ETR。

④ 外部触发输入（ITR*x*）：使用一个定时器作为另一个定时器的预分频器。

定时器时钟源如图 9-3 所示。

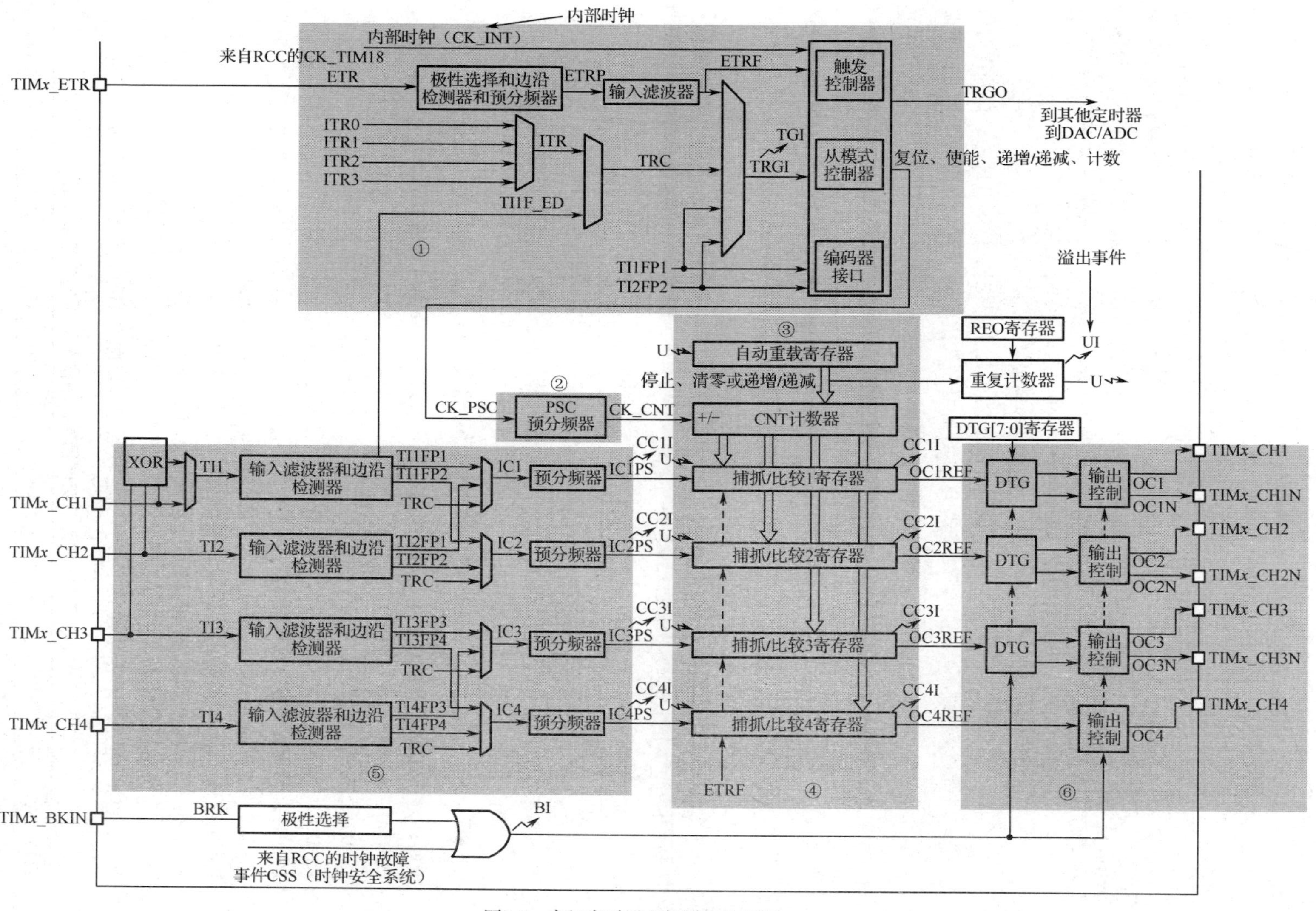

图9-2　高级定时器内部详细构造图

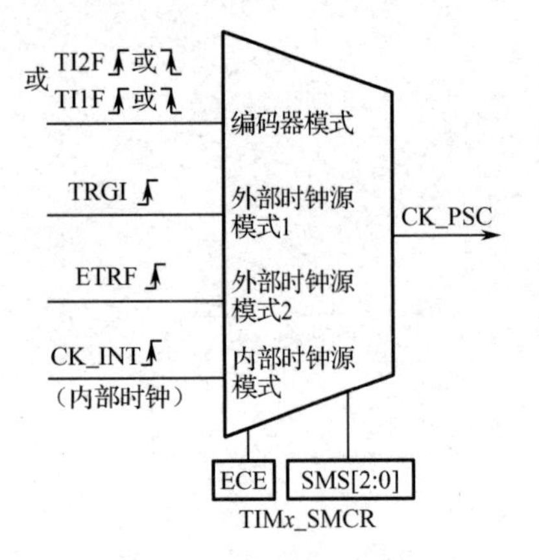

图 9-3　定时器时钟源

1．内部时钟源模式

设置从模式控制寄存器（TIMx_SMCR）中的位段SMS=000，选择内部时钟源模式。在大部分的定时器应用场合中，大都选择内部时钟源作为定时器的时钟源。不同的定时器使用的内部时钟源不同。根据 RCC_DKCFGR 的 TIMPRE 位的状态，定时器使用的内部时钟源频率不同，见第 8 章相关内容。例如，在 HCLK=180MHz，PCLK2=90MHz（APB2 总线时钟预分频系数=2）的情况下，定时器 TIM1 的内部时钟源=2×PCLK2=180MHz。

2．外部时钟源模式 1

设置 TIMx_SMCR 中的位段 SMS=111，选择外部时钟源模式 1。计数器可在选定的输入信号上出现上升沿或下降沿时计数。外部时钟源模式 1 结构如图 9-4 所示。

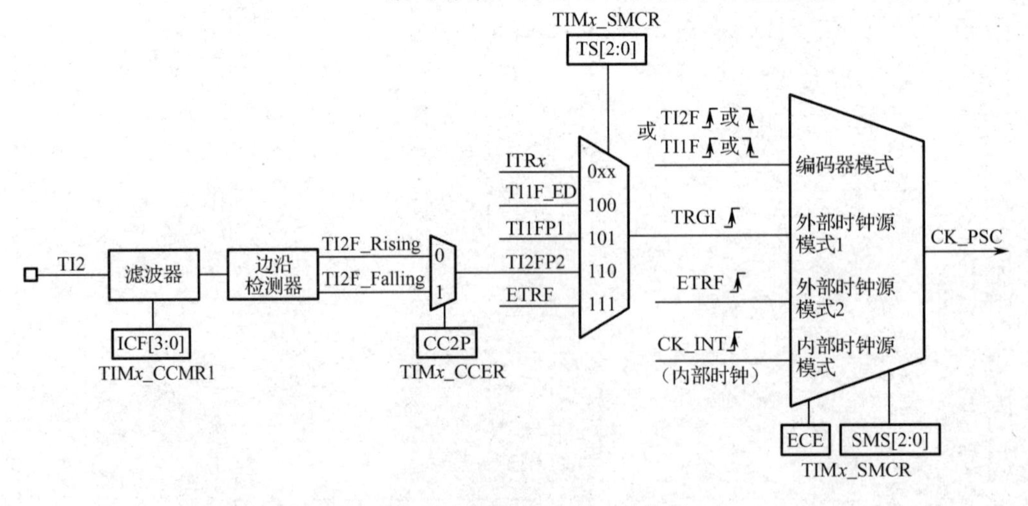

图 9-4　外部时钟源模式 1 结构图

此时，对于 TIMx_SMCR 的中位段 TS 的设置，可选择的外部时钟源如下。

TS=000：内部触发 0（ITR0）。

TS=001：内部触发 1（ITR1）。

TS=010：内部触发 2（ITR2）。

TS=011：内部触发 3（ITR3）。

TS=100：定时器外部输入捕抓通道 1 边沿检测输出（TI1F_ED）。

TS=101：定时器外部输入捕抓通道 1 滤波输出（TI1FP1）。

TS=110：定时器外部输入捕抓通道 2 滤波输出（TI2FP2）。

TS=111：外部触发输入（ETRF）。

其中，ITRx 是定时器在从模式下，其他定时器的输出触发信号，如表 9-2 所示。

表 9-2　TIM1 和 TIM8 作为从定时器时，不同配置下的内部触发源

从定时器	ITR0（TS=000）	ITR1（TS=001）	ITR2（TS=010）	ITR3（TS=011）
TIM1	TIM5	TIM2	TIM3	TIM4
TIM8	TIM1	TIM2	TIM4	TIM5

例如，在外部时钟源模式 1 下，当从定时器是 TIM1，TS = 000 时，为 TIM1 提供时钟源的是 TIM5。

图 9-4 中，以外部输入信号 TI2FP2 作为定时器的时钟源。

3．外部时钟源模式 2

在 TIMx_SMCR 的位 ECE 写 1，选择外部时钟源模式 2。此时，以 ETR 引脚的输入信号作为定时器的时钟源。外部时钟源模式 2 结构图如图 9-5 所示。

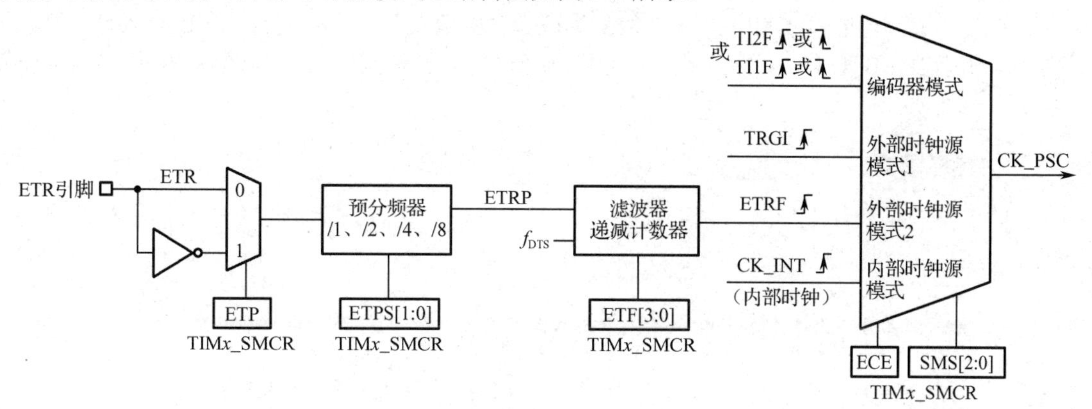

图 9-5 外部时钟源模式 2 结构图

4．编码器模式

此时，将 TI1FP1 和 TI2FP2 信号的电平状态的变化作为定时器时钟源。这一模式主要用于测量光电正交编码器输出脉冲数，以及测量电机转速和方向。

9.2 基本定时功能

定时器最基本的功能是实现特定时间的定时。

9.2.1 时基单元

定时器的主要模块是一个 16 位计数器（TIM2 和 TIM5 是 32 位计数器）及其相关的自动重载寄存器。

计数器的计数时钟（CK_CNT）由计数器时钟源（CK_PSC）经预分频器分频得到。

计数器可工作在递增计数、递减计数或交替进行递增、递减计数的模式。

计数器寄存器、自动重载寄存器和预分频器寄存器可通过软件进行读写，在计数器运行时也可执行读写操作。时基单元包括：

（1）预分频器寄存器（TIMx_PSC）；

（2）计数器寄存器（TIMx_CNT）；

（3）自动重载寄存器（TIMx_ARR）；

（4）重复计数器寄存器（TIMx_RCR），只有高级定时器（TIM1 和 TIM8）有。

图 9-2 中有阴影的寄存器都具备影子寄存器，如 TIMx_PSC、TIMx_ARR 和 TIMx_RCR 都具有影子寄存器。也就是说这些寄存器访问地址只有一个，但是物理上有两个寄存器，一个用于定时器工作（影子寄存器），一个用于程序访问。这样设置的作用主要是用于相应工作寄存器数据更新的缓冲，由控制寄存器 1（TIMx_CR1）中的自动重载预装载使能位（ARPE）决定。

ARPE=0：不缓冲。更改寄存器的值，马上修正对应影子寄存器的内容，可影响定时器相应运作。

ARPE=1：缓冲。更改寄存器的值，不会马上修正对应影子寄存器的内容，只有出现更新事件（UEV）时，才会将更新送入影子寄存器。

预分频器可对计数器时钟源进行分频，预分频系数为1～65 536。该预分频器基于TIM*x*_PSC中的16位寄存器所控制的16位计数器。

计数器由预分频器输出［CK_CNT=CK_PSC/（TIM*x*_PSC+1）]提供时钟，只有TIM*x*_CR1中的计数器启动位（CEN）置1时，才会启动计数器。

当计数器达到上溢值（TIM*x*_ARR的值）或者计数器达到下溢值（如由TIM*x*_ARR的值递减到0），并且TIM*x*_CR1中的UDIS位为0时，计数器发送更新事件。该更新事件也可由软件产生。

9.2.2 计数模式

定时器具有递增计数模式、递减计数模式、中心对齐模式。定时器各种计数模式如图9-6所示。

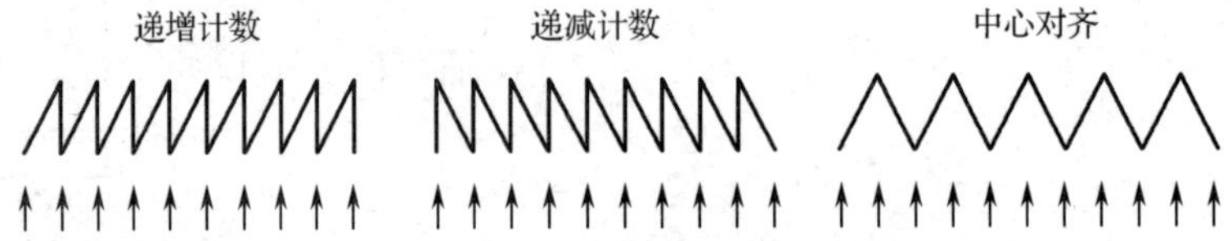

图9-6 定时器各种计数模式

1．递增计数模式

计数器从0计数到自动加载值（TIM*x*_ARR的值），然后重新从0开始计数并且产生一个计数器溢出事件。

TIM*x*_CR1的位段CMS[1:0]=00，DIR=0。

发生更新事件时，计数器更新所有寄存器且将更新标志（TIM*x*_SR中的UIF位）置1（取决于URS位）。

重复计数器将重新装载TIM*x*_RCR的内容（ARPE=0时）。对于高级定时器TIM1和TIM8来说，只有TIM*x*_RCR的值为0时，才产生溢出更新。其他定时器不考虑这一点。

自动重载影子寄存器将以预装载值（TIM*x*_ARR的值）进行更新（ARPE=0时），TIM*x*_ARR的值将传入对应的影子寄存器。

预分频器的缓冲区将重新装载预装载值（TIM*x*_PSC的值）（ARPE=0时），TIM*x*_PSC的值将传入对应的影子寄存器。

TIM*x*_ARR=0x36，预分频系数=4（TIM*x*_PSC=3）时，递增计数示意图如图9-7所示。计数器在计数时钟的驱动下，每4个CK_PSC使得TIM*x*_CNT的值加1，直到TIM*x*_CNT从0加到TIM*x*_ARR=0x36时，下一个计数时钟出现上溢，产生更新事件，并置位更新中断标志，如果允许中断，则定时器会向CPU产生中断请求信号。这时，TIM*x*_CNT的计数初始值被重新设置为0。

下面通过两个例子来看一下，影子寄存器更新内容不缓冲和缓冲之间的区别。

初始时，TIM*x*_ARR=0xFF，预分频系数=1（TIM*x*_PSC=0），ARPE=0。在计数到0x32时，更新TIM*x*_ARR=0x36，这时由于ARPE=0，TIM*x*_ARR的影子寄存器会被马上更新，在计数到0x36时，产生上溢，如图9-8所示。

初始时，TIM*x*_ARR=0xF5，预分频系数=1（TIM*x*_PSC=0），ARPE=1，如图9-9所示。在计数到0xF1时，更新TIM*x*_ARR=0x36，这时由于ARPE=1，TIM*x*_ARR的影子寄存器不会被马上更新，而是在产生更新时间后（在计数到0xF5时）才更新。TIM*x*_ARR的影子寄存器=0x36。

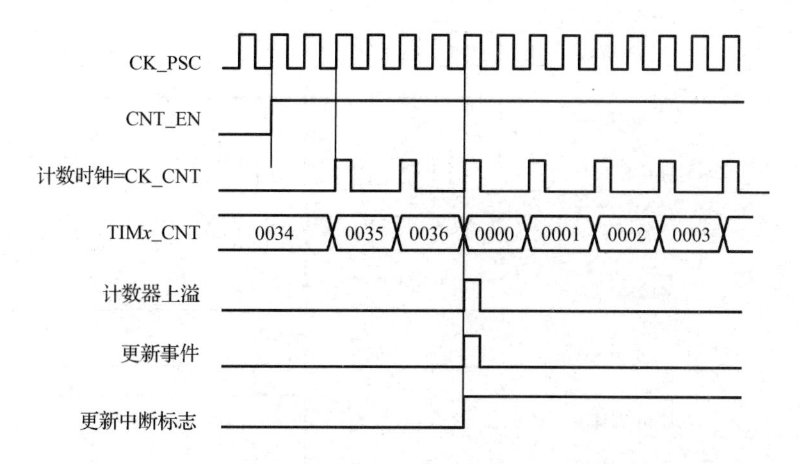

图 9-7　TIMx_ARR=0x36，预分频系数=4 时，递增计数示意图

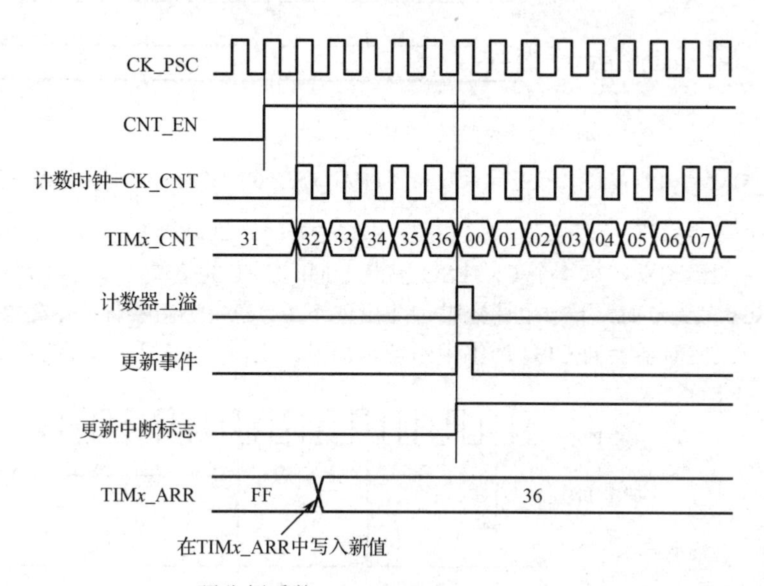

图 9-8　TIMx_ARR=0xFF，预分频系数=1（TIMx_PSC=0），ARPE=0 时，递增计数示意图

2．递减计数模式

计数器从自动装入的值（TIMx_ARR 的值）开始递减计数到 0，然后从自动装入的值重新开始，并产生一个计数器向下溢出事件。

TIMx_CR1 的位段 CMS[1:0]=00，DIR=1。

发生更新事件时，计数器更新 TIMx_RCR、TIMx_ARR 和 TIMx_PSC 的值且将更新标志（TIMx_SR 的 UIF 位）置 1（取决于 URS 位）。

重复计数器将重新装载 TIMx_RCR 的值（ARPE=0 时）。对于高级定时器 TIM1 和 TIM8 来说，只有 TIMx_RCR 的值为 0 时，才产生溢出更新。其他定时器不考虑这一点。

自动重载影子寄存器将以预装载值（TIMx_ARR 的值）进行更新（ARPE=0 时），TIMx_ARR 的值将传入对应的影子寄存器。

预分频器的缓冲区将重新装载预装载值（TIMx_PSC 的值）（ARPE=0 时），TIMx_PSC 的值将传入对应的影子寄存器。

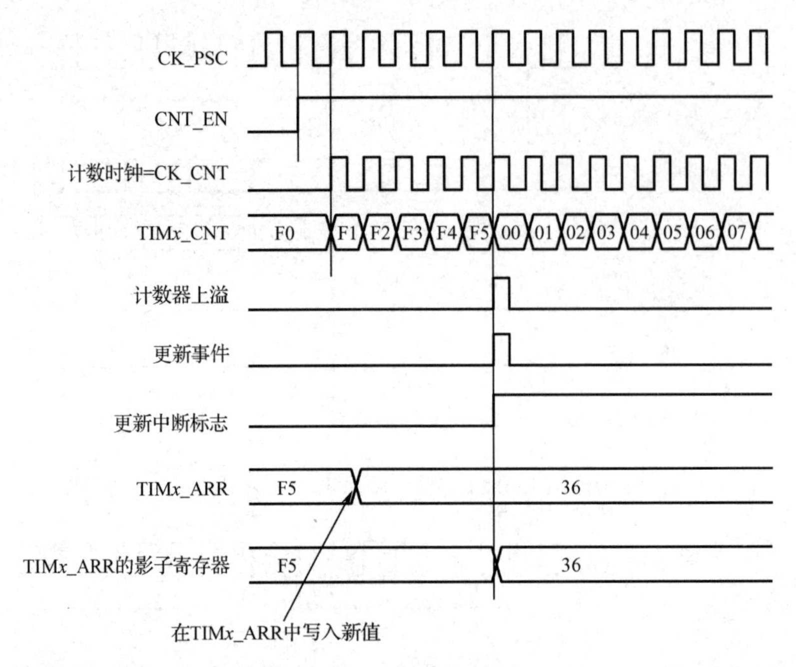

图 9-9　TIM*x*_ARR=0xF5，预分频系数=1（TIM*x*_PSC=0），ARPE=1 时，递增计数示意图

TIM*x*_ARR=0x36，预分频系数=4（TIM*x*_PSC=3）时，递减计数示意图如图 9-10 所示。计数器在计数时钟的驱动下，每 4 个 CK_PSC 使得 TIM*x*_CNT 的值减 1，直到 TIM*x*_CNT 的值从 TIM*x*_ARR=0x36 减到 0 时，下一个计数时钟才出现下溢，产生更新事件，并置位更新中断标志，如果允许中断，则定时器会向 CPU 产生中断请求信号。这时，TIM*x*_CNT 的计数初始值被重新设置为 TIM*x*_ARR=0x36。

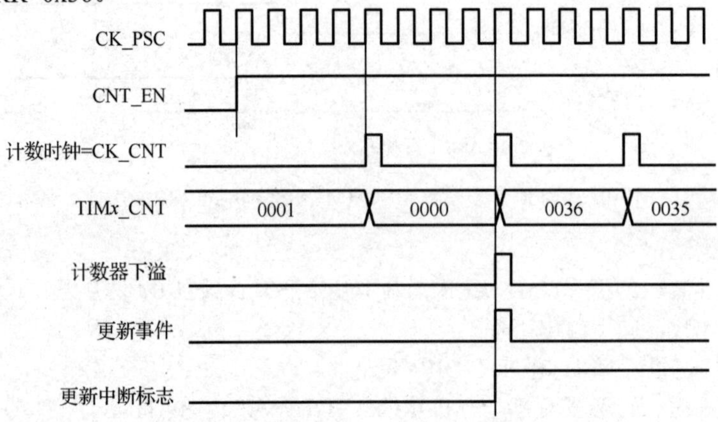

图 9-10　TIM*x*_ARR=0x36，预分频系数=4（TIM*x*_PSC=3）时，递减计数示意图

3．中心对齐模式

计数器从 0 开始计数到自动装入的值-1，产生一个计数器溢出事件，然后递减计数到 1 并且产生一个计数器溢出事件，再从 0 开始重新计数。

TIM*x*_CR1 的位段 CMS[1:0]≠00。

只要计数器处于使能状态（CEN=1），就不能从边沿对齐模式切换为中心对齐模式。

计数器在每次发生上溢和下溢时都会生成更新事件，更新所有寄存器且将更新标志（TIM*x*_SR 的 UIF 位）置 1（取决于 URS 位）。

重复计数器将重新装载 TIMx_RCR 的值（ARPE=0 时）。对于高级定时器 TIM1 和 TIM8 来说，只有 TIMx_RCR 的值为 0 时，才产生溢出更新。其他定时器不考虑这一点。

自动重载影子寄存器将以预装载值（TIMx_ARR 的值）进行更新（ARPE=0 时），TIMx_ARR 的值将传入对应的影子寄存器。

预分频器的缓冲区将重新装载预装载值（TIMx_PSC 的值）（ARPE=0 时），TIMx_PSC 的值将传入对应的影子寄存器。

TIMx_ARR=0x06，预分频系数=1（TIMx_PSC=0）时，中心对齐计数示意图如图 9-11 所示。

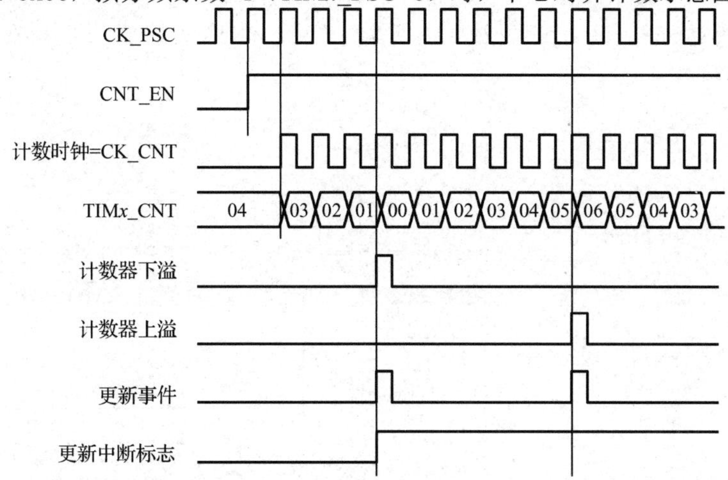

图 9-11　TIMx_ARR=0x06，预分频系数=1（TIMx_PSC=0）时，中心对齐计数示意图

在递增计数时，TIMx_CNT 从 0 加到 TIMx_ARR−1=0x05 时，下一个计数时钟出现上溢，产生更新事件，并置位更新中断标志，如果允许中断，则定时器会向 CPU 产生中断请求信号。这时，TIMx_CNT 继续加 1 变为 TIMx_ARR=0x06。然后 TIMx_CNT 开始递减，当减到 1 时，下一个计数时钟出现下溢，产生更新事件，并置位更新中断标志，如果允许中断，则定时器会向 CPU 产生中断请求信号。这时，TIMx_CNT 的计数初始值变为 0，再次开始递增计数，然后依次往返交替计数。

9.3　捕抓/比较功能

STM32F429 微控制器的高级定时器和通用定时器有输入捕抓通道和比较输出通道。

配合定时器计数功能，使用输入捕抓通道，可以实现外部脉冲边沿检测，从而实现外部输入信号的频率测量、PWM 信号周期、占空比测量，以及霍尔传感器输出信号测量等，使用输入捕抓通道 1 和输入捕抓通道 2 的输入信号作为计数器的计数脉冲，可以进行光电正交编码器输出信号测量，从而实现电机转速的测量。

配合定时器计数功能，使用比较输出通道，可以实现 PWM 信号输出、6 步 PWM 信号生成，用于电机控制。

不同的定时器输入捕抓通道和比较输出通道的数量及功能不一样，具体内容如表 9-1 所示。

9.3.1　输入捕抓/比较输出通道

每个输入捕抓/比较输出通道均围绕一个捕抓/比较寄存器（包括一个影子寄存器）、一个捕抓输入阶段（数字滤波、多路复用和预分频器）和一个输出阶段（比较器和输出控制）构建而成。

1. 输入捕抓通道

输入捕抓通道由滤波器（去除输入信号电平切换产生的抖动，防止误判）、边沿检测器、边沿检测方式选择开关（2 选 1）、输入捕抓信号选择多路开关（3 选 1）及预分频器组成。输入阶段对相应的 TI*x* 输入进行采样，生成一个滤波后的信号 TI*x*F。然后，带有极性选择功能的边沿检测器生成一个信号 TI*x*FP*x*，经边沿检测方式选择开关可以选择上升捕抓或下降捕抓，该信号可用作从模式控制器的触发输入，也可用作捕抓信号。三个捕抓信号（以输入捕抓通道）为例，分别是 TI1FP1、TI2FP2 和来自控制器的 TRC，经输入捕抓信号选择多路开关输出 IC1，IC1 先进行预分频得到 IC*x*PS，IC*x*PS 触发定时器将 TIM*x*_CNT 中的值锁存到捕抓/比较寄存器（TIM*x*_CCR*x*）。输入捕抓通道 1 结构示意图如图 9-12 所示。

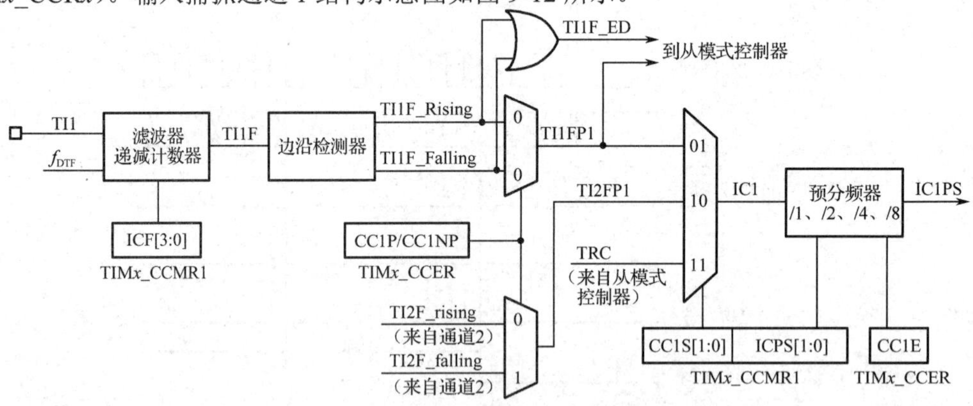

图 9-12 输入捕抓通道 1 结构示意图

捕抓/比较模块由一个预装载寄存器（TIM*x*_CCR*x*）和一个影子寄存器（TIM*x*_CCR*x* 影子寄存器）组成。程序始终可通过读写操作访问预装载寄存器。在捕抓模式下，捕抓实际发生在影子寄存器中，然后将影子寄存器的内容复制到预装载寄存器。

此时，TIM*x*_CCR*x* 只读。

2. 比较输出通道

比较输出通道由输出模式控制器、死区发生器（防止电动机驱动上下桥臂控制的开关状态切换时出现同时导通）和输出使能控制电路组成。

在比较模式下，预装载寄存器（TIM*x*_CCR*x*）的内容将被复制到影子寄存器（TIM*x*_CCR*x* 影子寄存器），然后将影子寄存器的内容与计数器进行比较。根据不同的比较阶段，在比较输出通道引脚上产生持续时间和电平可控的信号。比较输出通道结构示意图如图 9-13 所示。

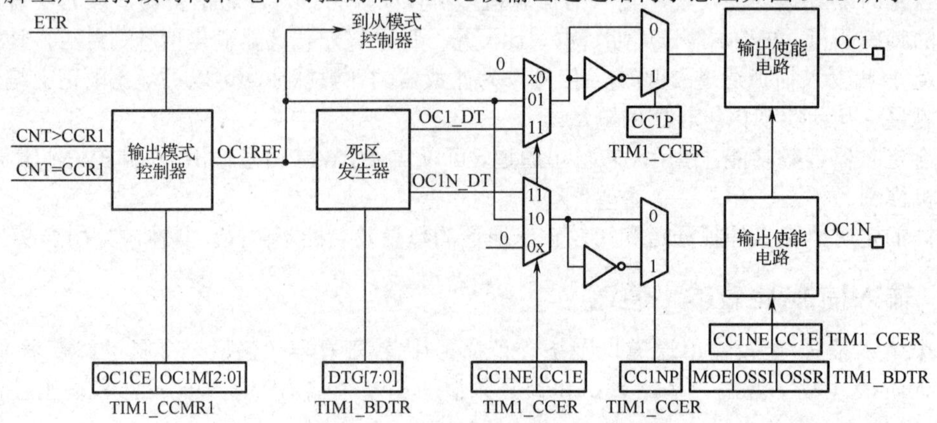

图 9-13 比较输出通道结构示意图

输入捕抓功能和比较输出功能不能同时使用。

9.3.2 输入捕抓模式

在输入捕抓模式下，在相应的 ICx 信号检测到跳变沿后，可使用 TIMx_CCRx 来锁存计数器的值。当发生捕抓事件时，可将相应的 CCxIF 标志（TIMx_SR）置 1，并发送中断或 DMA 请求（如果已使能）。如果在发生捕抓事件时 CCxIF 标志已处于高位，则可将重复捕抓标志 CCxOF（TIMx_SR）置 1。可通过软件向 CCxIF 写入 0 来给 CCxIF 清零，也可读取存储在 TIMx_CCRx 中的已捕抓数据。向 CCxOF 写入 0 后会将其清零。

例：在使用输入捕抓通道 1，当检测到 TI1 引脚上输入的信号出现上升沿时，将计数器的值捕抓到 TIMx_CCR1。具体操作步骤如下。

1. 选择输入捕抓模式，IC1 映射到 TI1 上

TIMx_CCR1 必须连接到 TI1 输入，因此应向 TIMx_CCMR1 中的 CC1S 位写入 01。只要 CC1S 不等于 00（比较输出模式），就会将通道配置为输入捕抓模式，且 TIMx_CCR1 将处于只读状态。

2. 设定输入信号边沿检测的滤波功能（防抖动）

根据连接到定时器的信号，对所需的输入滤波时间进行编程（如果输入为 TIx 输入，则对 TIMx_CCMRx 中的 ICxF 位进行编程）。假设在信号边沿变化时，输入信号最多在 5 个内部时钟周期内发生抖动。因此，我们必须将滤波时间设置为大于 5 个内部时钟周期。在检测到 8 个具有新电平的连续采样（以 f_{DTS} 频率采样）后，可以确认 TI1 上的跳变沿。然后向 TIMx_CCMR1 中的 IC1F 位写入 0011。

3. 选择边沿触发方式

向 TIMx_CCER 中的 CC1P 位和 CC1NP 位写入 0（上升沿触发，也可选择下降沿触发），选择 TI1 上的有效转换边沿。

4. 对输入预分频器进行编程

在本例中，我们希望在每次有效转换时都执行捕抓操作，因此需要禁止预分频器（向 TIMx_CCMR1 中的 IC1PS 位写入 00，不分频）。

5. 使能输入捕抓功能

将 TIMx_CCER 中的 CC1E 位置 1，允许将计数器的值捕抓到捕抓寄存器。

6. 设置捕抓中断和 DMA 请求

如果需要，可通过将 TIMx_DIER 中的 CC1IE 位置 1 来使能相关中断请求，并且通过将该寄存器中的 CC1DE 位置 1 来使能 DMA 请求。

当捕抓到输入信号发生有效跳变沿时：

（1）TIMx_CCR1 会获取计数器的值；

（2）将 CC1IF 标志置 1（中断标志）。如果至少发生了两次连续捕抓，但 CC1IF 标志未被清零，这样 CC1OF 捕抓溢出标志会被置 1；

（3）根据 CC1IE 位生成中断；

（4）根据 CC1DE 位生成 DMA 请求。

要处理重复捕抓，建议在读出捕抓溢出标志之前读取数据，这样可避免丢失在读取捕抓溢出标志之后与读取数据之前可能出现的重复捕抓信息。

当连续两次捕抓到同一输出信号的连续两个边沿跳变时，两次得到的计数器寄存器值分别为 $C1$ 和 $C2$（假设定时器在计数期间没有溢出事件），那么这一输入信号的周期=（($C2-C1$）/CK_CNT）/输入捕抓通道预分频系数。

例，$C1$=2000，$C2$=4000，CK_CNT=1MHz，输入捕抓通道预分频系数=1，那么，输入的信

号周期=（4000−2000）/10^6/1=2ms。

使用输入捕抓功能，可以测量输入 PWM 信号的周期和占空比。其实现步骤与输入捕抓模式基本相同，仅存在以下几个不同之处。

（1）两个 IC*x* 信号被映射至同一个 TI*x* 输入。

（2）这两个 IC*x* 信号在边沿处有效，但极性相反。

（3）使用同一个输入信号的上升沿和下降沿，分别作为两个捕抓模块的锁定触发信号。

（4）选择两个 TI*x*FP 信号的其中一个作为触发输入，并将从模式控制器配置为复位模式。

选择两个通道的其中一个滤波输出信号作为计数器复位触发源，两个 TIM*x*_CCR*x* 内锁定的值都是从 0 开始计数的，分别对应于信号的周期计数值和占空比计数值。

例如，可通过以下步骤对输入到 TI1 的 PWM 波的周期（位于 TIM*x*_CCR1 中）和占空比（位于 TIM*x*_CCR2 中）进行测量（取决于 CK_INT 频率和预分频器的值）。

（1）选择 TIM*x*_CCR1 的有效输入：向 TIM*x*_CCMR1 中的 CC1S 位写入 01（选择 TI1）。

（2）选择 TI1FP1 的有效极性（用于在 TIM*x*_CCR1 中捕抓和计数器清零）：向 CC1P 位和 CC1NP 位写入 0（上升沿有效）。

（3）选择 TIM*x*_CCR2 的有效输入：向 TIM*x*_CCMR1 中的 CC2S 位写入 10（选择 TI1）。

（4）选择 TI1FP2 的有效极性（用于在 TIM*x*_CCR2 中捕抓）：向 CC2P 位和 CC2NP 位写入 1（下降沿有效）。

（5）选择有效触发输入：向 TIM*x*_SMCR 中的 TS 位写入 101（选择 TI1FP1）。

（6）将从模式控制器配置为复位模式：向 TIM*x*_SMCR 中的 SMS 位写入 100。

（7）使能捕抓：向 TIM*x*_CCER 中的 CC1E 位和 CC2E 位写入 1。

PWM 波的周期测量示意图如图 9-14 所示。

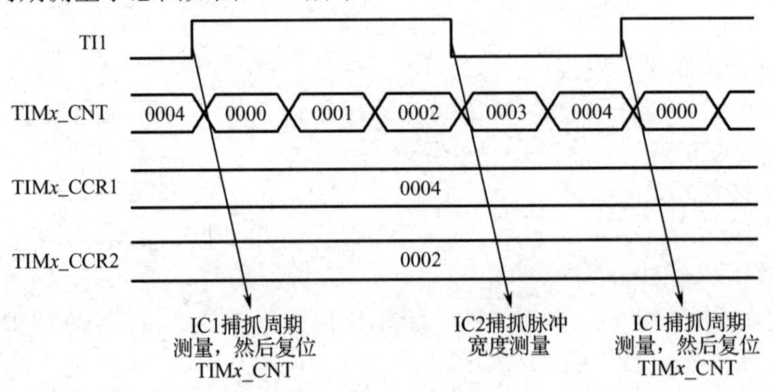

图 9-14　PWM 波的周期测量示意图

根据以上的设置，在波形的上升沿将 TIM*x*_CNT 的值锁定到 TIM*x*_CCR1，并复位 TIM*x*_CNT 的值为 0。在波形的下降沿将计数器的值锁定到 TIM*x*_CCR2。其中，TIM*x*_CCR2 的值是输入信号高电平持续的时间，TIM*x*_CCR1 的值是输入信号的周期。根据计数器的计数频率，可以得到输入信号的周期和占空比。

9.3.3　输出模式

1. 比较输出模式

比较输出功能用于控制输出波形，或指示已经过某一时间段。

当 TIM*x*_CCR*x* 与计数器相匹配时，产生比较输出功能。

（1）为相应的输出引脚分配一个可编程值，该值由比较输出模式（TIM*x*_CCMR*x* 中的 OC*x*M

位）和输出极性（TIMx_CCER 中的 CCxP 位）定义。匹配时，根据 TIMx_CCMRx 中的 OCxM 位的设置情况，有以下 8 种模式。

OCxM=000：冻结模式，比较匹配时，不会产生任何操作。

OCxM=001：比较匹配时，将比较输出通道引脚设置为高电平。在没有新的设置情况下，保持高电平不变。

OCxM=010：比较匹配时，将比较输出通道引脚设置为低电平。在没有新的设置情况下，保持低电平不变。

OCxM=011：每次比较匹配时，将比较输出通道引脚电平反转。

OCxM=100：强制变为低电平，无须匹配。

OCxM=101：强制变为高电平，无须匹配。

OCxM=110：PWM 模式 1，在递增计数模式下，只要 TIMx_CNT<TIMx_CCR1，比较输出通道 1 便为有效状态，否则为无效状态。在递减计数模式下，只要 TIMx_CNT>TIMx_CCR1，比较输出通道 1 便为无效状态（OC1REF=0），否则为有效状态（OC1REF=1）。

OCxM=111：PWM 模式 2，在递增计数模式下，只要 TIMx_CNT<TIMx_CCR1，比较输出通道 1 便为无效状态，否则为有效状态。在递减计数模式下，只要 TIMx_CNT>TIMx_CCR1，比较输出通道 1 便为有效状态，否则为无效状态。

（2）将中断状态寄存器中的标志置 1（TIMx_SR 中的 CCxIF 位）。

（3）如果相应中断使能位（TIMx_DIER 中的 CCxIE 位）置 1，那么定时器将生成中断。

（4）如果相应 DMA 使能位（TIMx_DIER 的 CCxDE 位、TIMx_CR2 的 CCDS 位用来选择 DMA 请求）置 1，那么定时器将发送 DMA 请求。

使用 TIMx_CCMRx 中的 OCxPE 位，可将 TIMx_CCRx 配置为带或不带预装载寄存器（没有缓冲，更新 TIMx_CCRx 会马上更新相应的影子寄存器）。

比较输出模式配置的步骤如下。

① 选择计数时钟：配置时钟源和预分频器。

② 周期和比较值设置：在 TIMx_ARR 和 TIMx_CCRx 中写入所需数据。

③ 中断设置：如果要生成中断请求，则需将 CCxIE 位置 1。

④ 选择输出模式，并使能比较输出通道。例如：

当 CNT 与 CCRx 匹配时，写入 OCxM=011 以翻转 OCx 输出引脚；

写入 OCxPE=0 以禁止预装载寄存器；

写入 CCxP=0 以选择高电平有效极性；

写入 CCxE=1 以使能比较输出通道。

（5）使能计数器：通过将 TIMx_CR1 中的 CEN 位置 1 来使能计数器。

（6）更改输出波形：可通过软件随时更新 TIMx_CCRx 以控制输出波形，前提是未使能预加载寄存器（OCxPE=0，否则仅当发生下一个更新事件时，才会更新 TIMx_CCRx 的影子寄存器）。

2．PWM 输出模式

PWM（Pulse Width Modulation，脉冲宽度调制），简称脉宽调制。PWM 信号：周期内高电平占空比可调的信号。占空比：一个周期内高电平持续时间与一个周期时间的比值。PWM 波主要用于电机控制。

图 9-15 中，一个是 50%占空比的波形，一个是 25%的占空比。

PWM 输出模式有 PWM 模式 1 和 PWM 模式 2 两种模式。

PWM 模式 1：将 TIMx_CCMRx 中的 OCxM 位段设置为 110。在递增计数模式下，只要

TIMx_CNT<TIMx_CCR1，比较输出通道 1 便为有效状态，否则为无效状态；在递减计数模式下，只要 TIMx_CNT>TIMx_CCR1，比较输出通道 1 便为无效状态（OC1REF=0），否则为有效状态（OC1REF=1）。

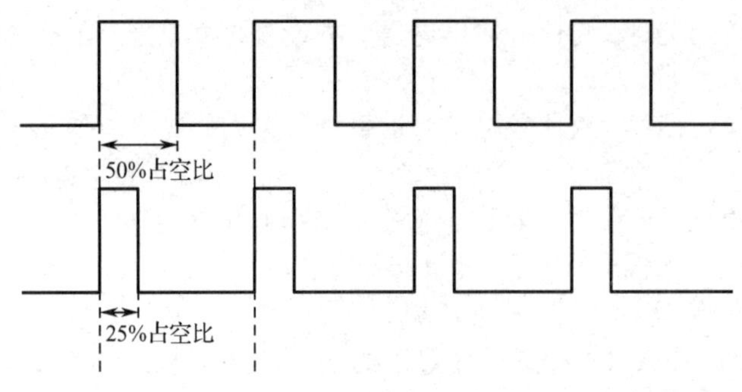

图 9-15　PWM 波示意图

PWM 模式 2：将 TIMx_CCMRx 中的 OCxM 位段设置为 111。在递增计数模式下，只要 TIMx_CNT<TIMx_CCR1，比较输出通道 1 便为无效状态，否则为有效状态；在递减计数模式下，只要 TIMx_CNT>TIMx_CCR1，比较输出通道 1 便为有效状态，否则为无效状态。

由 STM32F 系列微控制器对两种模式的定义可知，TIMx_ARR 值决定了 PWM 波的周期，TIMx_CCRx 的值了决定了占空比。

PWM 输出的有效电平由 TIMx_CCER 的 CCxP 位来编程，既可以设为高电平有效（将 CCxP 位设置为 0），也可以设为低电平有效（将 CCxP 位设置为 1）。

根据计数器的递增计数模式、递减计数模式和中心对齐计数模式，可将 PWM 输出模式分为边沿对齐模式和中心对齐模式。

（1）边沿对齐模式。

将 TIMx_CR1 中的 CMS 位设置为 00，选择边沿对齐模式，DIR 位可以是 0 或 1。

递增计数配置：以 PWM 模式 1 为例，只要 TIMx_CNT<TIMx_CCRx，PWM 参考信号 OCxREF 就为高电平，否则为低电平。如果 TIMx_CCRx 中的比较值大于 TIMx_ARR 中的自动重载值，则 OCxREF 保持为 1；如果比较值为 0，则 OCxREF 保持为 0。设置 TIMx_ARR=8，在不同的 TIMx_CCRx 比较值之下，边沿对齐模式输出 PWM 波形示意图如图 9-16 所示。

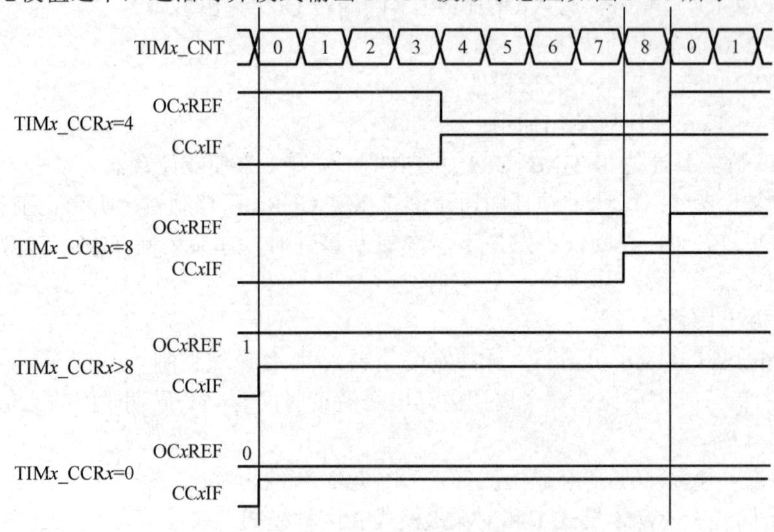

图 9-16　边沿对齐模式输出 PWM 波形示意图

图 9-16 中，以 TIM*x*_CCR*x*=4 为例，在 PWM 模式 1 下，当 TIM*x*_CNT<4 时，OCxREF 为高电平，持续时间为 4 个计数周期；当 4≤TIM*x*_CNT≤8 时，OC*x*REF 为低电平，持续时间为 5 个计数周期；当计数溢出时，TIM*x*_CNT=0，小于 4，OC*x*REF 又变为高电平。此后，根据匹配条件，OC*x*REF 电平交替更改。

递减计数配置：在 PWM 模式 1 下，只要 TIM*x*_CNT>TIM*x*_CCR*x*，OC*x*REF 就为低电平，否则其为高电平。

如果 TIM*x*_CCR*x* 中的比较值大于 TIM*x*_ARR 中的自动重载值，则 OC*x*REF 保持为 1。此模式下不可能产生 PWM 波形。

（2）中心对齐模式。

当 TIM*x*_CR1 中的 CMS 位不为 00 时，中心对齐模式生效，共有以下 3 种模式。

当 CMS=01 时：中心对齐模式 1。计数器交替进行递增计数和递减计数。只有当计数器递减计数时，配置为输出的通道（TIM*x*_CCMR*x* 中的 C*x*S=00）的输出比较中断标志才置 1。

当 CMS=10 时：中心对齐模式 2。计数器交替进行递增计数和递减计数。只有当计数器递增计数时，配置为输出的通道（TIM*x*_CCMR*x* 中的 C*x*S=00）的输出比较中断标志才置 1。

当 CMS=11 时：中心对齐模式 3。计数器交替进行递增计数和递减计数。当计数器递增计数或递减计数时，配置为输出的通道（TIM*x*_CCMR*x* 中的 C*x*S=00）的输出比较中断标志都会置 1。

当设置 TIM*x*_ARR=8，TIM*x*_CCR*x*=4 时，不同的 CMS 设置值，输出 PWM 波形和比较中断标志情况，如图 9-17 所示。

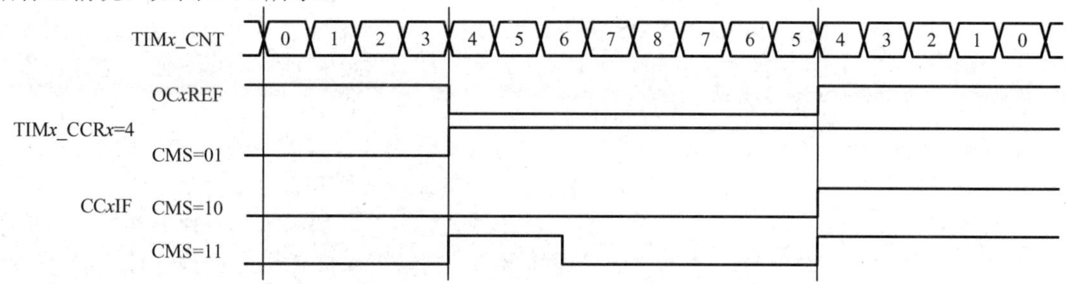

图 9-17　中心对齐模式输出 PWM 波形示意图

PWM 模式 1 下，当递增计数，TIM*x*_CNT<4 时或当递减计数，TIM*x*_CNT≤4 时，OC*x*REF 都为高电平，持续时间为 8 个计数周期；当递增计数，TIM*x*_CNT≥4 时或当递减计数，TIM*x*_CNT >4 时，OC*x*REF 都为低电平，持续时间为 8 个计数周期。

当 CMS 设置为不同值时，比较中断标志值 1 的时间点也不同。

9.3.4　编码器接口模式

编码器接口主要用于连接正交编码器及测量电机的转速和转向。

光电编码器内部的 LED 发射的光，通过光栅到达光敏管，引起 A 相和 B 相电平变化。如果正转，则 A 相输出超前 B 相 90°；如果反转，则 A 相滞后 B 相 90°。每转一周， Z 相经过 LED 一次，输出一个脉冲，可作为编码器的机械零位。

编码器内光栅的数量决定了编码器的分辨率（线数），即每转一圈输出的 A 相和 B 相的脉冲数。例如，编码器的分辨率=2000P/R，表示每转一圈输出 2000 个脉冲。

常用光电编码器如图 9-18 所示。

STM32F429 微控制器的高级定时器 TIM1 和 TIM8、通用定时器 TIM2～TIM5 均集成了编码器接口功能。

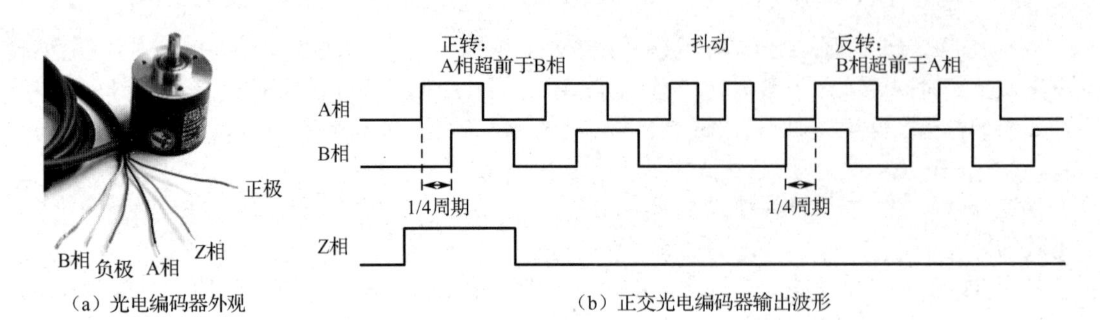

（a）光电编码器外观　　（b）正交光电编码器输出波形

图 9-18　常用光电编码器

定时器的输入捕抓通道 1（TI1）和输入捕抓通道 2（TI2）分别连接到光电编码器的 A 相和 B 相输出线，通过定时器编码器接口功能可以实现电机转速和方向的测量。

定时器在编码器接口模式下，把输入捕抓通道 TI1 和 TI2 的输入信号作为有方向选择的计数器时钟源（每个输入信号周期，计数器计数 4 次），通过计算特定时间（需要使用另外的定时器定时）内定时器计数次数（计数值是编码器输出脉冲周期数的 4 倍），并结合编码器的线数，可以得到转速。并且，根据 TIM*x*_CR1 的 DIR 位，可以确定转向。

编码器接口模式有如下 3 种模式：

编码器模式 1：TIM*x*_SMCR 的 SMS 位段设置为 001，计数器仅在 TI2 边沿处计数

编码器模式 2：TIM*x*_SMCR 的 SMS 位段设置为 010，计数器仅在 TI1 边沿处计数。

编码器模式 3：TIM*x*_SMCR 的 SMS 位段设置为 011，计数器在 TI1 和 TI2 边沿处均计数。

通过编程 TIM*x*_CCER 的 CC1P 和 CC2P 位，选择 TI1 和 TI2 极性。如果需要，还可对输入滤波器进行编程。CC1NP 和 CC2NP 必须保持低电平。

如果使能计数器（在 TIM*x*_CR1 的 CEN 位中写入 1），则计数器的时钟由 TI1FP1 或 TI2FP2 上的每次有效信号转换提供。TI1FP1 和 TI2FP2 是进行输入滤波器和极性选择后 TI1 和 TI2 的信号，如果不进行滤波和反相，则 TI1FP1=TI1，TI2FP2=TI2。定时器根据两个输入的信号转换序列，产生计数脉冲和方向信号。根据该信号转换序列，计数器相应递增或递减计数。同时，硬件对 TIM*x*_CR1 的 DIR 位进行相应修改。任何输入（TI1 或 TI2）发生信号转换时，都会计算 DIR 位，无论计数器是仅在 TI1 或 TI2 边沿处计数，还是同时在 TI1 和 TI2 处计数。

在编码器模式下，计数器会根据增量编码器的速度和方向自动进行修改，因此计数器内容始终表示编码器的位置。计数方向对应于定时器所连传感器的轴旋转方向。

不同编码器模式下的计数方式如表 9-3 所示。

表 9-3　不同编码器模式下的计数方式

有效边沿	相反信号的电平（TI1FP1 对应 TI2，TI2FP2 对应 TI1）	TI1FP1 信号		TI2FP2 信号	
		上升	下降	上升	下降
仅在 TI1 处计数	高	递减	递增	不计数	不计数
	低	递增	递减	不计数	不计数
仅在 TI2 处计数	高	不计数	不计数	递增	递减
	低	不计数	不计数	递减	递增
在 TI1 和 TI2 处均计数	高	递减	递增	递增	递减
	低	递增	递减	递减	递增

外部增量编码器可直接与 MCU 相连，无须外部接口逻辑。如果编码器输出是差分信号，需

要使用比较器将编码器的差分输出转换为数字信号，这样大幅提高了抗噪声性能。

编码器 Z 相与外部中断输入相连，其输出信号用以触发计数器复位。

图 9-19 中，以计数器工作为例，说明了计数信号的生成和方向控制，也说明了选择双边沿时，如何对输入抖动进行补偿。当传感器进行正反转切换时，可能出现抖动现象。

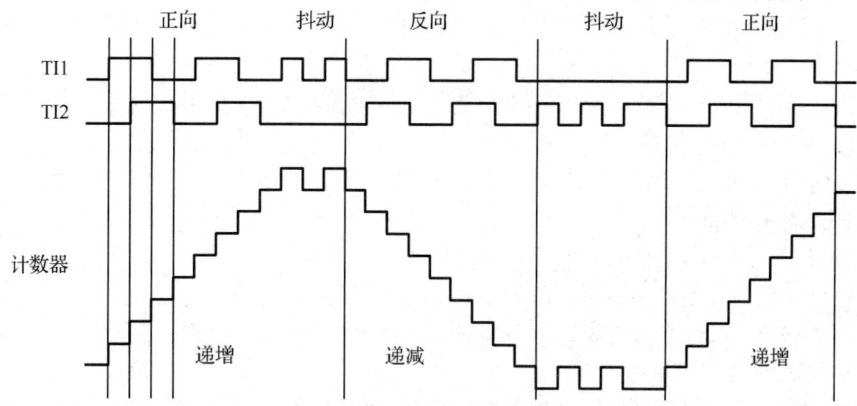

图 9-19 编码器接口模式，在 TI1 和 TI2 处均计数的示意图

设置定时器为编码器模式 3，相应的工作图如图 9-19 所示。需要配置的内容如下。

（1）TI1FP1 映射到 TI1 上：TIM*x*_CCMR1 的位段 CC1S=01。

（2）TI1FP2 映射到 TI2 上：TIM*x*_CCMR1 的位段 CC2S=01。

（3）设定 TI1 输入信号极性和滤波功能：设定 TIM*x*_CCER 的位 CC1P=0，CC1NP=0，TI1FP1 未反相。设定 TIMx_CCMR1 位段 IC1F =0000，无滤波功能，TI1FP1=TI1。

（4）设定 TI2 输入信号极性和滤波功能：设定 TIM*x*_CCER 的位 CC2P=0，CC2NP=0，TI1FP2 未反相。设定 TIM*x*_CCMR1 位段 IC2F =0000，无滤波功能，TI1FP2=TI2。

（5）选择编码器模式：选择编码器模式 3，设置 TIM*x*_SMCR 的位 SMS=011，两个输入在上升沿和下降沿均有效。

（6）使能定时器计数：设定 TIM*x*_CR1 的位 CEN=1，使能计数器。

由图 9-19 可知：

（1）正转时，计数器递增计数。

TI1 高电平时，TI2 上升沿处，计数器递增计数。

TI1 低电平时，TI1 下降沿处，计数器递增计数。

TI2 高电平时，TI2 下降沿处，计数器递增计数。

TI2 低电平时，TI1 上升沿处，计数器递增计数。

（2）反转时，计数器递减计数。

TI1 高电平时，TI2 下降沿处，计数器递减计数。

TI1 低电平时，TI1 上升沿处，计数器递减计数。

TI2 高电平时，TI2 上升沿处，计数器递减计数。

TI2 低电平时，TI1 下降沿处，计数器递减计数。

定时器配置为编码器接口模式时，会提供传感器当前位置的相关信息。使用另一个配置为捕抓模式的定时器测量两个编码器事件之间的周期，可获得动态信息（速度、加速度和减速度）。编码器的机械零位指示信号可以作为计数捕抓信号。根据两个事件之间的时间间隔，还可定期读取计数器。也可以使用另一个定时器产生周期信号触发输入捕抓通道的输入捕抓功能，将计数器值锁存到对应的输入捕抓寄存器。还可以通过实时时钟生成的 DMA 请求读取计数器值。

9.4 定时器典型应用步骤及常用库函数

9.4.1 基本定时功能应用步骤

基本定时功能是定时器最常用的功能，在选择的计数时钟下定义计数次数，完成特定时间的定时。

在定时时间到后，可以产生溢出事件，置更新中断标志位。如果允许更新事件中断的话，则会触发相应的中断服务程序。

配置定时器基本定时功能的步骤如下。

1．使能定时器时钟

定时器挂载在 APB1 和 APB2 总线上，使用到以下函数：

```
RCC_APB1PeriphClockCmd();
RCC_APB2PeriphClockCmd();
```

2．初始化定时器定时参数

基本定时参数包括计数时钟预分频系数（TIM*x*_PSC+1）、计数次数（TIM*x*_PSC+1）和计数方式。如果是 TIM1 和 TIM8 的话，还要定义重复计数次数（TIM*x*_RCR+1）。

使用到以下函数：

```
TIM_TimeBaseInit();
```

3．开启定时器中断

定时器的多个事件会共用一个中断通道，因此在使用中断时，定时器中断事件和中断通道都需要定义和使能。

（1）开启定时器中断需要使能定时器事件中断，使用到以下函数：

```
void TIM_ITConfig(TIM_TypeDef* TIMx, uint16_t TIM_IT, FunctionalState    NewState);
```

这里使能的是定时器更新事件中断。

（2）配置定时器中断通道的优先级和使能状态，使用到以下函数：

```
NVIC_Init();
```

4．使能定时器

开始定时器的计数，使用到以下函数：

```
TIM_Cmd();
```

5．编写中断服务函数

如果使能了中断，则需要编写中断服务程序，相应服务程序的函数名已经在启动文件中定义好。例如，TIM2 的中断服务程序：

```
void    TIM2_IRQHandler(void);
```

在中断服务程序中，需要做以下几件事。

（1）需要检测触发中断的事件源是否是程序预定义好的事件，使用到以下函数：

```
ITStatus    TIM_GetITStatus(TIM_TypeDef* TIMx, uint16_t TIM_IT);
```

（2）如果中断事件源检测条件成立，则需要程序清除对应事件的中断标志位，使用到以下函数：

```
void    TIM_ClearITPendingBit(TIM_TypeDef* TIMx, uint16_t TIM_IT);
```

（3）编写中断服务程序需要执行的功能。

9.4.2 输入捕抓模式应用步骤

使用具备输入测量通道的定时器可以测量外部输入信号的周期，其配置步骤如下。

1．使能定时器时钟和 GPIO 时钟

定时器挂载在 APB1 和 APB2 总线上。例如：

```
RCC_APB1PeriphClockCmd(RCC_APB1Periph_TIM2, ENABLE);
```

因为使用到了输入捕抓通道的引脚，因此使能对应 GPIO 的时钟。例如，TIM2 的输入捕抓通道 2 使用引脚 PB3。

```
RCC_AHB1PeriphClockCmd(RCC_AHB1Periph_GPIOB, ENABLE);
```

2．初始化定时器输入捕抓通道引脚

需要将使用到的 GPIO 引脚复用到定时器，并将引脚配置为输入模式。例如：

```
/*复用 PB3 到 TIM2*/
GPIO_PinAFConfig(GPIOB,GPIO_PinSource3,GPIO_AF_TIM2);
/*定时器输入捕抓通道引脚初始化*/
GPIO_InitStructure.GPIO_Pin=GPIO_Pin_3;
GPIO_InitStructure.GPIO_Mode=GPIO_Mode_AF;
GPIO_InitStructure.GPIO_PuPd=GPIO_PuPd_NOPULL;
GPIO_Init(GPIOB, &GPIO_InitStructure);
```

3．初始化定时器测量时钟

因为需要使用定时器的输入捕抓功能测量外部输入信号的周期，一般使用内部总线时钟作为时钟源，设置定时器计数时钟的预分频系数（TIM*x*_PSC+1），这确定了测量用时钟的频率（频率越高，最后精度越好。但是，最好在一次测量中，不出现计数溢出事件）。然后，将计数次数（TIM*x*_PSC+1）设置为最大值，计数方式一般使用递增计数。

例如：

```
  TIM_TimeBaseStructure.TIM_Period = 0xFFFFFFFF;      //设置最大计数次数，TIM2 是 32 位
  /*通用控制定时器时钟源频率为 90MHz
设定定时器频率为 100kHz*/
  TIM_TimeBaseStructure.TIM_Prescaler=900-1;          //设定计数频率
  TIM_TimeBaseStructure.TIM_CounterMode=TIM_CounterMode_Up;     //计数方式
  TIM_TimeBaseInit(TIM2, &TIM_TimeBaseStructure);     //初始化定时器
```

4．设置输入捕抓通道

主要选择输入捕抓通道、边沿捕抓方式、捕抓信号源、捕抓信号的预分频系数及输入滤波系数。例如：

```
/*IC2 捕抓：下降沿触发 TI1FP2*/
TIM_ICInitStructure.TIM_Channel=TIM_Channel_2;                     //选择输入捕抓通道
TIM_ICInitStructure.TIM_ICPolarity=TIM_ICPolarity_Rising;          //选择边沿捕抓方式
TIM_ICInitStructure.TIM_ICSelection=TIM_ICSelection_DirectTI;      //捕抓信号源
TIM_ICInitStructure.TIM_ICPrescaler=TIM_ICPSC_DIV1;                //捕抓信号的预分频系数
TIM_ICInitStructure.TIM_ICFilter=0x0;                              //输入滤波系数
TIM_PWMIConfig(TIM2,&TIM_ICInitStructure);                         //初始化TIM2输入捕抓通道2
```

5．选择定时器复位触发源

一般选择输入捕抓通道滤波输出作为定时器计数复位触发源。

在捕抓到输入信号边沿时，锁定计数器值，并复位计数器（重新从 0 开始计数）。例如：

```
/*选择定时器输入触发：TI1FP2*/
TIM_SelectInputTrigger(TIM2,TIM_TS_TI2FP2);
/*选择从模式：复位模式*/
TIM_SelectSlaveMode(TIM2,TIM_SlaveMode_Reset);
TIM_SelectMasterSlaveMode(TIM2,TIM_MasterSlaveMode_Enable);
```

6．开启定时器中断

定时器的多个事件会共用一个中断通道，因此在使用中断时，定时器中断事件和中断通道都需要定义和使能。

（1）开启定时器中断需要使能定时器事件中断。例如：

```
TIM_ITConfig(TIM2,TIM_IT_CC2,ENABLE); //使能捕抓/比较 2 中断请求
```

这里使能的是定时器比较事件中断。

（2）配置定时器中断通道的优先级和使能状态，使用到以下函数：

```
NVIC_Init();
```

7．使能定时器

开始定时器的计数，使用到以下函数：

```
TIM_Cmd(TIM2,ENABLE);
```

8．编写中断服务函数

如果使能了中断，需要编写中断服务程序，相应服务程序的函数名已经在启动文件中定义好。例如，TIM2 输入捕抓通道的中断服务程序：

```
void  TIM2_IRQHandler  (void)
```

在中断服务程序中，需要做以下几件事。

（1）需要检测触发中断的事件源是否是程序预定义好的事件，使用到以下函数：

```
if(TIM_GetITStatus(TIM2,TIM_IT_CC2)!=RESET)
```

判断是否是 TIM2 输入捕抓通道 2 的捕抓事件触发的中断。

（2）如果中断事件源检测条件成立，则需要程序清除对应事件的中断标志位，使用到以下函数：

```
TIM_ClearITPendingBit(TIM2,TIM_IT_CC2);
```

（3）编写中断服务程序需要执行的功能。

获取捕抓值：

```
IC1Value=TIM_GetCapture2(TIM2);
```

计算输入信号的周期：

```
90000000/900/(float)IC1Value;
```

9.4.3 PWM 输出应用步骤

使用定时器的比较输出功能可以在比较输出通道产生控制电机用的 PWM 波。

配置定时器基本定时功能的步骤如下。

1．使能定时器时钟

定时器挂载在 APB1 和 APB2 总线上。例如：

```
RCC_APB1PeriphClockCmd(RCC_APB1Periph_TIM3,ENABLE);
```

因为使用到了比较输出通道的引脚，因此使能对应 GPIO 的时钟。例如，TIM3 的比较输出通道 3 使用引脚 PB0。

```
RCC_AHB1PeriphClockCmd(RCC_AHB1Periph_GPIOB,ENABLE);
```

2．初始化定时器比较输出通道引脚

需要将使用到的 GPIO 引脚复用到定时器，并将引脚配置为输出模式。例如：

```
/*复用 PB0 到 TIM3*/
GPIO_PinAFConfig(GPIOB,GPIO_PinSource0,GPIO_AF_TIM3);
/*通用定时器 PWM 比较输出通道引脚*/
GPIO_InitStructure.GPIO_Pin=GPIO_Pin_0;
GPIO_InitStructure.GPIO_Mode=GPIO_Mode_AF;
```

```
GPIO_InitStructure.GPIO_OType=GPIO_OType_PP;
GPIO_InitStructure.GPIO_PuPd=GPIO_PuPd_NOPULL;
GPIO_InitStructure.GPIO_Speed=GPIO_Speed_100MHz;
GPIO_Init(GPIOB,&GPIO_InitStructure);
```

3. 定义 PWM 波的周期

使用定时器的基本定时功能，定义 PWM 波的周期。参数包括计数时钟预分频系数（TIM*x*_PSC+1）、计数次数（TIM*x*_PSC+1）和计数方式。如果是 TIM1 和 TIM8 的话，还要定义重复计数次数（TIM*x*_RCR+1）。

例如，在系统时钟 SYSCLK=180MHz 时，通用定时器 TIM3 使用内部时钟源 TIM*x*CLK=PCLK1× 2=90MHz，预分频系数=900，计数 100 次，递增计数。

```
TIM_TimeBaseStructure.TIM_Period=100-1;                     //定时器从 0 计数到 99，即为 100 次
TIM_TimeBaseStructure.TIM_Prescaler=900-1;                  //预分频系数
TIM_TimeBaseStructure.TIM_ClockDivision=TIM_CKD_DIV1;       //采样时钟预分频系数=1
TIM_TimeBaseStructure.TIM_CounterMode=TIM_CounterMode_Up;   //递增计数方式
TIM_TimeBaseInit(TIM3,&TIM_TimeBaseStructure);              //初始化定时器 TIM3
```

那么，TIM3 的计数频率=TIM*x*CLK/(TIM_Prescaler+1)=100kHz，这样计数 100 次，时间为 1ms，即 PWM 波的周期为 1ms。

4. 设置比较输出通道

主要选择输出模式、输出使能、比较值、输出有效电平。例如：

```
TIM_OCInitStructure.TIM_OCMode=TIM_OCMode_PWM1;                //配置为 PWM 模式 1
TIM_OCInitStructure.TIM_OutputState=TIM_OutputState_Enable;    //使能比较输出通道
TIM_OCInitStructure.TIM_Pulse=40;                              //PWM 脉冲宽度，定义占空比
TIM_OCInitStructure.TIM_OCPolarity=TIM_OCPolarity_High;        //有效电平为高电平
TIM_OC3Init(TIM3, &TIM_OCInitStructure);                       //初始化比较输出通道 3
```

通过上面的程序将 TIM3 的比较输出通道 3 定义为 PWM 模式 1，比较值为 40，输出有效电平为高电平，并使能比较输出通道 3。在定义计数周期为 100（计数器从 0 计数到 99）的情况下，当计数值为 0～39 时，输出有效电平（高电平）；当计数值为 40～99 时，输出无效电平（低电平）。这样，TIM3 的比较输出通道 3 输出 PWM 波的占空比就是 40%，改变占空比，只需改变 PWM 脉冲宽度的值。

```
TIM_OC3PreloadConfig(TIM3, TIM_OCPreload_Enable); //使能比较输出通道 3 重载
```

使能 TIM3 的 TIM*x*_CCR*x* 更新缓冲，更改 PWM 脉冲宽度的值，在比较成功后，更新 TIM*x*_CCR*x* 相应的影子寄存器。

5. 使能定时器

开始定时器的计数，使用到以下函数：

```
TIM_Cmd(TIM3,ENABLE);
```

如果使用 TIM1 和 TIM8 的话，需要额外将 MOE 置 1，才能使能 PWM 输出。

例如，使能定时器 TIM1 的 PWM 输出功能，需要额外添加以下函数：

```
TIM_CtrlPWMOutputs(TIM1,ENABLE);
```

9.4.4 编码器接口应用步骤

使用定时器的编码器接口功能可以对编码器的输出脉冲进行测量，从而测量电机的转速。配置的步骤如下。

1. 使能定时器时钟

定时器挂载在 APB1 和 APB2 总线上。例如：

```
RCC_APB1PeriphClockCmd(RCC_APB1Periph_TIM3,ENABLE);
```

由于使用定时器的输入捕抓通道 1 和输入捕抓通道 2 作为编码器接口的引脚，因此，需要使能对应 GPIO 的时钟。例如，TIM2 的输入捕抓通道 1 和输入捕抓通道 2 分别使用引脚 PA0 和 PA1。

```
RCC_AHB1PeriphClockCmd(RCC_AHB1Periph_GPIOA,ENABLE);
```

2. 初始化定时器编码器接口输入捕抓通道引脚

需要将使用到的 GPIO 引脚复用到定时器，并将引脚配置为输出模式。例如：

```
/*复用 PA0、PA1 到 TIM2*/
GPIO_PinAFConfig(GPIOA,GPIO_PinSource0,GPIO_AF_TIM2);
GPIO_PinAFConfig(GPIOA,GPIO_PinSource1,GPIO_AF_TIM2);
/*初始化定时器编码器接口引脚为复用方式*/
GPIO_InitStructure.GPIO_Pin=GPIO_Pin_0|GPIO_Pin_1;
GPIO_InitStructure.GPIO_Mode=GPIO_Mode_AF;      //复用模式
GPIO_InitStructure.GPIO_PuPd=GPIO_PuPd _UP;     //编码器多为开路输出，需上拉
GPIO_Init(GPIOA,&GPIO_InitStructure);
```

3. 定义编码器接口的计数值溢出值

在编码器接口模式下，定时器是把 TI1 和 TI2 输入波形作为定时器的计数脉冲进行计数的。TIMx_ARR 初始化一个计数值溢出值，一般是编码器线数的整数倍，这一值尽量大，以方便测量速度。也可以把计数值设置为编码器旋转一圈时，定时器编码器接口测量得到的值，这样方便对编码器旋转圈数进行计数。

定时器的 TIM*x*_PSC 一般设置为 0，不分频。

例如，使用 TIM3 对编码器接口连接的编码器进行计数，每计数 20 000 次溢出一次。

```
TIM_TimeBaseStructure.TIM_Period=20000-1;                  //溢出的计数次数为 20 000 次
TIM_TimeBaseStructure.TIM_Prescaler=0;                     //预分频系数
TIM_TimeBaseStructure.TIM_ClockDivision=TIM_CKD_DIV1;      //采样时钟预分频系数=1
TIM_TimeBaseInit(TIM2,&TIM_TimeBaseStructure);             //初始化定时器 TIM3
```

不需要设置计数模式，因为在编码器接口模式下，定时器是递增计数还是递减计数均由光电编码器的 A、B 相波形决定。

4. 设置定时器编码器接口模式

主要选择输出模式、输出使能、比较值、输出有效电平。

例如，将 TIM2 的 TI1FP1 映射到 TI1 上，TI1FP2 映射到 TI2 上，非反相/上升沿触发，并设定 TIM2 为编码器模式 3。

```
TIM_EncoderInterfaceConfig(TIM2,TIM_EncoderMode_TI12,TIM_ICPolarity_Rising, TIM_ICPolarity_
Rising);
```

5. 开启定时器中断

（1）配置定时器中断通道的优先级和使能状态，使用到以下函数：

```
NVIC_Init();
```

使能定时器的溢出中断。

（2）开启定时器中断需要使能定时器事件中断。

例如，使能捕抓/比较 2 中断请求，使用到以下函数：

```
TIM_ITConfig(TIM2,TIM_IT_Update,ENABLE);
```

这里使能的是定时器比较事件中断。

6. 使能定时器

开始定时器的计数，使用到以下函数：

```
TIM_Cmd(TIM2,ENABLE);
```

7. 编写测量速度应用程序

需要使用另外一个定时器产生特定时间来读取编码器接口定时器计数次数。根据一定时间内得到的编码器脉冲数和线数，即可得到电机的转速，根据速度的变化，即可得到加速度。

捕抓一个输入通道的边沿变化，在对应的中断服务程序中检测 TIM*x*_CR1 的 DIR 位，即可得到当前的转向。

9.4.5 常用库函数

与定时器相关的函数和宏都被定义在以下两个文件中。

头文件：stm32f4xx_tim.h。

源文件：stm32f4xx_ tim.c。

1. 定时器时基初始化函数

```
void TIM_TimeBaseInit(TIM_TypeDef* TIMx, TIM_TimeBaseInitTypeDef* TIM_TimeBaseInitStruct)
```

该函数用于初始化定时器基本定时单元相关功能。

参数 1：TIM_TypeDef* TIMx，定时器对象，是一个结构体指针，表示形式是 TIM1～TIM14，以宏定义形式定义在 stm32f4xx_.h 文件中。例如：

```
#define TIM1                    ((TIM_TypeDef *) TIM1_BASE)
```

TIM_TypeDef 是自定义结构体类型，成员是定时器的所有寄存器。

参数 1：TIM_TimeBaseInitTypeDef* TIM_TimeBaseInitStruct，定时器时基初始化结构体指针。TIM_TimeBaseInitTypeDef 是自定义的结构体类型，定义在 stm32f4xx_tim.h 文件中。

```
typedef struct
{
  uint16_t TIM_Prescaler;          //预分频系数
  uint16_t TIM_CounterMode;        //计数模式
  uint16_t TIM_Period;             //计数周期
  uint16_t TIM_ClockDivision;      //与死区长度及捕抓采样频率相关
  uint8_t TIM_RepetitionCounter;   //重复计数次数
} TIM_TimeBaseInitTypeDef;
```

成员 1：uint16_t TIM_Prescaler，预分频系数，用于初始化 TIM*x*_PSC，初始化值一般是实际分频值-1。

成员 2：uint16_t TIM_CounterMode，计数模式，包括递增计数模式、递减计数模式及中心对齐计数模式，定义如下：

```
#define TIM_CounterMode_Up                ((uint16_t)0x0000)//递增计数模式
#define TIM_CounterMode_Down              ((uint16_t)0x0010)//递减计数模式
#define TIM_CounterMode_CenterAligned1    ((uint16_t)0x0020)//中心计数模式 1
#define TIM_CounterMode_CenterAligned2    ((uint16_t)0x0040)//中心计数模式 2
#define TIM_CounterMode_CenterAligned3    ((uint16_t)0x0060)//中心计数模式 3
```

不同的中心对齐模式，定义了在使能比较输出功能时，比较中断标志位置位的位置。

成员 3：uint16_t TIM_ Period，计数周期，用于初始化 TIM*x*_ARR，定义的是一次溢出计数的次数。在递增、递减计数模式下，初始化值一般是实际溢出值-1。中心对齐计数模式溢出值与设定值一致。

成员 4：uint16_t TIM_ClockDivision，与死区长度及捕抓采样频率相关，定义的是定时器内部时钟源 CK_INT 的预分频系数。

```
#define TIM_CKD_DIV1                    ((uint16_t)0x0000)//不分频
#define TIM_CKD_DIV2                    ((uint16_t)0x0100)//2 分频
#define TIM_CKD_DIV4                    ((uint16_t)0x0200)//4 分频
```

成员 5：uint8_t TIM_RepetitionCounter，重复计数次数，对高级定时器 TIM1 和 TIM8 有用。

例如，设置计数次数=10000 次，预分频系数=9000，递增计数模式。

```
TIM_TimeBaseStructure.TIM_Period=10000-1;
TIM_TimeBaseStructure.TIM_Prescaler=9000-1;
TIM_TimeBaseStructure.TIM_ClockDivision=TIM_CKD_DIV1;
TIM_TimeBaseStructure.TIM_CounterMode=TIM_CounterMode_Up;
TIM_TimeBaseStructure.TIM_RepetitionCounter
TIM_TimeBaseInit(TIM3,&TIM_TimeBaseStructure);
```

如果使用定时器内部时钟，频率为 90MHz，则定时器的计数脉冲频率 CK_CNT=90MHz/(8999+1)=10kHz，一次计数溢出计数为 9999+1 次，即 10 000 次，持续时间为 10 000/10kHz=1s。

2．定时器使能函数

```
void TIM_Cmd(TIM_TypeDef* TIMx,FunctionalState NewState)
```

该函数用于启动定时器计数。

参数 1：TIM_TypeDef* TIMx，定时器对象。

参数 2：FunctionalState NewState，状态，使能（ENABLE）或禁止（DISABLE）。

3．定时器中断事件使能函数

```
void TIM_ITConfig(TIM_TypeDef* TIMx,uint16_t TIM_IT,FunctionalState    NewState);
```

参数 1：TIM_TypeDef* TIMx，定时器对象。

参数 2：uint16_t TIM_IT，中断事件，宏定义形式如下：

```
#define TIM_IT_Update                   ((uint16_t)0x0001)//更新事件
#define TIM_IT_CC1                      ((uint16_t)0x0002)//比较输出通道 1 比较事件
#define TIM_IT_CC2                      ((uint16_t)0x0004)//比较输出通道 2 比较事件
#define TIM_IT_CC3                      ((uint16_t)0x0008)//比较输出通道 3 比较事件
#define TIM_IT_CC4                      ((uint16_t)0x0010)//比较输出通道 4 比较事件
#define TIM_IT_COM                      ((uint16_t)0x0020)//比较输出通知事件
#define TIM_IT_Trigger                  ((uint16_t)0x0040)//触发事件
#define TIM_IT_Break                    ((uint16_t)0x0080)//刹车事件
```

例如，使能定时器 TIM4 计数更新中断事件。

```
TIM_ITConfig(TIM4,TIM_IT_Update,ENABLE);
```

该函数使能 TIM4 溢出中断。

参数 3：FunctionalState NewState，状态，使能或禁止

4．获取定时器中断事件函数

```
ITStatus    TIM_GetITStatus(TIM_TypeDef* TIMx,uint16_t TIM_IT);
```

该函数可获取需要的定时器状态标志位，一般用于判断对应事件中断标志位是否被置位。

参数 1：TIM_TypeDef* TIMx，定时器对象。

参数 2：uint16_t TIM_IT，中断事件。

返回：置位或复位，SET 和 RESET。

例如，获取定时器 TIM3 的更新事件标志位置位情况。

```
TIM_GetITStatus(TIM3,TIM_IT_Update)
```

获取 TIM3 的更新事件标志位置位情况，一般用在中断服务程序中。由于大部分定时器中断事件共用一个中断通道，因此在中断服务程序中必须检测是哪一个事件触发的中断服务。

5. 清除定时器中断事件函数

退出中断服务程序前，必须软件清除中断事件标志位，防止反复触发中断。

```
void TIM_ClearITPendingBit(TIM_TypeDef* TIMx,uint16_t TIM_IT);
```

参数 1：TIM_TypeDef* TIMx，定时器对象。

参数 2：uint16_t TIM_IT，中断事件。

例：

```
if(TIM_GetITStatus(TIM3,TIM_IT_Update)!= RESET)
{
    /*清除 TIM3 更新中断标志*/
    TIM_ClearITPendingBit(TIM3,TIM_IT_Update);
    一些应用代码
}
```

使用 TIM_GetITStatus 获取中断事件标志位，判断是否被置位。如果判断成功，则说明中断服务程序是这一事件触发的，然后清除 TIM3 的更新事件标志位，并执行一些必要的应用代码。

6. 定时器比较输出通道初始化函数

初始化定时器的比较输出通道，每一个通道对应一个独立的初始化函数。

```
void TIM_OC1Init(TIM_TypeDef* TIMx, TIM_OCInitTypeDef* TIM_OCInitStruct);
void TIM_OC2Init(TIM_TypeDef* TIMx, TIM_OCInitTypeDef* TIM_OCInitStruct);
void TIM_OC3Init(TIM_TypeDef* TIMx, TIM_OCInitTypeDef* TIM_OCInitStruct);
void TIM_OC4Init(TIM_TypeDef* TIMx, TIM_OCInitTypeDef* TIM_OCInitStruct);
```

参数 1：TIM_TypeDef* TIMx，定时器对象。

参数 2：TIM_OCInitTypeDef* TIM_OCInitStruct，比较输出通道初始化结构体指针。TIM_OCInitTypeDef 是自定义的结构体类型，定义在 stm32f4xx_tim.h 文件中。

```
typedef struct
{
  uint16_t TIM_OCMode;          //输出模式
  uint16_t TIM_OutputState;     //通道输出使能
  uint16_t TIM_OutputNState;    //互补通道输出使能，只有高级定时器有
  uint32_t TIM_Pulse;           //输出比较值
  uint16_t TIM_OCPolarity;      //输出有效态电平
  uint16_t TIM_OCNPolarity;     //互补输出有效态电平，只有高级定时器有
  uint16_t TIM_OCIdleState;     //输出空闲态电平，只有高级定时器有
  uint16_t TIM_OCNIdleState;    //互补输出空闲态电平，只有高级定时器有
} TIM_OCInitTypeDef;
```

成员 1：uint16_t TIM_OCMode，输出模式，有以下定义：

```
#define TIM_OCMode_Timing       ((uint16_t)0x0000)//普通定时功能
#define TIM_OCMode_Active       ((uint16_t)0x0010)//强制匹配输出高电平
#define TIM_OCMode_Inactive     ((uint16_t)0x0020)//强制匹配输出低电平
#define TIM_OCMode_Toggle       ((uint16_t)0x0030)//匹配反转输出电平
#define TIM_OCMode_PWM1         ((uint16_t)0x0060)//PWM 模式 1
#define TIM_OCMode_PWM2         ((uint16_t)0x0070)//PWM 模式 2
```

成员 2：uint16_t TIM_OutputState，通道输出使能，有以下定义：

```
#define TIM_OutputState_Disable   ((uint16_t)0x0000)//禁止输出
#define TIM_OutputState_Enable    ((uint16_t)0x0001)//使能输出
```

成员 3：uint16_t TIM_OutputNState，互补通道输出使能，有以下定义：

```
#define TIM_OutputNState_Disable                ((uint16_t)0x0000)//禁止输出
#define TIM_OutputNState_Enable                 ((uint16_t)0x0001)//使能输出
```

成员 4：uint32_t TIM_Pulse，输出比较值。计数器与这一值进行比较，匹配后，根据设定的模式，产生对应的输出。

成员 5：uint16_t TIM_OCPolarity，输出有效态电平，有以下定义：

```
#define TIM_OCPolarity_High                     ((uint16_t)0x0000)
#define TIM_OCPolarity_Low                      ((uint16_t)0x0002)
```

成员 6：uint16_t TIM_OCNPolarity，互补输出有效态电平，有以下定义：

```
#define TIM_OCNPolarity_High                    ((uint16_t)0x0000)
#define TIM_OCNPolarity_Low                     ((uint16_t)0x0002)
```

成员 7：uint16_t TIM_ OCIdleState，输出空闲态电平，有以下定义：

```
#define TIM_OCIdleState_Set                     ((uint16_t)0x0100)
#define TIM_OCIdleState_Reset                   ((uint16_t)0x0000)
```

成员 8：uint16_t TIM_OCNIdleState，互补输出空闲态电平，有以下定义：

```
#define TIM_OCNIdleState_Set                    ((uint16_t)0x0200)
#define TIM_OCNIdleState_Reset                  ((uint16_t)0x0000)
```

例如，将 TIM3 输出模式设置为 PWM 模式 1，有效电平为高电平（占空比=高电平持续时间/周期），输出比较值为 40，使能输出。

```
TIM_OCInitTypeDef    TIM_OCInitStructure;
TIM_OCInitStructure.TIM_OCMode=TIM_OCMode_PWM1;                    //PWM1 模式
TIM_OCInitStructure.TIM_OutputState=TIM_OutputState_Enable;        //使能输出
TIM_OCInitStructure.TIM_Pulse=40;                  //输出比较值，也就是 PWM 的有效电平计数值
TIM_OCInitStructure.TIM_OCPolarity=TIM_OCPolarity_High;            //输出有效电平为高电平
TIM_OC3Init(TIM3,&TIM_OCInitStructure);                            //初始化 TIM3 比较输出通道
```

如果是高级定时器的话，则还需要定义互补输出通道相关参数。

7. 定时器输入捕抓通道初始化函数

初始化定时器的输入捕抓通道，每一个通道对应一个独立的初始化函数。

```
void TIM_ICInit(TIM_TypeDef* TIMx,TIM_ICInitTypeDef* TIM_ICInitStruct);
```

参数 1：TIM_TypeDef* TIMx，定时器对象。

参数 2：TIM_ICInitTypeDef* TIM_ICInitStruct，输入捕抓通道初始化结构体指针。TIM_ICInitTypeDef 是自定义的结构体类型，有以下定义：

```
typedef struct
{
  uint16_t TIM_Channel;                     //输入捕抓通道号
  uint16_t TIM_ICPolarity;                  //输入信号触发边沿形式
  uint16_t TIM_ICSelection;                 //输入捕抓选择
  uint16_t TIM_ICPrescaler;                 //捕抓信号预分频系数
  uint16_t TIM_ICFilter;                    //输入信号滤波设置
} TIM_ICInitTypeDef;
```

成员 1：uint16_t TIM_Channel，输入捕抓通道号，有以下定义：

```
#define TIM_Channel_1                           ((uint16_t)0x0000)
#define TIM_Channel_2                           ((uint16_t)0x0004)
#define TIM_Channel_3                           ((uint16_t)0x0008)
#define TIM_Channel_4                           ((uint16_t)0x000C)
```

成员 2：uint16_t TIM_ICPolarity，输入信号触发边沿形式，有以下定义：

```
#define   TIM_ICPolarity_Rising                ((uint16_t)0x0000)//上升沿触发
#define   TIM_ICPolarity_Falling               ((uint16_t)0x0002)//下降沿触发
#define   TIM_ICPolarity_BothEdge              ((uint16_t)0x000A)//双边沿触发
```

成员 3：uint16_t TIM_ICSelection，输入捕抓选择，有以下定义：

```
#define TIM_ICSelection_DirectTI               ((uint16_t)0x0001) //捕抓本通道输入信号
#define TIM_ICSelection_IndirectTI             ((uint16_t)0x0002)//捕抓相邻通道输入信号
#define TIM_ICSelection_TRC                    ((uint16_t)0x0003) //不做 TRC 信号
```

成员 4： uint16_t TIM_ICPrescaler，捕抓信号预分频系数，有以下定义：

```
#define TIM_ICPSC_DIV1                         ((uint16_t)0x0000) //不分频
#define TIM_ICPSC_DIV2                         ((uint16_t)0x0004) //2 分频
#define TIM_ICPSC_DIV4                         ((uint16_t)0x0008) //4 分频
#define TIM_ICPSC_DIV8                         ((uint16_t)0x000C) //8 分频
```

成员 5：uint16_t TIM_ICFilter，输入信号滤波设置。

例如，初始化 TIM3 的输入捕抓通道 1，对输入信号进行滤波，采样频率 $f_{SAMPLING}=f_{DTS}/16$，N=5，也就是以 $f_{DTS}/16$ 进行采样，在连续采样到 5 个新电平时，确定有边沿跳变。捕抓本通道输入信号的下降沿，每 2 个下降沿锁定一次 TIM3 的计数值到 TIM3 捕抓/比较寄存器（TIM3_CCR1）。

```
TIM_ICInitTypeDef   TIM_ICInitStructure;
TIM_ICInitStructure.TIM_Channel=TIM_Channel_1;
TIM_ICInitStructure.TIM_ICPolarity=TIM_ICPolarity_Falling;
TIM_ICInitStructure.TIM_ICSelection=TIM_ICSelection_DirectTI;
TIM_ICInitStructure.TIM_ICPrescaler=TIM_ICPSC_DIV2;
TIM_ICInitStructure.TIM_ICFilter = 10;//滤波器配置值，去输入信号边沿抖动
TIM_ICInit(TIM3, &TIM_ICInitStructure);//初始化 TIM3  输入捕抓通道 1
```

8．定时器编码器接口初始化函数

```
void TIM_EncoderInterfaceConfig(TIM_TypeDef* TIMx, uint16_t TIM_EncoderMode,
uint16_t TIM_IC1Polarity, uint16_t TIM_IC2Polarity);
```

参数 1：TIM_TypeDef* TIMx，定时器对象。

参数 2：uint16_t TIM_EncoderMode，编码器接口模式，有以下定义：

```
#define TIM_EncoderMode_TI1          ((uint16_t)0x0001)//仅在 TI1 边沿处计数
#define TIM_EncoderMode_TI2          ((uint16_t)0x0002) //仅在 TI2 边沿处计数
#define TIM_EncoderMode_TI12         ((uint16_t)0x0003) //在 TI1 和 TI2 边沿处均计数
```

参数 3、4：uint16_t TIM_IC1Polarity、 uint16_t TIM_IC2Polarity 分别为输入捕抓通道 1、输入捕抓通道 2 的边沿触发模式。

例如，将 TIM3 设置为编码器模式 3，输入捕抓通道 TI1FP1 和 TI2FP1 的下降沿。

```
TIM_EncoderInterfaceConfig(TIM3,TIM_EncoderMode_TI12,TIM_ICPolarity_Falling, TIM_ICPolarity_
Falling);
```

9.5 应用实例

9.5.1 定时器控制实现灯闪烁

通过定时器 TIM2，实现 LED 灯的闪烁，闪烁周期为 2s。使用中断方式实现。LED 灯电路图如图 9-20 所示。

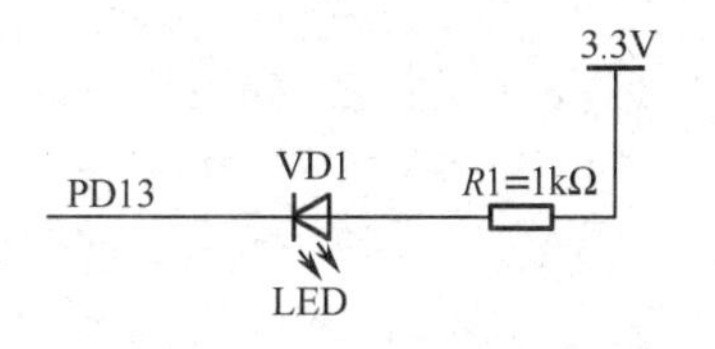

图 9-20 LED 灯电路图

1．编程要点

（1）计算定时时间。

控制 PD13 引脚的电平，使其在高电平和低电平分别保持 1s，实现闪烁周期为 2s 的要求。定时时间设定为 1s，每 1s 产生一次中断，在中断服务程序中反转 LED 灯控制状态。

选择使用内部时钟源。TIM2 挂载在 APB1 总线上。假设 HCLK=180MHz，APB1 预分频系数=4，则 PCLK1=45MHz。TIM2 计数时钟源 CK_INT=90MHz。

定时时间=1s=计数周期×预分频系数/900 000 000=(TIM2_ARR+1)×(TIM2_PSC+1)/900 000 000，则可以取 TIM2_PSC=9000−1，TIM2_ARR=10 000−1。（不是唯一的选择。）

（2）使能 TIM2 的工作时钟。

（3）配置 TIM2 时基参数。

主要涉及计数周期、预分频系数、计数模式、采样时钟预分频系数。

（4）中断配置。

配置 TIM2 中断通道的优先级及使能状态。

使能中断事件源，本例中使能定时器更新中断。

（5）开启定时器。

（6）编写中断服务程序。

检测触发中断的中断事件源，如果判断成功，则需马上清除相应的中断事件标志位，并编写应用代码。

2．主程序

```
int main(void)
{
    LED_Config();              //初始化 LED 灯的 GPIO 引脚
    TIM_Config_Basic ();       //初始化定时器基本定时功能
    while(1)
    {
    //等待定时器更新中断
    }
}
```

3．定时器初始化函数

程序实现步骤参见 9.4.1 节。

```
void TIM_Config_Basic (void)
{
  TIM_TimeBaseInitTypeDef   TIM_TimeBaseStructure;
  NVIC_InitTypeDef NVIC_InitStructure;
  /*-------------------第 1 步--------------------*/
  RCC_APB1PeriphClockCmd(RCC_APB1Periph_TIM2, ENABLE);            //使能 TIM2 时钟
  /*-------------------第 2 步--------------------*/
  TIM_TimeBaseStructure.TIM_Period = 10000-1;                      //设定计数周期
  TIM_TimeBaseStructure.TIM_Prescaler = 9000-1;                    //设定预分频系数
  TIM_TimeBaseStructure.TIM_CounterMode=TIM_CounterMode_Up;        //计数模式
  TIM_TimeBaseStructure.TIM_ClockDivision=TIM_CKD_DIV1;            //采样时钟预分频系数
  TIM_TimeBaseInit(TIM2, &TIM_TimeBaseStructure);                  //初始化 TIM2
  /*-------------------第 3-1 步--------------------*/
  TIM_ITConfig(TIM2,TIM_IT_Update,ENABLE);                         //使能 TIM2 更新中断
  /*-------------------第 3-2 步--------------------*/
```

```
    //配置 TIM2 中断通道
    NVIC_PriorityGroupConfig(NVIC_PriorityGroup_0);                    //设置中断组为 0
    NVIC_InitStructure.NVIC_IRQChannel = TIM2_IRQn;                    //设置中断来源
    NVIC_InitStructure.NVIC_IRQChannelPreemptionPriority = 0;          //设置抢占优先级
    NVIC_InitStructure.NVIC_IRQChannelSubPriority = 3;                 //设置响应优先级
    NVIC_Init(&NVIC_InitStructure);
    /*------------------第 4 步-------------------*/
    TIM_Cmd(TIM2, ENABLE);                                             //启动定时器计数
}
```

4．定时器中断服务函数

```
void  TIM2_IRQHandler (void)
{
    if ( TIM_GetITStatus( TIM2, TIM_IT_Update) != RESET )      //判断中断触发源
    {
        TIM_ClearITPendingBit(TIM2 , TIM_IT_Update);           //清除 TIM2 更新中断标志位
        GPIO_ToggleBits(GPIOD,GPIO_Pin_13);                    //反转 LED 灯状态
    }
}
```

9.5.2　直流电机调速控制

直流电机的控制一般是通过控制器产生 PWM 波，然后通过 H 桥驱动电路控制直流电机的转速和转向。直流电机控制框图如图 9-21 所示。

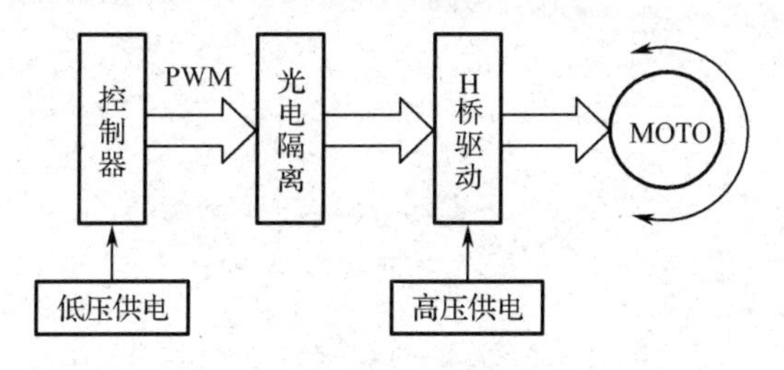

图 9-21　直流电机控制框图

改变直流电机的转速只需要改变 PWM 波高电平的占空比即可。占空比越高，转速越快；反之越慢。

通过 TIM3 比较输出通道 3（PB0 引脚）输出控制电机的 PWM 波。使用图 5-21 中的两个按键控制转速，图 5-21 中的按键 S1 提升转速，按键 S2 降低转速，每次按键动作调整 1%的占空比。

PWM 波的周期为 0.01s，初始化占空比为 30%。

选择使用内部时钟源。TIM3 挂载在 APB1 总线上。假设 HCLK=180MHz， APB1 预分频系数=4，则 PCLK1=45MHz。TIM3 计数时钟源 CK_INT=90MHz。

产生周期为 0.01s 的 PWM 波，则：

0.01=（计数周期×预分频系数）/900 000 000= (TIM3_ARR+1)×(TIM3_PSC+1)/ 900 000 000

TIM3_PSC=900-1，得到 100kHz 的技术频率（CK_CNT）。

TIM3_ARR=1000-1，得到一次溢出时间为 0.01s，也就是 PWM 的周期

初始化占空比为 30%，在 TIM3_ARR=1000-1 的前提下，TIM3_CCR3=30%×计数周期-1=30%×1000-1=300-1。

1．编程要点

（1）使能 TIM3 和 GPIO 的时钟。

（2）配置定时器输入捕抓通道引脚。

（3）配置 TIM3 时基参数。

主要涉及计数周期、预分频系数、计数模式、采样时钟预分频系数。

初始化时基单元定义了 PWM 波的周期。

（4）比较输出通道配置。

将 TIM3 的比较输出通道 3 配置为 PWM 模式 1，占空比为 30%，选择高电平为输出有效电平，并使能输出。

（5）使能比较输出通道 3 重载功能。

使能了捕抓/比较寄存器的缓冲功能。

（6）启动定时器。

一旦启动定时器，在 PB3 引脚上即可测量到 30%的占空比。

2．主程序

```
int main(void)
{
  uint16_t Duty_Ratio=300;//占空比，初始化位 30%
  delay_init();  //初始化 SysTick，用于延时
  Key_Config();//初始化按键 GPIO 引脚
  TIM_Config();//初始化定时器
  while(1)
  {
    if(Key_Scan(GPIOA,GPIO_Pin_0,1) == KEY_ON)//增加 PWM 占空比
    {
          if(Duty_Ratio<900)//上边界控制，最大 90%占空比
          {
                Duty_Ratio+=10;
                TIM_SetCompare3(TIM3,Duty_Ratio);
          }
    }
    if(Key_Scan(GPIOA,GPIO_Pin_1,0) == KEY_ON)//降低 PWM 占空比
    {
                if(Duty_Ratio>50)//下边界控制，最小 5%占空比
                {
                      Duty_Ratio-=10;
                      TIM_SetCompare3(TIM3, Duty_Ratio);
                }
    }
  }
}
```

3．定时器输出 PWM 波初始化函数

程序实现步骤参见 9.4.3 节。

```
void TIM_Config_PWM (void)                    //定时器 PWM 输出模式初始化
{
  GPIO_InitTypeDef GPIO_InitStructure;
```

```
    TIM_TimeBaseInitTypeDef    TIM_TimeBaseStructure;
    TIM_OCInitTypeDef    TIM_OCInitStructure;
    /*-------------------第 1 步--------------------*/
    RCC_AHB1PeriphClockCmd (RCC_AHB1Periph_GPIOB, ENABLE);        //使能 GPIOB 时钟
    RCC_APB1PeriphClockCmd(RCC_APB1Periph_TIM3, ENABLE);          //使能 TIM3 时钟

    /*-------------------第 2 步--------------------*/
    //TIM3 比较输出通道 3 复用引脚配置
    GPIO_PinAFConfig(GPIOB,GPIO_PinSource0,GPIO_AF_TIM3); //TIM3 比较输出通道3 引脚复用
    /*TIM3 比较输出通道 3 引脚配置*/
    GPIO_InitStructure.GPIO_Pin=GPIO_Pin_0;
    GPIO_InitStructure.GPIO_Mode=GPIO_Mode_AF;
    GPIO_InitStructure.GPIO_OType=GPIO_OType_PP;
    GPIO_InitStructure.GPIO_PuPd=GPIO_PuPd_UP;
    GPIO_InitStructure.GPIO_Speed=GPIO_Speed_25MHz;
    GPIO_Init(GPIOB, &GPIO_InitStructure);

    /*-------------------第 3 步--------------------*/
    //定义 PWM 波的周期
    TIM_TimeBaseStructure.TIM_Period = 1000-1;                            //计数周期
    TIM_TimeBaseStructure.TIM_Prescaler = 900-1;                          //预分频系数
    TIM_TimeBaseStructure.TIM_ClockDivision=TIM_CKD_DIV1;                 //采样时钟预分频系数
    TIM_TimeBaseStructure.TIM_CounterMode=TIM_CounterMode_Up;             //递增计数模式
    TIM_TimeBaseInit(TIM3, &TIM_TimeBaseStructure);                   //初始化 TIM3 时基单元

    /*-------------------第 4 步--------------------*/
    //设置比较输出通道，PWM 模式配置
    //配置为 PWM 模式 1，当定时器计数值小于 CCR1_Val 时，输出有效电平
    TIM_OCInitStructure.TIM_OCMode=TIM_OCMode_PWM1;
    TIM_OCInitStructure.TIM_OutputState=TIM_OutputState_Enable;    //使能通道信号输出
    TIM_OCInitStructure.TIM_Pulse=300;                               //初始化占空比为 30%
    TIM_OCInitStructure.TIM_OCPolarity=TIM_OCPolarity_High;        //输出有效电平为高电平
    TIM_OC3Init(TIM3, &TIM_OCInitStructure);                 //使能 TIM3 的比较输出通道 3
    TIM_OC3PreloadConfig(TIM3, TIM_OCPreload_Enable); //使能比较输出通道 3 重载功能

    /*-------------------第 5 步--------------------*/
    TIM_Cmd(TIM3, ENABLE);                                           //启动定时器
}
```

4．更改占空比

更改占空比是需要改变 TIM3_CCR3 值即可。

例如，依本例设置，将占空比改为 40%，TIM3_CCR3=40%×计数周期=40%×1000=400。两种方式：

```
    TIM_SetCompare3(TIM3,400)
```

或

```
    TIM3->CCR3=400;
```

在程序合适的地方以上面的形式即可更改占空比。

周期为 10ms，占空比 30%和 60%的 PWM 波形如图 9-22 所示。

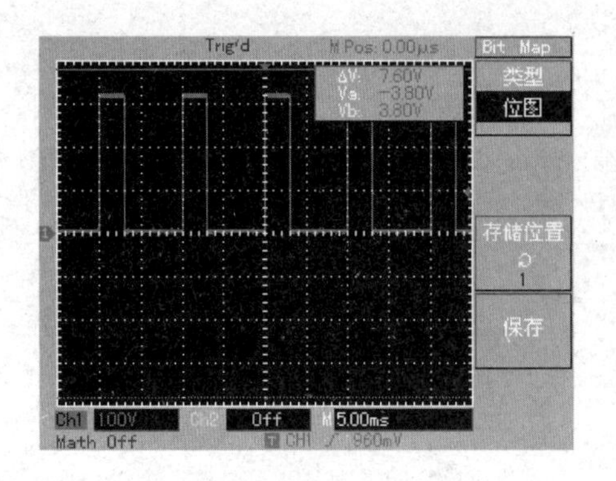

(a) 占空比为 30%的 PWM 波形

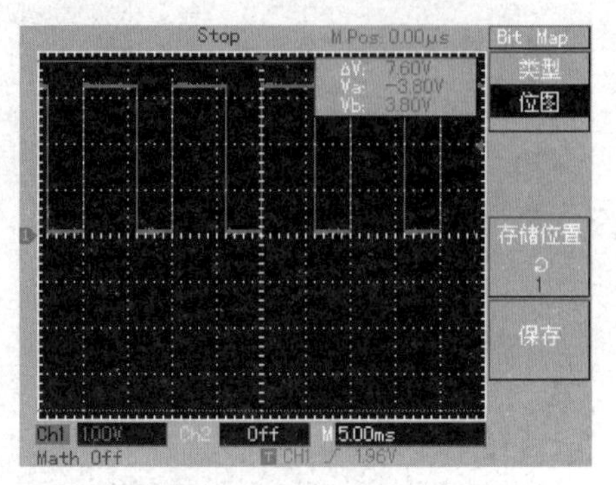

(b) 占空比为 60%的 PWM 波形

图 9-22　周期为 10ms，占空比分别为 30%和 60%的 PWM 波形

9.5.3　测量外部输入脉冲频率

使用 TIM3 的比较输出通道 3（PB0）产生 PWM 波，将 PB0 引脚和 PB3 引脚连接在一起，通过 TIM2 的比较输出通道 2（PB3 引脚），检测 PWM 波的占空比和周期，并通过串口显示（相关内容见第 11 章）在电脑串口调试助手上。

1．编程要点

（1）使能 TIM2、TIM3 和 GPIO 的工作时钟。

（2）配置 TIM2、TIM3 的输入捕抓通道和比较输出通道的复用引脚。

（3）配置 TIM2 和 TIM3 的时基参数。

主要涉及计数周期、预分频系数、计数模式、采样时钟预分频系数。

此时计数周期可以尽量大，避免产生更新溢出。

预分频系数的设定，实际定义了测量波形分辨率。

采样时钟预分频系数定义了输入波形边沿测量使用的采样频率。

（4）TIM2 输入捕抓通道和 TIM3 比较输出通道配置。

测量 PWM 波使用 2 个输入捕抓通道。信号从输入捕抓通道 2 输入，配置输入捕抓通道 2 捕抓本通道输入信号的上升沿，配置输入捕抓通道 1 交叉捕抓输入捕抓通道 2 信号的下降沿。

TIM3 比较输出通道配置见 9.5.2 节。

（5）选择定时器输入触发，主要用于计数器的复位控制。

（6）中断配置。

配置 TIM2 中断通道的优先级及使能状态。

使能中断事件源，本例中使能定时器捕抓比较事件中断。

（7）开启定时器。

（8）编写中断服务程序。

由于多个中断事件共用一个中断通道（中断服务程序），因此，必须检测触发中断的中断事件源。如果判断成功，则需马上清除相应的中断标志位，并编写应用代码。

（9）配置 USART1（略，详细讲解见第 11 章）。

2．主程序

```
int main(void)
{
  USART_Config();        //初始化串口，略，详见第 11 章
  TIM_Config_PWM();    //初始化 TIM3，产生 PWM 波，略，内容见 9.5.2 节
```

```
    TIM_Config_IC();         //初始化 TIM2，捕抓 PWM 波
    while(1);
}
```

3．定时器测量输入信号参数初始化函数

程序实现步骤参见 9.4.2 节。

```
void TIM_Config_IC (void)
{
    GPIO_InitTypeDef   GPIO_InitStructure;
    TIM_TimeBaseInitTypeDef   TIM_TimeBaseStructure;
    TIM_ICInitTypeDef   TIM_ICInitStructure;
    NVIC_InitTypeDef   NVIC_InitStructure;

    /*-------------------第 1 步--------------------*/
    RCC_AHB1PeriphClockCmd (RCC_AHB1Periph_GPIOB, ENABLE);       //使能 GPIO 工作时钟
    RCC_APB1PeriphClockCmd(RCC_APB1Periph_TIM2, ENABLE);         //使能 TIM2 工作时钟

    /*-------------------第 2 步--------------------*/
    GPIO_PinAFConfig(GPIOB,GPIO_PinSource3,GPIO_AF_TIM2);     //定义定时器复用引脚
    GPIO_InitStructure.GPIO_Pin=GPIO_Pin_3;
    GPIO_InitStructure.GPIO_Mode=GPIO_Mode_AF;
    GPIO_InitStructure.GPIO_PuPd=GPIO_PuPd_NOPULL;
    GPIO_Init(GPIOB, &GPIO_InitStructure);

    /*-------------------第 3 步--------------------*/
    /*TIM2 时基单元初始化*/
    TIM_TimeBaseStructure.TIM_Period=0xFFFFFFFF;        //一个波形周期计数值不超过这一值
    TIM_TimeBaseStructure.TIM_Prescaler=90-1;           //测量分辨率使用 1MHz 的时钟
    TIM_TimeBaseStructure.TIM_CounterMode=TIM_CounterMode_Up; //递增计数模式
    TIM_TimeBaseStructure.TIM_ClockDivision=TIM_CKD_DIV1;     //采样时钟预分频系数
    TIM_TimeBaseInit(TIM2, &TIM_TimeBaseStructure);           //初始化 TIM2 时基单元

    /*-------------------第 4 步--------------------*/
    /*输入捕抓通道 2 配置*/
    TIM_ICInitStructure.TIM_Channel=TIM_Channel_2;                    //输入捕抓通道 2
    TIM_ICInitStructure.TIM_ICPolarity=TIM_ICPolarity_Rising;         //上升沿触发 TI1FP2
    TIM_ICInitStructure.TIM_ICSelection=TIM_ICSelection_DirectTI;    //一对一连接
    TIM_ICInitStructure.TIM_ICPrescaler=TIM_ICPSC_DIV1;               //捕抓信号不分频
    TIM_ICInitStructure.TIM_ICFilter=0x0;                             //输入信号不滤波
    TIM_PWMIConfig(TIM2,&TIM_ICInitStructure);                        //初始化输入捕抓通道 2
    /*输入通道 1 配置*/
    TIM_ICInitStructure.TIM_Channel=TIM_Channel_1;                    //输入捕抓通道 1
    TIM_ICInitStructure.TIM_ICPolarity=TIM_ICPolarity_Falling;        //下降沿触发 TI1FP1
    TIM_ICInitStructure.TIM_ICSelection=TIM_ICSelection_IndirectTI;  //交叉连接
    TIM_ICInitStructure.TIM_ICPrescaler=TIM_ICPSC_DIV1;               //捕抓信号不分频
    TIM_ICInitStructure.TIM_ICFilter=0x0;                             //输入信号不滤波
    TIM_PWMIConfig(TIM2,&TIM_ICInitStructure);                        //初始化输入捕抓通道 2
```

```
    /*-------------------第 5 步--------------------*/
    TIM_SelectInputTrigger(TIM2, TIM_TS_TI2FP2);          //选择定时器输入触发源 TI1FP2
    TIM_SelectSlaveMode(TIM2, TIM_SlaveMode_Reset);    //选择从模式：复位模式
    TIM_SelectMasterSlaveMode(TIM2,TIM_MasterSlaveMode_Enable);//使能主从控制

    /*-------------------第 6 步--------------------*/
    NVIC_PriorityGroupConfig(NVIC_PriorityGroup_0);                    //设置中断组为 0
    NVIC_InitStructure.NVIC_IRQChannel=TIM2_IRQn;                      //设置中断来源
    NVIC_InitStructure.NVIC_IRQChannelPreemptionPriority=0;            //设置抢占优先级
    NVIC_InitStructure.NVIC_IRQChannelSubPriority=1;                   //设置响应优先级
    NVIC_InitStructure.NVIC_IRQChannelCmd=ENABLE;
    NVIC_Init(&NVIC_InitStructure);
    TIM_ITConfig(TIM2,TIM_IT_CC2,ENABLE);                              //使能捕抓/比较 2 中断请求

    /*-------------------第 7 步--------------------*/
    TIM_Cmd(TIM2,ENABLE);                                              //启动定时器
}
```

4．定时器中断服务函数

```
float   Duty_Cycle;                                               //占空比
float   Frequency;                                                //频率
void   TIM2_IRQHandler   (void)
{
  uint32_t   IC_Value1,IC_Value2;
  if(TIM_GetITStatus(TIM2, TIM_IT_CC2)!= RESET)                   //判断中断触发源
  {
    TIM_ClearITPendingBit(TIM2,TIM_IT_CC2);                       //清除定时器捕抓/比较 2 中断

    IC_Value1=TIM_GetCapture2(TIM2);  //获取输入捕抓通道 2 捕抓值，即输入信号周期
    IC_Value2=TIM_GetCapture1(TIM2);  //获取输入捕抓通道 1 捕抓值，即高电平持续时间
    if(IC_Value1!=0)
    {
        Duty_Cycle=(float)(IC2Value*100)/IC1Value;                //计算占空比
        Frequency=90000000/90/(float)IC1Value;                    //计算频率
        }
        else
        {
            Duty_Cycle=0;
            Frequency=0;
        }
    }
}
```

TIM3 的比较输出通道 3 输出周期为 10ms（频率为 100Hz）、占空比为 77%的 PWM，经 TIM2 输入捕抓通道 2 和输入捕抓通道 1 测量得到频率和占空比，并通过串口显示在电脑的串口软件上，测量结果如图 9-23 所示。

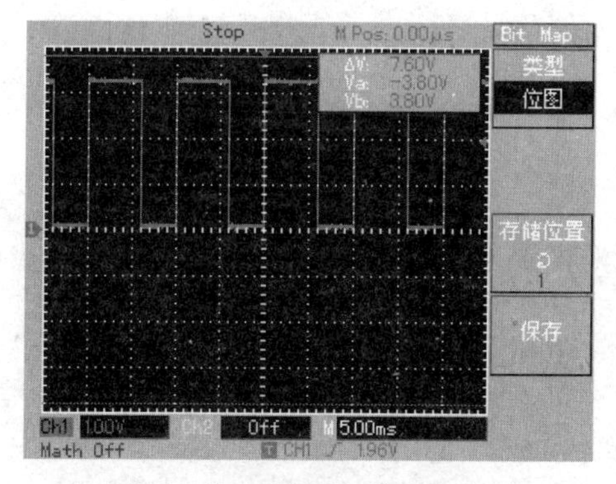

（a）周期为 10ms，占空比为 77%的 PWM 波形

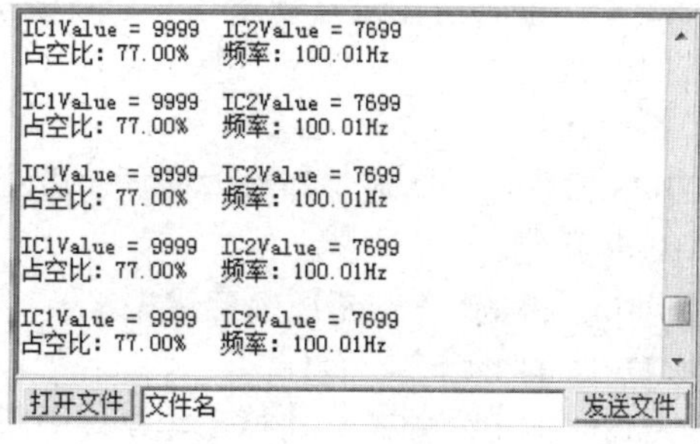

（b）PWM 波形测量结果

图 9-23　周期 10ms，占空比 30%和 60%的 PWM 波形

9.5.4　测量电机转速和方向

对于自带编码器的电机或安装了光电编码器的电机，可以使用 STM32F4 的编码器接口测量电机的转速和转向。

使用 1000 线的正交光电编码器，通过 TIM3 的输入捕抓通道 1 和输入捕抓通道 2（PC6 和 PC7 引脚）的编码器接口，测量电机的转向和转速。

转向测量：在 TIM3 的输入捕抓通道 1 捕抓事件触发的中断中读取 TIM3_CR1 的 DIR 位，即可得到电机的转向。例如，0 代表正转，1 代表反转。

圈数测量：在编码器接口模式下，TIM3 的计数器根据输入捕抓通道 1 和输入捕抓通道 2 的波形进行计数，TIM3 的时基单元配置为旋转一圈触发一次更新事件，在每次更新事件触发的中断中，根据转向记录圈数（有符号）。

在编码器模式 3 下，使用 1000 线的编码器，在计数器不分频的前提下，编码器旋转一圈，定时器计数 4000 次。TIM3_PSC=0，TIM3_ARR=4000−1。

正转时：每次 TIM3 更新中断，圈数加 1。

反转时：每次 TIM3 更新中断，圈数减 1。

编码器位置：读取 TIM3_CNT 的值，即可得到当前编码器的位置。

速度测量：为了得到转速需要记录圈数和前后两次编码器的位置。

测量转速需要使用另外一个定时器（如 TIM4），每隔一段时间（如 10ms）获取当前编码器的位置（TIM3_CNT 的值）。记录前后两次编码器的位置，根据转向和间隔时间，即可得到电机转速。

假设使用 TIM4，每 10ms 测量计算一次速度。

选择使用内部时钟源。TIM4 挂载在 APB1 总线上。假设 HCLK=180MHz， APB1 预分频系数=4，则 PCLK1=45MHz。TIM4 计数时钟源 CK_INT=90MHz。

0.01=(计数周期×预分频系数)/900 000 000= (TIM4_ARR+1)×(TIM4_PSC+1)/ 900 000 000

式中，TIM4_PSC=900−1，TIM4_ARR=1000−1。

1．编程要点

（1）使能定时器和 GPIO 的工作时钟。

（2）配置定时器输入捕抓通道引脚。

（3）配置 TIM4 时基参数。

主要涉及计数周期、预分频系数、计数模式、采样时钟预分频系数。

这些参数用于测量转速，在此每 10ms 测量一次。

（4）配置 TIM3 时基参数。

主要涉及计数周期、预分频系数、计数模式、采样时钟预分频系数。这些参数用于记录编码器旋转的圈数。

（5）编码器接口配置。

将 TIM3 输入捕抓通道 1 和输入捕抓通道 2 的配置为编码器模式 3。

（6）中断配置。

配置 TIM3 和 TIM4 中断通道的优先级及使能状态。

使能 TIM2 的更新中断事件源。

使能 TIM3 的更新中断和捕抓比较事件中断。

（7）开启定时器。

（8）编写中断服务程序。

因为多个中断事件共用一个中断通道（中断服务程序），因此，必须检测触发中断的中断事件源。如果判断成功，则需马上清除相应的中断标志位，并编写应用代码。

在 TIM3 中断服务程序中编写更新事件中断和比较事件中断的服务代码，测量圈数和转向。

在 TIM4 中断服务程序中编写更新事件中断服务代码，测量转速。

2. 主程序

```
int main(void)
{
  USART_Config();          //初始化串口
  TIM_Config_Basic();//初始化基本定时功能，用于定时获取编码器接口的数据
  TIM_Config_Encoder(); //初始化定时器编码器接口
  While(1);
}
```

3. 定时器编码器接口初始化函数

程序实现步骤参见 9.4.4 节。

```
void TIM_Config_Encoder (void) //定时器相关 GPIO 配置
{
  GPIO_InitTypeDef GPIO_InitStructure;
  TIM_TimeBaseInitTypeDef    TIM_TimeBaseStructure;
  TIM_ICInitTypeDef    TIM_ICInitStructure;
  NVIC_InitTypeDef NVIC_InitStructure;
  /*------------------第 1 步--------------------*/
  RCC_APB1PeriphClockCmd(RCC_APB1Periph_TIM3, ENABLE);    //使能 TIM4 时钟
  RCC_AHB1PeriphClockCmd (RCC_AHB1Periph_GPIOC, ENABLE);//使能 GPIOC 时钟
  /*------------------第 2 步--------------------*/
  //初始化定时器编码器接口输入捕抓通道引脚
  /*TIM3 编码器接口引脚复用设置*/
  GPIO_PinAFConfig(GPIOC,GPIO_PinSource6,GPIO_AF_TIM3);
  GPIO_PinAFConfig(GPIOC,GPIO_PinSource7,GPIO_AF_TIM3);
  /*配置 TIM3 编码器接口引脚为输入*/
  GPIO_InitStructure.GPIO_Pin=GPIO_Pin_6|GPIO_Pin_7;
  GPIO_InitStructure.GPIO_Mode=GPIO_Mode_AF;                        //复用模式
  GPIO_InitStructure.GPIO_PuPd=GPIO_PuPd_UP;           //使能上拉，编码器一般为开路输出
  GPIO_Init(GPIOC, &GPIO_InitStructure);

  /*------------------第 3 步--------------------*/
```

```
    //定义编码器旋转一圈的计数值溢出值，用于计算圈数
    TIM_TimeBaseStructure.TIM_Period=4000-1;                          //编码器旋转一圈
    TIM_TimeBaseStructure.TIM_Prescaler=0;                            //不分频
    TIM_TimeBaseStructure.TIM_CounterMode=TIM_CounterMode_Up;//计数模式
    TIM_TimeBaseStructure.TIM_ClockDivision=TIM_CKD_DIV1;
    TIM_TimeBaseInit(TIM3, &TIM_TimeBaseStructure);                   //初始化 TIM3 时基单元

    /*-------------------第 4 步--------------------*/
    //编码器模式设置
    TIM_EncoderInterfaceConfig(TIM3,TIM_EncoderMode_TI12,TIM_ICPolarity_Falling,
    TIM_ICPolarity_Falling);                                          //编码器模式 3
    /*TIM3 输入捕抓通道 1 输入捕抓设置*/
    TIM_ICInitStructure.TIM_Channel=TIM_Channel_1;
    TIM_ICInitStructure.TIM_ICPolarity=TIM_ICPolarity_Falling;
    TIM_ICInitStructure.TIM_ICSelection=TIM_ICSelection_DirectTI;
    TIM_ICInitStructure.TIM_ICPrescaler=TIM_ICPSC_DIV1;
    TIM_ICInitStructure.TIM_ICFilter=6;                         //滤波器值，去输入信号抖动
    TIM_ICInit(TIM3, &TIM_ICInitStructure);

    /*-------------------第 5 步--------------------*/
    //定时器中断配置
    NVIC_PriorityGroupConfig(NVIC_PriorityGroup_0);             //设置中断组为 0
    NVIC_InitStructure.NVIC_IRQChannel=TIM3_IRQn;               //设置中断通道
    NVIC_InitStructure.NVIC_IRQChannelPreemptionPriority=0;     //设置抢占优先级
    NVIC_InitStructure.NVIC_IRQChannelSubPriority=2;            //设置响应优先级
    NVIC_InitStructure.NVIC_IRQChannelCmd=ENABLE;
    NVIC_Init(&NVIC_InitStructure);

    TIM_ITConfig(TIM3,TIM_IT_Update,ENABLE);                    //允许 TIM3 溢出中断
    TIM_ITConfig(TIM3,TIM_IT_CC1,ENABLE);                 //允许 TIM3 输入捕抓通道 1 比较中断

    /*-------------------第 6 步--------------------*/
    TIM_SetCounter(TIM3, 0);                              //清零 TIM3_CNT
    TIM_Cmd(TIM3,ENABLE);                                 //启动定时器
}
```

3．定时器中断服务函数

```
uint16_t   DIR;
int16_t   Encoder_Cir_CNT;
void   TIM3_IRQHandler   (void)
{
  if(TIM_GetITStatus( TIM3, TIM_IT_Update) != RESET)
  {
          TIM_ClearITPendingBit(TIM3,TIM_IT_Update); //清除定时器更新中断
          if(DIR)
               Encoder_Cir_CNT--;                       //圈数调整
          else
               Encoder_Cir_CNT++;                       //圈数调整
  }
  if(TIM_GetITStatus( TIM3, TIM_IT_CC1)!= RESET)
```

```
    {
            TIM_ClearITPendingBit(TIM3,TIM_IT_CC1);     //清除定时器捕抓/比较 1 中断
            DIR=(TIM3->CR1&0x10)>>4;                    //获取转向
    }
}
float   Encoder_Speed;                                   //转速，单位：圈数/s
int16_t     Encoder_CNT_B;                               //编码器前一次位置
int16_t     Encoder_CNT_N;                               //编码器当前位置
void  TIM2_IRQHandler  (void)                            //10ms 定时间隔
{
  if(TIM_GetITStatus( TIM2,TIM_IT_Update)!= RESET)
     {
         TIM_ClearITPendingBit(TIM2,TIM_IT_Update);      //清除定时器更新中断
         /*计算编码器绝对位置，以起始点为零点，有正有负*/
         if(Encoder_Cir_CNT<0)
               Encoder_CNT_N=(Encoder_Cir_CNT+1)*4000 - (int32_t)(4000-TIM3->CNT);
         else
               Encoder_CNT_N = (int32_t)TIM3->CNT + Encoder_Cir_CNT*4000;
         Encoder_Speed=(float)(Encoder_CNT_N- Encoder_CNT_B)/40;   //计算速度
         Encoder_CNT_B= Encoder_CNT_N;                              //更新位置
     }
}
```

习题

1．STM32F429 微控制器的定时器的计数方式有________、________、________。

2．STM32F429 微控制器的计数器寄存器是________，自动重载寄存器是________，预分频器寄存器是________。

3．若 TIM*x*_PSC=4，则时钟源的预分频系数是________。

4．若 TIM*x*_ARR=89，则一次计数溢出的计数次数是________。

5．什么是 PWM 信号？什么是占空比？请绘图举例。

6．递增计数模式是从 0 计数到________的值，然后产生一次________。

7．递减计数模式是从________计数到 0 的值，然后产生一次向下溢出。中心对齐计数模式是先以递增计数模式，从 0 计数到________，然后产生一次向上溢出，再在从________计数到________，然后产生一次向下溢出。

8．当使能了比较输出功能，输出 PWM 波，在边沿比较模式下，寄存器________控制 PWM 周期，寄存器________控制占空比。

9．当使能了比较输出功能，输出 PWM 波，在边沿比较模式下，当 TIM*x*_CNT 计数值在________范围时，输出有效电平；在________范围时，输出反向电平。

10．定时器 TIM2 挂载在 APB1 总线上，假设 PCLK1=45MHz，选择内部时钟作为计数时钟源（默认情况下这一时钟源频率=2×PCLK1），TIM2_PSC=8，TIM2_ARR=49，则计数溢出一次，时间为多长？怎么计算？

11．使用内部时钟时，怎么确定各定时器的时钟基准频率？

12．编写程序，使用 TIM1 产生 1s 的定时。

13．编写程序，使用 TIM3 产生 PWM 波。

14．编写程序，使用 TIM2 检测外部一未知时钟的频率。

第 10 章　DMA 控制器

10.1　DMA 控制器概述

在很多的实际应用中，有进行大量数据传输的需求，这时如果 CPU 参与数据的转移，则在数据传输过程中 CPU 不能进行其他工作。如果找到一种可以不需要 CPU 参与的数据传输方式，则可解放 CPU，让其去进行其他操作。特别是在大量数据传输的应用中，这一需求显得尤为重要。

直接存储器访问（Direct Memory Access，DMA）就是基于以上设想设计的，它的作用就是解决大量数据转移过度消耗 CPU 资源的问题。DMA 是一种可以大大减轻 CPU 工作量的数据转移方式，用于在外设与存储器之间及存储器与存储器之间提供高速数据传输。DMA 操作可以在无须任何 CPU 操作的情况下快速移动数据，从而解放 CPU 资源以用于其他操作。DMA 使 CPU 更专注于更加实用的操作——计算、控制等。

DMA 传输方式无须 CPU 直接控制传输，也没有中断处理方式那样保留现场和恢复现场过程，通过硬件为 RAM 和外设开辟一条直接传输数据的通道，使得 CPU 的效率大大提高。

DMA 的作用就是实现数据的直接传输，虽然去掉了传统数据传输需要 CPU 寄存器参与的环节，但本质上是一样的，都是从内存的某一区域传输到内存的另一区域（外设的数据寄存器本质上就是内存的一个存储单元）。在用户设置好参数（主要涉及源地址、目标地址、传输数据量）后，DMA 控制器就会启动数据传输，传输的终点就是剩余传输数据量为 0（循环传输不是这样的）。

基于复杂的总线矩阵架构，STM32F4 系列微控制器的 DMA 控制器将功能强大的双 AHB 主总线架构与独立的 FIFO 结合在一起，优化了系统带宽。STM32F4 系列微控制器集成了 2 个 DMA 控制器，总共有 16 个数据流，每一个 DMA 控制器都用于管理一个或多个外设的存储器访问请求。每个数据流总共可以有 8 个通道（或称请求）。每个通道都有一个仲裁器，用于处理 DMA 请求的优先级。

10.1.1　DMA 控制器主要特性

DMA 控制器主要特性如下。

（1）双 AHB 主总线架构，一个用于存储器访问，另一个用于外设访问。

（2）每个 DMA 控制器有 8 个数据流，每个数据流有 8 个通道，每个通道都连接到专用硬件 DMA 通道。

（3）每个数据流有单独的四级 32 位先进先出存储器缓冲区（FIFO），可用于 FIFO 模式或直接模式。

（4）每个 DMA 请求会立即启动对存储器的传输。在直接模式（禁止 FIFO）下，将 DMA 配置为以存储器到外设模式传输数据时，DMA 仅会将一个数据从存储器预加载到内部 FIFO，从而确保一旦外设触发 DMA 请求就会立即传输数据。

（5）DMA 支持外设到存储器、存储器到外设和存储器到存储器传输的常规通道，也支持在存储器方双缓冲的双缓冲区通道。

（6）DMA 数据流请求之间的优先级可用软件编程，在软件优先级相同的情况下可以通过硬件决定优先级。

（7）每个数据流支持通过软件触发存储器到存储器的传输（仅限 DMA2 控制器）。

（8）独立的源和目标传输宽度（字节、半字、字）：当源和目标的数据宽度不相等时，DMA 自动封装/解封必要的传输数据来优化带宽。这个特性仅在 FIFO 模式下可用。

10.1.2 DMA 控制器结构

STM32F4 系列微控制器的 DMA 控制器内部结构图如图 10-1 所示。

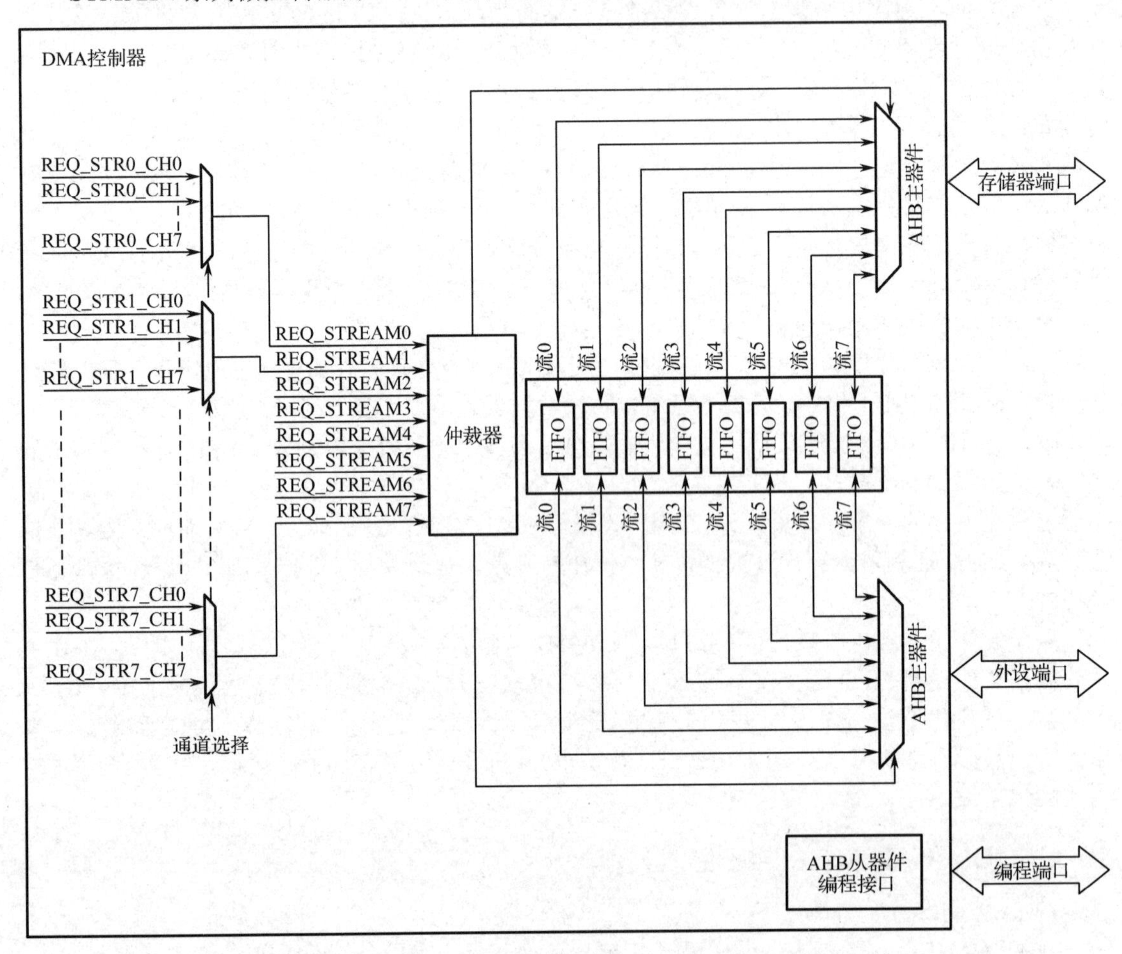

图 10-1　STM32F4 系列微控制器的 DMA 控制器内部结构图

每个 DMA 控制器有两个 AHB 主总线，一个用于存储器访问，另一个用于外设访问。两个 AHB 主端口：存储器端口（用于连接存储器）和外设端口（用于连接外设）。但是，要执行存储器到存储器的传输，AHB 外设端口必须也能访问存储器，只有 DMA2 控制器可以实现这一功能。

每个 DMA 控制器有 8 个数据流，支持 8 种不同数据流 DMA 传输，相对应的数据流请求（REQ_STREAM0～REQ_STREAM7）可以触发数据流 DMA 传输。每个数据流请求有 8 个通道（REQ_STR*x*_CH0～REQ_STR*x*_CH7），可以根据实际应用灵活选择。

每个 DMA 控制器有一个 AHB 从器件编程接口，通过这一接口可以实现 CPU 对 DMA 控制器的配置。例如，数据流、通道、数据源、数据目的地、传输数据量等。

10.2　DMA 控制器功能

10.2.1　DMA 事务

DMA 事务由给定数目的数据传输序列组成，是一次完整的 DMA 数据传输过程。要传输的数据项的数目及其宽度（8 位、16 位或 32 位）可用软件编程。

每个 DMA 传输包含以下 3 项操作。

数据源：通过寄存器 DMA_SxPAR 或 DMA_SxM0AR 寻址，从外设数据寄存器或存储器单元中加载数据。

数据目的地：通过寄存器 DMA_SxPAR 或 DMA_SxM0AR 寻址，将加载的数据存储到外设数据寄存器或存储器单元。

传输数据量：计数寄存器（DMA_SxNDTR）在数据存储结束后递减，该计数寄存器包含仍需执行的事务数。要传输的数据项数（0～65 535），只有在禁止数据流时，才能向此寄存器执行写操作。使能数据流后，此寄存器为只读，用于指示要传输的剩余数据项数。每次 DMA 传输后，此寄存器将递减。

1．传输模式

源传输和目标传输在整个 4GB 区域（地址在 0x00000000 和 0xFFFFFFFF 之间）都可以寻址外设和存储器。传输方向使用 DMA_SxCR 中的 DIR[1:0]位进行配置，有 3 种可能的传输方向：存储器到外设、外设到存储器或存储器到存储器。DMA 传输模式如表 10-1 所示。

表 10-1　DMA 传输模式

DMA_SxCR 的位 DIR[1:0]	方向	源地址	目标地址
00	外设到存储器	DMA_SxPAR	DMA_SxM0AR
01	存储器到外设	DMA_SxM0AR	DMA_SxPAR
10	存储器到存储器	DMA_SxPAR	DMA_SxM0AR
11	保留	—	—

3 种 DMA 传输模式示意图如图 10-2 所示。

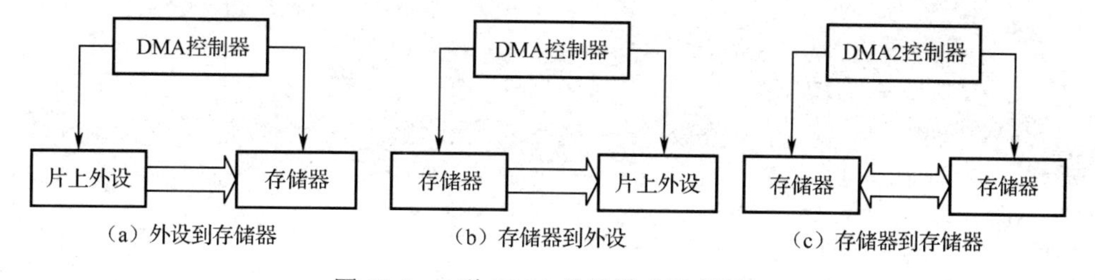

图 10-2　3 种 DMA 传输模式示意图

2．可编程的数据量

源和目标数据的数据宽度可以通过 DMA_SxCR 的 PSIZE 和 MSIZE 位（可以是 8 位、16 位或 32 位）编程。

3．指针增量

通过设置 DMA_SxCR 中的 PINC 和 MINC 标志位，外设和存储器的指针在每次传输后可以有选择地完成自动增量。通过单个寄存器访问外设源或目标数据时，一般需要禁止递增模式。

当设置为增量模式时，下一个要传输的地址将是前一个地址加上增量值，增量值取决于所选的数据宽度（1、2 或 4）。

第一个传输的地址是存放在 DMA_SxM0AR 和 DMA_SxPAR 中的地址。在传输过程中，这些寄存器保持它们初始的数值，软件不能改变和读出当前正在传输的地址。

当通道配置为非循环模式时，传输结束后（即传输计数变为 0）将不再产生 DMA 操作。要开始新的 DMA 传输，需要在关闭 DMA 通道的情况下，在 DMA_SxNDTR 中重新写入传输数目。

在循环模式下，最后一次传输结束时，DMA_SxNDTR 的内容会自动地被重新加载为其初始数值，内部的当前存储器和外设地址寄存器也被重新加载为 DMA_SxM0AR 和 DMA_SxPAR 设定的初始基地址。

10.2.2 数据流

每个 DMA 控制器有 8 个数据流，每个数据流都能够提供源和目标之间的单向传输链路。选择 DMA 控制器的任意一个数据流都能实现通道（特定片上外设）和存储器之间的数据传输，在配置后可以执行以下功能。

（1）常规类型事务：存储器到外设、外设到存储器或存储器到存储器的传输。

（2）双缓冲区类型事务：使用存储器的两个存储器指针的双缓冲区传输（当 DMA 正在进行自/至缓冲区的读/写操作时，应用程序可以进行至/自其他缓冲区的写/读操作）。

要传输的数据量（多达 65 535）可以编程，并与连接到 AHB 外设端口的外设（请求 DMA 传输）的源宽度相关。每个事务完成后，包含要传输的数据项总量的寄存器都会递减。

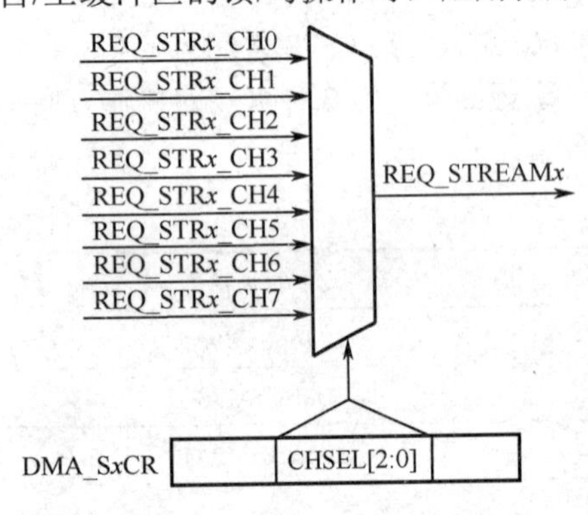

图 10-3 每个 DMA 通道的数据流复用示意图

10.2.3 通道

每个数据流都与一个 DMA 请求相关联，此 DMA 请求可以从 8 个可能的通道请求中选出。此选择由 DMA_SxCR 中的 CHSEL[2:0]位控制。每个 DMA 通道的数据流复用示意图如图 10-3 所示。

DMA1 和 DMA2 的数据流和通道之间的映射关系如表 10-2 和表 10-3 所示。

表 10-2 DMA1 请求映射

外设请求	数据流 0	数据流 1	数据流 2	数据流 3	数据流 4	数据流 5	数据流 6	数据流 7
通道 0	SPI3_RX	—	SPI3_RX	SPI2_RX	SPI2_TX	SPI3_TX	—	SPI3_TX
通道 1	I2C1_RX	—	TIM7_UP	—	TIM7_UP	I2C1_RX	I2C1_TX	I2C1_TX
通道 2	TIM4_CH1	—	I2S3_EXT_RX	TIM4_CH2	I2S2_EXT_TX	I2S3_EXT_TX	TIM4_UP	TIM4_CH3
通道 3	I2S3_EXT_RX	TIM2_UP TIM2_CH3	I2C3_RX	I2S2_EXT_RX	I2C3_TX	TIM2_CH1	TIM2_CH2 TIM2_CH4	TIM2_UP TIM2_CH4
通道 4	UART5_RX	USART3_RX	UART4_RX	USART3_TX	UART4_TX	USART2_RX	USART2_TX	UART5_TX

续表

外设请求	数据流 0	数据流 1	数据流 2	数据流 3	数据流 4	数据流 5	数据流 6	数据流 7
通道 5	UART8_TX（1）	UART7_TX	TIM3_CH4 TIM3_UP	UART7_RX	TIM3_CH1 TIM3_TRIG	TIM3_CH2	UART8_RX	TIM3_CH3
通道 6	TIM5_CH3 TIM5_UP	TIM5_CH4 TIM5_TRIG	TIM5_CH1	TIM5_CH4 TIM5_TRIG	TIM5_CH2	—	TIM5_UP	—
通道 7	—	TIM6_UP	I2C2_RX	I2C2_RX	USART3_TX	DAC1	DAC2	I2C2_TX

表 10-3　DMA2 请求映射

外设请求	数据流 0	数据流 1	数据流 2	数据流 3	数据流 4	数据流 5	数据流 6	数据流 7
通道 0	ADC1	—	TIM8_CH1 TIM8_CH2 TIM8_CH3	—	ADC1	—	TIM1_CH1 TIM1_CH2 TIM1_CH3	—
通道 1	—	DCMI	ADC2	ADC2	—	SPI6_TX	SPI6_RX	DCMI
通道 2	ADC3	ADC3	—	SPI5_RX	SPI5_TX	CRYP_OUT	CRYP_IN	HASH_IN
通道 3	SPI1_RX	—	SPI1_RX	SPI1_TX	—	SPI1_TX	—	—
通道 4	SPI4_RX	SPI4_TX	USART1_RX	SDIO	—	USART1_RX	SDIO	USART1_TX
通道 5	—	USART6_RX	USART6_RX	SPI4_RX（1）	SPI4_TX	—	USART6_TX	USART6_TX
通道 6	TIM1_TRIG	TIM1_CH1	TIM1_CH2	TIM1_CH1	TIM1_CH4 TIM1_TRIG TIM1_COM	TIM1_UP	TIM1_CH3	—
通道 7	—	TIM8_UP	TIM8_CH1	TIM8_CH2	TIM8_CH3	SPI5_RX（1）	SPI5_TX（1）	TIM8_CH4 TIM8_TRIG TIM8_COM

例如，存储器到外设 DMA 传输：如果使用 DMA 方式实现 USART3 的数据传输，根据表 10-2 可知，选择 DMA1 的数据流 3 的通道 4。

外设到存储器 DMA 传输：如果使用 DMA 方式 ADC1 采集数据的转存，由表 10-3 可知，选择 DMA2 的数据流 0 的通道 0。

存储器到存储器 DMA 传输：如果使用 DMA 方式实现存储器与存储器之间数据传输，需要选择 DMA2 的数据流 0 的通道 0。

10.2.4　仲裁

DMA 控制器的数据流可以根据应用需求设置不同的优先级数据流传输。仲裁器可以根据数据流的优先级别，控制不同外设/存储器访问传输顺序。

优先级管理分为以下两个阶段。

（1）软件：每个数据流优先级都可以在 DMA_S*x*CR 中配置，分为 4 个级别：非常高优先级、高优先级、中优先级、低优先级。

（2）硬件：如果两个请求具有相同的软件优先级，则编号低的数据流优先于编号高的数据流。例如，数据流 2 的优先级高于数据流 4。

10.2.5 循环模式

循环模式可用于处理循环缓冲区和连续数据流（如 ADC 扫描模式），可以使用 DMA_S*x*CR 中的 CIRC 位使能此特性。

当激活循环模式时，数据传输的数目变为 0，数据传输计数器自动地被恢复成配置通道时设置传输数量的初值，DMA 操作继续进行。

10.2.6 单次和突发模式

DMA 控制器可以产生单次传输或 4 个、8 个和 16 个节拍（8 位、16 位或 32 位，由 PSIZE 位和 MSIZE 位决定）的突发传输。

突发大小通过软件针对 2 个 AHB 主端口独立配置，配置时使用 DMA_S*x*CR 中的 MBURST[1:0]位和 PBURST[1:0]位。突发大小指示突发中的节拍数，而不是传输的字节数。

为确保数据一致性，形成突发的每一组传输都不可分割。在突发传输序列期间，AHB 传输会锁定，并且 AHB 总线矩阵的仲裁器不解除对 DMA 主总线的授权。也就是说，一次突发传输是不可中断的。

例如，如果将 PSIZE 位和 MSIZE 位都设置为 01（将数据传输的宽度设置为 16 位），那么启动一次 4 个节拍的突发传输，DMA 控制器会再突发传输 4×16 位（8 字节）的数据，而且在这一突发传输过程（4 个半字传输过程）中，不释放对总线的控制权。

根据单次或突发配置的情况，每个 DMA 请求在 AHB 外设端口上相应地启动不同数量的传输。在直接模式下，数据流只能生成单次传输，而 MBURST[1:0]位和 PBURST[1:0]位由硬件强制配置。

10.2.7 FIFO

DMA 的每个数据流都有一个独立的 4 字 FIFO，用于在源数据传输到目标之前临时存储这些数据。Memory-to-Memory，是必须使用 FIFO 模式的。

FIFO 的大小是 4×4 字节，传输的过程为源地址→AHB 主端口 *x*→FIFO→AHB 主端口 *y*→目的地址。可以设置一个 FIFO 的阈值，当 FIFO 中数据达到阈值时，会马上把数据从 FIFO 中取出来，存入 DMA 目的地。FIFO 阈值级别可由软件配置为 1/4、1/2、3/4 或满。

DMA 使用 FIFO 的方法有 FIFO 模式和直接模式两种。

FIFO 模式：从源地址来的数据先放在 FIFO 中，达到阈值后，再根据目的地址的数据宽度送出。

直接模式：数据放在 FIFO，有 DMA 请求就送走，和阈值无关，不可突发传输。

突发模式需要使用 DMA 的 FIFO 的功能。在突发传输前，先将数据缓存在 FIFO 中，然后启动一次突发传输。但是，由于 FIFO 的容量显示，一次突发传输的数据量不能大于 FIFO 的最大容量（32 字节）。FIFO 和突发模式之间的关系如表 10-4 所示。

表 10-4 FIFO 和突发模式之间的关系

MSIZE	FIFO 级别	MBURST=INCR4	MBURST=INCR8	MBURST=INCR16
字节	1/4	4 个节拍的 1 次突发	禁止	禁止
	1/2	4 个节拍的 2 次突发	8 个节拍的 1 次突发	

续表

MSIZE	FIFO 级别	MBURST=INCR4	MBURST=INCR8	MBURST=INCR16
字节	3/4	4 个节拍的 3 次突发	禁止	—
	满	4 个节拍的 4 次突发	8 个节拍的 2 次突发	16 个节拍的 1 次突发
半字	1/4	禁止	禁止	禁止
	1/2	4 个节拍的 1 次突发		
	3/4	禁止		
	满	4 个节拍的 2 次突发	8 个节拍的 1 次突发	
字	1/4	禁止	禁止	—
	1/2			
	3/4			
	满	4 个节拍的 1 次突发		

10.2.8　DMA 中断

对于每个 DMA 数据流，可在发生以下事件时产生中断。

（1）半传输。

（2）传输完成。

（3）传输错误。

（4）FIFO 错误（上溢、下溢或 FIFO 级别错误）。

（5）直接模式错误。

在实际使用中可以根据需要，使能相应中断以实现特定的服务。DMA 的中断事件如表 10-5 所示。

表 10-5　DMA 的中断事件

中断事件	事件标志	使能控制位
半传输	HTIF	HTIE
传输完成	TCIF	TCIE
传输错误	TEIF	TEIE
FIFO 上溢/下溢	FEIF	FEIE
直接模式错误	DMEIF	DMEIE

在将使能控制位置 1 前，应将相应的事件标志清零，否则会立即产生中断。

10.2.9　DMA 数据流配置过程

配置 DMA 数据流 x（其中 x 是数据流编号）时，需要按照下面的顺序进行配置。

（1）复位数据流使能位 EN，并检测是否设置成功。如果使能了数据流，通过重置 DMA_S*x*CR 中的 EN 位将其禁止，然后读取此位以确认没有正在进行的数据流操作。

将此位写为 0 不会立即生效，因为实际上只有所有当前传输都已完成时才会将其写为 0。当所读取 EN 位的值为 0 时，才表示可以配置数据流。因此在开始任何数据流配置之前，需要等待 EN 位置 0。必须将状态寄存器（DMA_LISR 和 DMA_HISR）中的所有数据流事件标志位置 0，才可重新使能数据流。

（2）设置外设端寄存器地址：在 DMA_S*x*PAR 中设置外设端寄存器地址。外设事件发生后，数据会写入/读出与此地址对应的寄存器。

（3）设置存储器地址：在 DMA_S*x*MA0R（在双缓冲区模式的情况下还有 DMA_S*x*MA1R）中设置存储器地址。外设事件发生后，将从此存储器读取数据或将数据写入此存储器。

（4）设置 DMA 传输数据量：在 DMA_S*x*NDTR 中配置要传输的数据项的总数。每出现一次外设事件或每出现一个节拍的突发传输，该值都会递减。

（5）选择数据流使用的通道：使用 DMA_S*x*CR 中的 CHSEL[2:0]位选择 DMA 通道（请求）。如果外设用作流控制器而且支持此功能，请将 DMA_S*x*CR 中的 PFCTRL 位置 1。

（6）设置数据流优先级：使用 DMA_S*x*CR 中的 PL[1:0]位配置数据流优先级。

（7）配置 FIFO 的使用情况（使能或禁止，发送和接收阈值）。

（8）配置数据传输方向、外设和存储器增量/固定模式、单独/突发事务、外设和存储器数据宽度、循环模式、双缓冲区模式、传输完成一半/全部完成，或 DMA_S*x*CR 中错误的中断。

（9）通过将 DMA_S*x*CR 中的 EN 位置 1 激活数据流。如果使用到了外设的话，还需要使能相应外设的 DMA 请求功能。

10.3 DMA 典型应用步骤及常用库函数

10.3.1 DMA 典型应用步骤

（1）使能 DMA 时钟。

```
RCC_AHB1PeriphClockCmd(RCC_AHB1Periph_DMA1,ENABLE);
RCC_AHB1PeriphClockCmd(RCC_AHB1Periph_DMA2,ENABLE);
```

（2）复位 DMA 配置，并检测何时 EN 位变为 0，可以对其进行初始化。

```
void DMA_DeInit(DMA_Stream_TypeDef* DMAy_Streamx)
```

例如，复位 DMA2 的数据流 0，并检测 EN 位何时变为 0。

```
DMA_DeInit(DMA2_Stream0);
while(DMA_GetCmdStatus(DMA2_Stream0) != DISABLE);
```

在 DMA 上次操作结束前，不能对其初始化。因此，在对 DMA 初始化前，需要先将 EN 位设置为 0，禁止 DMA，并判断何时将 EN 复位成功。判断成功后，再对 DMA 进行初始化。

（3）初始化 DMA 通道参数。

```
DMA_Init(DMA_Stream_TypeDef* DMAy_Streamx, DMA_InitTypeDef* DMA_InitStruct);
```

例如，按照结构体 DMA_InitStructure 设置的参数，初始化 DMA2 的数据流 0。

```
DMA_Init(DMA2_Stream0, &DMA_InitStructure);
```

这些参数包括通道、优先级、数据传输方向、存储器/外设（数据宽度）、存储器/外设（地址是否增量）、循环模式、数据传输量、FIFO 模式、突发模式。

（4）使能 DMA 数据流。

```
DMA_Cmd(DMA_Stream_TypeDef* DMAy_Streamx,FunctionalState NewState);
```

例如，使能 DMA2 的数据流 0。

```
DMA_Cmd(DMA2_Stream0,ENABLE);
```

（5）查询 DMA 的 EN 位，在确保数据流就绪后，可以进行操作。

```
FunctionalState DMA_GetCmdStatus(DMA_Stream_TypeDef* DMAy_Streamx);
```

例如，判断 DMA2 的数据流 0 是否就绪。

```
while (DMA_GetCmdStatus(DMA2_Stream0)!=ENABLE);
```

（6）如果进行的是片上外设和存储器之间的 DMA 操作，还需要使能片上外设的 DMA 功能。例如，设置 USART1 数据发送为 DMA 方式，则需要在进行以上步骤后，再使能串口 DMA 发送。

```
USART_DMACmd(USART1, USART_DMAReq_Tx,ENABLE);
```

10.3.2 常用库函数

与 DMA 相关的函数和宏都被定义在以下两个文件中。

头文件：stm32f4xx_dma.h。

源文件：stm32f4xx_dma.c。

1．DMA 初始化函数

```
void DMA_Init(DMA_Stream_TypeDef* DMAy_Streamx,DMA_InitTypeDef* DMA_InitStruct);
```

参数 1：DMA_Stream_TypeDef* DMAy_Streamx，DMA 对象，是一个结构体指针，表示形式是 DMA1_Stream0～DMA1_Stream7 和 DMA2_Stream0～DMA2_Stream7，以宏定义形式定义在 stm32f4xx_.h 文件中。例如：

```
#define DMA1_Stream0            ((DMA_Stream_TypeDef *) DMA1_Stream0_BASE)
```

DMA_Stream_TypeDef 是自定义结构体类型，成员是 DMA 数据流的所有寄存器。

参数 2：DMA_InitTypeDef* DMA_InitStruct ，DMA 初始化结构体指针。DMA_InitTypeDef 是自定义的结构体类型，定义在 stm32f4xx_dma.h 文件中。

```
typedef struct
{
  uint32_t DMA_Channel;                 //DMA 数据流通道
  uint32_t DMA_PeripheralBaseAddr;      //片上外设端地址
  uint32_t DMA_Memory0BaseAddr;         //存储器端地址
  uint32_t DMA_DIR;                     //DMA 数据传输方向
  uint32_t DMA_BufferSize;              //DMA 传输数据数目
  uint32_t DMA_PeripheralInc;           //使能或禁止外设端自动递增功能
  uint32_t DMA_MemoryInc;               //使能或禁止存储器端自动递增功能
  uint32_t DMA_PeripheralDataSize;      //外设端传输数据宽度
  uint32_t DMA_MemoryDataSize;          //存储器端传输数据宽度
  uint32_t DMA_Mode;                    //传输模式
  uint32_t DMA_Priority;                //DMA 数据流优先级
  uint32_t DMA_FIFOMode;                //FIFO 模式或直接模式
  uint32_t DMA_FIFOThreshold;           //FIFO 阈值
  uint32_t DMA_MemoryBurst;             //存储器端突发模式设置
  uint32_t DMA_PeripheralBurst;         //片上外设端突发模式设置
}DMA_InitTypeDef;
```

成员 1：uint32_t DMA_Channel，DMA 数据流通道，以宏的形式定义为 DMA_Channel_0～DMA_Channel_7。例如：

```
#define     DMA_Channel_0                    ((uint32_t)0x00000000)
```

成员 2：uint32_t DMA_PeripheralBaseAddr，片上外设端地址，根据具体的应用设置地址。这个地址被写入 DMA_S*x*PAR。

成员 3：uint32_t DMA_Memory0BaseAddr，存储器端地址，根据具体的应用设置地址。这个地址被写入 DMA_S*x*M0AR。

成员 4：uint32_t DMA_DIR，DMA 数据传输方向。有三个方向可选：外设到存储器、存储器到外设和存储器到存储器，在库函数中分别表示：

```
#define DMA_DIR_PeripheralToMemory         ((uint32_t)0x00000000)//外设到存储器
#define DMA_DIR_MemoryToPeripheral         ((uint32_t)0x00000040)//存储器到外设
#define DMA_DIR_MemoryToMemory             ((uint32_t)0x00000080)//存储器到存储器
```

成员 5：uint32_t DMA_BufferSize，DMA 传输数据数目。根据具体的应用设置地址。这个地址被写入 DMA_SxNDTR。

成员 6：uint32_t DMA_PeripheralInc，使能或禁止外设端自动递增功能设置，在库函数中分别表示：

```
#define DMA_PeripheralInc_Enable              ((uint32_t)0x00000200)//使能递增功能
#define DMA_PeripheralInc_Disable             ((uint32_t)0x00000000)//禁止递增功能
```

外设端一般禁止自动递增功能。

成员 7：uint32_t DMA_ MemoryInc，使能或禁止存储器端自动递增功能设置，在库函数中分别表示：

```
#define DMA_MemoryInc_Enable                  ((uint32_t)0x00000400)
#define DMA_MemoryInc_Disable                 ((uint32_t)0x00000000)
```

存储器端一般需要使能自动递增功能。

成员 8：uint32_t DMA_ PeripheralDataSize，外设端传输数据宽度，有字节、半字和字三种选择，在库函数中分别表示：

```
#define DMA_PeripheralDataSize_Byte           ((uint32_t)0x00000000) //字节
#define DMA_PeripheralDataSize_HalfWord       ((uint32_t)0x00000800) //半字
#define DMA_PeripheralDataSize_Word           ((uint32_t)0x00001000) //字
```

成员 9：uint32_t DMA_ MemoryDataSize，存储器端传输数据宽度，有字节、半字和字三种选择，在库函数中分别表示：

```
#define DMA_MemoryDataSize_Byte               ((uint32_t)0x00000000) //字节
#define DMA_MemoryDataSize_HalfWord           ((uint32_t)0x00002000) //半字
#define DMA_MemoryDataSize_Word               ((uint32_t)0x00004000) //字
```

成员 10：uint32_t DMA_ Mode，传输模式，有正常和循环两种选择，在库函数中分别表示：

```
#define DMA_Mode_Normal                       ((uint32_t)0x00000000) //正常模式
#define DMA_Mode_Circular                     ((uint32_t)0x00000100) //循环模式
```

成员 11：uint32_t DMA_ Priority，DMA 数据流优先级设置，有非常高优先级、高优先级、中优先级和低优先级四种选择，在库函数中分别表示：

```
#define DMA_Priority_Low                      ((uint32_t)0x00000000)//低优先级
#define DMA_Priority_Medium                   ((uint32_t)0x00010000) //中优先级
#define DMA_Priority_High                     ((uint32_t)0x00020000)//高优先级
#define DMA_Priority_VeryHigh                 ((uint32_t)0x00030000)//非常高优先级
```

成员 12：uint32_t DMA_ FIFOMode，使能或禁止 DMA 的 FIFO 模式，在库函数中分别表示：

```
#define DMA_FIFOMode_Disable                  ((uint32_t)0x00000000)//禁止
#define DMA_FIFOMode_Enable                   ((uint32_t)0x00000004)//使能
```

成员 13：uint32_t DMA_ FIFOThreshold，设置 DMA 的 FIFO 的阈值，在库函数中分别表示：

```
#define DMA_FIFOThreshold_1QuarterFull        ((uint32_t)0x00000000)    //1/4 满 FIFO
#define DMA_FIFOThreshold_HalfFull            ((uint32_t)0x00000001)    //1/2 满 FIFO
#define DMA_FIFOThreshold_3QuartersFull       ((uint32_t)0x00000002)    //3/4 满 FIFO
#define DMA_FIFOThreshold_Full                ((uint32_t)0x00000003)    //满 FIFO
```

成员 14：uint32_t DMA_ MemoryBurst，存储器端突发模式设置，在库函数中分别表示：

```
#define DMA_MemoryBurst_Single                ((uint32_t)0x00000000) //不使用突发模式
#define DMA_MemoryBurst_INC4                  ((uint32_t)0x00800000) //不使用突发模式
#define DMA_MemoryBurst_INC8                  ((uint32_t)0x01000000) //突发传输 8 个节拍
#define DMA_MemoryBurst_INC16                 ((uint32_t)0x01800000) //突发传输 16 个节拍
```

成员 15：uint32_t DMA_ PeripheralBurst，片上外设端突发模式设置，在库函数中分别表示：

```
#define DMA_PeripheralBurst_Single        ((uint32_t)0x00000000) //不使用突发模式
#define DMA_PeripheralBurst_INC4          ((uint32_t)0x00200000) //不使用突发模式
#define DMA_PeripheralBurst_INC8          ((uint32_t)0x00400000) //突发传输 8 个节拍
#define DMA_PeripheralBurst_INC16         ((uint32_t)0x00600000) //突发传输 16 个节拍
```

2．使能或禁止 DMA 数据流函数

```
void DMA_Cmd(DMA_Stream_TypeDef* DMAy_Streamx,FunctionalState NewState);
```

参数 1：同 DMA 初始化函数第一个参数。

参数 2：FunctionalState NewState，使能或禁止，表示 ENABLE 或 DISABLE。

```
typedef enum {DISABLE = 0, ENABLE = !DISABLE} FunctionalState;
```

3．获取 DMA 数据流是否能用函数

```
FunctionalState DMA_GetCmdStatus(DMA_Stream_TypeDef* DMAy_Streamx);
```

参数 1：同 DMA 初始化函数第一个参数。

返回：使能或禁止，表示 ENABLE 或 DISABLE。

判断的是 DMA_S*x*CR 的 EN 位。

4．获取 DMA 数据流当前状态函数

```
FlagStatus DMA_GetFlagStatus(DMA_Stream_TypeDef* DMAy_Streamx,uint32_t DMA_FLAG)
```

参数 1：同 DMA 初始化函数第一个参数。

参数 2：uint32_t DMA_FLAG，DMA 数据流状态标志，定义如下：

```
#define DMA_FLAG_FEIF0          ((uint32_t)0x10800001)//数据流 0 错误中断标志
#define DMA_FLAG_DMEIF0         ((uint32_t)0x10800004)//数据流 0 直接模式错误中断标志
#define DMA_FLAG_TEIF0          ((uint32_t)0x10000008) //数据流 0 传输错误中断标志
#define DMA_FLAG_HTIF0          ((uint32_t)0x10000010) //数据流 0 半传输中断标志
#define DMA_FLAG_TCIF0          ((uint32_t)0x10000020) //数据流 0 传输完成中断标志
```

对于每一个数据流都有以上标志位的宏定义。

返回：置位或复位，表示 SET 和 RESET。

10.4　应用实例

下文将介绍如何使用 DMA 实现两块存储器之间数据搬移。

要想实现存储器与存储器之间的数据 DMA 传输，只能使用 DMA2 控制器的数据流 0（DMA2_Stream0）。

在完成 DMA 数据传输后，判断数据源存储单元和目标存储单元的数据是否一致，以判断 DMA 数据传输过程是否出现数据错误。数据传输示意图如图 10-4 所示。

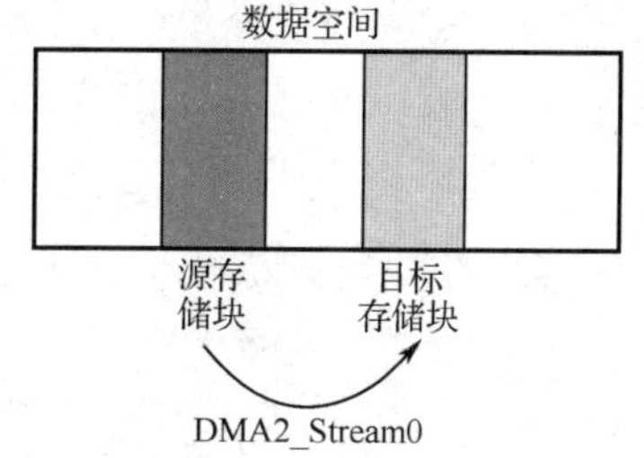

图 10-4　数据传输示意图

1．编程要点

（1）使能 DMA2 的工作时钟。

（2）复位 DMA2_Stream0，并判断何时复位成功。

配置 DMA 前，需要先禁止 DMA。如果上次 DMA 操作没有结束，则需要进行判断等待。

（3）根据需求，初始化 DMA2_Stream0。

（4）使能 DMA2_Stream0。

（5）判断 DMA2_Stream0 是否使能成功。

2．主程序

```
const uint32_t   SRC_Buffer[16]= {
0x11111111,    0x22222222,    0x33333333,    0x44444444,
0x55555555,    0x66666666,    0x77777777,    0x88888888,
0x99999999,    0xaaaaaaaa,    0xbbbbbbbb,    0xcccccccc,
0xdddddddd,    0xeeeeeeee,    0xffffffff,    0x5a5a5a5a };//DMA 传输源存储块
uint32_t   DST_Buffer[16]; //DMA 传输目标存储块
int main(void)
{
  DMA_Config();//DMA 初始化，并启动 DMA 传输
  /*等待 DMA 传输完成*/
  while(DMA_GetFlagStatus(DMA_STREAM,DMA_FLAG_TCIF0)==DISABLE);
  /* DMA 传输结束后，比对源存储单元和目标存储单元内容是否一致*/
  if(memcmp(SRC_Buffer, DST_Buffer, 16)==0)//完全一致，使用 memcmp 需要包含 string.h
  {
    //传输成功，没有数据错误
  }
  else//传输过程中有数据出错
  {
    //出错处理
  }
  while (1);
}
```

3．DMA 配置

程序实现步骤参见 10.3.1 节。

```
void DMA_Config(void)
{
  DMA_InitTypeDef   DMA_InitStructure;
  /*------------------第 1 步-------------------*/
  RCC_AHB1PeriphClockCmd(RCC_AHB1Periph_DMA2,ENABLE);   //使能 DMA2 的工作时钟

  /*------------------第 2 步-------------------*/
  DMA_DeInit(DMA2_Stream0); //复位，禁止 DMA2_Stream0
  while (DMA_GetCmdStatus(DMA2_Stream0)!= DISABLE); //确保 DMA2_Stream0 禁止成功

  /*------------------第 3 步-------------------*/
  /*开始初始化 DMA2_Stream0*/
  DMA_InitStructure.DMA_Channel=DMA_Channel_0;                          //选择通道
  DMA_InitStructure.DMA_PeripheralBaseAddr=(uint32_t) SRC_Buffer;       //数据源地址
  DMA_InitStructure.DMA_Memory0BaseAddr=(uint32_t)DST_Buffer;           //目标地址
  DMA_InitStructure.DMA_DIR=DMA_DIR_MemoryToMemory;            //存储器到存储器模式
  DMA_InitStructure.DMA_BufferSize =16;                                  //DMA 传输数据数目
  DMA_InitStructure.DMA_PeripheralInc=DMA_PeripheralInc_Enable;//使能外设端自动递增功能
  DMA_InitStructure.DMA_MemoryInc=DMA_MemoryInc_Enable; //使能存储器端自动递增功能
  DMA_InitStructure.DMA_PeripheralDataSize=DMA_PeripheralDataSize_Word; //32 位宽度
  DMA_InitStructure.DMA_MemoryDataSize=DMA_MemoryDataSize_Word;              //32 位宽度
  DMA_InitStructure.DMA_Mode=DMA_Mode_Normal;    //正常模式，不循环，只传输一次
```

```
    DMA_InitStructure.DMA_Priority=DMA_Priority_High;  //设置 DMA2_Stream0 优先级为高
    DMA_InitStructure.DMA_FIFOMode=DMA_FIFOMode_Disable;            //禁用 FIFO 模式
    DMA_InitStructure.DMA_FIFOThreshold=DMA_FIFOThreshold_Full;     //此时这一参数无用
    DMA_InitStructure.DMA_MemoryBurst=DMA_MemoryBurst_Single;       //单次模式
    DMA_InitStructure.DMA_PeripheralBurst=DMA_MemoryBurst_Single;   //单次模式
    DMA_Init(DMA2_Stream0, &DMA_InitStructure);  //完成 DMA2_Stream0 配置

    /*------------------第 4 步-------------------*/
    DMA_Cmd(DMA2_Stream0, ENABLE);         //使能 DMA2_Stream0，启动 DMA 数据传输

    /*------------------第 5 步-------------------*/
    while (DMA_GetCmdStatus(DMA2_Stream0)!= ENABLE);      //检测 DMA2_Stream0 是否有效
}
```

习题

1. 简述 DMA 工作原理。
2. 说明 DMA 控制器的 3 种数据传输方向。
3. 要想实现存储器到存储器的 DMA 数据传输，需要使用哪一个 DMA 数据流、通道？
4. DMA 传输使用的数据格式（宽度）有哪些？
5. 实现 DMA 数据传输的 3 个基本要素是什么？
6. 什么是 DMA 突发传输？
7. USART1 的发送功能（TX）和接收功能（RX），分别使用的是哪一个 DMA 的哪一个数据流的哪一个通道？
8. 使用 DMA，编写程序实现存储器到存储器的 DMA 数据传输，数据源和目的地自定。

第 11 章　通用同步异步收发器（USART）

11.1　通信概述

11.1.1　并行通信和串行通信

数据传输可以通过两种方式进行：并行通信和串行通信。

1. 并行通信

在计算机和终端之间的数据传输通常是靠电缆或信道上的电流或电压变化实现的。如果一组数据的各数据位在多条线上同时被传输，这种传输方式称为并行通信，并行通信示意图如图 11-1 所示。

并行通信时，数据的各个位同时传送，以字或字节为单位并行进行。发送设备将数据位通过对应的数据线传送给接收设备，接收设备可同时接收到这些数据，不需要做任何变换就可直接使用。

并行通信速度快，但用的通信线多、成本高。由于在长距离传输容易出现接收数据位不同步的问题，因此并行通信不适合进行长距离通信，主要用于短距离通信。这种方法的优点是传输速度快、处理简单。

并行传输主要应用于微处理器内部的总线及一些高速板级总线（如 PCI 总线）等高速通信领域。

2. 串行通信

当串行数据传输时，数据是一位一位地在通信线上传输的，先将并行数据经并-串转换硬件转换成串行方式，再逐位经传输线到达接收设备，并在接收端将数据从串行方式重新转换成并行方式，以供接收方使用，串行通信示意图如图 11-2 所示。串行数据传输的速度要比并行传输慢，但由于使用硬件资源少，没有长距离传输数据位不同步问题，因此串行传输方式在嵌入式应用领域中使用得更加广泛，脱离电路板的长距离通信方式基本都是串行通信方式。例如，UART、USB、I2C、SPI、CAN、以太网等都是采用串行通信方式。

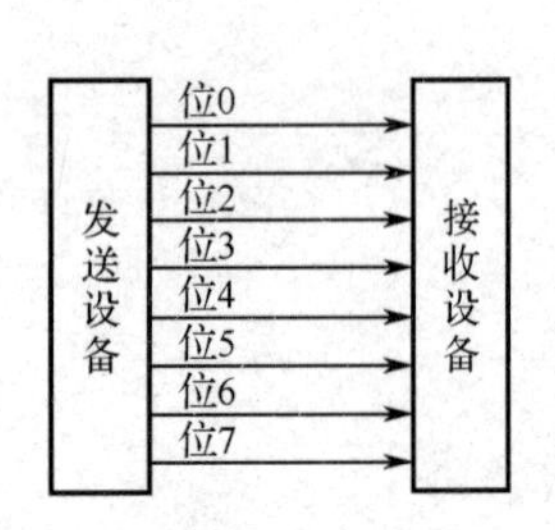

图 11-1　并行通信示意图

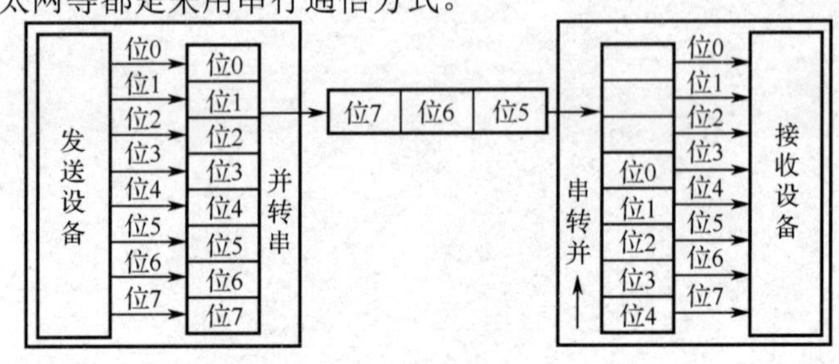

图 11-2　串行通信示意图

并行通信和串行通信之间的对比如表 11-1 所示。

表 11-1　并行通信和串行通信之间的对比

特性	串行	并行
通信距离	较长	较短
传输速率	慢	较快
成本	低	较高
抗干扰能力	较高	一般

11.1.2 单工通信、半双工通信、全双工通信

在串行通信中，数据通常是在两个终端（如计算机和外设）之间进行传送，根据数据流的传输方向可分为3种基本传送方式：单工通信、半双工通信和全双工通信。3种基本传送方式如图11-3所示。

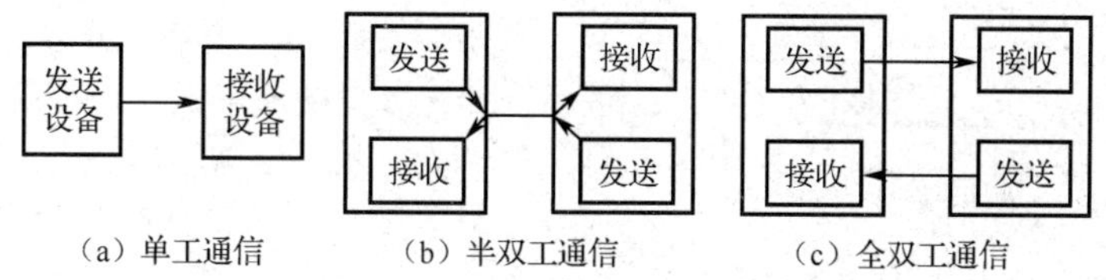

（a）单工通信　（b）半双工通信　（c）全双工通信

图11-3　3种基本传送方式

1. 单工通信

单工通信只有一根数据线，通信只在一个方向上进行，通信是单向的。例如，电视、广播。

2. 半双工通信

半双工通信也只有一根数据线，与单工的区别是这根数据线既可作发送又可作接收，虽然数据可在两个方向上传送，但通信双方不能同时收发数据。例如，对讲机、USB、I2C。

3. 全双工通信

数据的发送和接收用两根不同的数据线，通信双方在同一时刻都能进行发送和接收，这一工作方式称为全双工通信。在这种方式下，通信双方都有发送器和接收器，发送和接收可同时进行，没有时间延迟。例如，UART、SPI、以太网。

11.1.3 同步通信和异步通信

串行通信还可以分为同步通信和异步通信两种方式。

1. 同步通信

同步通信要求接收端时钟频率和发送端时钟频率一致，发送端发送连续的数据流。在同步方式下，发送方除了发送数据，还要传输同步时钟信号，信息传输的双方用同一个时钟信号确定传输过程中每一位的位置。同步时钟信号一般由主设备提供。例如，SPI、I2C、USB（同步时钟包含在数据编码中）。同步通信示意图如图11-4所示。

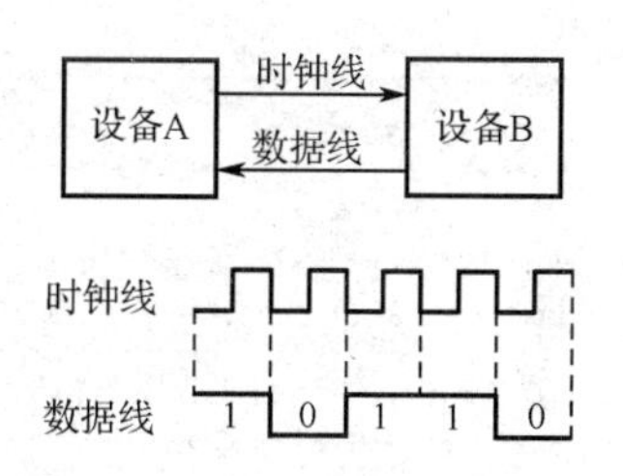

图11-4　同步通信示意图

2. 异步通信

异步通信时不要求接收端时钟和发送端时钟同步，发送端发送完一个字节后，可经过任意长的时间间隔再发送下一个字节。

在异步通信中，发送方和接收方必须约定相同的帧格式，否则会造成传输错误。在异步通信方式中，发送方只发送数据帧，不传输时钟，发送方和接收方必须约定相同的传输率。当然双方实际工作速率不可能绝对相等，但是只要误差不超过一定的限度，就不会造成传输错误。

在异步通信中，两个数据字符之间的传输间隔是任意的，所以，每个数据字符的前后都要用一些数位来作为分隔位，组成一个完整数据帧。

异步通信的典型例子就是UART。以标准的异步通信数据格式为例，一帧数据传输一开始，输出线由标识态变为“0”状态，从而作为起始位。起始位后面为5～8个有效数据位，有效数据位由低往高排列，即先传字符的低位，后传字符的高位。有效数据位后面可选校验位，校验位可以按奇校验设置，也可以按偶校验设置，或不设校验位。最后以逻辑的“1”作为停止位，

停止位可为 1 位、1.5 位或者 2 位。如果传输完 1 个字符以后，立即传输下一个字符，那么后一个字符的起始位便紧挨着前一个字符的停止位了，否则，输出线又会进入标识态。

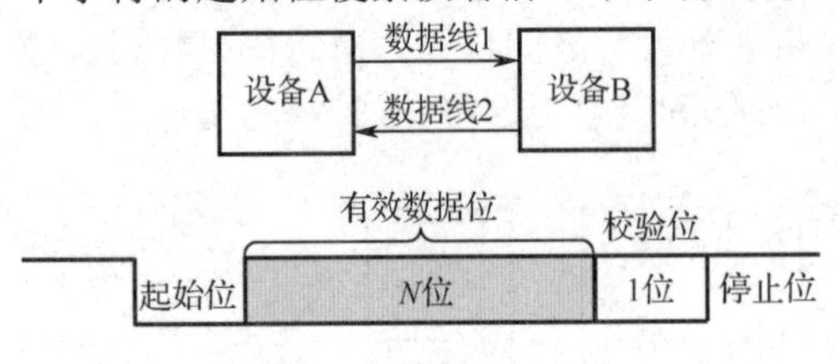

图 11-5　异步通信示意图

异步通信示意图如图 11-5 所示。

11.1.4　RS-232

在串行通信时，要求通信双方都采用一个标准接口，使不同的设备可以方便地连接起来进行通信。RS-232-C（又称 EIA RS-232-C）是目前最常用的一种串行通信接口（“RS-232-C”中的“-C”只不过表示 RS-232 的版本，所以与“RS-232”简称是一样的）。RS-232 是在 1970 年由美国电子工业协会（EIA）联合贝尔系统、调制解调器厂家及计算机终端生产厂家共同制定的用于串行通信的标准。RS-232 的全名是数据终端设备（DTE）和数据通信设备（DCE）之间串行二进制数据交换接口技术标准，该标准规定采用一个 25 个引脚的 DB-25 连接器，对连接器的每个引脚的信号内容加以规定，还对各种信号的电平加以规定。后来 IBM 的计算机将 RS-232 简化成了 DB-9 连接器，从而成为事实标准。而工业控制的 RS-232 接口一般只使用 RXD、TXD、GND 三条线。

一般的设备使用的都是 9 针的接口，分公口和母口。DB-9 接口引脚图如图 11-6 所示。

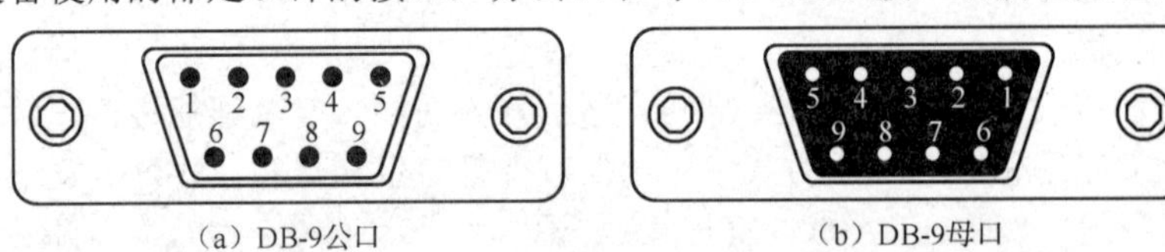

（a）DB-9公口　　（b）DB-9母口

图 11-6　DB-9 接口引脚图

DB-9 各个引脚的定义如表 11-2 所示。

表 11-2　DB-9 各个引脚的定义

引脚	简写	功能说明	引脚	简写	功能说明
1	CD	载波侦测	6	DSR	数据准备好
2	RXD	接收数据	7	RTS	请求发送
3	TXD	发送数据	8	CTS	清除发送
4	DTR	数据终端设备	9	RI	振铃指示
5	GND	地线	—	—	—

EIA RS-232C 对电气特性、逻辑电平和各种信号线功能都做了规定。

在 TXD 和 RXD 上：

（1）逻辑 1（MARK）=-15～-3V；

（2）逻辑 0（SPACE）=3～15V；

在 RTS、CTS、DSR、DTR 和 DCD 等控制线上：

（1）信号有效（接通，ON 状态，正电压）=3～15V；

（2）信号无效（断开，OFF 状态，负电压）=-15～-3V。

-3～3V 的电压处于模糊区电位，此部分电压将使得计算机无法正确判断输出信号的意义，可能得到 0，也可能得到 1，如此得到的结果是不可信的，在通信时的体系是会出现大量误码，造成通信失败。因此，实际工作时，应保证传输的电平在 3～15V 或-15～-3V。

EIA RS-232C 与TTL转换：EIA RS-232C 是用正负电压来表示逻辑状态，与 TTL 以高低电平表示逻辑状态的规定不同。因此，为了能够同计算机接口或终端的 TTL 器件连接，必须在 EIA RS-232C 与 TTL 电路之间进行电平和逻辑关系的变换。为了实现这种变换的方法可用分立元件，也可用集成电路芯片。目前使用集成电路转换器件，如 MAX232 芯片、SP232芯片可完成 5V TTL←→EIA 双向电平转换，以及 MAX3232 芯片、SP3232芯片可完成 3.3V TTL←→EIA 双向电平转换。由于 RS-232 电平容错范围比 TTL 电平的要大很多，因此，相对于 TTL 电平通信来讲，RS-232 电平通信的距离更远、可靠性更高，常用于早期的工业现场。RS-232 电平和 TTL 电平如图 11-7 所示。

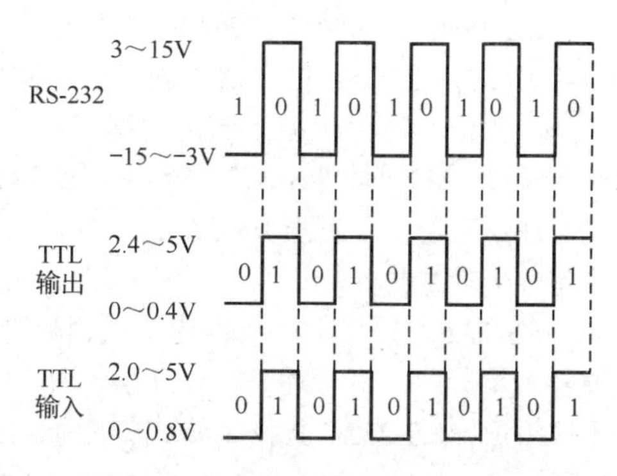

图 11-7　RS-232 电平和 TTL 电平

RS-232 在实际的使用过程中的连接图如图 11-8 所示。

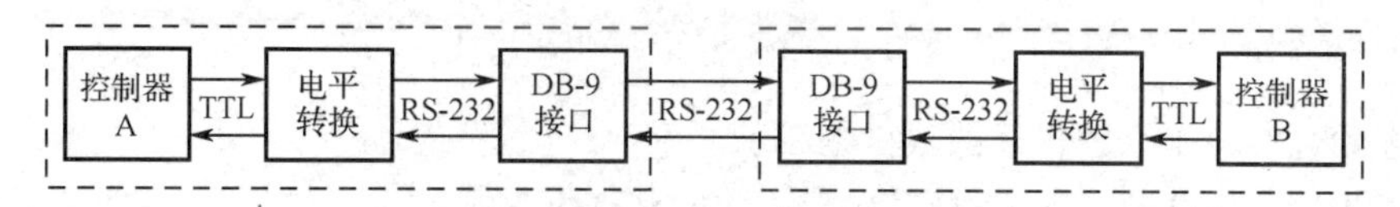

图 11-8　RS-232 在实际的使用过程中的连接图

在实际使用中存在2种电气连接方式：TTL 电平直连和 RS-232 连接。TTL 电平直连和 RS-232 连接的示意图如图 11-9 所示。

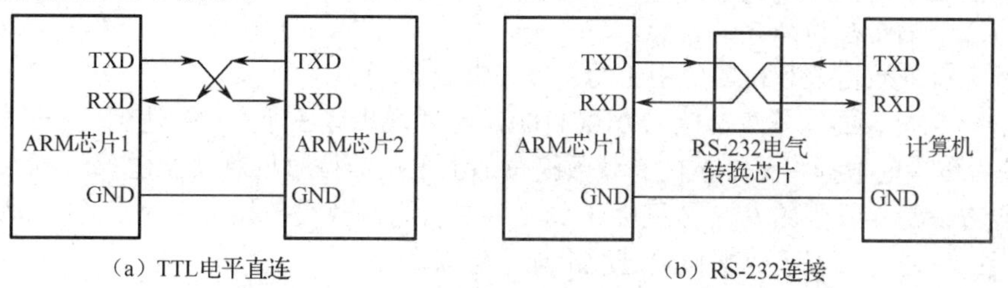

图 11-9　TTL 电平直连和 RS-232 连接示意图

TTL 和 RS-232 电气转换电路原理图如图 11-10 所示。

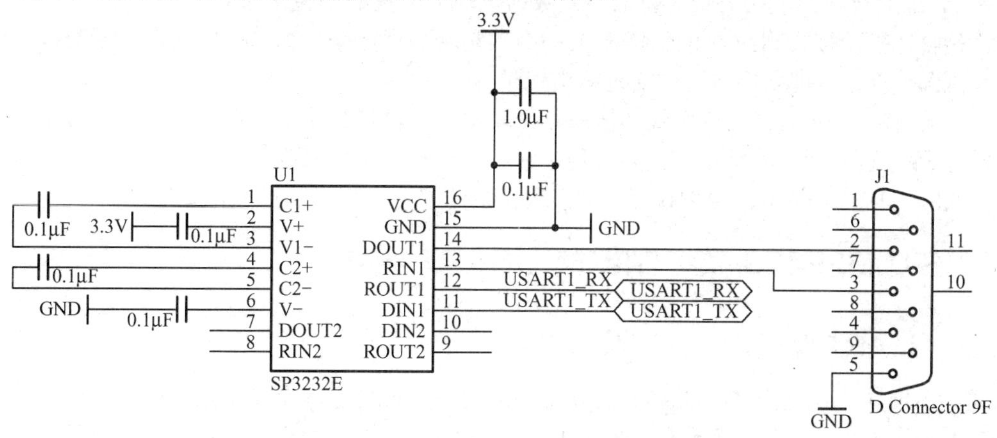

图 11-10　TTL 和 RS-232 电气转换电路原理图

SP3232E 芯片有 2 个独立的转换通道，图 11-10 中只使用到了 1 个通道，DB-9 接口使用的是母口。

RS-232C 规定最大的负载电容为 2500pF，这个电容限制了通信距离和通信速率，由于 RS-232C 的发送器和接收器之间具有公共信号地（GND），属于非平衡电压型传输电路，不使用差分信号传输，因此不具备抗共模干扰的能力，共模噪声会耦合到信号中，在不使用调制解调器（MODEM）时，RS-232C 能够可靠进行数据传输的最大通信距离为 15m。通信速率越大，有效通信距离越小。对于 RS-232C 远程，必须通过调制解调器进行远程通信连接，或改为 RS-485 等差分传输方式。

RS-232C 异步串口数据通信采用标准的数据帧格式，在通信双方约定相同的波特率、数据帧格式下，即可进行通信。一个异步串口数据帧由起始位、有效数据位、校验位（可选）及停止位组成，RS-232C 数据帧格式如图 11-11 所示。

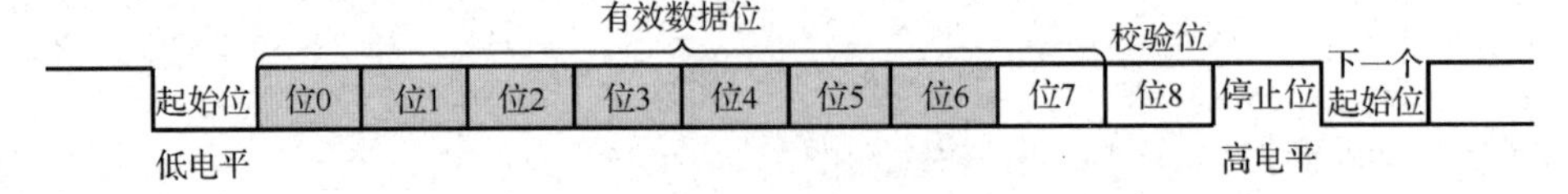

图 11-11　RS-232C 数据帧格式

（1）起始位：由 1 个逻辑 0 的数据位表示。

（2）停止位：由 0.5、1、1.5 或 2 个逻辑 1 的数据位表示。

（3）有效数据位：在起始位后紧接着的就是有效数据位，有效数据位的长度常被约定为 5 位、6 位、7 位或 8 位。

（4）校验位：可检验数据传输过程中是否出现错误，可选。

校验方法分为奇校验和 2-偶校验。

奇校验：有效数据位和校验位中 1 的总数为奇数。

比如一个 8 位长的有效数据位为 01001100，此时总共有 3 个 1，为达到奇校验效果，校验位为 0，最后传输的数据将是 8 位的有效数据位加上 1 位的校验位总共 9 位。

在接收方检验接收到的 9 位数据中 1 的个数是否为奇数个，如果是的话，表示数据传输过程没有错误；反之，则表示数据传输过程出现了错误。

偶校验：有效数据位和校验位中 1 的总数为偶数。

例如，一个 8 位长的有效数据位为 01001100，此时总共有 3 个 1，为达到偶校验效果，校验位为 1，最后传输的数据将是 8 位的有效数据位加上 1 位的校验位总共 9 位。

在接收方检验接收到的 9 位数据中 1 的个数是否为偶数个，如果是的话，表示数据传输过程没有错误；反之，则表示数据传输过程出现了错误。

（5）波特率（bit/s）。波特率就是指每秒传输位数（包括起始位、停止位、有效数据位、校验位）。传输率也常叫作波特率。国际上规定了一个标准波特率系列，为 110、300、600、1200、1800、2400、4800、9600、19 200 等。大多数接口的波特率可以通过编程来指定。

11.2　STM32F429 微控制器的 USART 结构

11.2.1　USART 概述

通用同步异步收发器（USART）能够灵活地与外围设备进行全双工数据交换，满足外围设备对工业标准 NRZ 异步串行数据格式的要求。USART 通过小数波特率发生器提供了多种波特率。USART 支持同步单向通信和半双工单线通信；它还支持 LIN（局域互联网络）、智能卡协议与 IrDA（红外线数据协会）SIR ENDEC 规范，以及调制解调器操作（CTS/RTS）。而且，USART 还支持多处理器通信。

STM32F429 微控制器包含以下 8 个串口。

4 个 UART：通用异步收发器 UART4、UART5、UART7 和 UART8，它们只具备异步通信功能，没有 SCLK、nCTS 和 nRTS 等同步功能。

4 个 USART：通用同步异步收发器 USART1、USART2、USART3 和 USART6。

STM32F429 微控制器中的 USART 具备以下特点。

（1）全双工操作（相互独立的接收数据和发送数据）。

（2）同步操作时，可主机时钟同步，也可从机时钟同步。

（3）独立的高精度波特率发生器，不占用定时/计数器。

（4）支持 5 位、6 位、7 位、8 位和 9 位有效数据位，1 位或 2 位停止位的串行数据桢结构。

（5）由硬件支持的发生和检验。

（6）数据溢出检测。

（7）帧错误检测。

（8）包括错误起始位的检测噪声滤波器和数字低通滤波器。

（9）三个完全独立的中断，TX 发送完成、TX 发送数据寄存器空、RX 接收完成。

（10）支持多机通信模式。

（11）支持倍速异步通信模式。

USART 主要由引脚、数据通道、发送器、接收器等组成，USART 内部结构图如图 11-12 所示。

1．引脚

任何 USART 双向通信均需要至少两个引脚：接收数据输入引脚（RX 引脚）和发送数据输出引脚（TX 引脚）。

RX 引脚：就是串行数据输入引脚。使用过采样技术可区分有效输入数据和噪声，从而用于恢复数据。

TX 引脚：如果关闭发送器，该输出引脚模式由 GPIO 端口配置决定。如果使能了发送器但没有待发送的数据，则 TX 引脚处于高电平。在正常 USART 模式下，通过这些引脚以帧的形式发送和接收串行数据。

在同步模式下连接时需要以下引脚。

SCLK 引脚：发送器时钟输出引脚。该引脚用于输出发送器数据时钟，以便按照 SPI 主模式进行同步发送（起始位和停止位上无时钟脉冲，可通过软件向后一个数据位发送时钟脉冲）。RX 引脚可同步接收并行数据。这一点可用于控制带移位寄存器的外设（如 LCD 驱动器）。时钟相位和极性可通过软件编程。在智能卡模式下，SCLK 可向智能卡提供时钟。

在硬件流控制模式下需要以下引脚。

（1）nCTS 引脚：nCTS 表示清除已发送，nCTS 引脚用于在当前传输结束时阻止数据发送（高电平时）。

如果使能 CTS 流控制（CTSE=1），则发送器会在发送下一帧前检查 nCTS 引脚。如果 nCTS 引脚有效（连接到低电平），则会发送下一个数据（假设数据已准备好发送，即 TXE=0）；否则不会进行发送。如果在发送过程中 nCTS 引脚变为无效，则在当前发送完成之后，发送器停止。

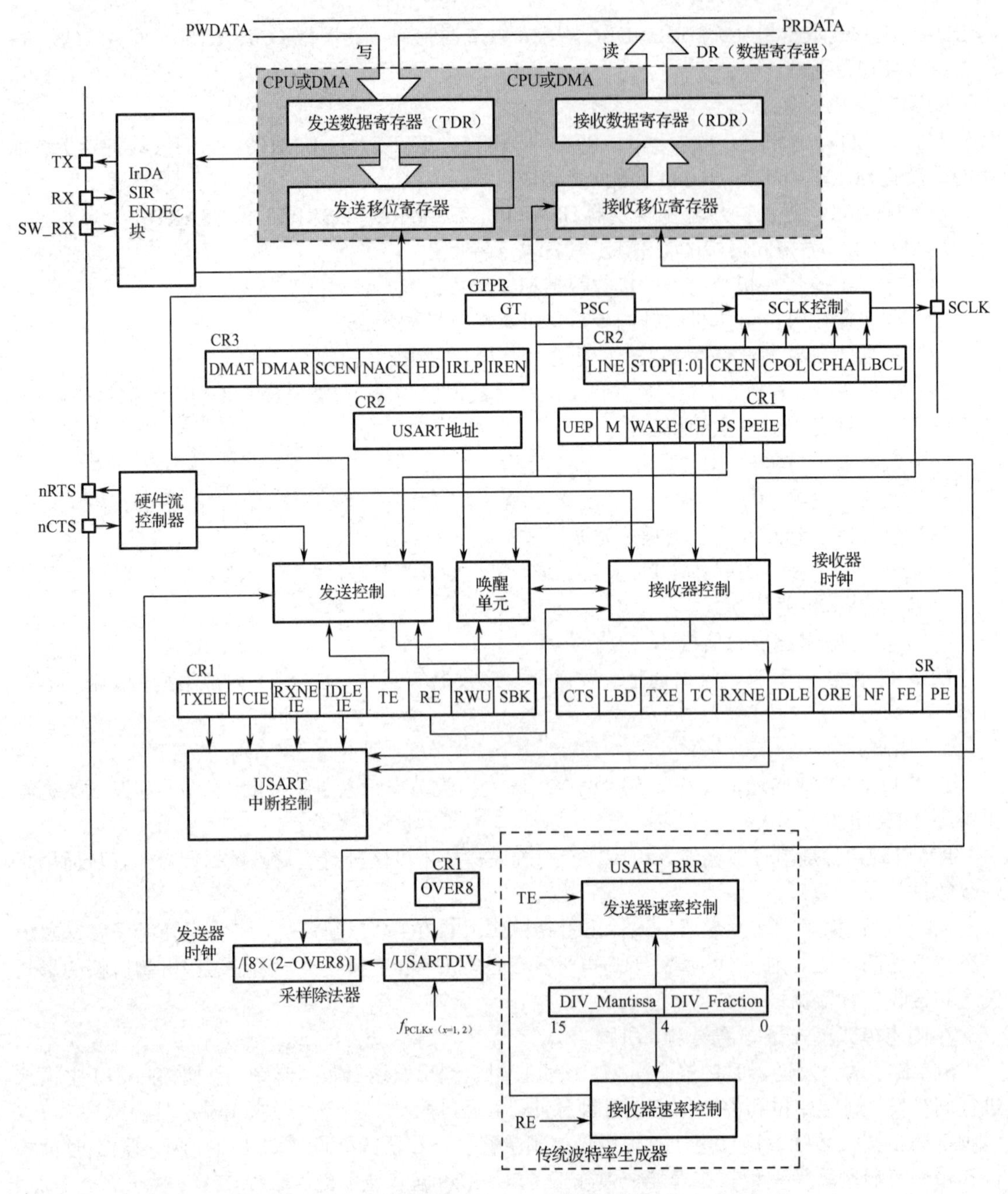

图 11-12　USART 内部结构图

（2）nRTS 引脚：nRTS 表示请求已发送，nRTS 引脚用于指示 USART 已准备好接收数据（低电平时）。

如果使能 RTS 流控制（RTSE=1），只要 USART 接收器准备好接收新数据，便会将 nRTS 引脚就会变为有效（连接到低电平）。当接收寄存器已满时，nRTS 引脚会变为无效，表示发送过程会在当前帧结束后停止。

2．数据通道

USART 有独立的发送和接收数据的通道。

发送通道主要由发送数据寄存器（TDR）和发送移位寄存器组成（并转串）。

接收通道主要由接收数据寄存器（RDR）和接收移位寄存器组成（串传并）。

数据通道面向程序的是一个 USART 数据寄存器（USART_DR），只有 9 位有效，可通过对 USART 控制寄存器 1（USART_CR1）中的 M 位进行编程来选择 8 位或 9 位的字长。

数据寄存器（DR）包含两个寄存器，一个用于发送（TDR），一个用于接收（RDR）。写 USART_DR，实际操作的是 TDR。读 USART_DR，实际操作的是 RDR。

当要发送数据时，写 USART_DR，即可启动一次发送。数据经发送移位寄存器将并行数据通过发送引脚（TXD 引脚）逐位发送出去。

当确认接收到一个完整数据时，读 USART_DR，即可得到接收到的数据。

在使能校验位的情况下（USART_CR1 中的 PCE 位被置 1）进行发送时，由于 MSB 的写入值（位 7 或位 8，具体取决于数据长度）会被校验位取代，因此该值不起任何作用。在使能校验位的情况下进行接收时，从 MSB 位中读取的值为接收到的校验位。

3．发送器

发送器控制 USART 的数据发送功能。发送数据由起始位、有效数据位、校验位和停止位组成。起始位一般为 1 位，有效数据位可以是 7 位或 8 位，校验位为 1 位，停止位可以是 0.5 位、1 位、1.5 位或 2 位。

1 位停止位：这是停止位数量的默认值。

2 位停止位：正常 USART 模式、单线模式和调制解调器模式支持该值。

0.5 位停止位：在智能卡模式下接收数据时使用。

1.5 位停止位：在智能卡模式下发送和接收数据时使用。

当 USART_CR1 发送使能位（TE）置 1 时，使能发送功能，写 USART_DR 启动一次发送，发送移位寄存器中的数据在 TX 引脚输出，首先发送 LSB。如果是同步模式的话，则相应的时钟脉冲在 SCLK 引脚输出。

当需要连续发送数据时，只有在当前发送数据完全结束后，才能进行一次新的数据。当 USART 状态寄存器（USART_SR）的 TC 位置 1 时，发送结束。可以通过软件检测或中断方式（需要将 USART_CR1 的 TCIE 位置 1）判断何时发送结束。

4．接收器

接收器控制 USART 的数据接收过程。

当 USART_CR1 的发送使能位（RE）置 1 时，使能接收功能。在 USART 接收期间，首先通过 RX 引脚移入数据的 LSB。当 USART_SR 的 RXNE 位置 1 时，移位寄存器的内容已传送到 RDR，数据接收结束。

一般会将 USART_CR1 的 RXNEIE 位置 1，使能接收完成中断，在中断服务程序中通过读 USART_DR 获取接收到的数据。

接收器采用过采样技术（除了同步模式）来检测接收到的数据，这可以从噪声中提取有效数据。可通过编程 USART_CR1 中的 OVER8 位来选择采样方法，且采样时钟可以是波特率时钟的 16 倍或 8 倍。

8 倍过采样（OVER8=1）：此时以 8 倍于波特率的采样频率对输入信号进行采样，每个采样数据位被采样 8 次。此时可以获得最高的波特率（$f_{PCLK}/16$）。根据采样中间的 3 次采样（第 4、5、6 次）判断当前采样数据位的状态。8 倍过采样原理如图 11-13 所示。

16 倍过采样（OVER8=0）：此时以 16 倍于波特率的采样频率对输入信号进行采样，每个采样数据位被采样 16 次。此时可以获得最高的波特率（$f_{PCLK}/16$）。根据采样中间的 3 次采样（第 8、9、10 次）判断当前采样数据位的状态。16 倍过采样原理如图 11-14 所示。

根据中间 3 位采样值判断当前采样数据位的状态，并设置 USART_SR 的 NE 位。USART 采样数据位状态如表 11-3 所示。

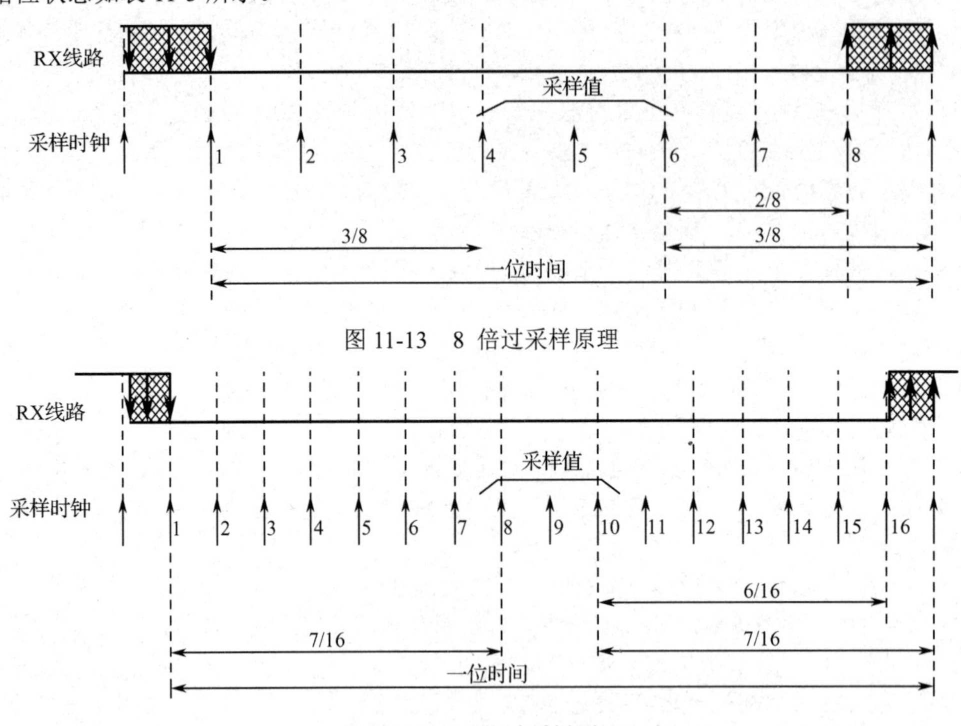

图 11-13　8 倍过采样原理

图 11-14　16 倍过采样原理

表 11-3　USART 采样数据位状态

采样值	NE 状态	接收的位值	采样值	NE 状态	接收的位值
000	0	0	100	1	0
001	1	0	101	1	1
010	1	0	110	1	1
011	1	1	111	0	1

11.2.2　波特率设置

波特率决定了 USART 数据通信的速率，通过设置波特率寄存器（USART_BRR）来配置波特率。

标准 USART 的波特率计算公式：

$$波特率=\frac{f_{PCLK}}{8\times(2-OVER8)\times USARTDIV}$$

式中，f_{PCLK} 是 USART 总线时钟；OVER8 是过采样设置；USARTDIV 是需要存储在 USART_BRR 中的数据。

USART_BRR 由以下两部分组成。

USARTDIV 的整数部分：USART_BRR 的位 15:4，即 DIV_Mantissa[11:0]。

USARTDIV 的小数部分：USART_BRR 的位 3:0，即 DIV_Fraction[3:0]。

一般根据需要的波特率计算 USARTDIV，然后换算成存储到 USART_BRR 的数据。

例：配置 USART1 的波特率为 115 200bit/s，USART1 挂载在 APB2 上，系统时钟频率为 180MHz，f_{PCLK}=90MHz，假设 OVER8=0（16 倍过采样），计算写入 USART_BRR 的数据。

$$\text{USARTDIV}=\frac{f_{PCLK}}{8\times(2-\text{OVER8})\times\text{波特率}}=\frac{90\,000\,000}{8\times(2-0)\times115\,200}=48.828\,125$$

因此，DIV_Mantissa[11:0]=48=0x30，DIV_Fraction=2^4×0.828 125=13.25=0x0D（取整数部分），写入 USART_BRR 中的数据=0x30D。

11.2.3 USART 中断

USART 的所有中断事件被连接到相同的中断通道，可以触发 USART 的中断事件如下。

发送期间：发送完成、清除已发送或发送数据寄存器为空。

接收期间：空闲线路检测、上溢错误、接收数据寄存器不为空、奇偶校验错误、LIN 断路检测、噪声标志（仅限多缓冲区通信）和帧错误（仅限多缓冲区通信）。

如果将相应的中断使能控制位置 1，则这些事件会生成中断。USART 的中断事件表如表 11-4 所示。

表 11-4　USART 的中断事件表

中断事件	事件标志	使能控制位
发送数据寄存器为空	TXE	TXEIE
CTS 标志	CTS	CTSIE
发送完成	TC	TCIE
准备好读取接收到的数据	RXNE	RXNEIE
检测到上溢错误	ORE	
检测到空闲线路	IDLE	IDLEIE
奇偶校验错误	PE	PEIE
断路标志	LBD	LBDIE
多缓冲区通信中的噪声标志、上溢错误和帧错误	NF 或 ORE 或 FE	EIE

11.2.4 DMA 控制

USART 能够使用 DMA 进行连续通信。接收缓冲区和发送缓冲区的 DMA 请求是独立的，它们分别对应于独立的 DMA 通道。

1．使用 DMA 进行发送

将 USART 控制寄存器 3（USART_CR3）中的 DMAT 位置 1 可以使能 DMA 模式进行发送。一旦使能了 USART 的 DMA 功能，当 TXE 位置 1 时，控制器会将数据自动从 SRAM 区加载到 USART_DR，启动发送过程。所有数据的发送不需要通过程序干涉。

2．使用 DMA 进行接收

将 USART_CR3 中的 DMAR 位置 1 可以使能 DMA 模式进行接收。一旦使能了 USART 的 DMA 功能，当接收数据时，将 RXNE 位置 1，控制器会将数据会从 USART_DR 自动加载到 SRAM 区域。整个数据的接收过程不需要程序的干涉。

11.3 USART 典型应用步骤及常用库函数

11.3.1 USART 典型应用步骤

1．串口初始化

串口初始化主要涉及时钟配置、GPIO 配置及串口功能设置。

2．串口应用

串口应用主要处理数据的接收和发送。

发送：使用常用软件查询法实现，也可以使用中断和 DMA 方法实现。

接收：使用常用中断法实现，也可以使用 DMA 方法实现。

3．应用步骤

（1）时钟使能。

串口时钟使能：

```
void RCC_APB1PeriphClockCmd(uint32_t RCC_APB1Periph,FunctionalState NewState);
void RCC_APB2PeriphClockCmd(uint32_t RCC_APB2Periph,FunctionalState NewState);
```

复用到串口功能的 GPIO 时钟使能：

```
void RCC_AHB1PeriphClockCmd(uint32_t RCC_AHB1Periph,FunctionalState NewState);
```

（2）配置串口相关复用引脚。

引脚复用映射：

```
void GPIO_PinAFConfig(GPIO_TypeDef* GPIOx,uint16_t GPIO_PinSource,uint8_t GPIO_AF);
```

GPIO 端口模式设置：

```
void GPIO_Init(GPIO_TypeDef* GPIOx, GPIO_InitTypeDef* GPIO_InitStruct);
```

模式设置为 GPIO_Mode_AF。

（3）串口参数初始化。

```
void USART_Init(USART_TypeDef* USARTx, USART_InitTypeDef* USART_InitStruct);
```

这一函数是串口功能设置的核心函数。

（4）开启中断并且初始化 NVIC（只有需要开启中断才需要这个步骤）。

NVIC 配置：

```
void NVIC_Init(NVIC_InitTypeDef* NVIC_InitStruct);
```

USART 中断事件使能：

```
void USART_ITConfig(USART_TypeDef* USARTx, uint16_t USART_IT, FunctionalState NewState);
```

（5）使能串口。

```
void USART_Cmd(USART_TypeDef* USARTx, FunctionalState NewState);
```

（6）编写中断处理函数。

```
void USARTx_IRQHandler(void);
```

11.3.2 常用库函数

与 DMA 相关的函数和宏都被定义在以下两个文件中。

头文件：stm32f4xx_usart.h。

源文件：stm32f4xx_ usart.c。

1．USART 初始化函数

```
void USART_Init(USART_TypeDef* USARTx, USART_InitTypeDef* USART_InitStruct);
```

参数 1：USART_TypeDef* USARTx，USART 对象，是一个结构体指针，表示形式是 USART1、

USART2、USART3、USART6、UART4、UART5、UART7 和 UART8，以宏定义形式定义在 stm32f4xx_.h 文件中。例如：

```
#define USART1                    ((USART_TypeDef *) USART1_BASE)
```

USART _TypeDef 是自定义结构体类型，成员是 DMA 数据流的所有寄存器。

参数 2:USART _InitTypeDef* USART_InitStruct ，USART 初始化结构体指针。USART_InitTypeDef 是自定义的结构体类型，定义在 stm32f4xx_dma.h 文件中。

```
typedef struct
{
  uint32_t USART_BaudRate;                //波特率
  uint16_t USART_WordLength;              //有效数据位
  uint16_t USART_StopBits;                //停止位
  uint16_t USART_Parity;                  //校验方式
  uint16_t USART_Mode;                    //串口模式
  uint16_t USART_HardwareFlowControl;     //硬件流控
} USART_InitTypeDef;
```

成员 1：uint32_t USART_BaudRate，波特率，用户自定义即可。

成员 2：uint16_t USART_WordLength，有效数据位，有 8 位和 9 位，定义如下：

```
#define USART_WordLength_8b          ((uint16_t)0x0000)//8 位有效数据位
#define USART_WordLength_9b          ((uint16_t)0x1000)//9 位有效数据位
```

常用 8 位有效数据位。

成员 3：uint16_t USART_StopBits，停止位，有 0.5 位、1 位、1.5 位和 2 位，定义如下：

```
#define USART_StopBits_1             ((uint16_t)0x0000)//1 位停止位
#define USART_StopBits_0_5           ((uint16_t)0x1000) //0.5 位停止位
#define USART_StopBits_2             ((uint16_t)0x2000) //2 位停止位
#define USART_StopBits_1_5           ((uint16_t)0x3000) //1.5 位停止位
```

常用 1 位停止位。

成员 4：uint16_t USART_Parity，校验方式，有奇校验、偶校验和不使用校验，定义如下：

```
#define USART_Parity_No              ((uint16_t)0x0000) //不使用校验
#define USART_Parity_Even            ((uint16_t)0x0400) //偶校验
#define USART_Parity_Odd             ((uint16_t)0x0600) //奇校验
```

一般不使用校验位。

成员 5：uint16_t USART_Mode，串口模式，有发送模式、接收模式和收发模式，定义如下：

```
#define USART_Mode_Rx                ((uint16_t)0x0004)//接收模式
#define USART_Mode_Tx                ((uint16_t)0x0008)//发送模式
```

因为发送通道和接收通道是独立的，因此，可以同时使能。此时，只需要将接收模式定义和发送模式定义使用或操作符并在一起，即 USART_Mode_Rx | USART_Mode_Tx。

成员 6：USART_HardwareFlowControl，硬件流控，有 4 种方式，定义如下：

```
#define USART_HardwareFlowControl_None       ((uint16_t)0x0000)//不使用硬件流控
#define USART_HardwareFlowControl_RTS        ((uint16_t)0x0100)//仅使用 RTS 流控
#define USART_HardwareFlowControl_CTS        ((uint16_t)0x0200) //仅使用 CTS 流控
#define USART_HardwareFlowControl_RTS_CTS    ((uint16_t)0x0300)//使用 RTS 和 CTS 流控
```

一般不使用硬件流控。

2．USART 使能函数

```
void USART_Cmd(USART_TypeDef* USARTx,FunctionalState NewState)
```

该函数用于使能或禁止串口功能。

参数 1：USART_TypeDef* USARTx，USART 对象，同 USART 初始化函数参数 1。

参数 2：FunctionalState NewState，使能或禁止，表示 ENABLE 或 DISABLE：

```
typedef enum {DISABLE=0,ENABLE=!DISABLE} FunctionalState;
```

3．USART 中断使能函数

```
void USART_ITConfig(USART_TypeDef* USARTx,uint16_t USART_IT,FunctionalState NewState)
```

参数 1：USART_TypeDef* USARTx，USART 对象，同 USART 初始化函数参数 1。

参数 2：uint16_t USART_IT，中断事件标志，宏定义形式如下：

```
#define USART_IT_PE          ((uint16_t)0x0028) //奇偶校验错误标志
#define USART_IT_TXE         ((uint16_t)0x0727) //发送数据寄存器为空标志
#define USART_IT_TC          ((uint16_t)0x0626) //发送完成标志
#define USART_IT_RXNE        ((uint16_t)0x0525) //读取数据寄存器不为空标志
#define USART_IT_ORE_RX      ((uint16_t)0x0325)//使能 RXNEIE 时的上溢标志
#define USART_IT_IDLE        ((uint16_t)0x0424) //检测到空闲线路标志
#define USART_IT_LBD         ((uint16_t)0x0846) //LIN 断路检测标志
#define USART_IT_CTS         ((uint16_t)0x096A) //CTS 标志
#define USART_IT_ERR         ((uint16_t)0x0060) //错误中断
#define USART_IT_ORE_ER      ((uint16_t)0x0360) //使能 EIE 时的上溢标志
#define USART_IT_NE          ((uint16_t)0x0260) //检测到噪声标志
#define USART_IT_FE          ((uint16_t)0x0160) //帧错误标志
```

例如，使能 USART1 接收完成中断。

```
USART _ITConfig(USART1, USART_IT_RXNE,ENABLE);
```

参数 3：FunctionalState NewState，状态，使能或禁止。

4．获取 USART 事件标志函数

```
FlagStatus USART_GetFlagStatus(USART_TypeDef* USARTx,uint16_t USART_FLAG);
```

该函数可获取需要的 USART 状态标志位，一般用于判断对应事件标志位是否被置位。

参数 1：USART_TypeDef* USARTx，USART 对象，同 USART 初始化函数参数 1。

参数 2：uint16_t USART_FLAG，事件标志，宏定义形式如下：

```
#define USART_FLAG_CTS       ((uint16_t)0x0200)//CTS 标志
#define USART_FLAG_LBD       ((uint16_t)0x0100)//LIN 断路检测标志
#define USART_FLAG_TXE       ((uint16_t)0x0080)//发送数据寄存器为空标志
#define USART_FLAG_TC        ((uint16_t)0x0040)//发送完成标志
#define USART_FLAG_RXNE      ((uint16_t)0x0020)//读取数据寄存器不为空标志
#define USART_FLAG_IDLE      ((uint16_t)0x0010)//检测到空闲线路标志
#define USART_FLAG_ORE       ((uint16_t)0x0008)//上溢错误标志
#define USART_FLAG_NE        ((uint16_t)0x0004)//检测到噪声标志
#define USART_FLAG_FE        ((uint16_t)0x0002)//帧错误标志
#define USART_FLAG_PE        ((uint16_t)0x0001)//奇偶校验错误标志
```

返回：置位或复位，表示为 SET 和 RESET。

例如，判断 USART1 的 TXE 标志位是否置位。

```
if(USART_ GetFlagStatus (USART1,USART_FLAG_TXE)!=RESET)
```

TXE 标志位被置位表示发送数据寄存器的内容已传输到移位寄存器。

5．获取 USART 中断事件标志函数

```
ITStatus USART_GetITStatus(USART_TypeDef* USARTx,uint16_t USART_IT);
```

该函数可获取需要的 USART 中断状态标志位，一般用于判断对应事件中断标志位是否被置位。

参数 1：USART_TypeDef* USARTx，USART 对象，同 USART 初始化函数参数 1。

参数 2：uint16_t USART_IT，中断事件标志，同 USART 中断使能函数参数 2。

返回：置位或复位，表示 SET 和 RESET。

例如，判断 USART1 的 RXNEIE 使能位和 RXNE 标志位是否置位。

```
if(USART_GetITStatus(USART1,USART_IT_RXNE)!=RESET)
```

获取中断事件标志位时，会同时检测相应的中断使能位，只有两者都被置位的情况下，才能返回 SET 状态；反之，返回 RESET 状态。

6．清除 USART 中断事件函数

退出中断服务程序前，必须软件清除中断事件标志位，防止反复触发中断。

```
void  USART_ClearITPendingBit(USART_TypeDef* USARTx, uint16_t USART_IT);
```

参数 1：USART_TypeDef* USARTx，USART 对象，同 USART 初始化函数参数 1。

参数 2：uint16_t USART_IT，中断事件，同 USART 中断使能函数参数 2。

例如，获取 USART1 的 RXNE 标志位状态，确认后，清除这一标志。

```
if(USART_GetITStatus(USART1,USART_IT_RXNE)!=RESET)
{
    /*清除 USART1 的 RXNE 中断标志*/
    USART_ClearITPendingBit (USART1,USART_IT_RXNE);
    //一些应用代码
}
```

通过对 USART_DR 执行写入操作可将 TXE 标志位清零。

通过对 USART_DR 执行读入操作可将 RXNE 标志位清零。

7．发送数据函数

使能串口功能时，往 USART_DR 写一个数据，启动一次发送过程。一般是一个字节。

```
void USART_SendData(USART_TypeDef* USARTx, uint16_t Data);
```

参数 1：USART_TypeDef* USARTx，USART 对象，同 USART 初始化函数参数 1。

参数 2：uint16_t Data，将要发送的数据。

8．接收数据函数

使能串口功能时，从 USART _DR 读一个数据出来，一般是一个字节。

```
void USART_SendData(USART_TypeDef* USARTx, uint16_t Data);
```

参数 1：USART_TypeDef* USARTx，USART 对象，同 USART 初始化函数参数 1。

返回：读取 USART_DR 得到的数据。

11.4　应用实例

11.4.1　通过串口向计算机传输 100 个字节

使用串口线把计算机和电路板的 USART1 连接在一起，如图 11-15 所示。编写程序，通过 USART1 向计算机发送 100 个字节，这一功能可以通过查询方式、中断方式或中断方式实现。这里以常用的查询方式实现这一功能。

图 11-15　计算机和电路板的串口连接图

USART1 配置参数：波特率=115 200bit/s、有效数据位=8 位、停止位=1 位、不使用校验方式、收发模式、不使用硬件流控。

USART1 的 TXD 和 RXD 分别使用 PA9 和 PA10。

本例通过 USART1 向计算机传输 100 个字符 x。

连接好通信双方后，启动程序，在计算机的串口调试工具上可以看到发送到计算机的数据。注意，需要保证串口调试工具中串口的配置参数和程序中的保持一致。

常用的串口调试工具有友善串口调试助手（V2.6.5）、串口调试助手（V2.2）、SSCOM3.2、PCOMAPR1.5、Accesport1.33 及超级终端。

串口调试助手（V2.2）界面如图 11-16 所示。

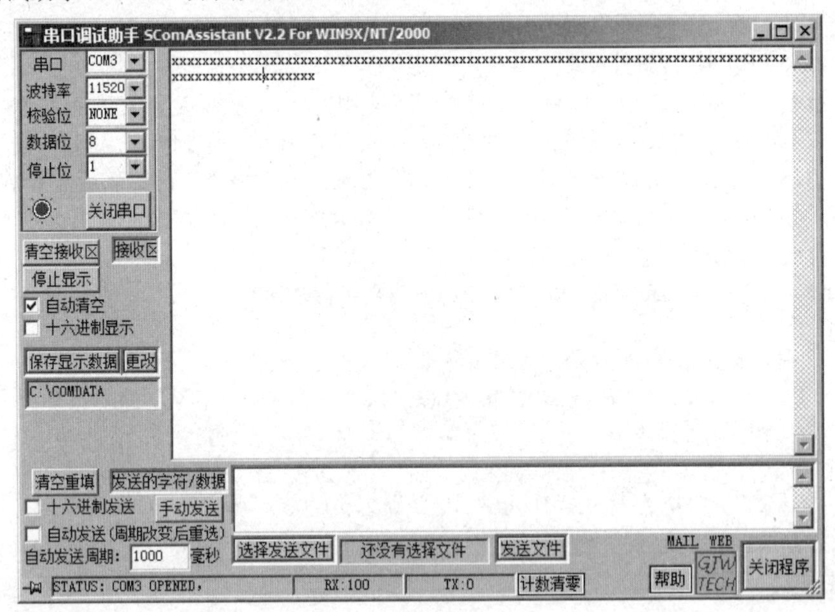

图 11-16　串口调试助手（V2.2）界面

1．编程要点

（1）使能 USART1 和复用引脚 GPIO 的工作时钟。

（2）初始化 USART1 相关 GPIO 引脚，并将引脚复用给 USART1。

（3）根据要求，初始化 USART1。使用查询方式发送数据。

（4）使能 USART1。

（5）循环发送 100 个字节。

启动一次发送后，在查询方式下，一定要判断 USART1 何时发送结束，可通过检测 TXE 标志位是否被置位实现。

2．主程序

```
int main(void)
{
  uint16_t   i;
  USART_Config();//初始化 USART1
  for(i=0;i<100;i++)//循环发送 100 个 x
  {
     /*发送一个字符 x*/
     USART_SendData(USART1, 'x');
     /*等待发送数据寄存器为空 ，只有在发送数据寄存器为空的情况下，才能发送下一个字符*/
     while (USART_GetFlagStatus(USART1, USART_FLAG_TXE) == RESET);
  }
```

```
        while(1);
    }
```

3．串口配置函数

程序实现步骤参见 11.3.1 节。

```
void USART_Config(void)
{
  GPIO_InitTypeDef GPIO_InitStructure;
  USART_InitTypeDef USART_InitStructure;
  /*------------------第 1 步-------------------*/
  /*使能 GPIOA 时钟*/
  RCC_AHB1PeriphClockCmd( RCC_AHB1Periph_GPIOA,ENABLE);
  /*使能 UART1 时钟*/
  RCC_APB2PeriphClockCmd(RCC_APB2Periph_USART1,ENABLE);

  /*------------------第 2 步-------------------*/
  /*复用 PA9 到 USART1*/
  GPIO_PinAFConfig(GPIOA,GPIO_PinSource9,GPIO_AF_USART1);
  /*复用 PA10 到 USART1*/
  GPIO_PinAFConfig(GPIOA,GPIO_PinSource10,GPIO_AF_USART1);
  /*配置 TX 引脚为复用功能*/
  GPIO_InitStructure.GPIO_Pin=GPIO_Pin_9;
  GPIO_InitStructure.GPIO_Mode=GPIO_Mode_AF;                    //复用模式
  GPIO_InitStructure.GPIO_OType=GPIO_OType_PP;
  GPIO_InitStructure.GPIO_PuPd=GPIO_PuPd_UP;
  GPIO_InitStructure.GPIO_Speed=GPIO_Speed_50MHz;
  GPIO_Init(GPIOA,&GPIO_InitStructure);
  /*配置 RX 引脚为复用功能*/
  GPIO_InitStructure.GPIO_Pin=GPIO_Pin_10;
  GPIO_InitStructure.GPIO_Mode=GPIO_Mode_AF;                    //复用模式
  GPIO_Init(GPIOA,&GPIO_InitStructure);
  /*------------------第 3 步-------------------*/
  /*配置 USART1 模式*/
  USART_InitStructure.USART_BaudRate = 115200;                  //波特率
  USART_InitStructure.USART_WordLength = USART_WordLength_8b;   //8 位有效数据位
  USART_InitStructure.USART_StopBits = USART_StopBits_1;        //1 位停止位
  USART_InitStructure.USART_Parity = USART_Parity_No ;          //无奇偶校验
  USART_InitStructure.USART_HardwareFlowControl=USART_HardwareFlowControl_None;
  USART_InitStructure.USART_Mode = USART_Mode_Rx | USART_Mode_Tx;  //收发模式
  USART_Init(USART1, &USART_InitStructure);                     //初始化 USART1

  /*------------------第 5 步-------------------*/
  USART_Cmd(USART1, ENABLE);//使能 USART1
}
```

11.4.2 串口与计算机回显功能实现

回显功能就是把计算机发送给电路板上微控制器的数据通过串口原样返回给计算机，并显示在串口显示软件中。

USART1 配置参数：波特率=115 200bit/s、有效数据位=8 位、停止位=1 位、不使用校验方式、收发模式、不使用硬件流控。

USART1 的 TXD 和 RXD 分别使用 PA9 和 PA10。

1．编程要点

（1）使能 USART1 和复用引脚 GPIO 的时钟。

（2）初始化 USART1 相关 GPIO 引脚，并将引脚复用给 USART1。

（3）根据要求初始化 USART1。

（4）初始化 NVIC 的 USART1 串口中断通道，并使能 USART1 的读取数据寄存器不为空中断（RXNE）。

（5）使能 USART1。

（6）编写中断服务程序。

```
void USART1_IRQHandler(void)
```

在中断服务程序中，先检测 RXNE 标志位是否被置位，在判断成功后，读取 USART1 的 USART_DR 数据，然后把这一数据发送出去。

2．主程序

```
int main(void)
{
  USART_Config();//初始化 USART1
  printf("这是一个串口中断接收回显实验\n");//注意只有对 printf 函数进行重定向才能使用
  while(1);
}
```

3．串口配置函数

程序实现步骤参见 11.3.1 节。

```
void USART_Config(void)
{
 GPIO_InitTypeDef GPIO_InitStructure;
 USART_InitTypeDef USART_InitStructure;
 /*------------------第 1 步-------------------*/
 /*使能 GPIOA 时钟*/
 RCC_AHB1PeriphClockCmd( RCC_AHB1Periph_GPIOA,ENABLE);
 /*使能 UART1 时钟*/
 RCC_APB2PeriphClockCmd(RCC_APB2Periph_USART1,ENABLE);

 /*------------------第 2 步-------------------*/
 /*复用 PA9 到 USART1*/
 GPIO_PinAFConfig(GPIOA,GPIO_PinSource9,GPIO_AF_USART1);
 /*复用 PA10 到 USART1*/
 GPIO_PinAFConfig(GPIOA,GPIO_PinSource10,GPIO_AF_USART1);
 /*配置 TX 引脚为复用功能*/
 GPIO_InitStructure.GPIO_Pin=GPIO_Pin_9;
 GPIO_InitStructure.GPIO_Mode=GPIO_Mode_AF;                //复用模式
 GPIO_InitStructure.GPIO_OType=GPIO_OType_PP;
 GPIO_InitStructure.GPIO_PuPd=GPIO_PuPd_UP;
 GPIO_InitStructure.GPIO_Speed=GPIO_Speed_50MHz;
 GPIO_Init(GPIOA, &GPIO_InitStructure);
```

```
    /*配置 RX 引脚为复用功能*/
    GPIO_InitStructure.GPIO_Pin=GPIO_Pin_10;
    GPIO_InitStructure.GPIO_Mode=GPIO_Mode_AF;                    //复用模式
    GPIO_Init(GPIOA, &GPIO_InitStructure);

    /*-------------------第 3 步--------------------*/
    /*配置 USART1 模式*/
    USART_InitStructure.USART_BaudRate=115200;                    //波特率
    USART_InitStructure.USART_WordLength=USART_WordLength_8b;         //8 位有效数据位
    USART_InitStructure.USART_StopBits=USART_StopBits_1;      //1 位停止位
    USART_InitStructure.USART_Parity=USART_Parity_No ;          //无奇偶校验
    USART_InitStructure.USART_HardwareFlowControl=USART_HardwareFlowControl_None;
    USART_InitStructure.USART_Mode=USART_Mode_Rx | USART_Mode_Tx;      //收发模式
    USART_Init(USART1, &USART_InitStructure);                     //初始化 USART1

    /*-------------------第 4 步--------------------*/
    //初始化 NVIC 中的 USART1 中断通道
    NVIC_PriorityGroupConfig(NVIC_PriorityGroup_2);                //选择 NVIC 组 2
    NVIC_InitStructure.NVIC_IRQChannel=USART1_IRQn;                //配置 USART 为中断源
    NVIC_InitStructure.NVIC_IRQChannelPreemptionPriority=1;        //抢占优先级为 1
    NVIC_InitStructure.NVIC_IRQChannelSubPriority=1;               //响应优先级为 1
    NVIC_InitStructure.NVIC_IRQChannelCmd=ENABLE;                  //使能中断
    NVIC_Init(&NVIC_InitStructure);                                //初始化配置 NVIC
    //使能串口的 RXNE 中断
    USART_ITConfig(USART1,USART_IT_RXNE,ENABLE);                   //使能串口的 RXNE 中断

    /*-------------------第 5 步--------------------*/
    USART_Cmd(USART1,ENABLE);                                      //使能 USART1
}
```

4．串口中断服务函数

```
void USART1_IRQHandler(void)
{
    uint8_t ucTemp;
    if(USART_GetITStatus(USART1,USART_IT_RXNE)!=RESET)//检测 RXNE 标志位
    {
        ucTemp = USART_ReceiveData( USART1 );//读取接收数据
        USART_SendData(USART1,ucTemp);   //把数据发送给计算机，实现回显功能
    }
}
```

5．printf 函数重定向

使用 printf 函数通过 USART1 向计算机的串口调试助手打印数据，需要将 printf 函数内部实现功能重定向到微控制器的 USART1。按照以下步骤实现重定向。

（1）设置 Keil MDK 软件中的 Use MicroLIB 选项。

勾选 Keil MDK 软件中的 Use MicroLIB 复选框，如图 11-17 所示。

（2）重定向 fputc 函数。

在 MicroLib 的 stdio.h 中，fputc 函数的原型为：

```
int fputc(int ch, FILE* stream)
```

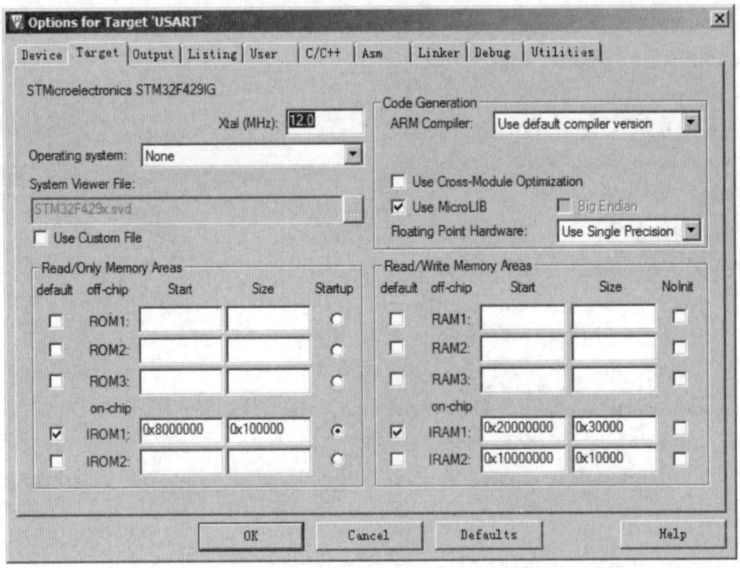

图 11-17　Keil MDK 中的 Use MicroLIB 选项设置

此函数原本是将字符 ch 打印到文件指针 stream 指向的文件流，现在我们不需要打印到文件流，而是打印到 USART1。

基于前面的代码：

```
int fputc(int ch, FILE* stream)
{
    USART_SendData(USART1, (uint8_t) ch);                              //通过串级发送数据 ch
    while (USART_GetFlagStatus(USART1, USART_FLAG_TXE) == RESET); //等待发送完毕
    return ch;
}
```

注意，使用这个函数需要包含头文件 stdio.h，否则 FILE 类型未定义。

通过以上的设置，就可以在程序中使用 printf 函数通过 USART1 向计算机打印输出信息。

11.4.3　利用 DMA 通过串口向计算机传输 1000 个字节

利用 DMA 通过 USART1 向计算机传输 1000 个字节，一旦配置好 USART1 和 DMA 数据流，在启动 DMA 传输之后，不需要程序的干预，即可完成数据传输，如图 11-18 所示。

USART1 配置参数：波特率=115 200bit/s、有效数据位=8 位、停止位=1 位、不用校验方式、收发模式、不使用硬件流控。

USART1 的 TXD 和 RXD 分别使用 PA9 和 PA10。

USART1 数据发送使用的是 DMA2 数据流 7 的通道 4。DMA 数据源存储区是自定义的数组，目标数据存储区是 USART1 的数据寄存器（USART_DR）。传输方向是存储区到片上外设，数据宽度是 8 位，使能存储器端地址自动递增，禁止片上外设端地址自动递增，单节拍突发模式，禁止 FIFO。

1．编程要点

（1）使能 USART1、复用引脚 GPIO 及 DMA2 的时钟。

（2）初始化 USART1 相关 GPIO 引脚，并将引脚复用给 USART1。

（3）根据要求，初始化并使能 USART1。

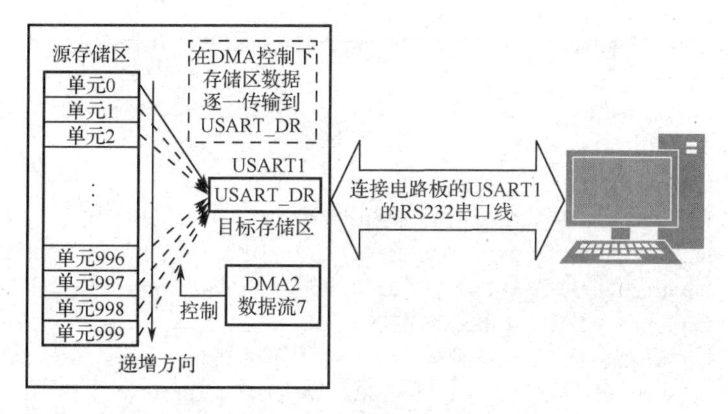

图 11-18　利用 DMA 实现电路板与计算机之间的数据通信

（4）初始化 DMA2 数据流 7 的通道 4，并使能 DMA2 数据流 7。

（5）使能 USART1 的 DMA 发送功能，启动 DMA 数据传输。

USART1 在初始化后，发送接收标志位（TC）被置位，因此一旦使能了 USART1 的 DMA 发送功能，就会立即启动 DMA 传输。在每次发生 TXE 事件后，数据都会从存储器移动到 USART_DR，并通过串口发送数据。

2. 主程序

```
uint8_t Send_Buff[1000];//DMA 传输数据源存储区
int main(void)
{
  uint16_t i;
  USART_Config();                        //初始化 USART1
  DMA_Config();                          //初始化 DMA
  for(i=0;i<SENDBUFF_SIZE;i++)           //初始化 DMA 传输数据源存储区
  {
    Send_Buff [i]      = 'Z';
  }
  /*使能 USART1 的 DMA 发送，启动 DMA 数据传输*/
  //关键语句，用于使能 USART1 的 DMA 请求功能
  USART_DMACmd(USART1, USART_DMAReq_Tx,ENABLE);
  while(1);                              //无须 CPU 干涉，实现数据传输
}
```

3. 串口配置函数

串口配置函数参见 11.4.1 节。

4. DMA 配置函数

程序实现步骤参见 10.3.1 节。

```
extern uint8_t Send_Buff[1000];//DMA 传输数据源存储区
void DMA_Config(void)
{
  DMA_InitTypeDef   DMA_InitStructure;
  /*-------------------第 1 步--------------------*/
  RCC_AHB1PeriphClockCmd(RCC_AHB1Periph_DMA2,ENABLE);        //使能 DMA2 时钟

  /*-------------------第 2 步--------------------*/
  DMA_DeInit(DMA2_Stream7);                                  //复位，禁止 DMA2 数据流 7
```

```
    while (DMA_GetCmdStatus(DMA2_Stream7)!= DISABLE); //确保 DMA2 数据流 7 禁止成功

    /*-------------------第 3 步--------------------*/
    /*初始化 DMA2 数据流 7*/
    DMA_InitStructure.DMA_Channel=DMA_Channel_7;              //选择通道
    DMA_InitStructure.DMA_PeripheralBaseAddr=(uint32_t) SRC_Buffer;     //目标地址
    DMA_InitStructure.DMA_Memory0BaseAddr=(uint32_t) Send_Buff;         //源数据地址
    DMA_InitStructure.DMA_DIR=DMA_DIR_MemoryToPeripheral;               //存储器到外设模式
    DMA_InitStructure.DMA_BufferSize=1000;                              //DMA 传输数据数目
    DMA_InitStructure.DMA_PeripheralInc=DMA_PeripheralInc_Disable;      //禁止自动递增功能
    DMA_InitStructure.DMA_MemoryInc=DMA_MemoryInc_Enable;               //使能自动递增功能
    DMA_InitStructure.DMA_PeripheralDataSize=DMA_PeripheralDataSize_Byte;  //8 位数据宽度
    DMA_InitStructure.DMA_MemoryDataSize=DMA_PeripheralDataSize_Byte;    //8 位数据宽度
    DMA_InitStructure.DMA_Mode=DMA_Mode_Normal;   //正常模式，不循环，只传输一次
    DMA_InitStructure.DMA_Priority=DMA_Priority_High;  //设置 DMA2 数据流 7 优先级为高
    DMA_InitStructure.DMA_FIFOMode=DMA_FIFOMode_Disable;                //禁用 FIFO 模式
    DMA_InitStructure.DMA_FIFOThreshold=DMA_FIFOThreshold_Full;         //此时这一参数无用
    DMA_InitStructure.DMA_MemoryBurst=DMA_MemoryBurst_Single;           //单次模式
    DMA_InitStructure.DMA_PeripheralBurst=DMA_MemoryBurst_Single;       //单次模式
    DMA_Init(DMA2_Stream7,&DMA_InitStructure);   //完成 DMA2 数据流 7 配置

    /*-------------------第 4 步--------------------*/
    DMA_Cmd(DMA2_Stream7,ENABLE);  //使能 DMA2 数据流 7，启动 DMA 数据传输

    /*-------------------第 5 步--------------------*/
    while (DMA_GetCmdStatus(DMA2_Stream7)!=ENABLE); //检测 DMA2 数据流 7 是否有效
}
```

习题

1．TTL 电平与 RS232 电平之间转换一般使用什么芯片（最少写一个例子）？

2．RS232 电平表示数字 1 的电平范围是________，数字 0 的电平范围是________。

3．3.3V 供电的控制器，TTL 的输入电平，数字 1 的电平范围是______，数字 0 的电平范围是______。

4．常用串口通信方式有哪些（如 USART）？

5．USART 串口通信的帧格式有哪些？

6．波特率的含义是什么？

7．单工通信、半双工通信、全双工通信有什么区别？

8．怎么连接 USART 串口通信双方硬件？

9．编写程序，配置 STM32F429 微控制器的 USART2 实现以下功能：波特率=9600bit/s，8 位有效数据位、无奇偶校验、无硬件流控、使能接收和发送、使能接收中断。

10．编写 USART2 接收中断的程序。

11．编写 USART2 查询式发送数据的程序。

12．怎么通过 USART 接收连续、不定长的数据流？

第 12 章　模数转换器（ADC）

12.1　ADC 概述

随着电子技术的发展，特别是数字技术和计算机技术的发展和普及，数字电路处理模拟信号的应用在自动控制、通信及检测等许多领域越来越广泛。自然界中存在的大都是连续变化的模拟量（如温度、时间、速度、流量、压力等），要想用数字电路特别是用计算机来处理这些模拟量，必须先把这些模拟量转换成计算机能够识别的数字量，而经过计算机分析和处理后的数字量又必须转换成相应的模拟量，才能实现对受控对象的有效控制，因此这就需要一种能在模拟量与数字量之间起桥梁作用的模数和数模转换电路。典型数字控制系统的框图如图 12-1 所示。

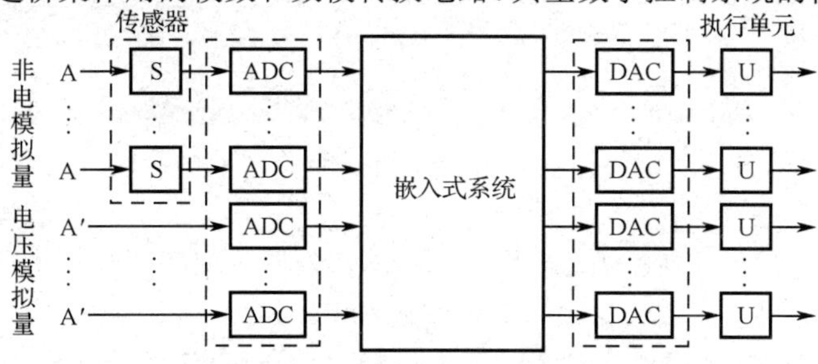

图 12-1　典型数字控制系统的框图

图 12-1 中，非电模拟量需要使用特定的传感器将模拟信号转换成电信号，然后使用 ADC 将电信号转换成数字信号，经嵌入式系统处理后，再通过 DAC 将数字信号转换成模拟信号去控制执行机构。

12.1.1　A/D 转换过程

ADC（Analog-to-Digital Converter，模数转换器）是指将连续变化的模拟信号转换为离散的数字信号的器件。A/D 转换的作用是将时间连续、幅值也连续的模拟信号转换为时间离散、幅值也离散的数字信号，因此，A/D 转换一般要经过采样、保持、量化及编码 4 个过程，如图 12-2 所示。在实际电路中，这些过程有的是合并进行的。例如，采样和保持、量化和编码往往都是在转换过程中同时实现的。

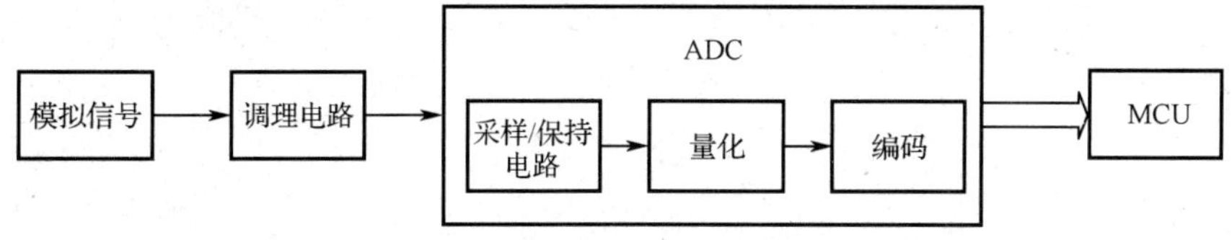

图 12-2　A/D 转换过程

模拟信号由调理电路送入 ADC，经过采样、保持、量化及编码转换为数字量，最后数字电路进行处理。为了保证数据处理结果的准确性，ADC 和 DAC 必须有足够的转换精度。

在进行 A/D 转换时，要按一定的时间间隔，对模拟信号进行采样，然后把采样得到的值转换为数字量。因此，A/D 转换的基本过程由采样、保持、量化和编码组成。通常，采样和保持这两个过程由采样/保持电路完成，量化和编码常在转换过程中同时实现。

同时，为了适应快速过程的控制和检测的需要，ADC 和 DAC 还必须有足够快的转换速度。因此，转换精度和转换速度是衡量 ADC 和 DAC 性能优劣的主要标志。

12.1.2 ADC 原理

1. 采样与保持

（1）开关 S 受采样开关控制信号 V_S 的控制，采样/保持电路原理图和波形图如图 12-3 所示。

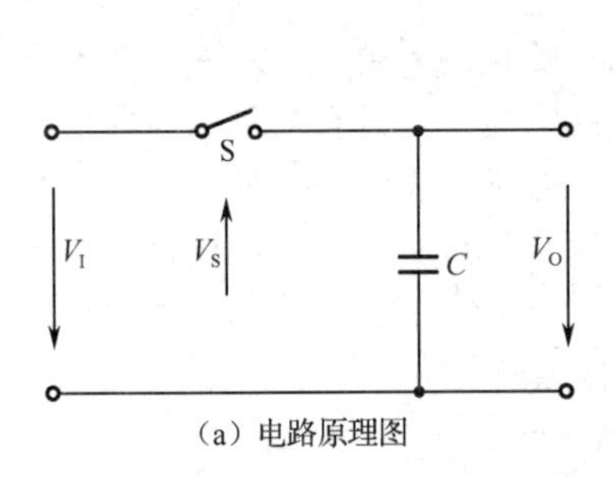

（a）电路原理图

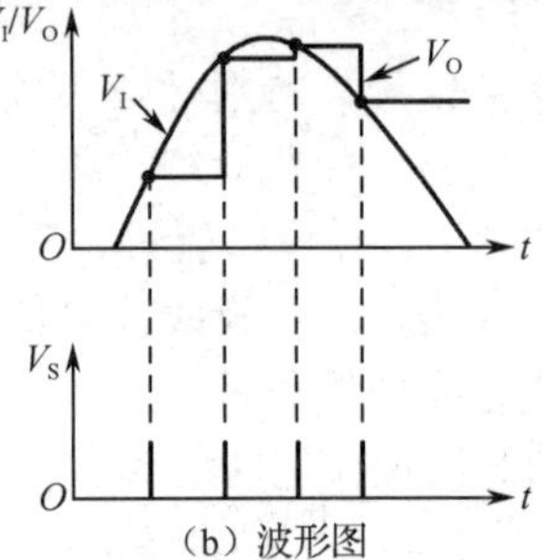

（b）波形图

图 12-3 采样/保持电路原理图和波形图

① 当采样开关控制信号 V_S 为高电平时，开关 S 闭合，采样阶段，采样电压 V_O 等于这一时刻的信号电平 V_I；

② 当采样开关控制信号 V_S 为低电平时，开关 S 断开，保持阶段，此时由于电容无放电回路，因此采样电压 V_O 保持在上一次采样结束时输入电压的瞬时值上。

将 A/D 转换输出的数字信号，再进行 D/A 转换，得到的模拟信号与原输入信号的接近程度与采样频率密切相关。

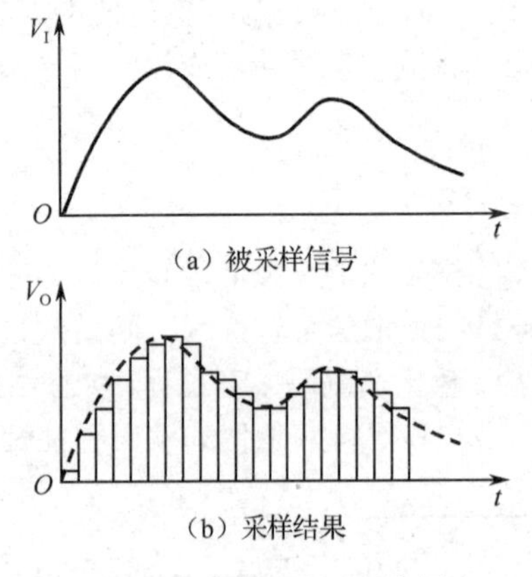

图 12-4 采样波形示意图

（2）采样定理。

在一定条件下，一个连续的时间信号完全可以用该信号在等时间间隔上的样本来表示，采样波形示意图如图 12-4 所示。并且可以用这些样本的值把该信号完全恢复出来，这一非常重要的发现被称为采样定理。为了不失真地恢复模拟信号，采样频率应该大于模拟信号频谱中最高频率的 2 倍，即 $f_s>2f_{max}$。

采样频率越高，稍后恢复出的波形就越接近原信号，但是对系统的要求就更高，转换电路必须具有更快的转换速度。

如果不能满足采样定理要求，采样数据中就会出现虚假的低频成分，重建出来的信号称为原信号的混叠替身（频率发生变化）。假设以 1MS/s 的采样频率，对 800kHz 的正弦波进行采样，频率混叠示意图如图 12-5 所示，实线表示 800kHz 的原始信号，虚线表示采样结果重建的混叠信号。经采样后，错误地将 800kHz 信号重建成了 200kHz 信号。混叠频率是最接近采样频率整数倍的频率和输入信号的频率之间的差的绝对值。

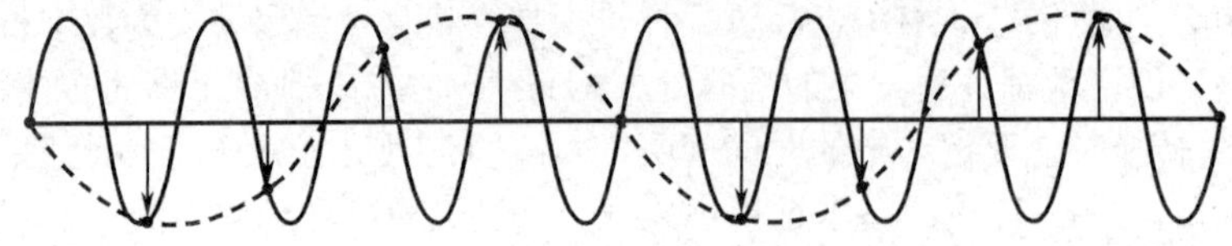

图 12-5 频率混叠示意图

在实际使用过程中需要避免混叠现象出现，采取以下两种措施可避免混叠的发生。

① 提高采样频率，使之达到最高信号频率的两倍以上。

② 引入低通滤波器或提高低通滤波器的参数，该低通滤波器通常称为抗混叠滤波器。

抗混叠滤波器可限制信号的带宽，使之满足采样定理的条件。从理论上来说，这是可行的，但是在实际情况中是不可能做到的。因为滤波器不可能完全滤除奈奎斯特频率之上的信号，所以，在采样定理要求的带宽之外总有一些“小的”能量。不过抗混叠滤波器可使这些能量足够小，以至于可忽略不计。

（3）采样/保持电路。

采样/保持电路由采样开关（T）、存储信息的电容（C）和缓冲放大器（A）等几个部分组成，如图 12-6 所示。

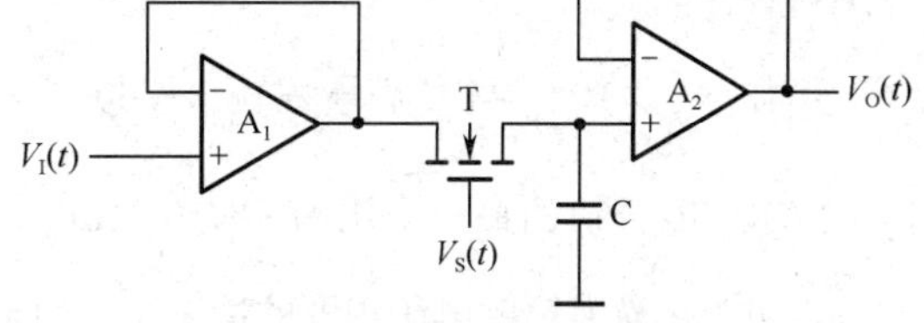

图 12-6 采样/保持电路图

2．量化与编码

（1）在 A/D 转换过程中，必须将采样/保持电路的输出电压，按某种近似方式规划到与之相应的离散电平上。这一转化过程称为数字量化，简称量化。编码方法有只舍不入和有舍有入两种方法，如图 12-7 所示 。

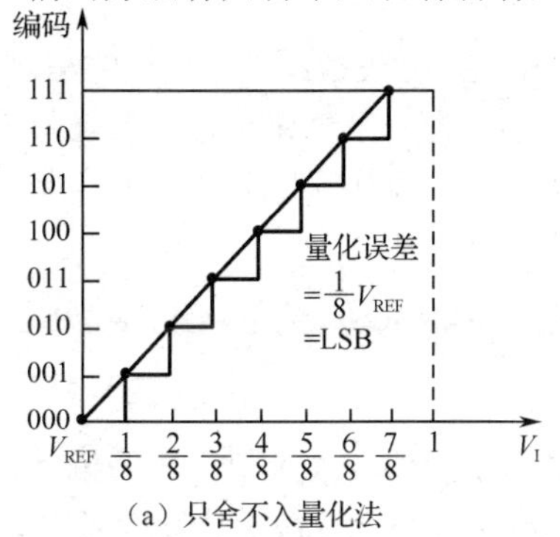

（a）只舍不入量化法

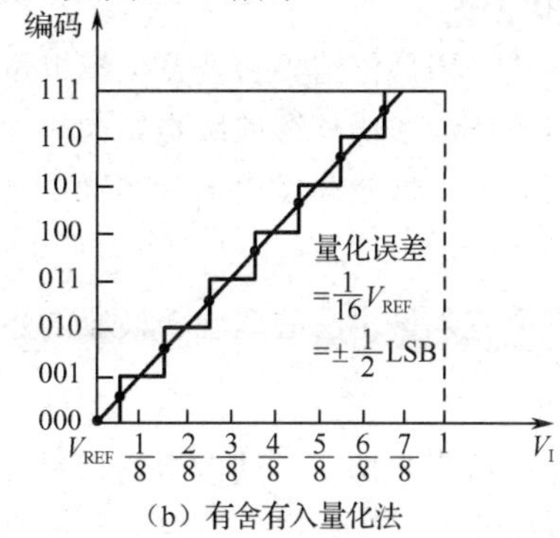

（b）有舍有入量化法

图 12-7 量化与编码

① 取整时只舍不入，即 0～1V 的所有输入电压都输出 0V，1～2V 的所有输入电压都输出 1V。采用这种量化方式，输入电压总是大于输出电压，因此产生的量化误差总是正的，最大量化误差等于 LSB。

② 在取整时有舍有入（四舍五入），即 0～0.5V 的输入电压都输出 0V，0.5～1.5V 的输出电压都输出 1V。采用这种量化方式产生的量化误差有正有负，量化误差的绝对值最大为$\frac{1}{2}$LSB。因此，采用有舍有入法进行量化，误差较小。

（2）量化过程只是把模拟信号按量化单位做了取整处理，只有用代码表示量化后的值，才能得到数字量。采样、量化后的信号还不是数字信号，需要把它转换成数字编码脉冲，这一过程称为编码。最简单的编码方式是二进制编码。具体说来，就是用 n 比特二进制码来表示已经量化了的样本值，每个二进制数对应一个量化值，然后把它们排列，得到由二进制码组成的数字信息流。

3．转换速度

转换速度指从接收到转换控制信号开始，到输出端得到稳定的数字输出信号所需的时间。通常用完成一次 A/D 转换操作所需时间来表示转换速度。

例如，某 ADC 的转换时间 T 为 0.1ms，则该 ADC 的转换速度为 $1/T$=10 000 次/s。

4．分辨率

分辨率亦称分解度，用来描述刻度划分。常以输出二进制码的位数来表示分辨率的高低。位数越多，说明量化误差越小，转换的分辨率越高。

A/D 转换结果通常用二进制数来存储，因此分辨率经常 bit 作为单位，且这些离散值的个数是 2 的幂指数。例如，一个具有 8 位分辨率的 ADC 可以将模拟信号编码成 256 个不同的离散值（因为 $2^8=256$），0～255（即无符号整数）或-128～127（即带符号整数），至于使用哪一种，则取决于具体的应用。

例如，一个 10 位 ADC 满量程输入模拟电压为 5V，该 ADC 能分辨的最小电压为 $\frac{5}{2^{10}}=4.88\text{mV}$，14 位 ADC 能分辨的最小电压为 $\frac{5}{2^{14}}=0.31\text{mV}$。

可见，在最大输入电压相同的情况下，ADC 的位数越多，所能分辨的电压越小，分辨率越高。

分辨率同时可以用电气性质来描述，单位为伏特（V）。输出离散信号产生一个变化所需的最小输入电压的差值被称作最低有效位（Least Significant Bit，LSB）电压。这样，ADC 的分辨率等于 LSB 电压。

5．量化误差

量化误差是指量化结果和被量化模拟量的差值，显然量化级数越多，量化的相对误差越小。量化级数指的是最大值均等的级数，每一个均值的大小称为一个量化单位。量化噪声的统计性质量化引起的输入信号和输出信号之间的差称为量化误差，量化误差对信号而言是一种噪声，也叫作量化噪声。

采用有舍有入量化法的理想转换器的量化误差为$\pm\frac{1}{2}\text{LSB}$。

6．精度

精度和分辨率是两个不同的概念。精度是指转换器实际值与理论值之间的偏差；分辨率是指转换器所能分辨的模拟信号的最小变化值。ADC 分辨率的高低取决于位数的多少。一般来讲，分辨率越高，精度也越高，但是影响转换器精度的因素有很多，分辨率高的 ADC，并不一定具有较高的精度。精度是偏移误差、增益误差、积分线性误差、微分线性误差、温度漂移等综合因素引起的总误差。因量化误差是模拟输入量在量化取整过程中引起的，因此，分辨率直接影响量化误差的大小，量化误差是一种原理性误差，只与分辨率有关，与信号的幅度、转换速率无关，它只能减小而无法完全消除，只能使其控制在一定的范围之内（$\pm\frac{1}{2}\text{LSB}$）。

7．输入模拟电压范围

输入模拟电压范围是指 ADC 允许输入的最大电压范围。超过这个范围，ADC 将不能正常工作。例如，STM32F429 微控制器的 ADC 的输入电压范围：单极性 0～V_{REF}。

12.2　STM32F429 微控制器的 ADC 结构

STM32F429IGT6 微控制器带 3 个 12 位逐次逼近型 ADC，每个 ADC 有多达 19 个复用通道，可测量来自 16 个外部源、2 个内部源和 1 个 V_{BAT} 通道的信号。这些通道的 A/D 转换可在单次、连续、扫描或不连续采样模式下进行。ADC 的结果存储在一个左对齐或右对齐的 16 位数据寄存器中。ADC 具有模拟看门狗特性，允许应用检测输入电压是否超过了用户自定义的阈值上限或下限。

ADC 内部结构如图 12-8 所示。

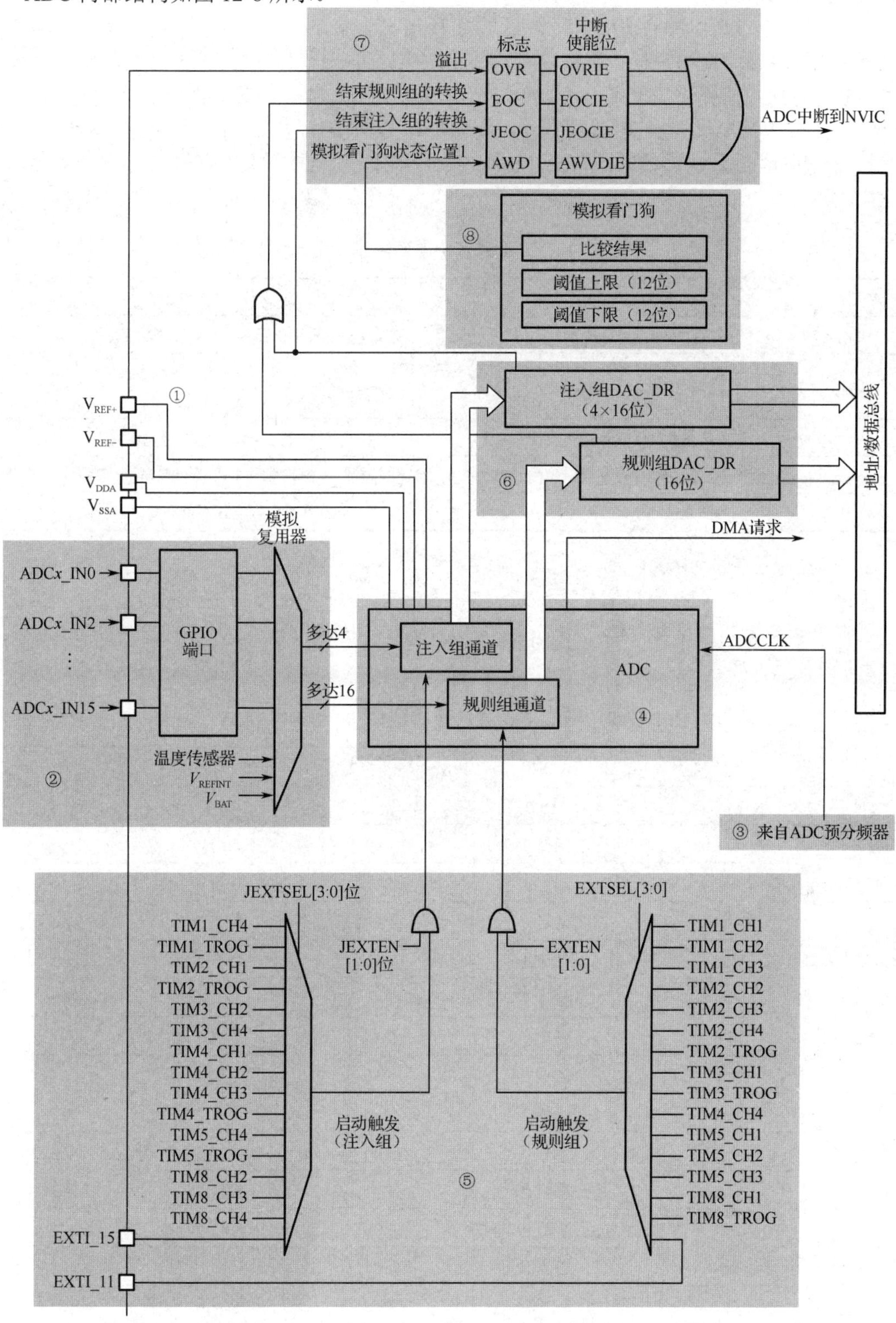

图 12-8　ADC 内部结构

1. 电源引脚

ADC 的各个电源引脚的功能定义如表 12-1 所示。V_{DDA} 和 V_{SSA} 是模拟电源引脚，在实际使用过程中需要和数字电源进行一定的隔离，防止数字信号干扰模拟电路。参考电压 V_{REF+} 可以由专用的参考电压电路提供，也可以直接和模拟电源连接在一起，需要满足 $V_{DDA}-V_{REF+} < 1.2V$ 的条件。V_{REF-} 引脚一般连接在 V_{SSA} 引脚上。一些小封装的芯片没有 V_{REF+} 和 V_{REF-} 这两个引脚，这时，它们在内部分别连接在 V_{DDA} 引脚和 V_{SSA} 引脚上。ADC 的各个电源引脚功能定义如表 12-1 所示。

表 12-1　ADC 的各个电源引脚功能定义

名称	信号类型	备注
V_{REF+}	正模拟参考电压输入引脚	ADC 高/正参考电压，$1.8V \leqslant V_{REF+} \leqslant V_{DDA}$
V_{DDA}	模拟电源输入引脚	模拟电源电压等于 V_{DD}，全速运行时，$2.4V \leqslant V_{DDA} \leqslant V_{DD}$（3.6V）； 低速运行时，$1.8V \leqslant V_{DDA} \leqslant V_{DD}$
V_{REF-}	负模拟参考电压输入引脚	ADC 低/负参考电压，$V_{REF-}=V_{SSA}$
V_{SSA}	模拟电源接地输入引脚	模拟电源接地电压，$V_{SSA}=V_{SS}$
ADC*x*_IN[15:0]	模拟信号输入引脚	各外部模拟输入通道

2. 模拟电压输入引脚

ADC 可以转换 19 路模拟信号，ADC*x*_IN[15:0]是 16 个外部模拟输入通道，另外三路分别是内部温度传感器、内部参考电压 V_{REFINT}（-1.21V）和电池电压 V_{BAT}。ADC 各个输入通道与 GPIO 引脚对应表如表 12-2 所示。

表 12-2　ADC 各个输入通道与 GPIO 引脚对应表

STM32F429IGT6 ADC 模拟输入					
ADC1	GPIO 引脚	ADC2	GPIO 引脚	ADC3	GPIO 引脚
通道 0	PA0	通道 0	PA0	通道 0	PA0
通道 1	PA1	通道 1	PA1	通道 1	PA1
通道 2	PA2	通道 2	PA2	通道 2	PA2
通道 3	PA3	通道 3	PA3	通道 3	PA3
通道 4	PA4	通道 4	PA4	通道 4	PF6
通道 5	PA5	通道 5	PA5	通道 5	PF7
通道 6	PA6	通道 6	PA6	通道 6	PF8
通道 7	PA7	通道 7	PA7	通道 7	PF9
通道 8	PB0	通道 8	PB0	通道 8	PF10
通道 9	PB1	通道 9	PB1	通道 9	PF3
通道 10	PC0	通道 10	PC0	通道 10	PC0
通道 11	PC1	通道 11	PC1	通道 11	PC1
通道 12	PC2	通道 12	PC2	通道 12	PC2
通道 13	PC3	通道 13	PC3	通道 13	PC3
通道 14	PC4	通道 14	PC4	通道 14	PF4

续表

STM32F429IGT6 ADC 模拟输入					
ADC1	GPIO 引脚	ADC2	GPIO 引脚	ADC3	GPIO 引脚
通道 15	PC5	通道 15	PC5	通道 15	PF5
通道 16	连接内部 V_{SS} 引脚	通道 16	连接内部 V_{SS} 引脚	通道 16	连接内部 V_{SS} 引脚
通道 17	连接内部 V_{REFINT} 引脚	通道 17	连接内部 V_{SS} 引脚	通道 17	连接内部 V_{SS} 引脚
通道 18	连接内部温度传感器/内部 V_{BAT} 引脚	通道 18	连接内部 V_{SS} 引脚	通道 18	连接内部 V_{SS} 引脚

对于 STM32F42X 和 STM32F43X 系列微控制器的器件，温度传感器内部连接到与 V_{BAT} 引脚共用的输入通道 ADC1_IN18，用于将温度传感器输出电压或电池电压 V_{BAT}（设置 ADC_CCR 的 TSVREFE 和 VBATE 位）转换为数字值。一次只能选择一个转换（温度传感器或 V_{BAT}），同时设置了温度传感器和 V_{BAT} 转换时，将只进行 V_{BAT} 转换。内部参考电压 V_{REFINT} 连接到 ADC1_IN17 通道。

对于 STM32F40X 和 STM32F41X 系列微控制器的器件，温度传感器内部连接到 ADC1_IN16 通道，而 ADC1 用于将温度传感器输出电压转换为数字值。

3. ADC 转换时钟源

STM32F4 系列微控制器的 ADC 是逐次比较逼近型，因此必须使用驱动时钟。所有 ADC 共用时钟 ADCCLK，它来自经可编程预分频器分频的 APB2 时钟，该预分频器允许 ADC 在 $f_{PCLK2}/2$、$f_{PCLK2}/4$、$f_{PCLK2}/6$ 或 $f_{PCLK2}/8$ 等频率下工作。ADCCLK 最大频率为 36MHz。

4. ADC 转换通道

ADC 内部把输入信号分成两路进行转换，分别为规则组和注入组。注入组最多可以转换 4 路模拟信号，规则组最多可以转换 16 路模拟信号。

规则组通道和它的转换顺序在 ADC_SQR*x* 中选择，规则组转换的总数写入 ADC_SQR1 的 L[3:0]位中。在 ADC_SQR1～ADC_SQR3 的 SQ1[4:0]～SQ16[4:0]位域可以设置规则组输入通道转换的顺序。SQ1[4:0]位用于定义规则组中第一个转换的通道编号（0～18），SQ2[4:0]位用于定义规则组中第 2 个转换的通道编号，依此类推。

例如，规则组转换 3 个输入通道的信号，分别是输入通道 0、输入通道 3 和输入通道 6，并定义输入通道 3 第一个转换、输入通道 6 第二个转换、输入通道 0 第三个转换。那么相关寄存器中的设定如下。

ADC_SQR1 的 L[3:0]=3，规则组转换总数。

ADC_SQR3 的 SQ1[4:0]=3，规则组中第一个转换输入通道编号。

ADC_SQR3 的 SQ2[4:0]=6，规则组中第二个转换输入通道编号。

ADC_SQR3 的 SQ3[4:0]=0，规则组中第三个转换输入通道编号。

注入组和它的转换顺序在 ADC_JSQR 中选择。注入组里转换的总数应写入 ADC_JSQR 的 JL[1:0]位中。ADC_JSQR 的 JSQ1[4:0]～JSQ4[4:0]位域设置规则组输入换通道转换的顺序。JSQ1[4:0]位用于定义规则组中第一个转换的通道编号（0～18），JSQ2[4:0]位用于定义规则组中第 2 个转换的通道编号，依此类推。

注入组转换总数、转换通道和顺序定义方法与规则组一致。

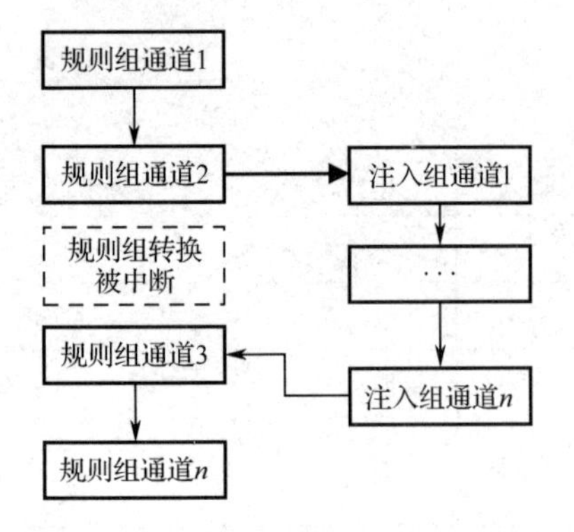

图 12-9　规则组和注入组转换关系图

当规则组正在转换时，启动注入组的转换会中断规则组的转换过程。规则组和注入组转换关系图如图 12-9 所示。

5. ADC 转换触发源

触发 ADC 转换的可以是软件触发方式，也可以由 ADC 以外的事件源触发。如果 EXTEN[1:0]控制位（对于规则组转换）或 JEXTEN[1:0]位（对于注入组转换）不等于 0b00，则可使用外部事件触发转换。例如，定时器捕抓、EXTI 线。

6. ADC 转换结果存储寄存器

注入组有 4 个转换结果寄存器（ADC_JDR*x*），分别对应于每一个注入组通道。

而规则组只有一个数据寄存器（ADC_DR），所有规则组通道转换结果共用一个数据寄存器，因此，在使用规则组转换多路模拟信号时，多使用 DMA 配合。

7. 中断

ADC 在规则组和注入组转换结束、模拟看门狗状态位和溢出状态位置位时可能会产生中断。ADC 中断事件如表 12-3 所示。

表 12-3　ADC 中断事件

中断事件	事件标志	使能控制位
结束规则组的转换	EOC	EOCIE
结束注入组的转换	JEOC	JEOCIE
模拟看门狗状态位置 1	AWD	AWDIE
溢出（Overrun）	OVR	OVRIE

8. 模拟看门狗

使用看门狗功能，可以限制 ADC 转换模拟电压的范围（低于阈值下限或高于阈值上限，定义在 ADC_HTR 和 ADC_LTR 这两个寄存器中），当转换的结果超过这一范围时，会将 ADC_SR 中的模拟看门狗状态位置 1，如果使能了相应中断，则会触发中断服务程序，以及时进行对应的处理。

12.3　STM32F429 微控制器的 ADC 功能

12.3.1　ADC 使能和启动

ADC 的使能可以由 ADC 控制寄存器 2（ADC_CR2）的 ADON 位来控制，写 1 的时候使能 ADC，写 0 的时候禁止 ADC，这个是开启 ADC 转换的前提。

如果需要开始转换，还需要触发转换。有两种方式：软件触发和硬件触发。

1. 软件触发

（1）SWSTART 位：规则组启动控制。

（2）JSWSTART 位：注入组启动控制。

当 SWSTART 位或 JSWSTART 位置 1 时，启动 ADC。

2. 事件触发

触发源有很多，具体选择哪一种触发源，由 ADC_CR2 的 EXTSEL[2:0]位和 JEXTSEL[2:0]

位来控制。

（1）EXTSEL[2:0]位用于选择规则组通道的触发源。

（2）JEXTSEL[2:0]位用于选择注入组通道的触发源。

12.3.2 时钟配置

ADC 的总转换时间跟 ADC 的输入时钟和采样时间有关，T_{conv} =采样时间+12 个 ADCCLK 周期。

ADC 会在数个 ADCCLK 周期内对输入电压进行采样，可使用 ADC_SMPR1 和 ADC_SMPR2 中的 SMP[2:0]位修改周期数。每个通道均可以使用不同的采样时间进行采样。

如果 ADCCLK = 30MHz，采样时间设置为 3 个 ADCCLK 周期，那么总的转换时间 T_{conv} = 3 + 12 = 15 个 ADCCLK 周期=0.5μs。

同时，ADC 完整转换时间与 ADC 位数有关系，在不同分辨率下，最快的转换时间如下。

12 位：3+12=15 个 ADCCLK 周期。

10 位：3+10=13 个 ADCCLK 周期。

8 位：3+8=11 个 ADCCLK 周期。

6 位：3+6=9 个 ADCCLK 周期。

12.3.3 转换模式

1. 单次转换模式

在单次转换模式下，启动转换后，ADC 执行一次转换，然后即停止。单次转换模式示意图如图 12-10 所示。如果想要继续转换，需要重新触发启动转换。通过设置 ADC_CR2 的 CONT 位为 0 实现该模式。

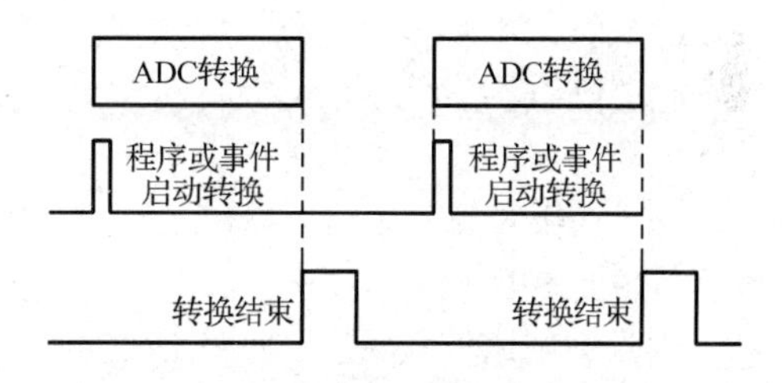

图 12-10 单次转换模式示意图

一旦选择通道的转换完成：

1）如果一个规则组通道被转换

（1）转换数据被储存在 16 位的 ADC_DR 中。

（2）EOC 标志被设置。

（3）如果设置了 EOCIE 位，则产生中断。

2）如果一个注入组通道被转换

（1）转换数据被储存在 16 位的 ADC_DRJ1 中。

（2）JEOC 标志被设置。

（3）如果设置了 JEOCIE 位，则产生中断。

在经过以上 3 个操作后，ADC 停止转换。

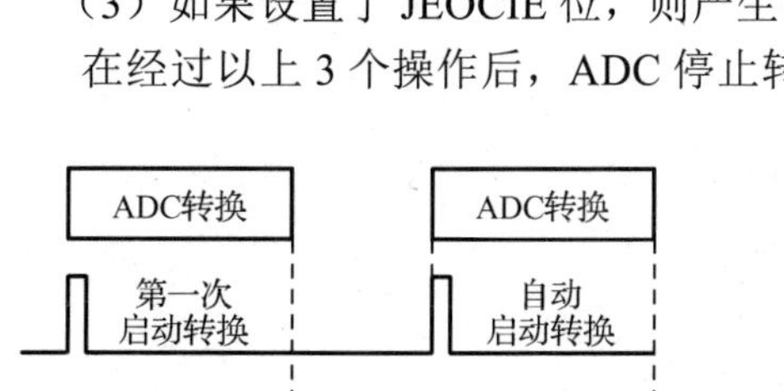

图 12-11 连续转换模式示意图

2. 连续转换模式

在连续转换模式下，当前面 ADC 转换一结束马上就启动另一次转换。连续转换模式示意图如图 12-11 所示。也就是说，只需启动一次，即可开启连续的转换过程。此时 ADC_CR2 的 CONT 位是 1。

在每个转换后：

1）如果一个规则组通道被转换

（1）转换数据被存储在 16 位的 ADC_DR 中。

（2）EOC 标志被设置。

（3）如果设置了 EOCIE 位，则产生中断。

2）如果一个注入组通道被转换

（1）转换数据被储存在 16 位的 ADC_DRJ1 中。

（2）JEOC 标志被设置。

（3）如果设置了 JEOCIE 位，则产生中断。

3．扫描模式

在规则组或注入组转换多个通道时，可以使能扫描模式，以转换一组模拟通道。扫描模式示意图如图 12-12 所示。通过设置 ADC_CR1 的 SCAN 位为 1 来选择扫描模式。扫描过程符合以下规则。

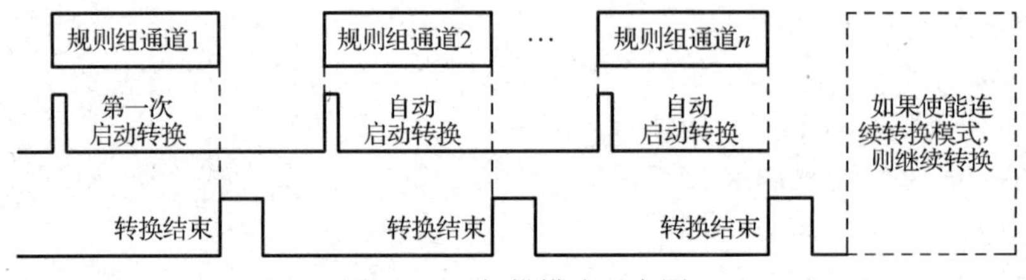

图 12-12　扫描模式示意图

（1）ADC 扫描所有被 ADC_SQR*x* 或 ADC_JSQR 选中的通道。在每个组的每个通道上执行单次转换。

（2）在每个转换结束时，同一组的下一个通道被自动转换。

（3）当 ADC_CR2 的 CONT 位为 1 时，转换不会在选择组的最后一个通道上停止，而是从选择组的第一个通道继续转换。

（4）如果设置了 DMA 位为 1，在每次产生 EOC 事件后，DMA 控制器把规则组通道的转换数据传输到 SRAM。

因为规则组转换只有一个 ADC_DR，所以在多个规则组通道转换时，一般常使用扫描方式并结合 DMA 一起使用，进行模拟信号的转换。

4．间断模式

此模式通过设置 ADC_CR1 的 DISCEN 位激活。

间断模式用来执行一个短序列的 n 次转换（$n \leqslant 8$），此转换是 ADC_SQR*x* 所选择的转换序列的一部分。数值 n 由 ADC_CR1 的 DISCNUM[2:0]位给出。

一个外部触发信号可以启动 ADC_SQR*x* 中描述的下一轮 n 次转换，直到此序列所有的转换完成为止。总的序列长度由 ADC_SQR1 的 L[3:0]位定义。

设置 n=3，总的序列长度=8，被转换的通道= 0、1、2、3、6、7、9、10，在间断模式下，转换的过程如下。

第一次触发：转换的序列为 0、1、2。

第二次触发：转换的序列为 3、6、7。

第三次触发：转换的序列为 9、10，并产生 EOC 事件。

第四次触发：转换的序列 0、1、2。

12.3.4　DMA 控制

由于规则组通道只有一个 ADC_DR，因此，对于多个规则组通道的转换，使用 DMA 非常有帮助。这样可以避免丢失在下一次写入之前还未被读出的 ADC_DR 的数据。

在使能 DMA 模式的情况下（ADC_CR2 中的 DMA 位置 1），每完成规则组通道中的一个通道转换后，都会生成一个 DMA 请求。这样便可将转换的数据从 ADC_DR 传输到软件选择的目标位置。

例如，ADC1 规则组转换 4 个输入通道信号时，需要用到 DMA2 的数据流 0 的通道 0，在扫描模式下，在每个输入通道被转化结束后，都会触发 DMA 控制器将转换结果从规则组 ADC_DR 中的数据传输到定义的存储器。ADC 规则组转换数据 DMA 传输示意图如图 12-13 所示。

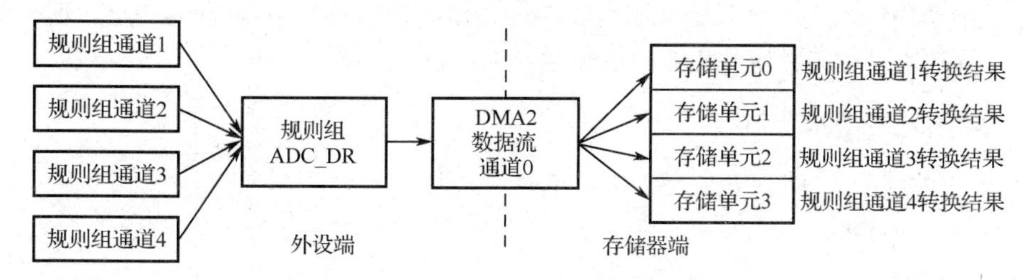

图 12-13　ADC 规则组转换数据 DMA 传输示意图

12.4　ADC 典型应用步骤及常用库函数

12.4.1　ADC 典型应用步骤

以 ADC1 应用为例。

（1）开启 GPIOA 时钟和 ADC1 时钟，设置 PA1 为模拟输入。

使能 ADC1 时钟。

```
RCC_APB2PeriphClockCmd(RCC_APB2Periph_ADC1,ENABLE);
```

使能模拟信号输入 GPIO 时钟，假设是 GPIOA，根据实际情况调整。

```
RCC_AHB1PeriphClockCmd (RCC_AHB1Periph_GPIOA,ENABLE);
```

（2）初始化模拟信号输入的 GPIO 引脚为模拟方式。

```
GPIO_Init();
```

（3）复位 ADC1。

```
ADC_DeInit();
```

（4）初始化 ADC_CCR（ADC 通用控制寄存器）。

对 ADC1～ADC3 的通用配置进行初始化。

```
ADC_CommonInit();
```

（5）初始化 ADC1 参数，设置 ADC1 的工作模式及规则序列的相关信息。

```
void ADC_Init(ADC_TypeDef* ADCx,ADC_InitTypeDef* ADC_InitStruct);
```

（6）配置规则组通道参数。

规则组通道参数用于定义规则组转换的模拟信号输入通道、顺序和采样时间。

```
ADC_RegularChannelConfig();
```

（7）如果要用中断，配置 ADC 的 NVIC（参见第 6 章），并使能 ADC 的转换结束中断。

使能 ADC1 的转换结束中断。

```
ADC_ITConfig(ADC1,ADC_IT_EOC,ENABLE);
```

（8）使能 ADC1。

```
ADC_Cmd(ADC1,ENABLE);
```

（9）软件启动转换 ADC1。

```
ADC_SoftwareStartConvCmd(ADC1);
```

一旦启动就开始进行 A/D 转换，如果使能了转换结束中断，则在转换结束后触发 ADC 的中断服务程序。

（10）等待转换完成，读取 ADC 值。

```
ADC_GetConversionValue(ADC1);
```

（11）中断服务程序。

```
void ADC_IRQHandler(void);
```

如果使能了中断，则会触发中断服务程序。在中断服务程序中判断中断触发源，在满足触发条件时，读取转换结果并清除相应的中断触发标志位。

12.4.2 常用库函数

与 ADC 相关的函数和宏都被定义在以下两个文件中。

头文件：stm32f4xx_adc.h。

源文件：stm32f4xx_adc.c。

1. ADC 通用初始化函数

```
void ADC_CommonInit(ADC_CommonInitTypeDef*   ADC_CommonInitStruct);
```

参数 1：ADC_CommonInitTypeDef*　ADC_CommonInitStruct，是 ADC 通用初始化结构体指针。自定义的结构体 ADC_CommonInitTypeDef 定义在 stm32f4xx_adc.h 文件中。

```
typedef struct
{
  uint32_t   ADC_Mode;                   //多重 ADC 模式选择
  uint32_t   ADC_Prescaler;              //ADC 预分频系数
  uint32_t   ADC_DMAAccessMode;          //多重 ADC 模式 DMA 访问控制
  uint32_t   ADC_TwoSamplingDelay;       //2 个采样阶段之间的延迟
}ADC_CommonInitTypeDef;
```

成员 1：uint32_t　ADC_Mode，多重 ADC 模式选择，定义如下：

```
#define ADC_Mode_Independent                        ((uint32_t)0x00000000)//独立模式
/*以下为双重 ADC 模式*/
//规则同时+注入同时组合模式
#define ADC_DualMode_RegSimult_InjecSimult      ((uint32_t)0x00000001)
//规则同时+交替触发组合模式
#define ADC_DualMode_RegSimult_AlterTrig        ((uint32_t)0x00000002)
//仅注入同时模式
#define ADC_DualMode_InjecSimult                ((uint32_t)0x00000005)//
//仅规则同时模式
#define ADC_DualMode_RegSimult                  ((uint32_t)0x00000006)
//仅交错模式
#define ADC_DualMode_Interl                     ((uint32_t)0x00000007)
//仅交替触发模式
#define ADC_DualMode_AlterTrig                  ((uint32_t)0x00000009)
/*以下为三重 ADC 模式*/
//规则同时+注入同时组合模式
#define ADC_TripleMode_RegSimult_InjecSimult    ((uint32_t)0x00000011)
//规则同时+交替触发组合模式
#define ADC_TripleMode_RegSimult_AlterTrig      ((uint32_t)0x00000012)
//仅注入同时模式
#define ADC_TripleMode_InjecSimult              ((uint32_t)0x00000015)
```

```
//仅规则同时模式
#define ADC_TripleMode_RegSimult            ((uint32_t)0x00000016)
//仅交错模式
#define ADC_TripleMode_Interl               ((uint32_t)0x00000017)
//仅交替触发模式
#define ADC_TripleMode_AlterTrig            ((uint32_t)0x00000019)
```

成员 2：uint32_t ADC_Prescaler，ADC 预分频系数。对 PCLK2 进行分频产生 ADC 的模式转换驱动时钟 ADCCLK，定义如下：

```
#define ADC_Prescaler_Div2      ((uint32_t)0x00000000)//2 分频
#define ADC_Prescaler_Div4      ((uint32_t)0x00010000) //4 分频
#define ADC_Prescaler_Div6      ((uint32_t)0x00020000) //6 分频
#define ADC_Prescaler_Div8      ((uint32_t)0x00030000) //8 分频
```

成员 3：ADC_DMAAccessMode，多重 ADC 模式 DMA 访问控制，定义如下：

```
#define ADC_DMAAccessMode_Disabled  ((uint32_t)0x00000000) //禁止多重 ADC DMA 模式
#define ADC_DMAAccessMode_1         ((uint32_t)0x00004000) //多重 ADC DMA 模式 1
#define ADC_DMAAccessMode_2         ((uint32_t)0x00008000) //多重 ADC DMA 模式 2
#define ADC_DMAAccessMode_3         ((uint32_t)0x0000C000) //多重 ADC DMA 模式 3
```

成员 4：uint32_t ADC_TwoSamplingDelay，定义在双重或三重交错模式下，不同 ADC 转换之间的各采样阶段之间的延迟。可以定义 5～20 个 ADCCLK 周期。例如，延时 5 个 ADCCLK 周期定义如下：

```
#define ADC_TwoSamplingDelay_5Cycles      ((uint32_t)0x00000000)//延时 5 个 ADCCLK 周期
```

2．ADC 初始化函数

```
void  ADC_Init(ADC_TypeDef*  ADCx,ADC_InitTypeDef*  ADC_InitStruct);
```

参数 1：ADC_TypeDef* ADCx，ADC 应用对象，是一个结构体指针，表示形式是 ADC1、ADC2 和 ADC3，以宏定义形式定义在 stm32f4xx_.h 文件中。例如：

```
#define ADC1                ((ADC_TypeDef *) ADC1_BASE)
```

参数 2：ADC_InitTypeDef* ADC_InitStruct 是 ADC 初始化结构体指针。自定义的结构体 ADC_ InitTypeDef 定义在 stm32f4xx_adc.h 文件中。

```
typedef struct
{
  uint32_t  ADC_Resolution;                   //ADC 分辨率
  FunctionalState  ADC_ScanConvMode;          //是否使用扫描模式
  FunctionalState  ADC_ContinuousConvMode;    //单次转换或连续转换
  uint32_t  ADC_ExternalTrigConvEdge;         //外部触发使能方式
  uint32_t  ADC_ExternalTrigConv;             //外部触发源
  uint32_t  ADC_DataAlign;                    //对齐方式：左对齐还是右对齐
  uint8_t   ADC_NbrOfChannel;                 //规则组通道序列长度
}ADC_InitTypeDef;
```

成员 1：uint32_t ADC_Resolution，ADC 分辨率，定义如下：

```
#define ADC_Resolution_12b       ((uint32_t)0x00000000)//12 位分辨率
#define ADC_Resolution_10b       ((uint32_t)0x01000000) //10 位分辨率
#define ADC_Resolution_8b        ((uint32_t)0x02000000) //8 位分辨率
#define ADC_Resolution_6b        ((uint32_t)0x03000000) //6 位分辨率
```

成员 2：FunctionalState ADC_ScanConvMode，是否使用扫描模式，ENABLE 为使能扫描模式，DISABLE 为禁止扫描模式。

成员 3：FunctionalState ADC_ContinuousConvMode，单次转换或连续转换，ENABLE 为连续转换，DISABLE 为单次转换。

成员 4：uint32_t ADC_ExternalTrigConvEdge，外部触发使能方式。规则组外部事件触发方式定义如下：

```
#define ADC_ExternalTrigConvEdge_None             ((uint32_t)0x00000000)//不使用外部触发
#define ADC_ExternalTrigConvEdge_Rising           ((uint32_t)0x10000000)//外部上升沿触发
#define ADC_ExternalTrigConvEdge_Falling          ((uint32_t)0x20000000) //外部下降沿触发
#define ADC_ExternalTrigConvEdge_RisingFalling    ((uint32_t)0x30000000) //外部双边沿触发
```

在使用软件触发方式时，这一成员需要赋值 ADC_ExternalTrigConvEdge_None。

成员 5：uint32_t ADC_ ExternalTrigConv，外部触发源，以宏定义形式定义在 stm32f4xx_adc.h 文件中。例如，可以使用 TIM1 的比较输出通道 1 事件作为 ADC 触发源，定义如下：

```
#define ADC_ExternalTrigConv_T1_CC1               ((uint32_t)0x00000000)
```

成员 6：uint32_t ADC_DataAlign，定义对齐方式，左对齐还是右对齐，定义如下：

```
#define ADC_DataAlign_Right                       ((uint32_t)0x00000000)//右对齐
#define ADC_DataAlign_Left                        ((uint32_t)0x00000800) //左对齐
```

成员 7：ADC_NbrOfChannel，定义规则组通道序列长度，长度为 1～16。

例如：

```
ADC_InitTypeDef   ADC_InitStructure;                          //定义 ADC 初始化结构体变量
ADC_InitStructure.ADC_Resolution=ADC_Resolution_12b;          //12 位分辨率
ADC_InitStructure.ADC_ScanConvMode=DISABLE;                   //非扫描模式
ADC_InitStructure.ADC_ContinuousConvMode=DISABLE;             //关闭连续转换
ADC_InitStructure.ADC_ExternalTrigConvEdge =ADC_ExternalTrigConvEdge_None;
                                                  //禁止外部触发检测，使用软件触发
ADC_InitStructure.ADC_DataAlign=ADC_DataAlign_Right;          //右对齐
ADC_InitStructure.ADC_NbrOfConversion=1;                      //1 个转换在规则序列中
ADC_Init(ADC1, &ADC_InitStructure);                //按照以上初始化结构体定义初始化 ADC1
```

3．ADC 使能函数

```
void   ADC_Cmd(ADC_TypeDef* ADCx,FunctionalState NewState);
```

参数 1：ADC 应用对象，同 ADC 初始化函数的参数 1。

参数 2：FunctionalState NewState，使能或禁止 ADC。

ENABLE：使能 ADC；

DISABLE：禁止 ADC。

例如：

```
ADC_Cmd(ADC1,ENABLE);//使能 ADC1
```

4．ADC 中断使能函数

```
void   ADC_ITConfig(ADC_TypeDef* ADCx,uint16_t ADC_IT,FunctionalState NewState) ;
```

参数 1：ADC 应用对象，同 ADC 初始化函数的参数 1。

参数 2：uint16_t ADC_IT，ADC 中断事件，定义如下：

```
#define ADC_IT_EOC        ((uint16_t)0x0205) //规则组转换结束事件
#define ADC_IT_AWD        ((uint16_t)0x0106) //看门狗事件
#define ADC_IT_JEOC       ((uint16_t)0x0407) //注入组转换结束事件
#define ADC_IT_OVR        ((uint16_t)0x201A) //溢出事件
```

参数 3：FunctionalState NewState，使能或禁止 ADC。

ENABLE：使能 ADC 中断。

DISABLE：禁止 ADC 中断。

例如：

```
ADC_ITConfig(ADC1,ADC_IT_EOC,ENABLE);//使能 ADC1 的规则组转换结束中断
```

如果 ADC 的中断通道（NVIC）已经配置好，规则组通道转换结束后，会触发中断，并执行中断服务程序。

5. ADC 规则组转换软件触发函数

```
void ADC_SoftwareStartConv (ADC_TypeDef*ADCx);
```

参数 1：ADC 应用对象，同 ADC 初始化函数的参数 1。

例如：

```
ADC_SoftwareStartConv(ADC1);//软件启动 ADC1 规则组转换
```

6. ADC 规则通道配置函数

```
void ADC_RegularChannelConfig(ADC_TypeDef*ADCx,uint8_t ADC_Channel,
uint8_t Rank,uint8_t ADC_SampleTime);
```

参数 1：ADC 应用对象，同 ADC 初始化函数的参数 1。

参数 2：uint8_t ADC_Channel，ADC 模拟输入通道，通道编号为 0～18。输入通道 0 定义如下：

```
#define ADC_Channel_0                    ((uint8_t)0x00)
```

其他通道定义相似。

参数 3：uint8_t Rank，规则组通道中转换的顺序，可以是 1～16。

参数 4：uint8_t ADC_SampleTime，ADC 转换采样时间，定义如下：

```
#define ADC_SampleTime_3Cycles        ((uint8_t)0x00)//3 个 ADCCLK 周期
#define ADC_SampleTime_15Cycles       ((uint8_t)0x01) //15 个 ADCCLK 周期
#define ADC_SampleTime_28Cycles       ((uint8_t)0x02) //28 个 ADCCLK 周期
#define ADC_SampleTime_56Cycles       ((uint8_t)0x03) //56 个 ADCCLK 周期
#define ADC_SampleTime_84Cycles       ((uint8_t)0x04) //84 个 ADCCLK 周期
#define ADC_SampleTime_112Cycles      ((uint8_t)0x05) //112 个 ADCCLK 周期
#define ADC_SampleTime_144Cycles      ((uint8_t)0x06) //144 个 ADCCLK 周期
#define ADC_SampleTime_480Cycles      ((uint8_t)0x07) //480 个 ADCCLK 周期
```

例如：

```
ADC_RegularChannelConfig(ADC1,ADC_Channel_5,1,ADC_SampleTime_480Cycles);
ADC_RegularChannelConfig(ADC1,ADC_Channel_3,2,ADC_SampleTime_480Cycles);
```

把 ADC1 的输入通道 5 定义为规则组中第 1 个转换，采样时间为 480 个 ADCCLK 周期。

把 ADC1 的输入通道 3 定义为规则组中第 2 个转换，采样时间为 480 个 ADCCLK 周期。

当规则组中有多个输入通道需要转换时，需要使用这个函数，对每一个转换通道进行转换顺序和采样周期的定义。

7. 获取 ADC 规则组转换结果函数

```
uint16_t ADC_GetConversionValue(ADC_TypeDef* ADCx);
```

参数 1：ADC 应用对象，同 ADC 初始化函数的参数 1。

返回：规则组 ADC_DR 中的转换结果。

例如：

```
ADC_Val=ADC_GetConversionValue(ADC1);
```

获取规则组 ADC_DR 中的内容。

12.5 应用实例

12.5.1 规则组单通道采集外部电压

使用 ADC1，将模拟信号输入通道 5（PA5）上连接的电位器电压采集到处理器中。在参考电压为 3.3V 情况下，把 ADC 转换的数字结果转换成实际的电压值，并使用串口将两种结果传输给计算机。电位器电路和 ADC 转换结果串口显示界面如图 12-14 所示。

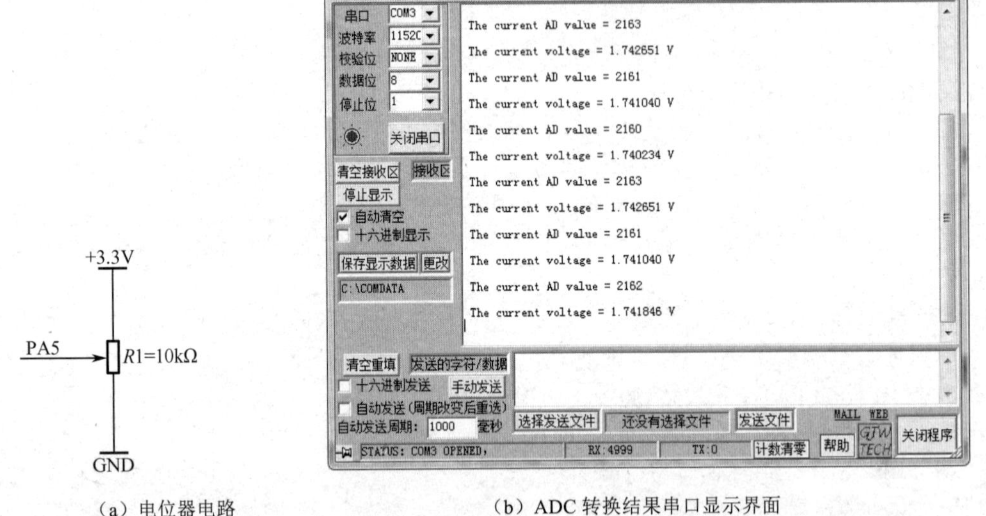

（a）电位器电路　　　　（b）ADC 转换结果串口显示界面

图 12-14　电位器电路和 ADC 转换结果串口显示界面

ADC1 工作模式：

12 位分辨率，使用规则组转换，软件触发方式，连续转换模式，数据右对齐，转换通道数为 1，采样时间为 56 个 ADCCLK 周期，使能 ADC 转换结束中断。

1．编程要点

（1）使能 ADC1 和复用引脚 GPIO 的工作时钟。

（2）初始化 ADC1 相关 GPIO 引脚为模拟方式。

（3）根据要求，初始化 ADC1。

（4）使能 ADC1 规则组转换结束中断，需要初始化 ADC 中断通道。

（5）使能 ADC1。

（6）启动 ADC1 规则组转换。

（7）在中断服务程序中将转换结果读取出来。

（8）在主程序中换算转换结果，并传输给计算机。

2．主程序

```
uint16_t   ADC_Value;                              //ADC 转换结果
float   ADC_Vol;                                   //转换后的实际电压
int main(void)
{
  delay_init();                                    //初始化 SysTick
  USART_Config();                                  //初始化 USART
  ADC_Config();//初始化 ADC1，包括 GPIO、NVIC 及 ADC 的工作模式
```

```
    while (1)
    {
        ADC_Vol =(float)3.3* (float) ADC_Value/4096;    //转换结果为实际的电压值
        //将转换结果传输给计算机
        printf("\r\n The current AD value=%04d \r\n", ADC_Value);
        //将转换成实际电压的结果传输给计算机
        printf("\r\n The current voltage=%f V \r\n",ADC_Vol);
        delay_ms(500);
    }
}
```

3. ADC1 配置函数

程序实现步骤参见 12.3.1 节。

```
void ADC_Config(void)
{
  ADC_InitTypeDef    ADC_InitStructure;
  ADC_CommonInitTypeDef    ADC_CommonInitStructure;
  GPIO_InitTypeDef    GPIO_InitStructure;
  NVIC_InitTypeDef    NVIC_InitStructure;
  /*-------------------第 1 步--------------------*/
  RCC_APB2PeriphClockCmd(RCC_APB2Periph_ADC1,ENABLE);          //使能 ADC 时钟
  RCC_AHB1PeriphClockCmd(RCC_AHB1Periph_GPIOA,ENABLE);         //使能 GPIO 时钟

  /*-------------------第 2 步--------------------*/
  /*配置 PA5 工作方式*/
  GPIO_InitStructure.GPIO_Pin=GPIO_Pin_5;
  GPIO_InitStructure.GPIO_Mode=GPIO_Mode_AIN;                  //模拟模式
  GPIO_InitStructure.GPIO_PuPd=GPIO_PuPd_NOPULL ;              //不要上拉和下拉
  GPIO_Init(GPIOA,&GPIO_InitStructure);                        //初始化 PA5

  /*-------------------第 3 步--------------------*/
  ADC_DeInit();//复位 ADC 配置

  /*-------------------第 4 步--------------------*/
  /*ADC  通用参数初始化*/
  ADC_CommonInitStructure.ADC_Mode=ADC_Mode_Independent;   //独立 ADC 模式
  ADC_CommonInitStructure.ADC_Prescaler=ADC_Prescaler_Div4;   //ADC 时钟为 4 分频
  //禁止多重 ADC DMA 模式
  ADC_CommonInitStructure.ADC_DMAAccessMode=ADC_DMAAccessMode_Disabled;
  //采样时间间隔为 20 个 ADCCLK 周期
  ADC_CommonInitStructure.ADC_TwoSamplingDelay=ADC_TwoSamplingDelay_20Cycles;
  ADC_CommonInit(&ADC_CommonInitStructure);                //初始化 ADC 通用参数

  /*-------------------第 5 步--------------------*/
  /*ADC 参数初始化*/
  ADC_InitStructure.ADC_Resolution=ADC_Resolution_12b;           //12 位分辨率
  ADC_InitStructure.ADC_ScanConvMode=DISABLE;      //禁止扫描模式，多通道采集才需要
  ADC_InitStructure.ADC_ContinuousConvMode=ENABLE;             //连续转换
```

```
    //禁止外部事件触发，使用软件触发
    ADC_InitStructure.ADC_ExternalTrigConvEdge=ADC_ExternalTrigConvEdge_None;
    //在禁止外部事件触发时，这一参数无用
    ADC_InitStructure.ADC_ExternalTrigConv=ADC_ExternalTrigConv_T1_CC1;
    ADC_InitStructure.ADC_DataAlign=ADC_DataAlign_Right;          //数据右对齐
    ADC_InitStructure.ADC_NbrOfConversion=1;                      //转换通道 1 个
    ADC_Init(ADC1, &ADC_InitStructure);                           //初始化 ADC1 规则组通道

    /*------------------第 6 步-------------------*/
    //配置 ADC1 输入通道 5 转换顺序为第 1 个转换，采样时间为 56 个 ADCCLK 周期
    ADC_RegularChannelConfig(ADC1, ADC_Channel_5, 1, ADC_SampleTime_56Cycles);

    /*------------------第 7 步-------------------*/
    NVIC_PriorityGroupConfig(NVIC_PriorityGroup_1);               //设置 NVIC 中断组 1
    NVIC_InitStructure.NVIC_IRQChannel = ADC_IRQn;                //选择 ADC 中断通道
    NVIC_InitStructure.NVIC_IRQChannelPreemptionPriority = 1;     //抢占优先级为 1
    NVIC_InitStructure.NVIC_IRQChannelSubPriority = 1;            //响应优先级为 1
    NVIC_InitStructure.NVIC_IRQChannelCmd = ENABLE;               //使能 ADC 中断通道
    NVIC_Init(&NVIC_InitStructure);                               //初始化 ADC 中断通道

    ADC_ITConfig(ADC1,ADC_IT_EOC,ENABLE);            //使能 ADC1 规则组转换结束中断

    /*------------------第 8 步-------------------*/
    ADC_Cmd(ADC1,ENABLE);                            //使能 ADC1

    /*------------------第 9 步-------------------*/
    ADC_SoftwareStartConv(ADC1);  //软件触发 ADC1 规则组转换，开始 ADC1 的转换，
}
```

4. ADC1 中断服务函数

```
void ADC_IRQHandler(void)
{
  //判断是否是 ADC1 的规则组转换结束事件触发的中断
  if(ADC_GetITStatus(ADC1,ADC_IT_EOC)!=RESET)
  {
    ADC_Value = ADC_GetConversionValue(ADC1);        //读取 ADC1 的转换结果
    ADC_ClearITPendingBit(ADC1,ADC_IT_EOC);          //清除 ADC1 转换结束标志位
  }
}
```

12.5.2 使用 DMA 和规则组通道实现多路模拟信号采集

使用 ADC1 将模拟信号输入通道 4（PA4）、5（PA5）、6（PA6）上连接的电位器电压采集到处理器，三路 ADC 转换的电位器电路图如图 12-15 所示。在参考电压为 3.3V 情况下，把 ADC 转换的数字结果转换成实际的电压值，并使用串口将两种结果传输给计算机。

ADC1 工作模式：12 位分辨率，使用规则组转换，软件触发方式，连续转换+扫描模式，数据右对齐，转换通道数为 3，采样时间为 56 个 ADCCLK 周期，使能 ADC1 的 DMA 传输。3 个通道转换顺序如下。

输入通道 5 为规则组中第 1 个转换。

输入通道 6 为规则组中第 2 个转换。

输入通道 4 为规则组中第 3 个转换。

DMA 方式：使用 DMA2 的数据流 0 的通道 0，传输方向为外设到存储器，传输数量为 3（对应于 3 个通道的转换结果），外设端地址不递增，存储器端地址递增，外设端和存储器端数据宽度为半字，使能循环模式，不使用 FIFO，突发数量为 1 个节拍。

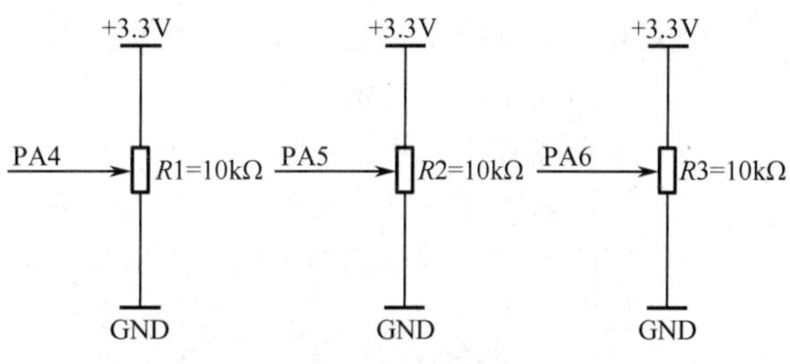

图 12-15　三路 ADC 转换的电位器电路图

一旦配置好 ADC1 和 DMA 的共模式，并启动 ADC1 的转换后，DMA 便会自动将每次转换的结果从 ADC1 的规则组的 ADC_DR 中传输到存储器中。在程序中，如要使用转换的结果，只需要从存储器对应的单元中读取数据即可。整个数据传输过程如图 12-16 所示。

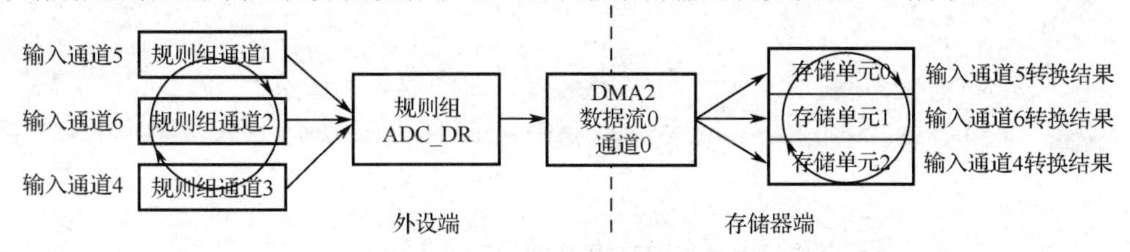

图 12-16　整个数据传输过程

本例中，定义数组 uint16_t　ADC_Value[3]作为存储单元。ADC_Value[0]存储的是输入通道 5 的转化结果，ADC_Value[1]存储的是输入通道 6 的转化结果，ADC_Value[2]存储的是输入通道 4 的转化结果。转换结果显示在串口调试助手，如图 12-17 所示。

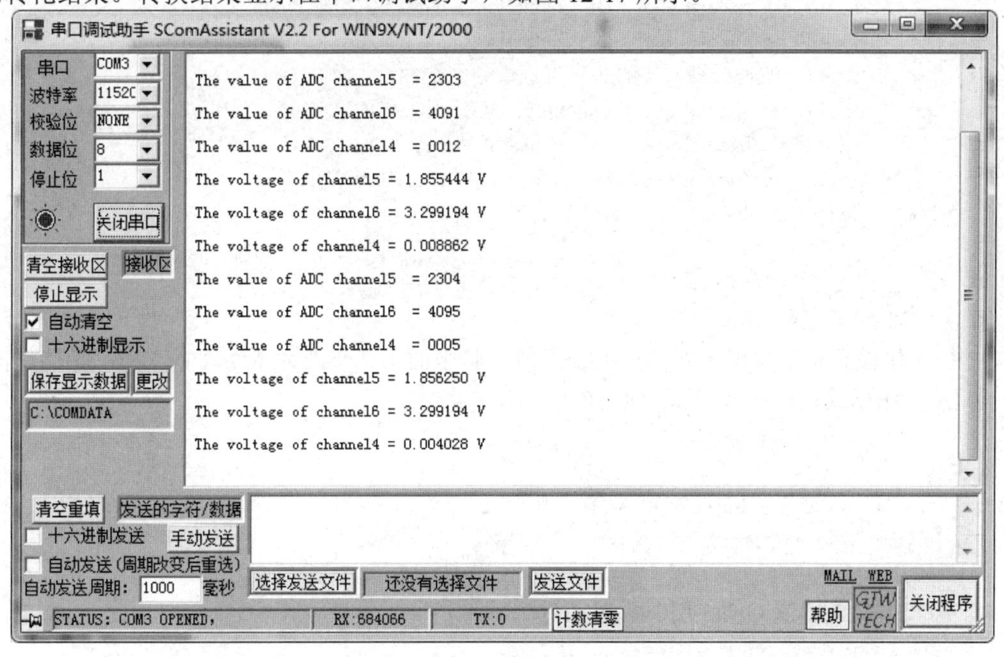

图 12-17　ADC 转换结果串口显示界面

1．编程要点

（1）使能 ADC1 和复用引脚 GPIO 的工作时钟。

（2）初始化 ADC1 相关 GPIO 引脚为模拟方式。

（3）根据要求，初始化 DMA2 数据流 0。

（4）根据要求，初始化 ADC1。

（5）配置 ADC1 的 3 个规则组转换通道转换顺序和采样时间。

（6）使能 ADC1 规则组转换结束 DMA 请求。

（7）使能 ADC1。

（8）启动 ADC1 规则组转换。

（9）在主程序中换算转换结果，并传输给计算机。

2. 主程序

```
uint16_t   ADC_Value[3];                                          //ADC 转换结果
float   ADC_Vol[3];                                               //转换后的实际电压
int main(void)
{
     delay_init();                                                //初始化 SysTick
     USART_Config();              //初始化 USART，略，详见第 11 章
     ADC_Config();                //初始化 ADC1，包括 GPIO、DMA 及 ADC 的工作模式
     while (1)
     {
       ADC_Vol[0] =(float) ADC_Value[0]/4096*(float)3.3;          //输入通道 5 转换结果
       ADC_Vol[1] =(float) ADC_Value[1]/4096*(float)3.3;          //输入通道 6 转换结果
       ADC_Vol[2] =(float) ADC_Value[2]/4096*(float)3.3;          //输入通道 4 转换结果
       //将输入通道 5、6、4 的转换结果分别传输给计算机
       printf("\r\n The value of ADC channel5=%04d \r\n", ADC_Value[0]);
       printf("\r\n The value of ADC channel6=%04d \r\n", ADC_Value[1]);
       printf("\r\n The value of ADC channel4=%04d \r\n", ADC_Value[2]);
       //将输入通道 5、6、4 的实际电压值分别传输给计算机
       printf("\r\n The voltage of channel5=%f V \r\n",ADC_Vol[0]);
       printf("\r\n The voltage of channel6=%f V \r\n",ADC_Vol[1]);
       printf("\r\n The voltage of channel4=%f V \r\n",ADC_Vol[2]);
       delay_ms(1000);
     }
}
```

3. ADC1 配置函数

ADC 工作模式程序实现步骤参见 12.4.1 节，其中的第 7 步改为 ADC1 的 DMA 功能使能。DMA 工作模式程序实现步骤参见 10.3.1 节。

```
void ADC_Config(void)
{
   ADC_Mode_Config();//配置 ADC 工作模式
   DMA_Mode_Config();//配置 DMA 工作模式
}
```

4. ADC1 输入通道 GPIO 引脚配置函数

```
static void ADC_Mode_Config(void)
{
   ADC_CommonInitTypeDef ADC_CommonInitStructure;   //ADC 通用初始化结构体变量定义
   ADC_InitTypeDef ADC_InitStructure;                             //ADC 初始化结构体变量定义
   GPIO_InitTypeDef GPIO_InitStructure;
```

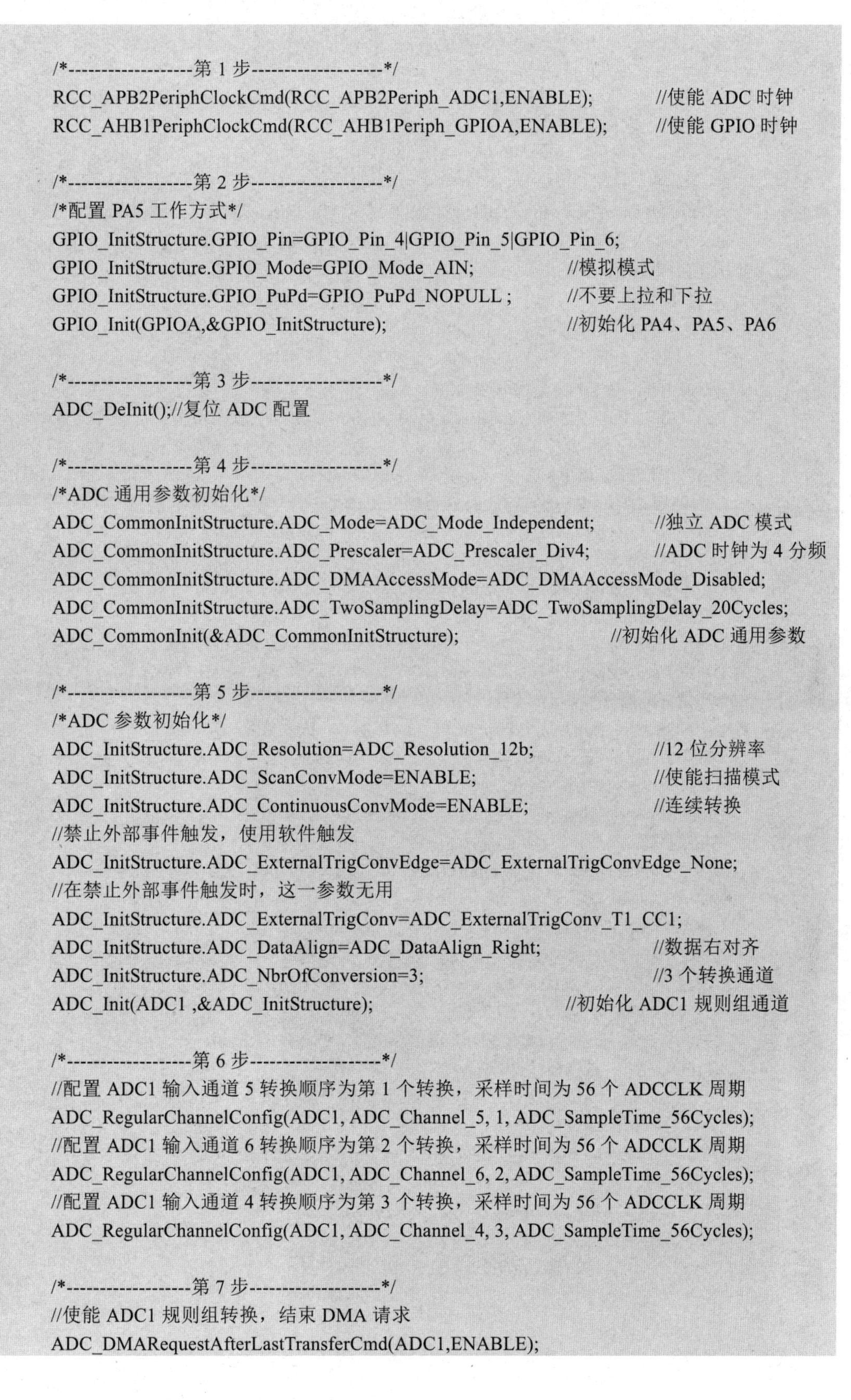

```
/*------------------第 1 步-------------------*/
RCC_APB2PeriphClockCmd(RCC_APB2Periph_ADC1,ENABLE);          //使能 ADC 时钟
RCC_AHB1PeriphClockCmd(RCC_AHB1Periph_GPIOA,ENABLE);         //使能 GPIO 时钟

/*------------------第 2 步-------------------*/
/*配置 PA5 工作方式*/
GPIO_InitStructure.GPIO_Pin=GPIO_Pin_4|GPIO_Pin_5|GPIO_Pin_6;
GPIO_InitStructure.GPIO_Mode=GPIO_Mode_AIN;             //模拟模式
GPIO_InitStructure.GPIO_PuPd=GPIO_PuPd_NOPULL ;         //不要上拉和下拉
GPIO_Init(GPIOA,&GPIO_InitStructure);                   //初始化 PA4、PA5、PA6

/*------------------第 3 步-------------------*/
ADC_DeInit();//复位 ADC 配置

/*------------------第 4 步-------------------*/
/*ADC 通用参数初始化*/
ADC_CommonInitStructure.ADC_Mode=ADC_Mode_Independent;          //独立 ADC 模式
ADC_CommonInitStructure.ADC_Prescaler=ADC_Prescaler_Div4;       //ADC 时钟为 4 分频
ADC_CommonInitStructure.ADC_DMAAccessMode=ADC_DMAAccessMode_Disabled;
ADC_CommonInitStructure.ADC_TwoSamplingDelay=ADC_TwoSamplingDelay_20Cycles;
ADC_CommonInit(&ADC_CommonInitStructure);                    //初始化 ADC 通用参数

/*------------------第 5 步-------------------*/
/*ADC 参数初始化*/
ADC_InitStructure.ADC_Resolution=ADC_Resolution_12b;                //12 位分辨率
ADC_InitStructure.ADC_ScanConvMode=ENABLE;                          //使能扫描模式
ADC_InitStructure.ADC_ContinuousConvMode=ENABLE;                    //连续转换
//禁止外部事件触发，使用软件触发
ADC_InitStructure.ADC_ExternalTrigConvEdge=ADC_ExternalTrigConvEdge_None;
//在禁止外部事件触发时，这一参数无用
ADC_InitStructure.ADC_ExternalTrigConv=ADC_ExternalTrigConv_T1_CC1;
ADC_InitStructure.ADC_DataAlign=ADC_DataAlign_Right;                //数据右对齐
ADC_InitStructure.ADC_NbrOfConversion=3;                            //3 个转换通道
ADC_Init(ADC1 ,&ADC_InitStructure);                           //初始化 ADC1 规则组通道

/*------------------第 6 步-------------------*/
//配置 ADC1 输入通道 5 转换顺序为第 1 个转换，采样时间为 56 个 ADCCLK 周期
ADC_RegularChannelConfig(ADC1, ADC_Channel_5, 1, ADC_SampleTime_56Cycles);
//配置 ADC1 输入通道 6 转换顺序为第 2 个转换，采样时间为 56 个 ADCCLK 周期
ADC_RegularChannelConfig(ADC1, ADC_Channel_6, 2, ADC_SampleTime_56Cycles);
//配置 ADC1 输入通道 4 转换顺序为第 3 个转换，采样时间为 56 个 ADCCLK 周期
ADC_RegularChannelConfig(ADC1, ADC_Channel_4, 3, ADC_SampleTime_56Cycles);

/*------------------第 7 步-------------------*/
//使能 ADC1 规则组转换，结束 DMA 请求
ADC_DMARequestAfterLastTransferCmd(ADC1,ENABLE);
```

```
    ADC_DMACmd(ADC1,ENABLE);                                    //使能 ADC1 的 DMA 功能

    /*-------------------第 8 步--------------------*/
    ADC_Cmd(ADC1,ENABLE);   //使能 ADC1

    /*-------------------第 9 步--------------------*/
    ADC_SoftwareStartConv(ADC1); //软件触发 ADC1 规则组转换，开始 ADC1 的转换
}
```

5．DMA 工作模式配置函数

程序实现参考 10.3.1 节。

```
static void DMA_Mode_Config(void)
{
    DMA_InitTypeDef DMA_InitStructure;
    RCC_AHB1PeriphClockCmd(RCC_AHB1Periph_DMA2, ENABLE);        //使能 DMA2 时钟

    DMA_InitStructure.DMA_Channel=DMA_Channel_0;                         //选择 DMA 通道 0
    //外设基址为 ADC1 的数据寄存器地址
    DMA_InitStructure.DMA_PeripheralBaseAddr= ((u32)ADC1+0x4c);
    //存储器地址为一数组首地址
    DMA_InitStructure.DMA_Memory0BaseAddr=(u32)ADC_Value;
    //数据传输方向为外设到存储器
    DMA_InitStructure.DMA_DIR=DMA_DIR_PeripheralToMemory;
    DMA_InitStructure.DMA_BufferSize=3; //缓冲区大小为 3，指一次 DMA 传输的数据量
    //外设寄存器只有一个，地址不用递增
    DMA_InitStructure.DMA_PeripheralInc=DMA_PeripheralInc_Disable;
    DMA_InitStructure.DMA_MemoryInc=DMA_MemoryInc_Enable;            //存储器地址递增
    //外设数据大小为半字
    DMA_InitStructure.DMA_PeripheralDataSize=DMA_PeripheralDataSize_HalfWord;
    //存储器数据大小也为半字
    DMA_InitStructure.DMA_MemoryDataSize=DMA_MemoryDataSize_HalfWord;
    //使能循环传输模式
    DMA_InitStructure.DMA_Mode=DMA_Mode_Circular;
    //DMA 传输通道优先级为高，当使用一个 DMA 通道时，优先级设置不影响
    DMA_InitStructure.DMA_Priority=DMA_Priority_High;
    //禁止 DMA FIFO，使用直接模式
    DMA_InitStructure.DMA_FIFOMode=DMA_FIFOMode_Disable;
    //FIFO 大小，FIFO 模式禁止时，这个不用配置
    DMA_InitStructure.DMA_FIFOThreshold=DMA_FIFOThreshold_HalfFull;
    DMA_InitStructure.DMA_MemoryBurst=DMA_MemoryBurst_Single;
    DMA_InitStructure.DMA_PeripheralBurst=DMA_PeripheralBurst_Single;
    //初始化 DMA 数据，数据相当于一个大的管道，管道里面有很多通道
    DMA_Init(DMA2_Stream0,&DMA_InitStructure);
    //使能 DMA 数据
    DMA_Cmd(DMA2_Stream0, ENABLE);
}
```

习题

1．ADC 的种类有哪些？最少列出 3 种。

2．ADC 的分辨率怎么定义？ADC 的分辨率和精度有什么区别？

3．分辨率为 12 位，参考电压为 3.3V 的 ADC，转换一个模拟信号得到的结果是 0x523，请问这一模拟信号的电压是多少？

4．STM32F429 微控制器的 ADC 有哪些触发方式（转换启动方式）？

5．STM32F429 微控制器的 ADC 的规则组和注入组是什么意思？

6．请说明单次、连续、扫描的含义。

7．怎么使能 ADC？怎么启动一次规则组 ADC 转换？

8．使用 GPIO 引脚作为 ADC 的模拟信号输入通道，怎么初始化这一 GPIO 引脚？以 ADC1 的 AIN5 通道为例。

9．编写程序，配置 STM32F429 微控制器的 ADC1 实现以下功能。

工作在独立模式，在规则组中转换通道 3（PA3），使能转换结束中断，使能 ADC1，并软件启动 ADC1 的转换。

10．编写第 9 题的中断服务程序，在中断服务程序中获取转换结果，并将其转换成实际电压值（ADC 的参考电压为 3.3V）。

11．ADC1 使用的是 DMA 的哪个数据流？哪个通道？

12．请思考，怎么使用 ADC1 扫描转换规则组通道 1、3、5、2、4（注意转换的顺序），并编写实现此功能的程序。

第 13 章　数模转换器（DAC）

13.1　DAC 概述

数字量转换成模拟量的过程叫作数模转换，完成这种功能的电路叫作数模转换器，简称 DAC。在很多数字系统中（如数字音频领域），信号以数字方式存储和传输，DAC 可以将这样的信号转换为模拟信号，从而使得这样的信号能够被外界（人或其他非数字系统）识别。典型 DAC 转换结构框图如图 13-1 所示。

DAC 主要由数字寄存器、模拟电子开关、位权网络、求和运算放大器和基准电压源（或恒流源）组成。DAC 利用存于数字寄存器中的数字量的各位数码，分别控制对应位的模拟电子开关，使数码为 1 的位在位权网络上产生与其位权成正比的电流值，再由求和运算放大器对各电流值求和，并转换成电压值。

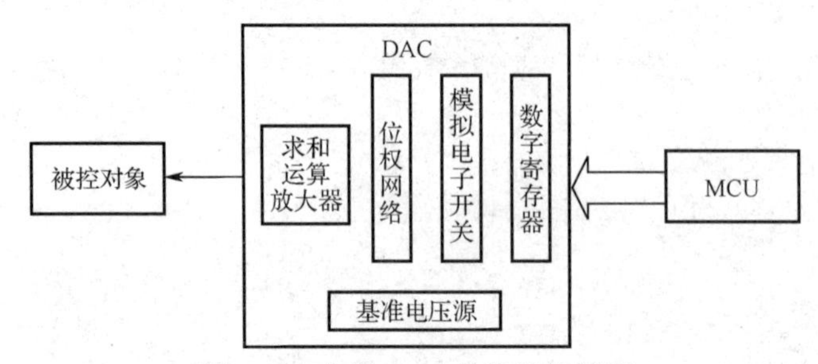

图 13-1　典型 DAC 转换结构框图

13.1.1　基本概念

1．满量程范围（FSR）

满量程范围（FSR）是 DAC 输出模拟量最小值到最大值的范围。

2．分辨率

DAC 的分辨率是指最小输出电压与最大输出电压之比，也就是模拟 FSR 被 2^n-1 分割所对应的模拟值。模拟 FSR 一般指的就是参考电压 V_{REF}。

例如，模拟 FSR 为 3.3V 的 12 位 DAC，其分辨率：

$$\frac{3.3}{2^{12}-1}=8.06\times10^{-4}\,\text{V}$$

最高有效位（MSB）是指二进制中最高值的比特位。

最低有效位（LSB）是指二进制中最低值的比特位。

MSB 和 LSB 示意图如图 13-2 所示。

图 13-2　MSB 和 LSB 示意图

LSB 这一术语有着特定的含义，它表示数字流中的最后一位，也表示 DAC 转换的最小电压值。

3．线性度

用非线性误差的大小表示 D/A 转换的线性度。并且将理想的输入/输出特性的偏差与满刻度输出之比的百分数定义为非线性误差。

4．转换精度

DAC 的转换精度与 DAC 的集成芯片的结构和接口电路配置有关。如果不考虑其他 D/A 转换误差时，D/A 转换精度就是分辨率的大小，因此要获得高精度的 D/A 转换结果，首先要保证选择有足够分辨率的 DAC。同时 D/A 转换精度还与外接电路的配置有关，当外部电路器件或电源误差较大时，会造成较大的 D/A 转换误差，当这些误差超过一定程度时，D/A 转换就产生错误。

在 D/A 转换过程中，影响转换精度的主要因素有失调误差、增益误差、非线性误差和微分非线性误差。

5．转换速度

转换速度一般由建立时间决定。从输入由全 0 突变为全 1 时开始，到输出电压稳定在 FSR±LSB/2 范围内为止，这段时间称为建立时间，它是 DAC 的最大响应时间，所以用它来衡量转换速度的快慢。

13.1.2 DAC 原理

根据位权网络的不同，将 DAC 分为有权电阻网络 DAC、R–2R 倒 T 形电阻网络 DAC 和电流型网络 DAC 等。

1．权电阻网络 DAC

权电阻网络 DAC 的转换精度取决于基准电压 V_{REF}、模拟电子开关、运算放大器和各权电阻值的精度。权电阻网络的缺点是各权电阻的阻值都不相同，位数多时，其阻值相差甚远，这给保证高精度带来很大困难，特别是对集成电路的制作很不利，因此在集成的 DAC 中很少单独使用权电阻网络电路。权电阻网络结构图如图 13-3 所示。

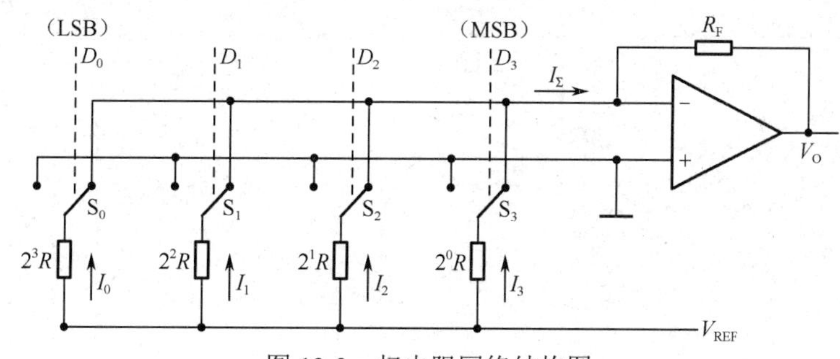

图 13-3　权电阻网络结构图

$$I_\Sigma = I_1 + I_2 + I_3 + I_4 = \frac{V_{REF}}{2^3 \cdot R}\left(D_0 \cdot 2^0 + D_1 \cdot 2^1 + D_2 \cdot 2^2 + D_3 \cdot 2^3\right) = \frac{V_{REF}}{2^3 \cdot R}\sum_{i=0}^{3} D_i \cdot 2^i$$

$$V_O = -I_\Sigma \cdot R_F = -\frac{V_{REF} \cdot R_F}{2^{n-1} \cdot R}\sum_{i=0}^{n-1} D_i \cdot 2^i$$

2．R–2R 倒 T 形电阻网络 DAC

R–2R 倒 T 形电阻网络由若干相同的 R、2R 网络节组成，每节对应于一个输入位。节与节之间串接成倒 T 形网络。R–2R 倒 T 形电阻网络 DAC 是工作速度较快、应用较多的一种 DAC，和权电阻网络 DAC 比较，由于 R–2R 倒 T 形电阻网络 DAC 只有 R、$2R$ 两种阻值，因此它克服了权电阻阻值多，且阻值差别大的缺点。R–2R 倒 T 形电阻网络结构图如图 13-4 所示。

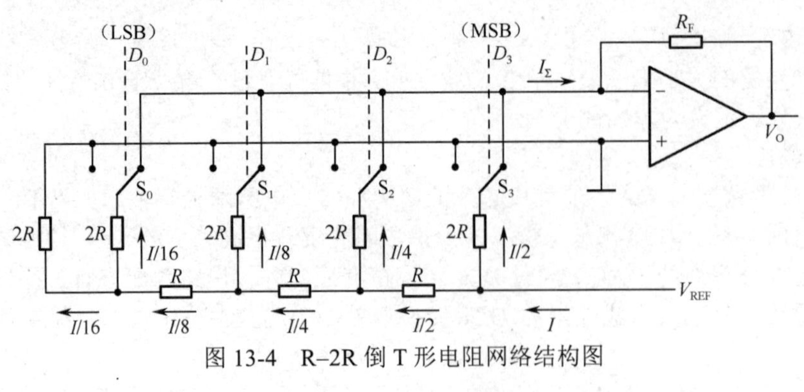

图 13-4　R–2R 倒 T 形电阻网络结构图

$$I_{\sum}=\sum_{i=0}^{n-1}I_i\cdot D_i=\frac{V_{REF}}{R}\sum_{i=0}^{n-1}D_i\cdot 2^{i-n}$$

$$V_O=-I_{\sum}\cdot R_F=-\frac{V_{REF}\cdot R_F}{R}\sum_{i=0}^{n-1}D_i\cdot 2^{i-n}$$

3．电流型网络 DAC

电流型网络 DAC 是将恒流源切换到电阻网络，因恒流源内阻极大，相当于开路，所以连同电子开关在内，对它的转换精度影响都比较小，又因电子开关大多采用非饱和型的 ECL 开关电路，所以这种 DAC 可以实现高速转换，且转换精度较高。

13.2　STM32F429 微控制器的 DAC 结构

STM32F429 微控制器的内部含有两个 12 位电压输出 DAC。DAC 可以按 8 位或 12 位模式进行配置，并且可与 DMA 控制器配合使用。在 12 位模式下，数据可以采用左对齐或右对齐。DAC 内部构造如图 13-5 所示。

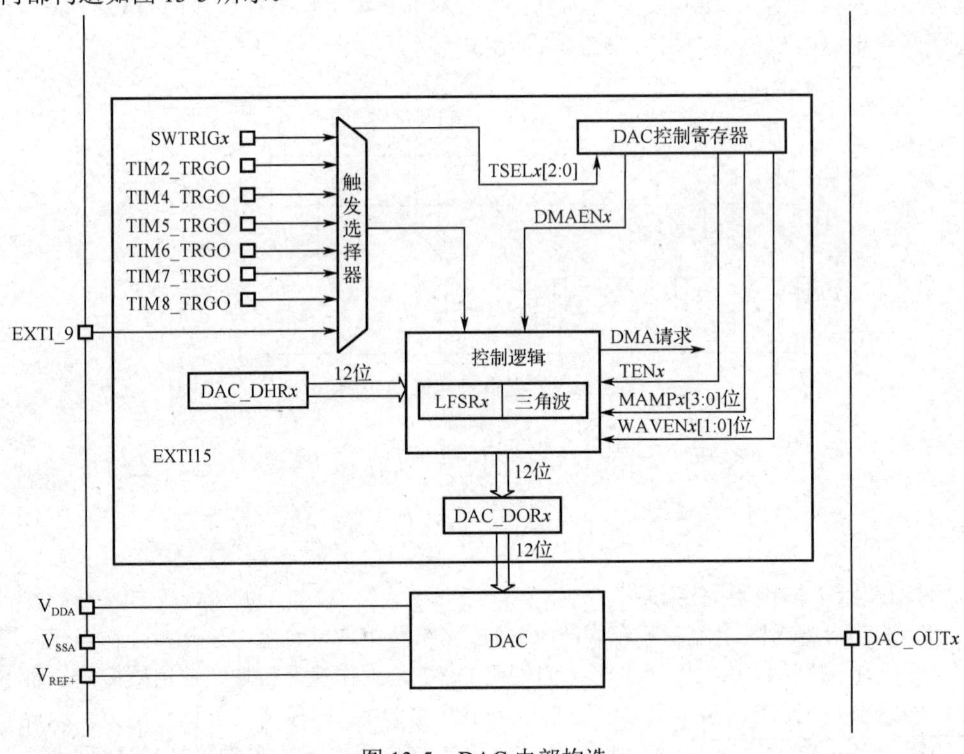

图 13-5　DAC 内部构造

两个 DAC 各对应一个通道，在 DAC 双通道模式下，每个通道可以单独进行转换；当两个通道组合在一起同步执行更新操作时，可以同时进行转换。可通过一个输入参考电压引脚 V_{REF+}（与 ADC 共享）来提高分辨率。

DAC 各个引脚功能定义如表 13-1 所示。

表 13-1　DAC 各个引脚功能定义

名称	信号类型	备注
V_{REF+}	正模拟参考电压输入	DAC 高/正参考电压，1.8V、V_{REF+}、V_{DDA}
V_{DDA}	模拟电源输入	模拟电源
V_{SSA}	模拟电源接地输入	模拟电源接地
DAC_OUT*x*	模拟输出	DAC 通道 *x* 模拟输出 （DAC 通道 1 对应 PA4，DAC 通道 1 对应 PA5）

13.3　STM32F429 微控制器的 DAC 功能

1．DAC 转换

两个 DAC 分别对应一个独立的通道，当使用时将 DAC 控制寄存器（DAC_CR）中的相应 EN*x* 位置 1，即可使能对应的 DAC 通道。

在使能 DAC 通道之后，可以通过写 DAC_DHR*x*（写入 DAC_DHR8R*x*、DAC_DHR12L*x*、DAC_DHR12R*x*、DAC_DHR8RD、DAC_DHR12LD 或 DAC_DHR12LD）或通过触发信号来启动一次 DAC 转换。

（1）写 DAC_DHR*x* 启动 DAC 转换：如果未选择硬件触发（DAC_CR 中的 TEN*x* 位复位），那么经过一个 APB1 时钟周期后，DAC_DHR*x* 中存储的数据将自动转移到 DAC_DOR*x*。当 DAC_DOR*x* 加载了 DAC_DHR*x* 内容时，模拟输出电压将在一段时间 $t_{SETTLING}$ 后可用，具体时间取决于电源电压和模拟输出负载。

DAC_DOR*x* 无法直接写入，任何数据都必须通过加载 DAC_DHR*x* 才能传输到 DAC 通道 *x*。

DAC 转换过程如图 13-6 所示。

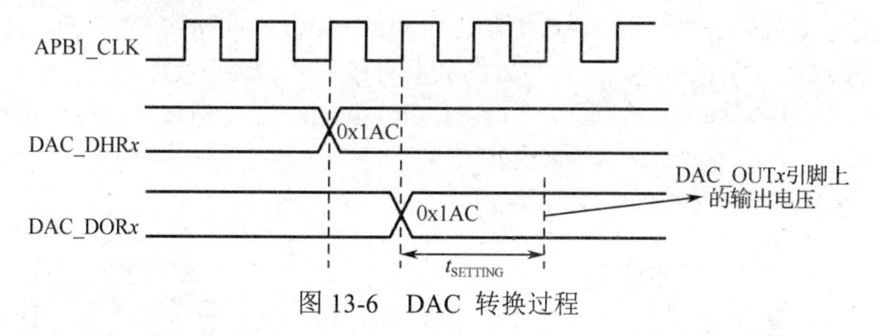

图 13-6　DAC 转换过程

DAC 集成了两个输出缓冲器，可用来降低输出阻抗，并在不增加外部运算放大器的情况下直接驱动外部负载。通过 DAC_CR 中的相应 BOFF*x* 位，可使能或禁止各 DAC 通道输出缓冲器。

（2）硬件触发启动 DAC 转换：如果选择硬件触发（置位 DAC_CR 中的 TEN*x* 位）可通过外部事件（定时计数器、外部中断线）触发转换。当触发条件到来，在三个 APB1 时钟周期后，将 DAC_DHR*x* 的内容转移到 DAC_DOR*x*。如果选择软件触发，一旦 SWTRIG 位置 1，转换即会开始。将 DAC_DHR*x* 的内容加载到 DAC_DOR*x* 后，SWTRIG 位即由硬件复位。

TSEL*x*[2:0]控制位将决定通过 8 个可能事件中的哪一个来触发转换。DAC 外部触发源如表 13-2 所示。

表 13-2　DAC 外部触发源

源	类型	TSEL[2:0]
Timer 6 TRGO event	片上定时器的内部信号	000
Timer 8 TRGO event		001
Timer 7 TRGO event		010
Timer 5 TRGO event		011
Timer 2 TRGO event		100
Timer 4 TRGO event		101
EXTI line9	外部引脚	110
SWTRIG	软件控制位	111

2．DAC 数据格式

根据所选配置模式，数据必须按如下方式写入指定寄存器。

（1）对于 DAC 单通道 x，有三种可能的方式。

8 位右对齐：软件必须将数据加载到 DAC_DHR8Rx[7:0]位（存储到 DHRx[11:4]位）。

12 位左对齐：软件必须将数据加载到 DAC_DHR12Lx[15:4]位（存储到 DHRx[11:0]位）。

12 位右对齐：软件必须将数据加载到 DAC_DHR12Rx[11:0]位（存储到 DHRx[11:0]位）。

根据加载的 DAC_DHRyyyx 寄存器，用户写入的数据将移位并存储到相应的 DHRx（数据保持寄存器 x，即内部非存储器映射寄存器）。之后，DHRx 将被自动加载，或者通过软件或外部事件触发加载到 DORx。DAC 单通道数据对齐方式如图 13-7 所示。

（2）对于 DAC 双通道，有以下可能的方式。

8 位右对齐：将 DAC 通道 1 的数据加载到 DAC_DHR8RD[7:0]位（存储到 DHR1[11:4]位），将 DAC 通道 2 的数据加载到 DAC_DHR8RD[15:8]位（存储到 DHR2[11:4]位）。

12 位左对齐：将 DAC 通道 1 的数据加载到 DAC_DHR12RD[15:4]位（存储到 DHR1[11:0]位），将 DAC 通道 2 的数据加载到 DAC_DHR12RD[31:20]位（存储到 DHR2[11:0]位）。

12 位右对齐：将 DAC 通道 1 的数据加载到 DAC_DHR12RD[11:0]位（存储到 DHR1[11:0]位），将 DAC 通道 2 的数据加载到 DAC_DHR12RD[27:16]位（存储到 DHR2[11:0]位）。

根据加载的 DAC_DHRyyyD，用户写入的数据将移位并存储到 DHR1 和 DHR2（数据保持寄存器，即内部非存储器映射寄存器）。之后，DHR1 和 DHR2 将被自动加载，或者通过软件或外部事件触发分别被加载到 DOR1 和 DOR2。

DAC 双通道数据对齐方式如图 13-8 所示。

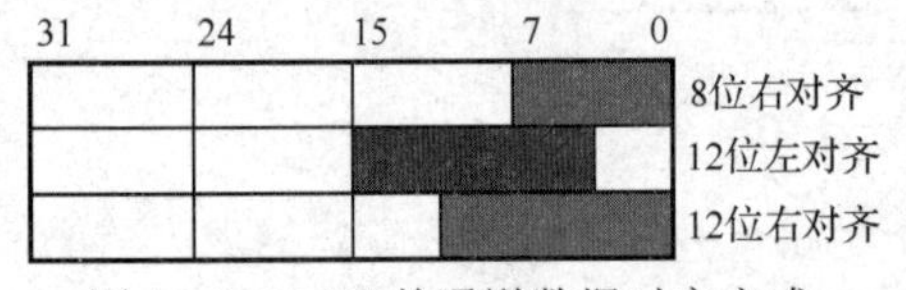

图 13-7　DAC 单通道数据对齐方式

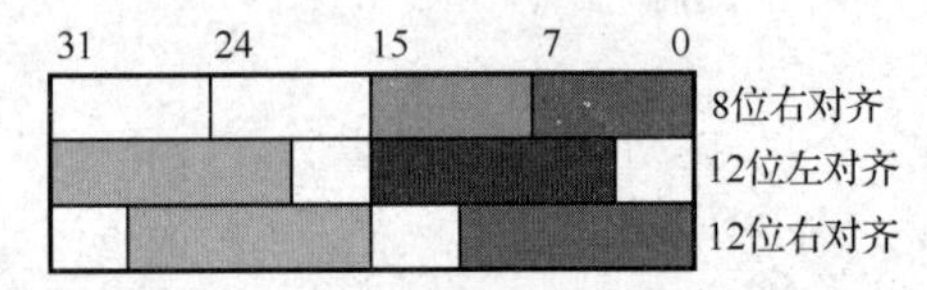

图 13-8　DAC 双通道数据对齐方式

3．DMA 请求

每个 DAC 通道都具有 DMA 功能。两个 DMA 通道用于处理 DAC 通道的 DMA 请求。

当 DMAENx 位置 1 时，如果发生外部触发（而不是软件触发），则将产生 DAC DMA 请求。DAC_DHRx 的值随后转移到 DAC_DORx。

在双通道模式下，如果两个 DMAENx 位均置 1，则将产生两个 DMA 请求。如果只需要一个 DMA 请求，则仅将相应的 DMAEN*x* 位置 1。这样，应用程序可以在双通道模式下通过一个 DMA 请求和一个特定 DMA 通道来管理两个 DAC 通道。

4．生成噪声

将 WAVE*x*[1:0]位置为 01 即可选择生成噪声，使用 LFSR（线性反馈移位寄存器）可以生成可变振幅的伪噪声。LFSR 中的预加载值为 0xAAA。在每次发生触发事件后，经过三个 APB1 时钟周期，该寄存器会依照特定的计算算法完成更新。在不发生溢出的情况下，LFSR 值将与 DAC_DHR*x* 的值相加，然后存储到 DAC_DOR*x*，这样就会在一个 DAC 输出的电压上加上一个可变振幅的伪噪声。LFSR 值可以通过 DAC_CR 中的 MAMP*x*[3:0]位来部分或完全屏蔽，通过复位 WAVE*x*[1:0]位将 LFSR 波形产生功能关闭。

5．生成三角波

将 WAVE*x*[1:0]位置为 10 即可选择 DAC 生成三角波。通过生成三角波功能，可以在 DAC 输出的直流电流或慢变信号上叠加一个小幅三角波。振幅通过 DAC_CR 中的 MAMP*x*[3:0]位进行配置。每次发生触发事件后，经过三个 APB1 时钟周期，内部三角波计数器将会递增。在不发生溢出的情况下，该计数器的值将与 DAC_DHR*x* 的值相加，所得总和将存储到 DAC_DOR*x*。只要三角波计数器的值小于 MAMP*x*[3:0]位定义的最大振幅的值，三角波计数器的值就会一直递增。一旦达到配置的振幅，计数器将递减至零，然后递增，依此类推。三角波示意图如图 13-9 所示。

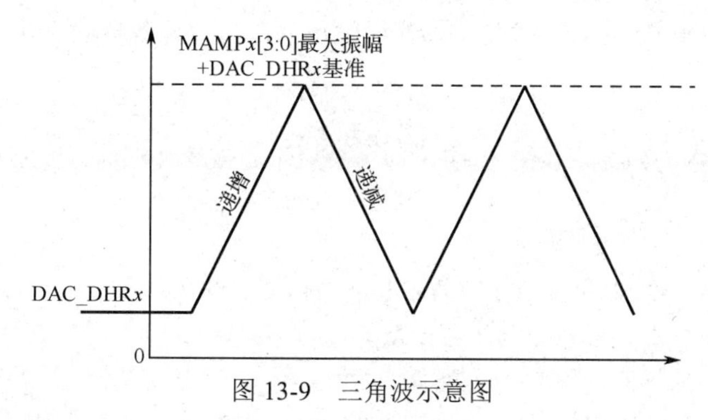

图 13-9　三角波示意图

6．DAC 双通道转换

DAC 控制器有三个双寄存器：DHR8RD、DHR12RD 和 DHR12LD，可以访问一个寄存器并同时驱动两个 DAC 通道，从而有效利用两个 DAC 通道总线带宽。

通过两个 DAC 通道和这三个双寄存器可以实现以下 11 种转换模式。

独立触发（不产生波形）：DAC 两个通道使用不同的触发信号，在各自触发信号到达时，触发各自通道的转换。

独立触发（生成单个 LFSR）：DAC 两个通道使用不同的触发信号，配置相同的 LFSR 掩码值，在各自触发信号到达时，触发各自通道的转换。输出为 LFSR*x* 计数器的值和 DHR*x* 的值相加对应的电压值。

独立触发（生成不同 LFSR）：DAC 两个通道使用不同的触发信号，配置不同的 LFSR 掩码值，在各自触发信号到达时，触发各自通道的转换。输出为 LFSR*x* 计数器的值和 DHR*x* 的值相加对应的电压值。

独立触发（生成单个三角波）：DAC 两个通道使用不同的触发信号，配置相同的三角波最大振幅值，在各自触发信号到达时，触发各自通道的转换。输出为三角波计数器的值和 DHR*x* 的值相加对应的电压值。

独立触发（生成不同三角波）：DAC 两个通道使用不同的触发信号，配置不同的三角波最大振幅值，在各自触发信号到达时，触发各自通道的转换。输出为三角波计数器的值和 DHR*x* 的值相加对应的电压值。

同步软件启动：将两个通道都配置为软件启动，同时置位 SWTRIG1 位和 SWTRIG2 位，将同时启动一次 DAC 转换。

同步触发（不产生波形）：配置两个通道为相同的触发方式，在触发信号到达时，同时触发两个通道的转换。

同步触发（生成单个 LFSR）：配置两个通道为相同的触发方式和相同的 LFSR 掩码值，在触发信号到达时，同时触发两个通道的转换。输出为 LFSR*x* 计数器的值和 DHR*x* 的值相加对应的电压值。

同步触发（生成不同 LFSR）：配置两个通道为相同的触发方式和不同的 LFSR 掩码值，在触发信号到达时，同时触发两个通道的转换。输出为 LFSR*x* 计数器的值和 DHR*x* 的值相加对应的电压值。

同步触发（生成单个三角波）：配置两个通道为相同的触发方式和相同的三角波最大振幅值，在触发信号到达时，同时触发两个通道的转换。输出为三角波计数器的值和 DHR*x* 的值相加对应的电压值。

同步触发（生成不同三角波）：配置两个通道为相同的触发方式和不同的三角波最大振幅值，在触发信号到达时，同时触发两个通道的转换。输出为三角波计数器的值和 DHR*x* 的值相加对应的电压值。

13.4 DAC 典型应用步骤及常用库函数

13.4.1 DAC 典型应用步骤

（1）开启 GPIOA 的时钟和 ADC1 时钟，设置 PA1 为模拟输入。

使能 ADC1 时钟。

```
RCC_APB1PeriphClockCmd(RCC_APB1Periph_DAC,ENABLE);
```

使能模拟信号输入的 GPIO 时钟，假设是 GPIOA，根据实际情况调整。

```
RCC_AHB1PeriphClockCmd(RCC_AHB1Periph_GPIOA,ENABLE);
```

（2）初始化模拟信号输入的 GPIO 引脚为模拟方式。

```
GPIO_Init();
```

（3）初始化 DAC 通道参数。

```
void DAC_Init(uint32_t DAC_Channel,DAC_InitTypeDef* DAC_InitStruct)
```

（4）使能 DAC 通道。

```
void DAC_Cmd(uint32_t DAC_Channel,FunctionalState NewState);
```

（5）启动 DAC 转换。

通过写 DAC_DHR*x* 启动 DAC 转换。

```
void DAC_SetChannel1Data(uint32_t DAC_Align,uint16_t Data);
```

或

```
void DAC_SetChannel2Data(uint32_t DAC_Align,uint16_t Data);
```

或

```
void DAC_SetDualChannelData(uint32_t DAC_Align,uint16_t Data2,uint16_t Data1);
```

或通过触发信号启动 DAC 转换。

13.4.2 常用库函数

与 DAC 相关的函数和宏都被定义在以下两个文件中。

头文件：stm32f4xx_dac.h。

源文件：stm32f4xx_dac.c。

1. DAC 初始化函数

```
void DAC_Init(uint32_t DAC_Channel,DAC_InitTypeDef* DAC_InitStruct);
```

参数 1：uint32_t DAC_Channel，DAC 通道宏定义，定义在 stm32f4xx_dac.h 文件中。

```
#define DAC_Channel_1                    ((uint32_t)0x00000000)//通道 1
#define DAC_Channel_2                    ((uint32_t)0x00000010)//通道 1
```

参数 2：DAC_InitTypeDef* DAC_InitStruct，DAC 初始化结构体指针，自定义的结构体，定义在 stm32f4xx_dac.h 文件中。

```
typedef struct
{
  uint32_t DAC_Trigger;                          //设置触发方式
  uint32_t DAC_WaveGeneration;                   //设置波形生成
  uint32_t DAC_LFSRUnmask_TriangleAmplitude;     //设置 LFSR 掩码值或三角波最大振幅值
  uint32_t DAC_OutputBuffer;                     //设置输出缓冲器
}DAC_InitTypeDef;
```

成员 1：uint32_t DAC_Trigger，选择 DAC 触发方式，定义如下：

```
#define DAC_Trigger_None                 ((uint32_t)0x00000000)//不使用触发
#define DAC_Trigger_T2_TRGO              ((uint32_t)0x00000024)//定时器 2 事件触发
#define DAC_Trigger_T4_TRGO              ((uint32_t)0x0000002C)//定时器 4 事件触发
#define DAC_Trigger_T5_TRGO              ((uint32_t)0x0000001C)//定时器 5 事件触发
#define DAC_Trigger_T6_TRGO              ((uint32_t)0x00000004)//定时器 6 事件触发
#define DAC_Trigger_T7_TRGO              ((uint32_t)0x00000014)//定时器 7 事件触发
#define DAC_Trigger_T8_TRGO              ((uint32_t)0x0000000C)//定时器 8 事件触发
#define DAC_Trigger_Ext_IT9              ((uint32_t)0x00000034)//外部中断 9 触发
#define DAC_Trigger_Software             ((uint32_t)0x0000003C)//软件触发
```

成员 2：uint32_t DAC_WaveGeneration，选择波形生成，定义如下：

```
#define DAC_WaveGeneration_None          ((uint32_t)0x00000000)//不生成波形
#define DAC_WaveGeneration_Noise         ((uint32_t)0x00000040)//生成伪噪音
#define DAC_WaveGeneration_Triangle      ((uint32_t)0x00000080)//生成三角波
```

成员 3：uint32_t DAC_LFSRUnmask_TriangleAmplitude，设置 LFSR 掩码值或三角波最大振幅值，定义如下：

```
#define DAC_LFSRUnmask_Bit0              ((uint32_t)0x00000000)//不屏蔽 LFSR 的位 0
#define DAC_LFSRUnmask_Bits1_0           ((uint32_t)0x00000100)//不屏蔽 LFSR 的位 0～1
```

其他 LFSR 掩码值定义略。

```
#define DAC_LFSRUnmask_Bits11_0          ((uint32_t)0x00000B00)//不屏蔽 LFSR 的位 0～11
#define DAC_TriangleAmplitude_1          ((uint32_t)0x00000000)//三角波最大振幅值等于 1
```

其他三角波最大振幅值定义略，可以设置的三角波最大振幅值有 3、7、15、31、63、127、255、511、1023、2047 和 4095。

成员 4：uint32_t DAC_OutputBuffer，设置输出缓冲器，定义如下：

```
#define DAC_OutputBuffer_Enable          ((uint32_t)0x00000000)//使能输出缓冲功能
#define DAC_OutputBuffer_Disable         ((uint32_t)0x00000002)//禁止输出缓冲功能
```

2．DAC 使能函数

```
void DAC_Cmd(uint32_t DAC_Channel,FunctionalState NewState);
```

参数 1：uint32_t DAC_Channel，DAC 通道宏定义。

参数 2：FunctionalState NewState，使能或禁止 ADC，定义如下：

ENABLE：使能 ADC。

DISABLE：禁止 ADC。

3．单通道输出，写 DAC 通道 1 输出数据寄存器函数

```
void DAC_SetChannel1Data(uint32_t DAC_Align,uint16_t Data);
void DAC_Cmd(uint32_t DAC_Channel,FunctionalState NewState);
```

参数 1：uint32_t DAC_Align，DAC 数据对齐方式，定义如下：

```
#define DAC_Align_12b_R                    ((uint32_t)0x00000000)//12 位右对齐方式
#define DAC_Align_12b_L                    ((uint32_t)0x00000004)//12 位左对齐方式
#define DAC_Align_8b_R                     ((uint32_t)0x00000008)//8 位右对齐方式
```

参数 2：uint16_t Data，DAC 输出的数据。

4．单通道输出，写 DAC 通道 2 输出数据寄存器函数

```
void DAC_SetChannel2Data(uint32_t DAC_Align,uint16_t Data);
void DAC_Cmd(uint32_t DAC_Channel,FunctionalState NewState);
```

参数同单通道输出，写 DAC 通道 1 输出数据寄存器函数。

5．双通道输出，写 DAC 输出数据寄存器函数

```
void DAC_SetDualChannelData(uint32_t DAC_Align,uint16_t Data2,uint16_t Data1);
```

参数 1：同单通道输出，写 DAC 通道 1 输出数据寄存器函数定义。

参数 2 和参数 3：DAC 通道 2 输出数据和 DAC 通道 1 输出数据。

6．DAC 软件触发函数

```
void DAC_SoftwareTriggerCmd(uint32_t DAC_Channel,FunctionalState NewState)
```

参数 1：uint32_t DAC_Channel，DAC 通道宏定义。

参数 2：FunctionalState NewState，使能或禁止 ADC，定义如下：

ENABLE：使能 ADC。

DISABLE：禁止 ADC。

13.5 应用实例

使用 DAC 通道 1 生成一个频率为 1kHz 的正弦波。

根据采样定理，生成一个 1kHz 的正弦波，采样频率应在 2kHz 以上。在此，我们使用 20kHz 的采样频率生成正弦波。为了提高效率，使用查表法生成正弦波，需要预先定义一个 20 单元的数组，用于存储正弦波样点。在单极性输出、12 位 DAC 模式下，每个正弦样点定义如下：

$$f(n)=\frac{2^{12}-1}{2}\cdot\left[1+\sin\left(2\cdot\pi\cdot n\cdot\frac{f}{f_s}\right)\right]=\frac{2^{12}-1}{2}\cdot\left[1+\sin\left(2\cdot\pi\cdot n\cdot\frac{1}{32}\right)\right]$$

式中，f_s 是采样频率；f 是生成的正弦波频率；n=0,1,2…。

使用定时器 TIM2，在每次定时溢出中断中采样数组数据，并写入 DAC_DHRx，定时溢出频率为 20kHz。

DAC 使用单通道模式，输出不使用触发，使能输出缓冲功能。在每次将数据写入 DAC_DHRx，并经过一个 APB1 时钟周期后，DAC_DHRx 存储的数据将自动转移到 DAC_DORx，经输出缓

冲器，在PA4上产生对应输出电压。采样频率=20kHz，频率=1kHz的正弦波如图13-10所示。

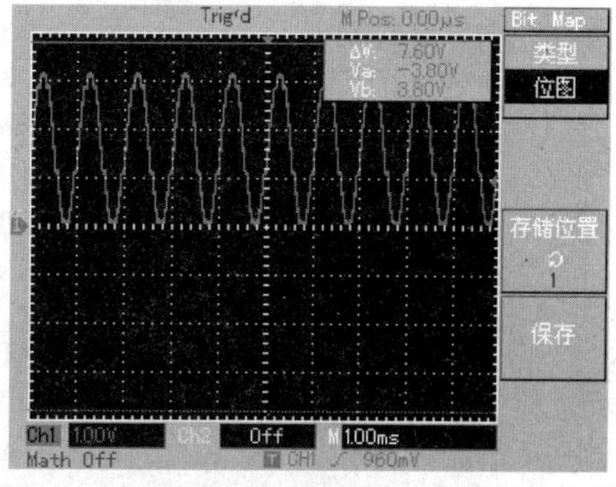

图13-10 采样频率=20kHz，频率=1kHz的正弦波

1. 编程要点

（1）使能DAC和复用引脚GPIO的时钟。

（2）初始化DAC通道1相关GPIO引脚为模拟方式。

（3）根据要求，初始化ADC1。

（4）初始化定时器。

（5）使能DAC。

（6）在定时器一处中断中写DAC_DHR*x*。

2. 主程序

```
int main(void)
{
DAC_Config(); //初始化DAC，并生成正弦波
while(1);        //等待定时器溢出中断
}
```

3. DAC初始化功能

DAC配置程序实现步骤参见13.4.1节。

```
#include   <math.h>//因为要使用sin函数生成正弦波，需要包含math.h头文件
#define    Pi    3.1415926
#define    f     1000//正弦波频率为1kHz
#define    fs    20000//采样频率为20kHz

uint16_t    Sine_Table[20];
void DAC_Mode_Init(void)
{
uint16_t   i=0;
/*生成正弦波形数据，右对齐*/
for (i=0; i < 20; i++)
{
Sine_Table [i]=(uint16_t)((float)4095*(1+sin(2*i*Pi* f /fs))/2);
}
DAC_Config();//配置DAC功能，参见13.4.1节
TIM_Config();//配置定时器功能，参见9.4.1节
}
```

4. DAC配置程序

配置DAC功能，参见13.4.1节

```
void   DAC_Config(void)
{
GPIO_InitTypeDef     GPIO_InitStructure;//GPIO初始化结构体变量
DAC_InitTypeDef      DAC_InitStructure;//DAC初始化结构体变量
/*------------------第1步-------------------*/
RCC_AHB1PeriphClockCmd(RCC_AHB1Periph_GPIOA,ENABLE);//使能GPIOA时钟
RCC_APB1PeriphClockCmd(RCC_APB1Periph_DAC,ENABLE);//使能DAC时钟
```

```
/*------------------第 2 步-------------------*/
/* DAC 的 GPIO 配置，模拟方式，不上拉*/
GPIO_InitStructure.GPIO_Pin=GPIO_Pin_4;
GPIO_InitStructure.GPIO_Mode=GPIO_Mode_AIN;//模拟方式
GPIO_InitStructure.GPIO_PuPd=GPIO_PuPd_NOPULL;//不上拉
GPIO_Init(GPIOA,&GPIO_InitStructure);//初始化 PA4，DAC 通道 1 输出引脚

/*------------------第 3 步-------------------*/
/*配置 DAC 通道 1*/
DAC_InitStructure.DAC_Trigger=DAC_Trigger_None;//不使用触发方式
DAC_InitStructure.DAC_WaveGeneration=DAC_WaveGeneration_None;//不使用波形输出
DAC_InitStructure.DAC_OutputBuffer=DAC_OutputBuffer_Enable;//使能输出缓冲功能
//在此无用，初始化一个确定值，防止影响其他参数的设置
DAC_InitStructure.DAC_LFSRUnmask_TriangleAmplitude=DAC_LFSRUnmask_Bit0;
DAC_Init(DAC_Channel_1,&DAC_InitStructure);//初始化 DAC 的通道 1

/*------------------第 4 步-------------------*/
DAC_Cmd(DAC_Channel_1,ENABLE);//使能 DAC 通道 1
}
```

5．定时器配置程序

配置定时器功能参见 9.4.1 节。

```
void DAC_TIM_Config(void)
{
TIM_TimeBaseInitTypeDef      TIM_TimeBaseStructure;
RCC_APB1PeriphClockCmd(RCC_APB1Periph_TIM2,ENABLE);//使能 TIM2 时钟
/*TIM2 基本定时器配置*/
TIM_TimeBaseStructure.TIM_Prescaler=0x0;//预分频，不分频 90M/(0+1)=90M
TIM_TimeBaseStructure.TIM_Period=4500-1;//定时器溢出频率为 20kHz，即采样频率为 20kHz
TIM_TimeBaseStructure.TIM_CounterMode=TIM_CounterMode_Up;//递增计数模式
TIM_TimeBaseStructure.TIM_ClockDivision=0x0;//时钟预分频系数
TIM_TimeBaseInit(TIM2,&TIM_TimeBaseStructure);//初始化 TIM2 基本时基功能
/*配置 TIM2 中断*/
NVIC_PriorityGroupConfig(NVIC_PriorityGroup_1);//中断组配置
NVIC_InitStructure.NVIC_IRQChannel=TIM2_IRQn;
NVIC_InitStructure.NVIC_IRQChannelPreemptionPriority=0;
NVIC_InitStructure.NVIC_IRQChannelSubPriority=0;
NVIC_InitStructure.NVIC_IRQChannelCmd=ENABLE;
NVIC_Init(&NVIC_InitStructure);
TIM_ITConfig(TIM2,TIM_IT_Update,ENABLE);//使能 TIM2 溢出中断
TIM_Cmd(TIM2,ENABLE);//使能 TIM2
}
```

6．定时器中断服务程序

```
void TIM2_IRQHandler(void)
{
    static u16   Index;
    if(TIM_GetITStatus(TIM2,TIM_IT_Update)==SET)
    {
```

```
		TIM_ClearITPendingBit(TIM2,TIM_IT_Update);
		if(Index <19)//采样边界控制
			Index++;
		else
			Index=0;
		//写 DAC 通道 1 的 12 位右对齐数据寄存器，启动一次 DAC 转换
DAC_SetChannel1Data(DAC_Align_12b_R,Sine_Table [Index]);
	}
}
```

习题

1．常用的 DAC 电路结构有哪些？

2．分辨率为 12 位，参考电压为 3.3V 的 DAC，想要输出 1.2V 的电压，请问输出这一电压对应的数字信号是多少？

3．STM32F429 微控制器的 DAC 有哪些触发方式（转换启动方式）？

4．请问寄存器 DHR 和 DOR 之间有什么关系？

5．DAC 单通道的数据格式有哪些？

6．软件如何启动一次 DAC 转换？

7．怎么初始化 DAC 的模拟信号输出通道的 GPIO 引脚？以 ADC1 为例。

8．编写程序，配置 STM32F429 微控制器的 DAC1 产生一个频率为 2kHz 的正弦波。

第 14 章　I2C 控制器

14.1　I2C 协议

I2C（Inter-Integrated Circuit）协议由飞利浦公司开发，它支持设备之间的短距离通信。由于 I2C 通信需要的引脚少、硬件实现简单、可扩展性强，现在被广泛地使用在系统内多个集成电路（IC）间的通信。I2C 最早是飞利浦公司在 1982 年开发设计并用于自己的芯片上的，开始只允许 100kHz、7bit 标准地址。1992 年，I2C 的第一个公共规范发行，增加了 400kHz 的快速模式及 10bit 扩展地址。在 I2C 的基础上，1995 年 Intel 提出了 System Management Bus（SMBus），它用于低速设备通信，SMBus 把时钟频率限制在 10kHz～100kHz，但 I2C 可以支持 0kHz～5MHz 的设备：普通模式（100kHz）、快速模式（400kHz）、快速模式（1MHz）、高速模式（3.4MHz）和超高速模式（5MHz）。

14.1.1　I2C 物理层

I2C 通信总线可连接多个 I2C 通信设备，支持多个通信主机和多个通信从机。I2C 通信只需要 2 条双向总线——一条数据线 SDA（Serial Data Line，串行数据线），一条时钟线 SCL（Serial Clock Line，串行时钟线）。SDA 用于传输数据，SCL 用于同步数据收发。SDA 传输数据的方式是大端传输（先传 MSB），每次传输 8bit，即 1 字节。I2C 通信支持多主控，任何时间点只能有一个主控。每个连接到总线的设备都有一个独立的地址，共 7bit，主机正是利用该地址对设备进行访问。

I2C 器件的 SDA 引脚和 SCL 引脚是开漏电路形式，因此，SDA 和 SCL 总线都需要连接上拉电阻，当总线空闲时，两条总线均为高电平。

连接到总线上的任意器件输出低电平都会将总线信号拉低，即各器件的 SDA 和 SCL 信号线在总线上都是“线与”的关系。

当多个主机同时使用总线时，需要用仲裁方式决定哪个设备占用总线，不然数据将会产生冲突。

串行的 8 位双向数据传输率在标准模式下可达 100kbit/s，快速模式下可达 400kbit/s，高速模式下可达 3.4Mbit/s（目前大多数 I2C 设备还不支持高速模式）。

I2C 总线连接示意图如图 14-1 所示。

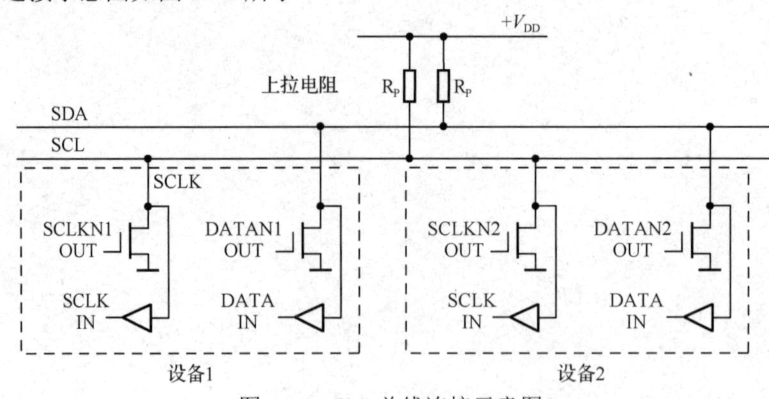

图 14-1　I2C 总线连接示意图

14.1.2　I2C 协议层

协议层定义了 I2C 的通信协议。一个完整的 I2C 数据传输包含开始信号、器件地址、读写控制、器件内访问地址、有效数据、应答信号和结束信号。

1．I2C 总线的位传输

数据传输：当 SCL 为高电平时，SDA 必须保持稳定，SDA 上传输 1 位数据。

数据改变：当 SCL 为低电平时，SDA 才可以改变电平。

I2C 位传输时序图如图 14-2 所示。

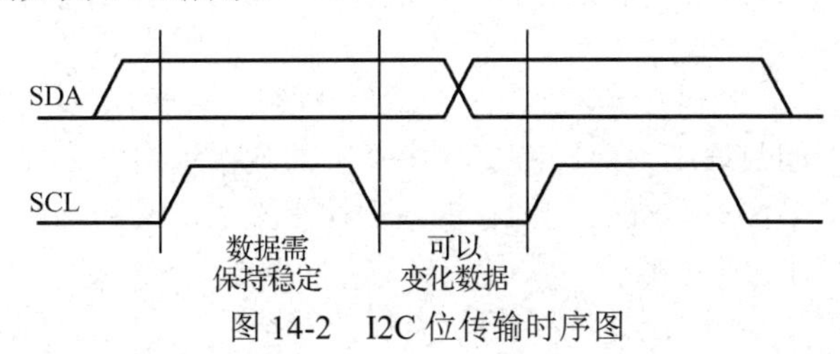

图 14-2　I2C 位传输时序图

2．I2C 总线的开始信号和结束信号

开始信号：当 SCL 为高电平时，SDA 由高电平向低电平跳变，开始传送数据。开始信号由主机产生。

结束信号：当 SCL 为高电平时，SDA 由低电平向高电平跳变，结束传送数据。结束信号也只能由主机产生。

I2C 总线开始信号和结束信号时序图如图 14-3 所示。

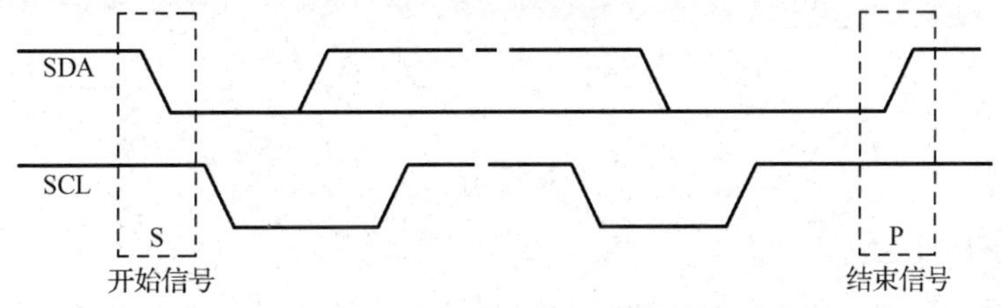

图 14-3　I2C 总线开始信号和结束信号时序图

3．I2C 总线的字节格式

发送到 SDA 上的每个字节必须是 8 位，每次传输可以发送的字节数量不受限制，数据从最高有效位（MSB）开始传输。接收器在每成功接收一个字节后都会返回发送器一个应答位。如果从机要完成一些其他功能（如一个内部中断服务程序）才能接收或发送下一个完整的字节，则可以使 SCL 保持低电平，从而迫使主机进入等待状态。当从机准备好新的字节数据传输时，释放 SCL，数据传输便继续进行。

4．I2C 应答信号

在主机发送完每一个字节数据后，释放 SDA（保持高电平），被寻址的接收器在成功接收到每个字节后，必须产生一个应答 ACK（从机将 SDA 拉低，使它在这个时钟脉冲的高电平期间保持稳定的低电平）。当从机接收不到数据或通信故障时，从机必须使 SDA 保持高电平，主机产生一个结束信号终止传输或者产生重复开始信号开始新的传输。

SDA 上发送的每个字节必须为 8 位，其后必须跟一个应答位。I2C 总线上的所有数据都是以 8 位字节传送的，发送器每发送一个字节，就在时钟脉冲 9 期间释放数据线，由接收器反馈一个应答信号。当应答信号为低电平时，规定为有效应答位（ACK），表示接收器已经成功地接收了该字节；当应答信号为高电平时，规定为非应答位（NACK），一般表示接收器接收该字节没有成功。

应答 ACK 要求接收器在第 9 个时钟脉冲之前的低电平期间将 SDA 拉低，并且确保在该时钟的高电平期间为稳定的低电平。如果接收器是主机，则在它收到最后一个字节后，发送一个 NACK 信号，以通知从机发送器结束数据发送，并释放 SDA，以便主机接收器发送一个结束信号。

传输过程中每次可以发送的字节数量不受限制。首先传输的是数据的最高有效位（MSB）。如果从机要在完成一些其他功能之后才能接收或发送下一个完整的数据字节，则可以使 SCL 保持低电平，从而迫使主机进入等待状态。当从机准备好接收下一个数据字节，并且释放 SCL 后，数据传输继续。

I2C 总线必须由主器件控制，即必须由主机产生开始信号、结束信号和时钟信号。在时钟信号为高电平时，SDA 上的数据必须保持稳定，SDA 上的数据状态仅在时钟信号为低电平时才可以改变，而当 SCL 为高电平时，SDA 上数据的改变被用来表示开始条件和停止条件。需要说明的是，当主机接收数据时，在最后一个数据字节，必须发送一个非应答信号（NACK），使从机释放 SDA，以便主机产生一个结束信号来终止总线的数据传送。

I2C 总线应答时序图如图 14-4 所示。

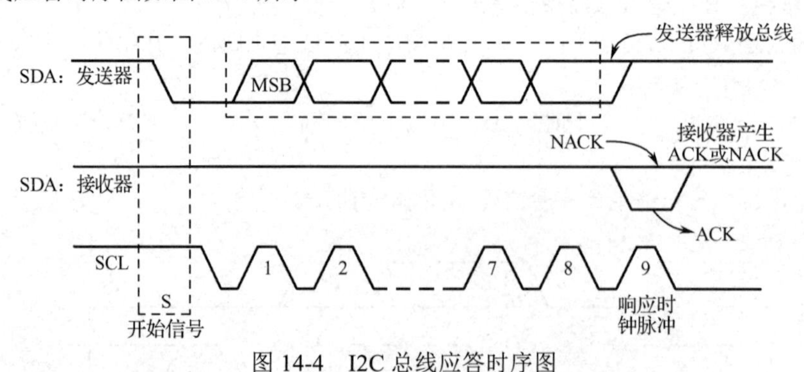

图 14-4　I2C 总线应答时序图

5．I2C 总线的仲裁机制

SDA 的仲裁也是建立在总线具有“线与”逻辑功能的原理上的。节点在发送 1 位数据后，比较总线上所呈现的数据与自己发送的是否一致。是，继续发送；否则，退出竞争。SDA 的仲裁可以保证 I2C 总线系统在多个主节点同时企图控制总线时通信正常进行并且数据不丢失。总线系统通过仲裁只允许一个主节点可以继续占据总线。

当 SCL 为高电平时，仲裁在 SDA 上发生。在其他主机发送低电平时，发送高电平的主机将会断开它的数据传输级，因为总线上的电平与它自己的电平不同（“线与”连接）。

假设主机 1 要发送的数据 DATA1 为“101……”，主机 2 要发送的数据 DATA2 为“1001……”，总线被启动后，两个主机在每发送一个数据位时，都要对自己的输出电平进行检测，只要检测的电平与自己发出的电平一致，它们就会继续占用总线。在这种情况下总线还是得不到仲裁。当主机 1 发送第 3 位数据“1”时（主机 2 发送“0”），由于“线与”的结果 SDA 上的电平为“0”，这样当主机 1 检测自己的输出电平时，就会测到一个与自身不相符的“0”电平。这时主机 1 只好放弃对总线的控制权，主机 2 则成为总线的唯一主宰者。

6．从机地址和子地址

在开始条件（S）后，主机发送一个从机地址（或叫作器件地址），指该器件在 I2C 总线上被主机寻址的地址，地址共有 7 位，紧接着的第 8 位是数据的读写标志位（0 表示写，1 表示读）。数据传输一般由主机产生停止位（P），但是如果主机仍希望在总线上通信，它可以产生重复开始信号和寻址另一个从机，而不是首先产生一个结束信号。在这种传输中，可以有不同的读/写格式组合。I2C 总线从机地址构成如图 14-5 所示。

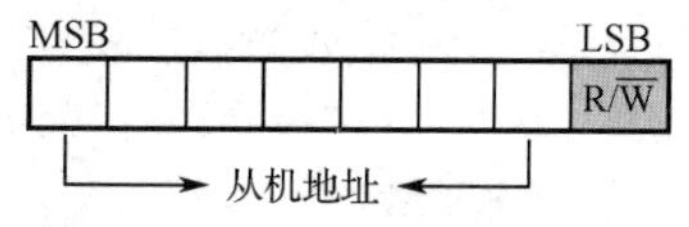

图 14-5　I2C 总线从机地址构成

带有 I2C 总线的器件除了有从机地址，还可能有子地址，它是指该器件内部不同器件或存储单元的编址。例如，带 I2C 接口的 EEPROM 就是拥有子地址器件的典型代表。

7. 主机发送数据流程

（1）主机在检测到总线为空闲状态（即 SDA、SCL 均为高电平）时，发送一个开始信号（S），开始一次通信。

（2）主机接着发送一个命令字节。该字节由 7 位的器件地址和 1 位读写控制位 R/ W̄ 组成（此时 R/ W̄ =0）。

（3）相对应的从机收到命令字节后向主机回馈 ACK 信号（ACK=0）。

（4）主机收到从机的 ACK 信号后，开始发送操作器件内部存储空间的子地址或子地址的高 8 位。例如，AT24C02 EEPROM 器件内部存储空间访问只需要 8 位地址。而 AT24C256 EEPROM 器件内部容量较大，子地址需要 16 位，那么这一个子地址就是 16 位子地址的高 8 位。

（5）从机成功接收后，返回一个 ACK 信号。

（6）主机收到 ACK 信号后再发送下一个数据字节或子地址的高 8 位。

（7）从机成功接收后，返回一个 ACK 信号。

（8）主机的一次发送通信，其发送的数据数量不受限制，当主机发送完最后一个数据字节并收到从机的 ACK 信号后，通过向从机发送一个结束信号（P）结束本次通信并释放总线。从机收到结束信号后也退出与主机之间的通信。

I2C 总线主机发送数据流程（8 位从机地址）如图 14-6 所示。

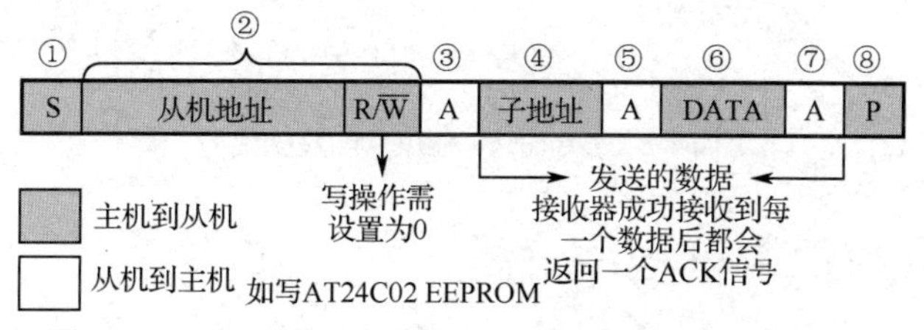

图 14-6　I2C 总线主机发送数据流程（8 位从机地址）

I2C 总线主机发送数据流程（16 位从机地址）如图 14-7 所示。

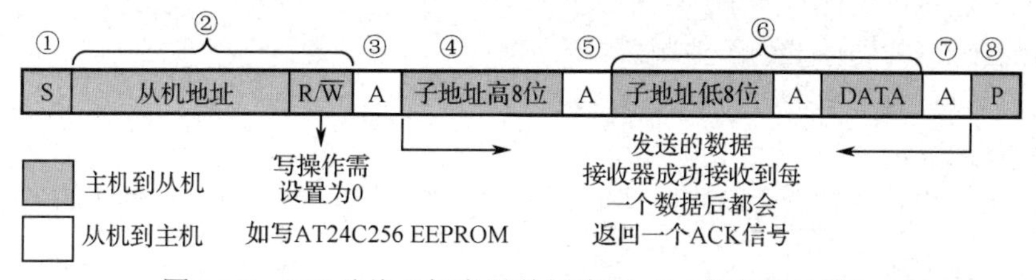

图 14-7　I2C 总线主机发送数据流程（16 位从机地址）

主机通过发送地址码与对应的从机建立了通信关系，而挂接在总线上的其他从机虽然同时收到了地址码，但因为与其自身的地址不相符，因此不参与主机的通信。主机在每一次发送后都是通过从机的 ACK 信号了解从机的接收状况，如果主机检测不到有效的 ACK 信号，则重发数据或进入到错误处理机制。

8．主机接收数据流程

（1）主机在检测到总线为空闲状态（即 SDA、SCL 均为高电平）时，发送一个开始信号，开始一次通信。

（2）主机接着发送一个命令字节。该字节由 7 位的器件地址和 1 位读写控制位 R/$\overline{W}$ 组成（此时 R/$\overline{W}$ =0）。

（3）相对应的从机收到命令字节后向主机回馈 ACK 信号（ACK=0）。

（4）主机收到从机的 ACK 信号后开始发送操作器件内部存储空间的子地址。

（5）从机成功接收后，返回一个 ACK 信号。

（6）主机收到应答信号后，重新产生一个起始信号。

（7）主机接着发送一个命令字节。该字节由 7 位的器件地址和 1 位读写控制位 R/$\overline{W}$ 组成（此时 R/$\overline{W}$ =1）。

（8）相对应的从机收到命令字节后向主机回馈 ACK 信号。

（9）接着，主机开始接收从机发送过来的数据，在主机成功接收数据后，如果需要再次接收数据的话，则主机需要向从机发送一个 ACK 信号。接收数据的数量不限。

（10）主机接收到最后一个数据的话，主机向从机发送一个 NACK 信号。

（11）从机发送一个结束信号结束本次通信并释放总线。从机收到结束信号后也退出与主机之间的通信。

I2C 总线主机接收数据流程如图 14-8 所示。

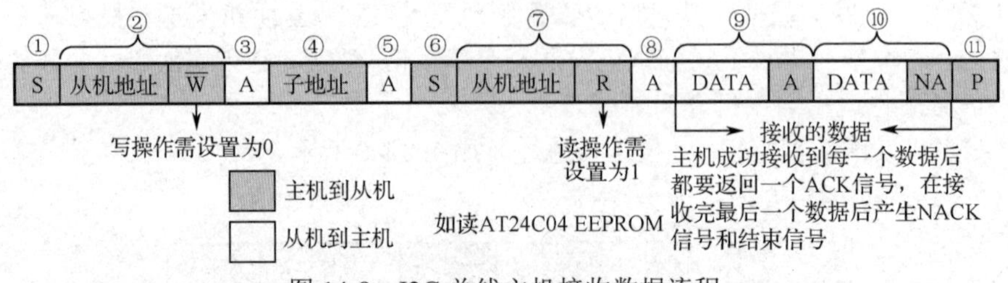

图 14-8 I2C 总线主机接收数据流程

14.2 软件模拟 I2C 协议程序分析

由于 I2C 总线占用的 I/O 仅需要 2 根，在很多的实际使用过程中，会使用 GPIO 引脚来模拟 I2C 的 SDA 引脚和 SCL 引脚，并使用程序来实现 I2C 协议时序。

软件模拟 I2C 协议的优点如下。

（1）不需要专门的硬件 I2C 的控制器。

（2）引脚可以任意分配，方便 PCB 布线。

（3）软件修改灵活。

缺点：由于采用软件指令会产生时间的延时，不能用于一些时间要求较高的场合。

14.2.1 I2C 引脚配置

1．引脚工作模式初始化

对于 I2C 主机来讲，SCL 在整个通信过程中为输出模式。

```
void SCL_OUT(void)
{
    GPIO_InitTypeDef    GPIO_InitStructure;
    RCC_AHB1PeriphClockCmd(RCC_AHB1Periph_GPIOH,ENABLE);
```

```
        GPIO_InitStructure.GPIO_Pin=GPIO_Pin_4;
        GPIO_InitStructure.GPIO_Mode=GPIO_Mode_OUT;//输出模式
        GPIO_InitStructure.GPIO_OType=GPIO_OType_OD;//输出类型为开漏输出
        GPIO_InitStructure.GPIO_PuPd=GPIO_PuPd_UP;//I2C 总线必须接上拉电阻
        GPIO_InitStructure.GPIO_Speed=GPIO_Speed_25MHz;
        GPIO_Init(GPIOH,&GPIO_InitStructure);
    }
```

对于 I2C 主机来讲，SDA 在整个通信过程中，输出数据时为输出模式，接收数据或检测 ACK 信号时为输入模式。

将 SDA 设置为输入模式。

```
    void SDA_IN(void)
    {
        GPIO_InitTypeDef    GPIO_InitStructure;
        RCC_AHB1PeriphClockCmd(RCC_AHB1Periph_GPIOH,ENABLE);
        GPIO_InitStructure.GPIO_Pin=GPIO_Pin_5;
        GPIO_InitStructure.GPIO_Mode=GPIO_Mode_IN;//输入模式
        GPIO_InitStructure.GPIO_PuPd=GPIO_PuPd_UP;//I2C 总线必须接上拉电阻
        GPIO_Init(GPIOH,&GPIO_InitStructure);
    }
```

将 SDA 设置为输出模式。

```
    void SDA_OUT(void)
    {
        GPIO_InitTypeDef    GPIO_InitStructure;
        RCC_AHB1PeriphClockCmd(RCC_AHB1Periph_GPIOH,ENABLE);
        GPIO_InitStructure.GPIO_Pin=GPIO_Pin_5;
        GPIO_InitStructure.GPIO_Mode=GPIO_Mode_OUT;//输入模式
        GPIO_InitStructure.GPIO_OType=GPIO_OType_OD;//输出类型为开漏输出
        GPIO_InitStructure.GPIO_PuPd=GPIO_PuPd_UP;//I2C 总线必须接上拉电阻
        GPIO_InitStructure.GPIO_Speed=GPIO_Speed_25MHz;
        GPIO_Init(GPIOH,&GPIO_InitStructure);
    }
```

I2C 引脚初始化，并将总线置为空闲状态。

```
    void IIC_Init(void)
    {
        SDA_OUT();
        SCL_OUT();
        IIC_SCL_SET;
        IIC_SDA_SET;
    }
```

2. I2C 引脚读写控制

为了方便后续使用，将 I2C 引脚的读写控制都使用宏定义实现。

```
    #define    IIC_SCL_ Hi     GPIO_SetBits(GPIOH,GPIO_Pin_4)             //SCL 输出高电平
    #define    IIC_SCL_ Lo     GPIO_ResetBits(GPIOH,GPIO_Pin_4)           //SCL 输出低电平
    #define    IIC_SDA_ Hi     GPIO_SetBits(GPIOH,GPIO_Pin_5)             //SDA 输出高电平
    #define    IIC_SDA_ Lo     GPIO_ResetBits(GPIOH,GPIO_Pin_5)           //SDA 输出低电平
    #define    IIC_ SDA _In    GPIO_ReadInputDataBit (GPIOH,GPIO_Pin_5) //输入 SDA 状态
```

14.2.2 软件模拟开始信号和结束信号

开始信号：当 SCL 为高电平时，SDA 由高电平向低电平跳变，开始传送数据。开始信号由主机产生。

```
void IIC_Start(void)
{
    SDA_OUT();//SDA 配置为输出模式
    IIC_SDA_Hi;
    IIC_SCL_Hi;
    IIC_CLK_Wait;       //延时
    IIC_SDA_Lo;         //当 SCL 为高电平时，SDA 的电平由高变低
    IIC_CLK_Wait;
    IIC_SCL_Lo;         //钳住 I2C 总线，准备发送或接收数据
}
```

结束信号：当 SCL 为高电平时，SDA 由低电平向高电平跳变，结束传送数据。结束信号也只能由主机产生。

```
void IIC_Stop(void)
{
    SDA_OUT();//SDA 配置为输出模式
    IIC_SCL_Lo;
    IIC_SDA_Lo;
    IIC_CLK_Wait;
    IIC_SCL_Hi;
    IIC_CLK_Wait;
    IIC_SDA_Hi;//当 SCL 为高电平时，SDA 的电平由低变高
    IIC_CLK_Wait
}
```

14.2.3 软件模拟检测 ACK 信号

在主机每发送一个数据到总线，并且从机每成功接收到数据后，都会响应给主机一个 ACK 信号（0），主机根据检测到的总线上的电平，判断通信是否成功（0 表示成功，1 表示失败）。

```
u8  IIC_Wait_Ack(void)
{
    u8 ucErrTime=0;
    SDA_IN();               //SDA 设置为输入
    IIC_CLK_Wait
    IIC_SCL_Hi;
    IIC_CLK_Wait;
    while(IIC_SDA_In)   //检测 SDA 的电平
    {
        ucErrTime++;
        if(ucErrTime>250)
        {
            IIC_Stop();//如果等待从机应答信号超时，则主机发出结束信号，结束本次操作
            return 1;   //返回 1 表示失败
        }
```

```
        }
        IIC_SCL_Lo;             //时钟输出 0
        return 0;               //返回 0 表示成功，可以进行后续操作
    }
```

14.2.4 软件模拟产生 ACK 信号和 NACK 信号

在主机成功接收到从机发送过来的数据后，如果主机需要继续接收数据，则主机需要返回给从机一个 ACK 信号；如果主机接收到最后一个数据，则主机返回给从机一个 NACK 信号。

主机产生 ACK 信号。

```
    void IIC_Ack(void)
    {
        IIC_SCL_Lo;
        SDA_OUT();
        IIC_SDA_Lo;//ACK：主机产生一个低电平
        IC_CLK_Wait;

        IIC_SCL_Hi;
        IIC_CLK_Wait;
        IIC_SCL_Lo;
    }
```

主机产生 NACK 信号。

```
    void IIC_NAck(void)
    {
        IIC_SCL_Lo;
        SDA_OUT();
        IIC_SDA_Hi;
        IIC_CLK_Wait
        IIC_SCL_Hi;//NACK：主机产生一个高电平
        IIC_CLK_Wait;
        IIC_SCL_Lo;
    }
```

14.2.5 软件模拟发送一个字节数据

在数据传输过程中，当 SCL 为高电平时，SDA 必须保持稳定，SDA 上传输 1 位数据。当 SCL 为低电平时，SDA 才可以改变电平。

I2C 发送一个字节。

```
    void Send_Byte(u8    data)
    {
        u8 i;
        SDA_OUT();
        IIC_SCL_Lo;//拉低时钟，开始数据传输
        for(i=0;i<8;t++)
        {
            if((data <<i)&0x80)//先传送 MSB，将 8 位数据依次放到总线上
                IIC_SDA_Hi;
            else
```

```
            IIC_SDA_Lo;
        IIC_CLK_Wait;
        IIC_SCL_Hi;//保持 SDA 数据稳定
        IIC_CLK_Wait;
        IIC_SCL_Lo;
        IIC_CLK_Wait;
    }
}
```

14.2.6 软件模拟接收一个字节数据

读一个字节，当 ACK=1 时，发送 ACK 信号；当 ACK=0，发送 NACK 信号。

```
u8 Read_Byte(void)
{
    u8 i,receive=0;
    SDA_IN();   //将 SDA 设置为输入模式
    for(i=0;i<8;i++)
    {
            IIC_SCL_Lo;
            IIC_CLK_Wait
            IIC_SCL_Hi;//当 SCL 为高电平时
            receive<<=1;
            if(IIC_SDA_In)    receive++;//将读取 SDA 的状态，依次存放到 receive 中
            IIC_CLK_Wait
    }
    IIC_SCL_Lo;
    return receive;
}
```

14.2.7 软件模拟 I2C 完整写操作

以 AT24C02 EEROM 为例，实现一个完整的 I2C 写操作，整个过程包括产生开始信号、发送器件地址+写控制、发送器件子地址（器件内寻址用）、写数据、检测 ACK 信号及产生结束信号。

```
uint8_t IIC_SendStr(uint8_t sla,uint8_t suba,uint8_t *s,uint8_t no)
{
    uint8_t i;
    IIC_Start ();                               //产生开始信号，启动总线
    Send_Byte(sla);                             //发送器件地址+写控制
    if(IIC_Wait_Ack())    return(0);            //检测 ACK 信号
    Send_Byte(suba);                            //发送器件子地址
    If(IIC_Wait_Ack())    return(0);            //检测 ACK 信号

    for(i=0;i<no;i++)
    {
      Send_Byte(*s);                            //写数据
      if(IIC_Wait_Ack())   return(0);           //检测 ACK 信号
      s++;
    }
```

```
        IIC_Stop();                          //产生结束信号，结束总线
        return(1);
    }
```

其中，函数的参数和返回值定义如下。

uint8_t sla：器件地址。

uint8_t suba：器件内部寻址地址。

uint8_t *t：指向被写数据的指针。

uint8_t no：写数据数量。

返回：1 表示成功，0 表示失败。

14.2.8 软件模拟 I2C 完整读操作

以 AT24C02 EEROM 为例，实现一个完整的 I2C 读操作，整个过程包括产生开始信号、发送器件地址+读写控制、发送器件子地址（器件内寻址用）、重新启动总线、读数据、检测 ACK 信号、产生结束信号。

```
uint8_t IIC_RcvStr(uint8_t sla,uint8_t suba,uint8_t *s,uint8_t no)
{
    uint8_t i;
    IIC_Start();                          //产生开始信号，启动总线
    Send_Byte(sla);                       //发送器件地址+写控制
    if(IIC_Wait_Ack())   return(0);       //检测 ACK 信号
    Send_Byte(suba);                      //发送器件子地址
    if(IIC_Wait_Ack())   return(0);       //检测 ACK 信号

    IIC_Start();                          //产生开始信号，重新启动总线
    Send_Byte(sla+1);                     //发送器件地址+读控制
    if(IIC_Wait_Ack())   return(0);       //检测 ACK 信号
        for(i=0;i<no-1;i++)
        {
        *s=Read_Byte();                   //接收数据
        IIC_Ack();                        //连续读时，发送 ACK 信号给从机
        s++;
        }
        *s=Read_Byte();                   //读最后一个数据
    IIC_NAck();                           //发送 NACK 信号给从机
    IIC_Stop();                           //产生结束信号，结束总线
    return(1);
}
```

其中，函数的参数和返回值定义如下。

uint8_t sla：器件地址。

uint8_t suba：器件内部寻址地址。

uint8_t *t：读取的数据存储缓冲区数据指针。

uint8_t no：读数据数量。

返回：1 表示成功，0 表示失败。

14.3 模拟 I2C 总线协议读写 AT24CXX 系列 EEPROM 实验

AT24C02/04/08/16 是串行 CMOS EEPROM，内部含有缓存 RAM，该器件通过 I2C 总线进行操作，并有一个专门的写保护功能。

器件型号中不同的数字代表不同的存储容量。

02 代表 2kbit=256B，04 代表 4kbit=512B，08 代表 8kbit=1KB，16 代表 16kbit=2KB。

以控制 I2C 器件 AT24C02 EEPROM 和 AT24C04 EEPROM 为例，使用 PH4 和 PH5 作为模拟 SCL 和 SDA 的 GPIO 引脚，AT24C02 EEPROM 和 AT24C04 EEPROM 电路连接图如 14-9 所示。

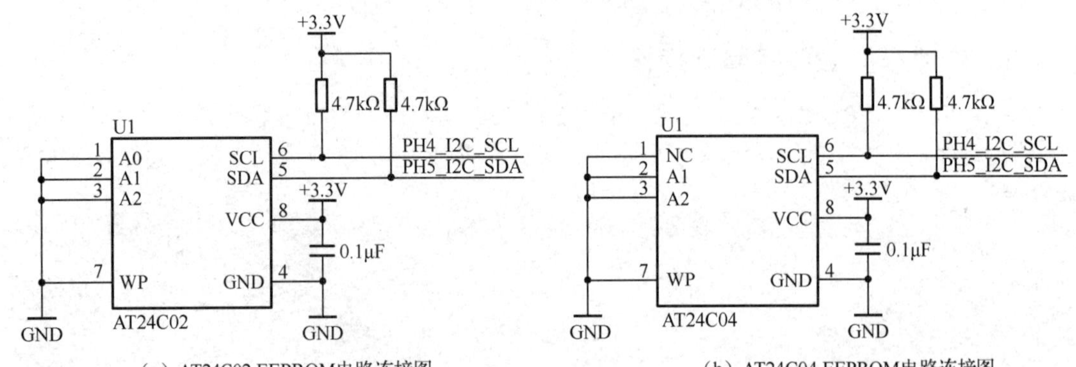

（a）AT24C02 EEPROM电路连接图　　（b）AT24C04 EEPROM电路连接图

图 14-9　AT24C02 EEPROM 和 AT24C04 EEPROM 电路连接图

SCL 引脚：串行时钟引脚，AT24CXX 系列 EEPROM 的 SCL 引脚用于器件所有数据发送或接收的时钟，SCL 引脚是一个输入引脚。

SDA 引脚：串行数据/地址引脚。AT24CXX 系列 EEPROM 的双向 SDA 引脚用于器件所有数据的发送或接收，SDA 引脚是一个开漏输出引脚，可与其他开漏输出或集电极开路输出进行“线与”。

A2 引脚、A1 引脚、A0 引脚：器件地址输入引脚。这些引脚用于多个器件级联时设置器件地址，当这些引脚悬空时默认值为 0。当使用 AT24CXX 系列 EEPROM 时最大可级联 8 个器件。如果只有一个 AT24C02 EEPROM 被总线寻址，则这三个器件地址输入引脚可悬空或连接到 V_{ss} 或 GND。AT24C02 EEPROM 具备全部三个引脚。AT24C04 EEPROM 的 A0 引脚悬空不用。AT24C08 EEPROM 的 A1 引脚、A0 引脚悬空不用。AT24C16 EEPROM 的 A2 引脚、A1 引脚、A0 引脚悬空不用。

所有 AT24CXX 系列 EEPROM 的器件地址都为 0xA0，根据器件地址输入引脚的连接状态或访问的不同块（后续讲解），设置器件地址中的 A2、A1 和 A0，如图 14-10 所示。

1	0	1	0	A2	A1	A0	$R/\overline{W}$

图 14-10　AT24CXX 系列 EEPROM 器件地址设置示意图

如果总线上挂载了两个 AT24C02 EEPROM，就需要将这两个 AT24C02 EEPROM 的 A2 引脚、A1 引脚、A0 引脚设置为不同的电平组合。根据各自连接的电平在访问地址中设置不同的状态。

如果一个 AT24C02 EEPROM 的 A2 引脚、A1 引脚、A0 引脚分别接 GND、GND 和 GND，另外一个 AT24C02 EEPROM 的 A2 引脚、A1 引脚、A0 引脚分别接 GND、GND 和 V_{CC}，那么这两个 AT24C02 EEPROM 的写操作地址分别是 0xA0 和 0xA2。这两个 AT24C02 EEPROM 的读操作地址分别是 0xA1=0xA0+1 和 0xA3=0xA2+1。

WP 引脚：写保护。如果 WP 引脚连接到 V_{CC}，所有的内容都被写保护，只能读。当 WP 引脚连接到 V_{ss}、GND 或悬空允许器件进行正常的读/写操作。

AT24CXX 系列 EEPROM 以 256B 为一块来组织 EEPROM 内部存储空间：

AT24C02：2kbit=256B，有 1 个块，32 页，8B/页，块 0。

AT24C04：4kbit=512B，有 2 个块，32 页，16B/页，块 0～1。

AT24C08：8kbit=1KB，有 4 个块，64 页，16B/页，块 0～3。

AT24C16：16kbit=2KB，有 8 个块，128 页，16B/页，块 0～7。

不同块的操作需要设置不同的器件地址，预定义如下：

```
#define  EEPROM_Block0_ADDR   0xA0  //块 0  AT24C02、AT24C04、AT24C08、AT24C16
#define  EEPROM_Block1_ ADDR  0xA2  //块 1  AT24C04、AT24C08、AT24C16
#define  EEPROM_Block2_ ADDR  0xA4  //块 2  AT24C08、AT24C16
#define  EEPROM_Block3_ ADDR  0xA6  //块 3  AT24C08、AT24C16
#define  EEPROM_Block4_ ADDR  0xA8  //块 4  AT24C16
#define  EEPROM_Block5_ ADDR  0xAA  //块 5  AT24C16
#define  EEPROM_Block6_ ADDR  0xAC  //块 6  AT24C16
#define  EEPROM_Block7_ ADDR  0xAE  //块 7  AT24C16
```

例如，想要访问AT24C04 EEPROM的块1，这时访问AT24C04 EEPROM的器件地址为0xA2。

AT24CXX 系列 EEPROM 器件地址引脚设置表如表 14-1 所示。

表 14-1　AT24CXX 系列 EEPROM 器件地址输入引脚设置表

EEPROM 器件	A2	A1	A0
AT24C02	0	0	0
AT24C04	0	0	0/1
AT24C08	0	0/1	0/1
AT24C16	0/1	0/1	0/1

1. EEPROM 的读操作

对 EERPOM 进行读操作时，可以从任何内部地址开始，读取任意多的数据，一般不超过一块的大小。例如，从 AT24C02 EERPOM 内部地址为 0x05 的位置开始读 100 个数据，存储到数组 uint8_t I2c_Buf_Read[256]中。使用下面的函数即可。

```
IIC_RcvStr(EEPROM_ADDRESS,0x05,I2c_Buf_Read,100);
```

2. EEPROM 的写操作

（1）页写。

对 EERPOM 进行写操作时，局限在一页内进行，不能跨页操作。因此，一次写操作的数据量不能超过一页的大小，如果一次写操作超过一页的地址范围，在填满本页后，将重新从本页起始位置开始存储剩余数据，循环存储。

例如，把数组 uint8_t I2c_Buf_Write [256]中的前 7 个数据，写入 AT24C02 EERPOM 内部地址 0x01 开始的存储区域。AT24C02 EERPOM 一页为 8 个字节，因此这一操作没有跨页，可以使用下面的函数实现。

```
IIC_SendStr(EEPROM_ADDRESS,0,I2c_Buf_Write,7);
```

（2）任意写。

如果需要跨页进行任意多数据写操作，并能正确的写入 EEPROM，需要将整个写过程分割成多次进行。EEPROM 任意写程序流程图如图 14-11 所示。

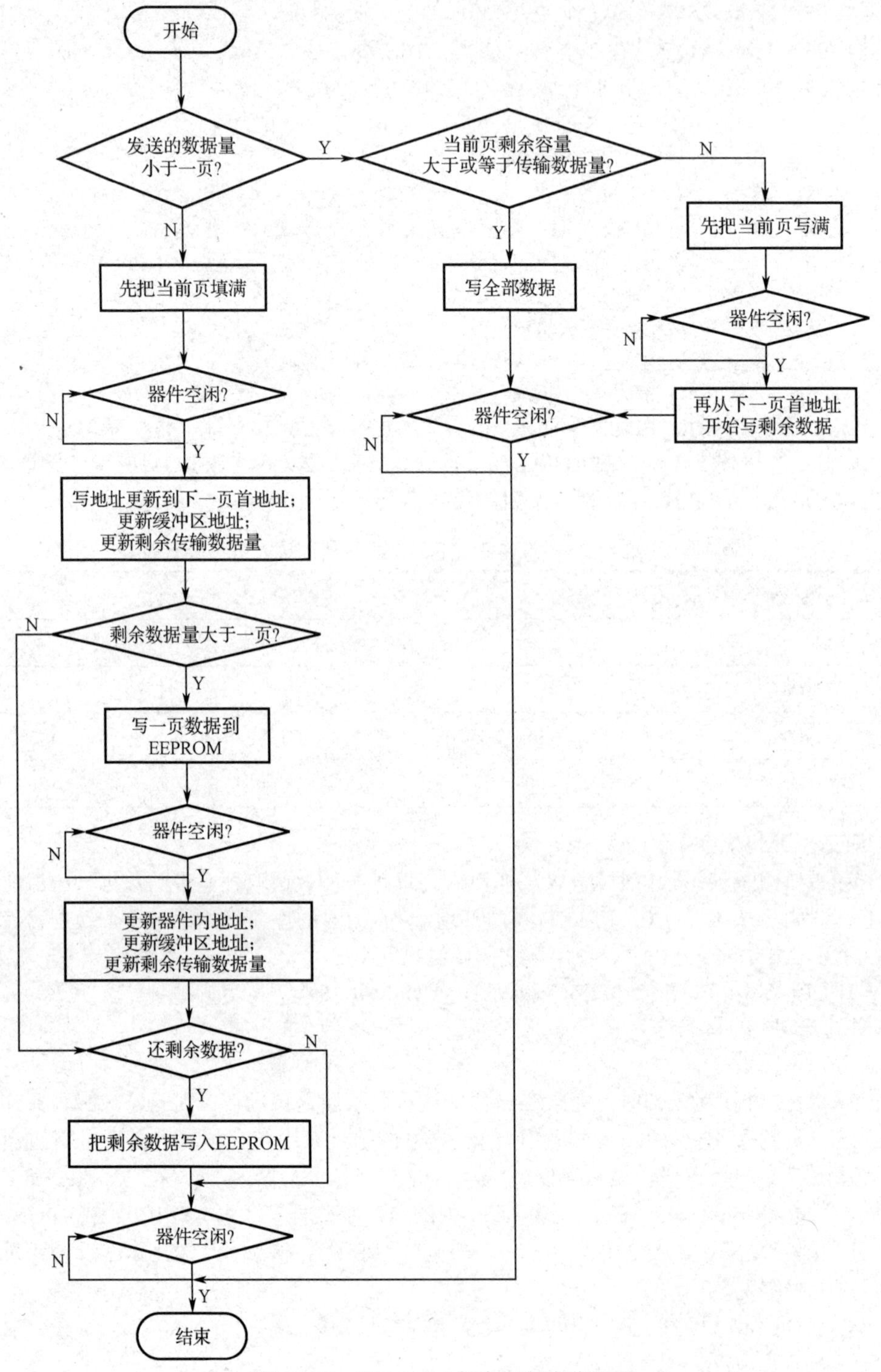

图 14-11　EEPROM 任意写程序流程图

相应实现的函数如下：

```
void IIC_BufferWrite(uint8_t sla,uint8_t suba,uint8_t *buffer,uint16_t no)
{
    uint8_t     no_r;//当前剩余数据传输量
    if(no<PageSize)//如果发送的数据量小于一页
    {   //当前页剩余容量大于或等于传输数据量，则只需要发送一次
        if(PageSize-suba%PageSize>=no)
        {
            IIC_SendStr(sla,suba,buffer,no);  //写全部数据
            IIC_WaitStandbyState(sla);//等待器件空闲
        }
        else
        {//否则需要发送两次
            IIC_SendStr(sla,suba,buffer,PageSize-suba%PageSize);//先把当前页填满
            IIC_WaitStandbyState(sla);//等待器件空闲
            IIC_SendStr(sla,(suba/PageSize+1)*16,buffer+PageSize-suba%PageSize,
no-PageSize+suba%PageSize);//再从下一页首地址开始写剩余数据
            IIC_WaitStandbyState(sla);//等待器件空闲
        }
    }
    else//发送的数据量大于一页
    {
        IIC_SendStr(sla,suba,buffer,PageSize-suba%PageSize);//先把当前页填满
        IIC_WaitStandbyState(sla);//等待器件空闲
        buffer+=PageSize-suba%PageSize;//更新缓冲区地址
        no_r=no-PageSize+suba%PageSize;//剩余传输数据量
suba=(suba/PageSize+1)*16;//下一页首地址
        while(no_r/PageSize>0)//剩余数据量大于一页，则每次传输一页的数据量
        {
            IIC_SendStr(sla,suba,buffer,PageSize);//写一页数据到 EEPROM
            IIC_WaitStandbyState(sla);//等待器件空闲
            suba+=PageSize;//更新器件内地址
            Buffer+=PageSize;//更新缓冲区地址
            no_r-=PageSize;//更新剩余传输数据量
        }
        if(no_r>0)//剩余不足一页的数据量
        {
            IIC_SendStr(sla,suba,buffer,no_r);//把剩余数据写入 EEPROM
            IIC_WaitStandbyState(sla);//等待器件空闲
        }
    }
```

其中，函数的参数如下。

uint8_t sla：器件地址。

uint8_t suba：器件内部寻址地址。

uint8_t *t：需要写数据指针。

uint8_t no：写数据数量。

需要注意的是，因为在每次写 EEPROM 之后，需要等待 EEPROM 把数据烧写到存储区域，

因此要等待 EERROM 器件空闲后，才能进行下一次的写操作。判别 EEPROM 器件空闲的函数如下：

```
void IIC_WaitStandbyState(uint8_t sla)
{
  do
  {
    IIC_Start ();                    //启动总线
        Send_Byte(sla);              //发送器件地址
  }while(IIC_Wait_Ack());            //等待 ACK 信号
     IIC_Stop();                     //结束总线
}
```

例如，把数组 uint8_t I2c_Buf_Write [256]中的前 100 个数据，写入 AT24C02 EERPOM 内部地址 0x01 开始的存储区域。AT24C02 EERPOM 一页为 8 个字节，因此这一操作存在跨页操作，可以使用下面的函数实现：

```
IIC_BufferWrite(EEPROM_ADDRESS,0x01,I2c_Buf_Write,100);
```

这一操作被分割成了 10 页写操作，分解如图 14-12 所示。

地址	0x01～0x07	0x08～0x0F	0x60～0x64
数据	7个字节	11×8个字节	5个字节
页号	0页	1～8页	9页
页写次数	第1次页写	第2～9次整页写	第10次页写

图 14-12 EEPROM 任意写操作分割示意图

14.4 I2C 控制器概述

14.4.1 I2C 控制器主要特性

STM32F429 微控制器集成了 3 个 I2C 控制器（内部集成电路），用作微控制器和 I2C 串行总线之间的通信。I2C 控制器具备多主模式功能，可以控制所有 I2C 总线特定的序列、协议、仲裁和时序，支持标准模式和快速模式，并与 SMBus 2.0 兼容。I2C 控制器的用途包括 CRC 生成和验证、SMBus（系统管理总线）及 PMBus（电源管理总线）。

I2C 控制器主要特性如下。

（1）具备多主模式功能，同一接口既可用作主模式也可用作从模式。

（2）7 位/10 位寻址及广播呼叫的生成和检测。

（3）支持不同的通信速度，标准速度和快速速度。

（4）产生状态标志、错误标志。

（5）兼容 SMBus 2.0 和 PMBus。

14.4.2 I2C 控制器结构

STM32F429 微控制器的 I2C 控制器的内部构造如图 14-13 所示。

I2C 控制器通过 SCL 和 SDA 两个引脚完成与外部的通信，I2C 控制器的 SCL 和 SDA 复用引脚对应表如表 14-2 所示。

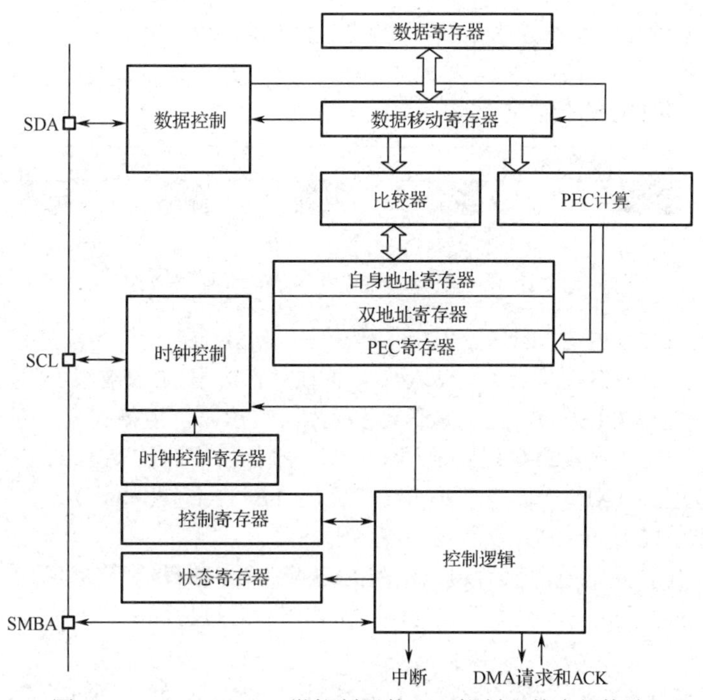

图 14-13　STM32F429 微控制器的 I2C 控制器的内部构造

表 14-2　I2C 控制器的 SCL 和 SDA 复用引脚对应表

复用引脚	I2C1	I2C2	I2C3
SCL	PB6/PB10	PH4/PF1/PB10	PH7/PA8
SDA	PB7/PB9	PH5/PF0/PB11	PH8/PC9

I2C 控制器可以在以下 4 种模式下工作：从发送器模式、从接收器模式、主发送器模式和主接收器模式。

在默认情况下，I2C 控制器在从模式下工作。接口在生成起始位后会自动由从模式切换为主模式，并在出现仲裁丢失或生成停止位时从主模式切换为从模式，从而实现多主模式功能。

14.4.3　I2C 控制器主模式

在主模式下，I2C 接口会启动数据传输（发送起始信号和器件地址，地址始终在主模式下传送），并生成时钟信号（SCL），将需要发送的数据写入数据寄存器，并通过数据移位寄存器和数据控制逻辑（输出），将数据一位位地发送到 SDA 数据线。通信的时钟由主机的时钟控制逻辑生成，可以在标准速度或快速速度模式下工作。通信的工作模式由控制寄存器（CR1 和 CR2）的不同配置控制，状态寄存器体现通信过程中产生的一系列状态，根据不同的工作模式和通信状态，控制逻辑负责实现完整的通信过程。串行数据传输始终在出现起始位时开始，在出现停止位时结束。起始位和停止位均在主模式下由软件生成。

I2C 控制器自动检测从机发送回来的 ACK 信号，并置位状态寄存器相应的状态位，程序通过检测状态寄存器（SR1 和 SR2）的状态位，判断数据是否发送成功。

1. 主发送器模式

I2C 控制器产生开始信号（S），然后通过检测 EV5 事件，判断是否启动成功。

在满足 EV5 事件后，主机发送器件地址 $+\overline{W}$，然后通过检测 EV6 事件，判断是否发送器件地址成功。

在满足 EV6 事件后，主机发送数据，然后通过检测 EV8 事件，判断是否发送数据成功。

在发送完最后一个数据后，主机发送结束信号（P）结束通信过程。

主发送器模式下 I2C 通信示意图如图 14-14 所示。

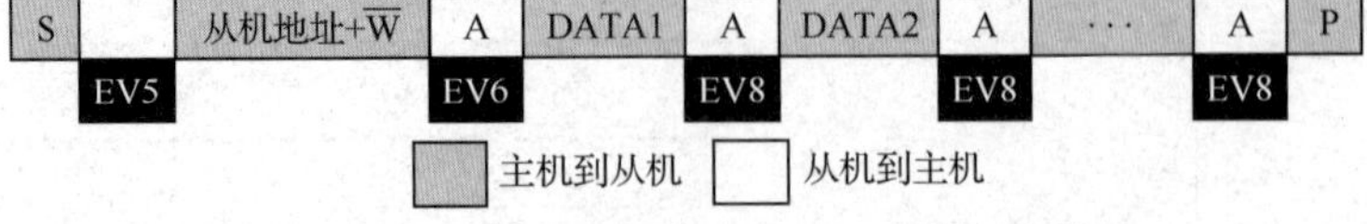

图 14-14　主发送器模式下 I2C 通信示意图

EV5：总线正在进行通信（BUSY=1），主/从模式（MSL=1）及起始位是否已经发送（SB=1）。

EV6：处于发送器或接收器状态（TRA=1），正在进行通信（BUSY=1），主/从模式（MSL=1），数据寄存器是否为空（TXE=1），地址是否已发送（ADDR=1，主模式）。

EV8：处于发送器或接收器状态（TRA=1），正在进行通信（BUSY=1），主/从模式（MSL=1），数据寄存器是否为空（TXE=1），字节是否传输完成（BTF=1，主模式）。

2．主接收器模式

I2C 控制器产生开始信号，然后通过检测 EV5 事件，判断是否启动成功。

在满足 EV5 事件后，主机发送器件地址 +$\overline{W}$，然后通过检测 EV6 事件，判断是否发送器件地址成功。

在满足 EV6 事件后，主机准备接收从机发送过来的数据，然后通过检测 EV7 事件，判断是否接收数据成功。如果接收的不是最后一个数据的话，则主机发送 ACK 信号给从机。

如果接收的是最后一个数据的话，则主机发送一个 NACK 信号，并发送结束信号，结束通信。

EV7：正在进行通信（BUSY=1），主/从模式（MSL=1），数据寄存器非空（RXNE=1）。

主接收器模式下 I2C 通信示意图如图 14-15 所示。

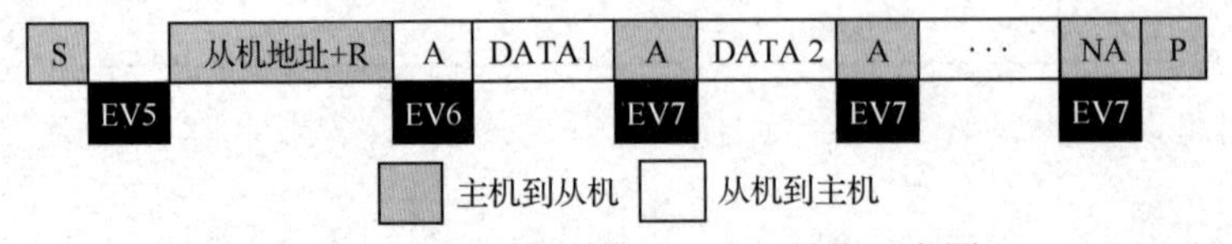

图 14-15　主接收器模式下 I2C 通信示意图

14.4.4　I2C 控制器从模式

在从模式下，根据写入自身地址寄存器的地址（从模式下的器件地址），I2C 控制器通过比较器能够识别主机发送过来的地址是否和其自身地址（7 位或 10 位）一致。在地址匹配的情况下，根据读写控制状态，通过数据控制逻辑可以接收（写）或发送（读）数据。

1．从发送器模式

在检测到开始信号后，I2C 控制器通过检测 EV1 事件，判断主机发送过来的器件地址是否和本机地址一致。

在满足 EV1 事件后，从机发送一个 ACK 信号给主机，将数据发送给主机，并通过检测 EV3 事件，判断是否发送数据成功。

在发送完最后一个数据后，从机检测到 NACK 信号和结束信号，结束通信。

EV1：正在进行通信（BUSY=1），接收到的地址匹配（ADDR=1，从模式）。

EV3：处于发送器或接收器状态（TRA=1），正在进行通信（BUSY=1），数据寄存器是否为空（TXE=1）。

从发送器模式下 I2C 通信示意图如图 14-16 所示。

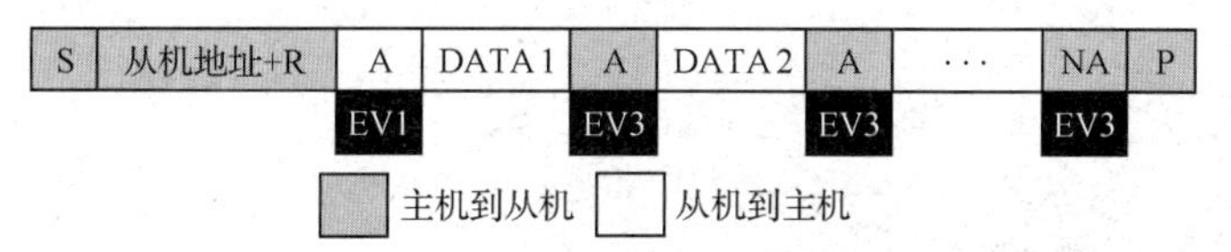

图 14-16　从发送器模式下 I2C 通信示意图

2. 从接收器模式

在检测到开始信号后，I2C 控制器通过检测 EV1 事件，判断主机发送过来的器件地址是否和本机地址一致。

在满足 EV1 事件后，从机发送一个 ACK 信号给主机，并准备接受主机发送过来的数据，通过检测 EV2 事件，判断是否接收数据。

在检测结束信号后，结束通信。

EV2：正在进行通信（BUSY=1），数据寄存器非空（RXNE=1）。

从接收器模式下 I2C 通信示意图如图 14-17 所示。

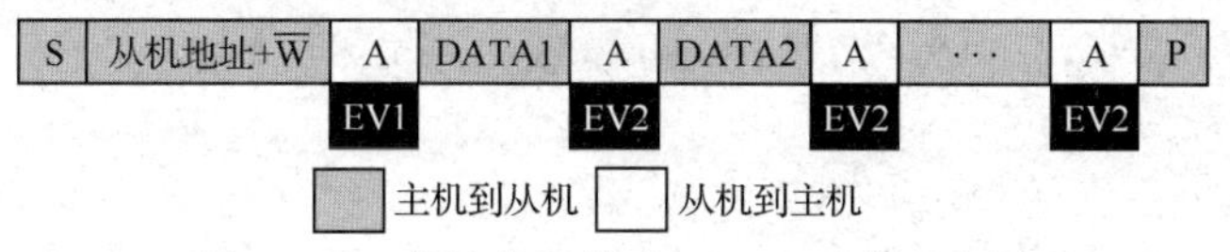

图 14-17　从接收器模式下 I2C 通信示意图

14.4.5　I2C 控制器中断

I2C 控制器有 2 个中断向量：一个中断由成功的地址/数据字节传输事件触发；另一个中断由错误状态触发。

I2C 控制器支持多种中断事件的请求，便于实时响应一些紧急事务。为了提高 CPU 利用率，通常在 I2C 控制器处于从模式时，使用中断方式来响应一系列事务的处理。例如，从模式下数据的接收、发送、停止及错误等。I2C 控制器中断事件如表 14-3 所示。

表 14-3　I2C 控制器中断事件

中断事件	事件标志	使能控制位
发送起始位（主模式）	SB	ITEVFEN
地址已发送（主模式）或地址匹配（从模式）	ADDR	
10 位地址的头段已发送（主模式）	ADD10	
已收到停止位（从模式）	STOPF	
完成数据字节传输	BTF	
接收缓冲区非空	RXNE	ITEVFEN 和 ITBUFEN
发送缓冲区为空	TXE	
总线错误	BERR	ITERREN
仲裁丢失（主模式）	ARLO	
应答失败	AF	
上溢/下溢	OVR	
PEC 错误	PECERR	
超时/Tlow 错误	TIMEOUT	
SMBus 报警	SMBALERT	

14.5　I2C 典型应用步骤及常用库函数

14.5.1　I2C 典型应用步骤

以 I2C2 控制器为例，使用 PH4 和 PH5 分别作为 SCL 引脚和 SDA 引脚。

（1）使能 I2C2 控制器时钟和通信线复用引脚端口 GPIOH 的时钟。

使能 I2C2 控制器时钟。

```
RCC_APB1PeriphClockCmd(RCC_APB1Periph_I2C2,ENABLE);
```

使能 GPIOH 时钟。

```
RCC_AHB1PeriphClockCmd (RCC_AHB1Periph_GPIOH,ENABLE);
```

（2）初始化引脚。

复用 PH4 和 PH5 到 I2C2。

```
GPIO_PinAFConfig(GPIOH,GPIO_PinSource4,GPIO_AF_I2C2);
GPIO_PinAFConfig(GPIOH,GPIO_PinSource5,GPIO_AF_I2C2);
```

将两个引脚设置为复用模式，并初始化。

```
GPIO_Init(GPIOH,&GPIO_InitStructure);
```

（3）初始化 I2C2 控制器工作模式。

```
I2C_Init(I2C2,&I2C_InitStructure);
```

（4）使能 I2C2 控制器。

```
I2C_Cmd(I2C2,ENABLE);
```

（5）使能 I2C2 ACK 应答功能。

```
I2C_AcknowledgeConfig(I2C2,ENABLE);
```

（6）中断使能。

如果需要使用中断，则需要配置 NVIC 和使能相应的 I2C 中断事件。

14.5.2　常用库函数

与 I2C 相关的函数和宏都被定义在以下两个文件中。

头文件：stm32f4xx_i2c.h。

源文件：stm32f4xx_i2c.c。

1. I2C 初始化函数

```
void    I2C_Init(I2C_TypeDef*   I2Cx,I2C_InitTypeDef*   I2C_InitStruct);
```

参数 1：I2C_TypeDef*　I2Cx，I2C 应用对象，一个结构体指针，表示形式是 I2C1、I2C2 和 I2C3，以宏定义形式定义在 stm32f4xx_.h 文件中。例如：

```
#define I2C1                    ((I2C_TypeDef *) I2C1_BASE)
#define I2C2                    ((I2C_TypeDef *) I2C2_BASE)
#define I2C3                    ((I2C_TypeDef *) I2C3_BASE)
```

参数 2：I2C_InitTypeDef*　I2C_InitStruct，I2C 应用对象初始化结构体指针，以自定义的结构体形式定义在 stm32f4xx_i2c.h 文件中。

```
typedef struct
{
  uint32_t      I2C_ClockSpeed;         //时钟速度
  uint16_t      I2C_Mode;               //工作模式
  uint16_t      I2C_DutyCycle;          //时钟信号低电平/高电平的占空比
  uint16_t      I2C_OwnAddress1;        //自身器件地址，从机时使用
```

```
    uint16_t  I2C_Ack;                          //ACK 应答使能
    uint16_t  I2C_AcknowledgedAddress;          //I2C 寻址模式
}I2C_InitTypeDef;
```

成员 1：uint32_t I2C_ClockSpeed，时钟速度，根据自定义的通信速度，库程序会将 I2C 配置为标准模式（≤100kHz）或快速模式。

成员 2：uint16_t I2C_Mode，工作模式，可以是 I2C 模式或 SMBus 模式，有如下定义：

```
#define I2C_Mode_I2C                    ((uint16_t)0x0000)  //I2C 模式
#define I2C_Mode_SMBusDevice            ((uint16_t)0x0002)  //SMBus 设备模式
#define I2C_Mode_SMBusHost              ((uint16_t)0x000A)  //SMBus 主机模式
```

成员 3：I2C_DutyCycle，定义时钟信号低电平/高电平的占空比，有如下定义：

```
#define I2C_DutyCycle_16_9              ((uint16_t)0x4000) //时钟信号低电平/高电平=16/9
#define I2C_DutyCycle_2                 ((uint16_t)0xBFFF)//时钟信号低电平/高电平=2
```

成员 4：I2C_OwnAddress1，定义从机通信时的自身器件地址。

成员 5：I2C_Ack，定义 ACK 应答使能，有如下定义。

```
#define I2C_Ack_Enable                  ((uint16_t)0x0400)//使能 ACK 应答使能
#define I2C_Ack_Disable                 ((uint16_t)0x0000)//禁止使能 ACK 应答使能
```

成员 6：I2C_AcknowledgedAddress，定义 I2C 寻址模式，有如下定义。

```
#define I2C_AcknowledgedAddress_7bit    ((uint16_t)0x4000)//7 位地址寻址模式
#define I2C_AcknowledgedAddress_10bit   ((uint16_t)0xC000)//10 位地址寻址模式
```

2. I2C 使能函数

```
void  I2C_Cmd(I2C_TypeDef*  I2Cx,FunctionalState  NewState);
```

参数 1：I2C 应用对象，同 I2C 初始化函数参数 1。

参数 2：FunctionalState NewState，使能或禁止 I2C。

ENABLE：使能 I2C。

DISABLE：禁止 I2C。

例如，使能 I2C2。

```
I2C_Cmd (I2C2,ENABLE);
```

3. I2C ACK 应答使能函数

```
void  I2C_AcknowledgeConfig(I2C_TypeDef* I2Cx,FunctionalState NewState);
```

参数 1：I2C 应用对象，同 I2C 初始化函数参数 1。

参数 2：FunctionalState NewState，使能或禁止 I2C ACK 应答功能。

ENABLE：使能 I2C ACK 应答功能。

DISABLE：禁止 I2C ACK 应答功能。

例如，使能 I2C2 ACK 应答功能：

```
I2C_Cmd (I2C2,ENABLE);/
```

4. I2C 检测通信事件函数

```
ErrorStatus  I2C_CheckEvent(I2C_TypeDef*  I2Cx,uint32_t  I2C_EVENT);
```

参数 1：I2C 应用对象，同 I2C 初始化参数 1。

参数 2：uint32_t I2C_EVENT，定义通信事件，有 EV1～EV9 事件，它们分别定义了不同的 I2C 通信状态。例如，EV8 为主机接收到字节数据事件。

```
#define  I2C_EVENT_MASTER_BYTE_TRANSMITTED      ((uint32_t) 0x00070084
```

其他的定义参见头文件 stm32f4xx_i2c.h 文件中的定义。

例如，等待 I2C2 主机发送完一个字节（EV8）。

```
while(! I2C_CheckEvent(I2C2,I2C_EVENT_MASTER_BYTE_TRANSMITTED))
```

返回：成功或失败，ErrorStatus 是一个枚举类型，定义如下：

```
typedef enum {ERROR=0,SUCCESS=!ERROR} ErrorStatus;
```

5．I2C 控制器产生开始信号函数

```
void        I2C_GenerateSTART(I2C_TypeDef*   I2Cx,FunctionalState   NewState);
```

参数 1：I2C 应用对象，同 I2C 初始化参数 1。

参数 2：FunctionalState　NewState，是否产生 I2C 开始信号。

ENABLE：产生 I2C 开始信号。

DISABLE：不产生 I2C 开始信号。

例如，I2C2 控制器产生开始信号。

```
I2C_GenerateSTART(I2C2,ENABLE);
```

6．I2C 控制器产生结束信号函数

```
void I2C_GenerateSTOP(I2C_TypeDef* I2Cx,FunctionalState NewState);
```

参数 1：I2C 应用对象，同 I2C 初始化参数 1。

参数 2：FunctionalState　NewState，是否产生 I2C 结束信号。

ENABLE：产生 I2C 结束信号。

DISABLE：不产生 I2C 结束信号。

例如，I2C2 控制器产生结束信号。

```
I2C_GenerateSTOP(I2C2,ENABLE);
```

7．I2C 控制器发送 7 位寻址地址函数

```
void   I2C_Send7bitAddress(I2C_TypeDef*   I2Cx,uint8_t   Address,uint8_t   I2C_Direction);
```

参数 1：I2C 应用对象，同 I2C 初始化参数 1。

参数 2：uint8_t　Address，主机寻址用的 7 位地址。

参数 3：uint8_t　I2C_Direction，读或写模式（对主机来讲），定义如下：

```
#define   I2C_Direction_Transmitter         ((uint8_t)0x00)//发送或写模式
#define   I2C_Direction_Receiver            ((uint8_t)0x01)//接收或读模式
```

例如，I2C2 控制器作为主机，向地址为 0xA0 的从机发送一个写请求。

```
I2C_Send7bitAddress(I2C2,0xA0,I2C_Direction_Transmitter);
```

8．I2C 控制器发送一个字节的数据函数

```
void        I2C_SendData(I2C_TypeDef*   I2Cx,uint8_t Data);
```

参数 1：I2C 应用对象，同 I2C 初始化参数 1。

参数 2：uint8_t　Data，要发送的数据，写入 I2C 数据寄存器。

例如，I2C2 控制器发送一个数据 0x55。

```
I2C_SendData(I2C2,0x55);
```

9．I2C 控制器接收一个字节的数据函数

```
uint8_t     I2C_ ReceiveData (I2C_TypeDef*   I2Cx);
```

参数 1：I2C 应用对象，同 I2C 初始化参数 1。

返回：接收到的数据，读 I2C 数据寄存器。

例如，从 I2C2 控制器读一个接收到的数据，赋值给变量 A。

```
A=I2C_ReceiveData(I2C2);
```

10．I2C 控制器获取最新的通信事件函数

```
uint32_t   I2C_GetLastEvent(I2C_TypeDef* I2Cx);
```

该函数一般常用于 I2C 从机模式的事件中断服务程序，判断 I2C 中断的触发事件。

参数 1：I2C 应用对象，同 I2C 初始化函数参数 1。

返回：I2C 通信事件，EV1～EV9，具体定义详见头文件 stm32f4xx_i2c.h。

例如，获取 I2C2 控制器的最新通信事件，复制给变量 Status。

```
Status=I2C_GetLastEvent(I2C2);
```

14.6 应用实例

14.6.1 I2C 控制器主模式测试

使用 I2C2 控制器向 AT24C04 EEPROM 从 0x00 地址连续写 16 个字节的数据，然后把 16 个字节的数据读出来，并判断是否和原始写入的数据一致。

1．写操作

根据 I2C 协议和 I2C 控制器主发送器模式的特点，写操作通信过程如图 14-18 所示。

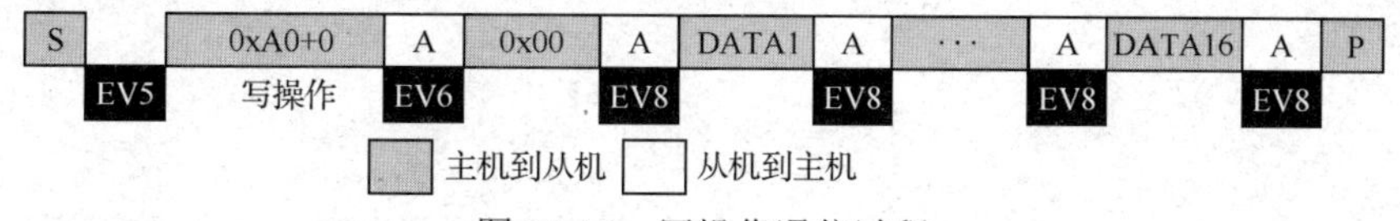

图 14-18　写操作通信过程

（1）产生开始信号，然后检测 EV5 事件。

（2）发送器件地址+写地址（0xA0+0），然后检测 EV6 事件。

（3）发送 AT24C04 EEPROM 内部寻址地址（0x00），然后检测 EV8 事件。

（4）发送需要写入 EEPROM 的数据，在每个数据发送后检测 EV8 事件，然后循环 16 次，把需要写的数据都写入 EEPROM。

（5）产生结束信号，结束通信。

2．读操作

读操作通信过程如图 14-19 所示。

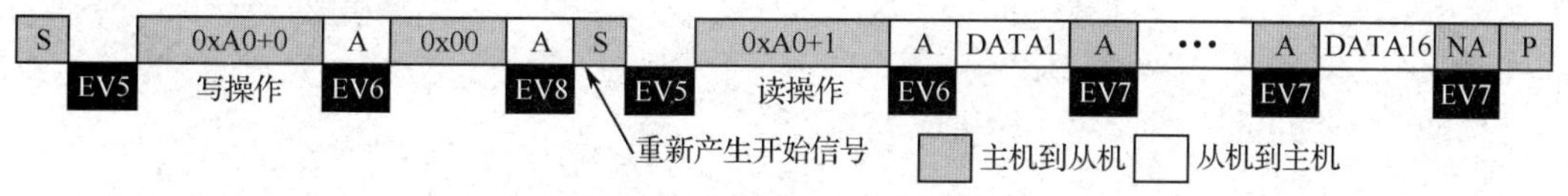

图 14-19　读操作通信过程

（1）产生开始信号，然后检测 EV5 事件。

（2）发送器件地址+写地址（0xA0+0），然后检测 EV6 事件。

（3）发送 AT24C04 EEPROM 内部寻址地址（0x00），然后检测 EV8 事件。

（4）重新产生开始信号，然后检测 EV5 事件。

（5）发送器件地址+读地址（0xA0+1），然后检测 EV6 事件。

（6）等待接收一个完整字节，检测到 EV7 事件后，将数据读取出来，并产生一个 ACK 信号给 EEPROM。重复这一过程 15 次。

（7）在接收到最后一个字节后，产生一个 NACK 信号给 EEPROM。

（8）产生结束信号，结束通信。

3．编程要点

（1）使能 I2C2 控制器和 GPIO 的时钟。

（2）映射 PH4 和 PH5 到 I2C2 控制器，并初始化 PH4 和 PH5 为复用方式，输出模式为开漏模式。

（3）根据要求，初始化 I2C2 控制器。

（4）使能 I2C2 控制器。

（5）编写基本 I2C 控制器读写程序。

（6）编写 I2C 控制器测试程序。

4．主程序

```
uint8_t I2c_Buf_Wr[16];
uint8_t I2c_Buf_Rd[16];
int main(void)
{
u16 i;
LED_GPIO_Config();
/*初始化 USART1*/
USART_Config();
/*初始化 I2C 控制器*/
I2C_Config();
printf("这是一个 I2C 读写 EEPROM 的实验\n\r");
for ( i=0; i<16; i++) //初始化写缓冲
{
    I2c_Buf_Wr[i]=i;
    printf("0x%02X ",I2c_Buf_Wr[i]);
        printf("\n\r");
  }
printf("开始写入 EEPROM\n\r");
I2C_Buffer_Write( I2c_Buf_Wr,0x00,16);//将 I2c_Buf_Wr 中的数据写入 EERPOM
printf("开始读出 EEPROM 中的数据\n\r");
I2C_Buffer_Read(I2c_Buf_Rd,0x00,16);//将读出的数据保存到 I2c_Buf_Rd
for (i=0; i<16; i++) //将 I2c_Buf_Rd 中的数据通过串口打印
{
if(I2c_Buf_Rd[i] !=I2c_Buf_Wr[i])
        {
            printf("0x%02X ",I2c_Buf_Rd[i]);
            printf("写入 EEPROM 的数据有错误\n\r");
            break;
        }
        printf("0x%02X ",I2c_Buf_Rd[i]);
        if(i%16==15)
        {
            printf("\n\r");
            printf("写入 EEPROM 的数据没有错误\n\r");
        }
    }
    while (1);
}
```

5．I2C 控制器初始化

I2C 控制器配置程序实现步骤参见 14.5.1 节。

```
void I2C_Config(void)
{
```

```
    I2C_InitTypeDef    I2C_InitStructure;
    GPIO_InitTypeDef   GPIO_InitStructure;
    /*-------------------第 1 步--------------------*/
    /*时钟使能*/
    RCC_APB1PeriphClockCmd(RCC_APB1Periph_I2C2,ENABLE);//I2C2 控制器时钟使能
    RCC_AHB1PeriphClockCmd(RCC_AHB1Periph_GPIOH,ENABLE);//GPIO 时钟使能
    /*-------------------第 2 步--------------------*/
    /*GPIO 引脚复用*/
    GPIO_PinAFConfig(GPIOH,GPIO_PinSource4,GPIO_AF_I2C2);//将 PH4 复用给 I2C2 控制器
    GPIO_PinAFConfig(GPIOH,GPIO_PinSource5,GPIO_AF_I2C2);//将 PH5 复用给 I2C2 控制器

    /*-------------------第 3 步--------------------*/
    /*初始化 GPIO*/
    GPIO_InitStructure.GPIO_Pin=GPIO_Pin_4;
    GPIO_InitStructure.GPIO_Mode=GPIO_Mode_AF;//复用模式
    GPIO_InitStructure.GPIO_Speed=GPIO_Speed_50MHz;
    GPIO_InitStructure.GPIO_OType=GPIO_OType_OD;//开漏输出模式
    GPIO_InitStructure.GPIO_PuPd=GPIO_PuPd_UP;//使能上拉
    GPIO_Init(GPIOH,&GPIO_InitStructure);//初始化 PH4（SCL）
    GPIO_InitStructure.GPIO_Pin=GPIO_Pin_5;
    GPIO_Init(GPIOH,&GPIO_InitStructure);//初始化 PH5（SDA）

    /*-------------------第 4 步--------------------*/
    /*I2C 控制器配置*/
    I2C_InitStructure.I2C_Mode=I2C_Mode_I2C; //I2C 模式*/
    I2C_InitStructure.I2C_DutyCycle=I2C_DutyCycle_2;       //SCL 时钟线的占空比
    I2C_InitStructure.I2C_OwnAddress1=I2C_OWN_ADDRESS7;//从机时，自身器件地址
    I2C_InitStructure.I2C_Ack=I2C_Ack_Enable ; //使能 ACK 响应
     //7bit 的寻址模式
    I2C_InitStructure.I2C_AcknowledgedAddress=I2C_AcknowledgedAddress_7bit;
    I2C_InitStructure.I2C_ClockSpeed=400000;            //通信时钟频率≤400kHz
    I2C_Init(I2C2,&I2C_InitStructure);                  //I2C2 控制器初始化

    /*-------------------第 5 步--------------------*/
    I2C_Cmd(I2C2,ENABLE);                               //使能 I2C2 控制器
    /*-------------------第 6 步--------------------*/
    I2C_AcknowledgeConfig(I2C2,ENABLE);   //使能 I2C 控制器的 ACK 功能

    EEPROM_ADDRESS=0xA0;//EEPROM 的器件地址
}
```

6．I2C 控制器写操作

对照图 14-18 的通信过程，写 EEPROM 程序实现如下。

函数的参数如下。

u8* pBuffer：写缓冲区指针。

u8 WriteAddr：写 EEPROM 器件内不访问地址。

u8 NumByteToWrite：写的字节数量。

```
uint32_t I2C_Page_Write(u8* pBuffer,u8 WriteAddr,u8 NumByteToWrite)

{
  I2CTimeout=I2CT_LONG_TIMEOUT;
  //检测 I2C 控制器是否忙，确认总线上没有通信
while(I2C_GetFlagStatus(I2C2,I2C_FLAG_BUSY))
  {
    if((I2CTimeout--)==0) return I2C_TIMEOUT_UserCallback(4);
   }
  /*Send START condition，启动操作*/
  I2C_GenerateSTART(I2C2,ENABLE);
  I2CTimeout=I2CT_FLAG_TIMEOUT;
  /*检测 EV5*/
  while(!I2C_CheckEvent(I2C2,I2C_EVENT_MASTER_MODE_SELECT))
  {
    if((I2CTimeout--)==0) return I2C_TIMEOUT_UserCallback(5);
  }
  /*发送 EEPROM 器件地址，写操作*/
  I2C_Send7bitAddress(I2C2,EEPROM_ADDRESS,I2C_Direction_Transmitter);
  I2CTimeout=I2CT_FLAG_TIMEOUT;
  /*检测 EV6*/
 while(!I2C_CheckEvent(I2C2,I2C_EVENT_MASTER_TRANSMITTER_MODE_SELECTED))
  {
    if((I2CTimeout--)==0) return I2C_TIMEOUT_UserCallback(6);
  }
  /*发送 EEPROM 器件内访问地址*/
  I2C_SendData(I2C2,WriteAddr);
  I2CTimeout=I2CT_FLAG_TIMEOUT;
  /*检测 EV8*/
  while(! I2C_CheckEvent(I2C2,I2C_EVENT_MASTER_BYTE_TRANSMITTED))
  {
    if((I2CTimeout--)==0) return I2C_TIMEOUT_UserCallback(7);
  }
  /*连续写操作*/
  while(NumByteToWrite--)
  {
    /*写数据*/
    I2C_SendData(I2C2,*pBuffer);
    /*指针更新*/
    pBuffer++;
    I2CTimeout=I2CT_FLAG_TIMEOUT;
    /*检测 EV8*/
    while (!I2C_CheckEvent(I2C2,I2C_EVENT_MASTER_BYTE_TRANSMITTED))
    {
    if((I2CTimeout--)==0) return I2C_TIMEOUT_UserCallback(8);
    }
  }
  /*发送结束信号*/
  I2C_GenerateSTOP(I2C2,ENABLE);
  return 1;
 }
```

7．I2C 控制器读操作

对照图 14-19 的通信过程，读 EEPROM 程序实现如下：

```
uint32_t I2C_Buffer_Read(u8* pBuffer,u8 ReadAddr,u16 Num)
{
I2CTimeout=I2CT_LONG_TIMEOUT;
while(I2C_GetFlagStatus(I2C2,I2C_FLAG_BUSY))      //检测 I2C 控制器是否忙
{
if((I2CTimeout--)==0) return I2C_TIMEOUT_UserCallback(9);
}
  /*发送开始信号*/
  I2C_GenerateSTART(I2C2,ENABLE);
  I2CTimeout=I2CT_FLAG_TIMEOUT;
  /*检测 EV5*/
  while(!I2C_CheckEvent(I2C2,I2C_EVENT_MASTER_MODE_SELECT))
  {
    if((I2CTimeout--)==0) return I2C_TIMEOUT_UserCallback(10);
   }
  /*发送 EEPROM 器件地址+1，写操作*/
  I2C_Send7bitAddress(I2C2,EEPROM_ADDRESS,I2C_Direction_Transmitter);
  I2CTimeout=I2CT_FLAG_TIMEOUT;
  /*检测 EV6*/
 while(!I2C_CheckEvent(I2C2,I2C_EVENT_MASTER_TRANSMITTER_MODE_SELECTED))
  {
    if((I2CTimeout--)==0) return I2C_TIMEOUT_UserCallback(11);
   }
  /*发送 EEPROM 器件内访问地址*/
  I2C_SendData(I2C2,ReadAddr);
  I2CTimeout=I2CT_FLAG_TIMEOUT;
  /*检测 EV8*/
  while(!I2C_CheckEvent(I2C2,I2C_EVENT_MASTER_BYTE_TRANSMITTED))
  {
    if((I2CTimeout--)==0) return I2C_TIMEOUT_UserCallback(12);
   }
  /*重新发送开始信号*/
  I2C_GenerateSTART(I2C2,ENABLE);
  I2CTimeout=I2CT_FLAG_TIMEOUT;
  /*检测 EV5*/
  while(!I2C_CheckEvent(I2C2,I2C_EVENT_MASTER_MODE_SELECT))
  {
    if((I2CTimeout--)==0) return I2C_TIMEOUT_UserCallback(13);
  }
  /*发送 EEPROM 发送器件地址+1，读操作*/
  I2C_Send7bitAddress(I2C2,EEPROM_ADDRESS,I2C_Direction_Receiver);
  I2CTimeout=I2CT_FLAG_TIMEOUT;
  /*检测 EV6*/
  while(!I2C_CheckEvent(I2C2,I2C_EVENT_MASTER_RECEIVER_MODE_SELECTED))
  {
    if((I2CTimeout--)==0) return I2C_TIMEOUT_UserCallback(14);
```

```
    }
    /*如果读数据量不为0*/
    while(Num)
    {
          I2CTimeout=I2CT_LONG_TIMEOUT;
          if(Num==1)//最后一个数据
      {
        I2C_AcknowledgeConfig(I2C2,DISABLE);     //发送 NACK 信号，结束数据接收
        I2C_GenerateSTOP(I2C2,ENABLE);//发送结束信号
      }
      else//不是最后一个数据
      I2C_AcknowledgeConfig(I2C2,ENABLE);//使能 ACK，重复数据接收
      //等待数据接收结束
      while(I2C_CheckEvent(I2C2,I2C_EVENT_MASTER_BYTE_RECEIVED)==0)
      {
        if((I2CTimeout--)==0) return I2C_TIMEOUT_UserCallback(3);
      }
      *pBuffer=I2C_ReceiveData(I2C2);//读取数据
      pBuffer++;//更新指针
      Num--;//更新读数据数量

      return 1;
}
```

14.6.2 I2C 控制器从模式测试

将两个 I2C 设备连接在一起，I2C 主机向 I2C 从机发送 5 个字节的数据，并从 I2C 从机读取 5 个字节的数据。

本例中使用软件模拟的 I2C 作为主机，STM32F429 微控制器作为 I2C 从机，实现 I2C 控制器的从模式测试。

使用 PB0 和 PB1 作为软件 I2C 的 SDA 和 SCL，将 PB0 和 PH5（I2C2 的 SDA）连接在一起，将 PB1 和 PH4（I2C2 的 SCL）连接在一起，I2C 双机设备连接图如图 14-20 所示。

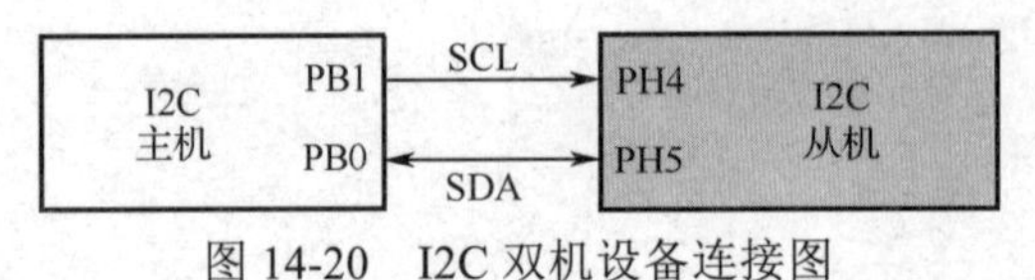

图 14-20 I2C 双机设备连接图

使用中断处理整个通信过程。

1．I2C 从机接收主机发送过来的数据

I2C 从机接收数据通信过程如图 14-21 所示。

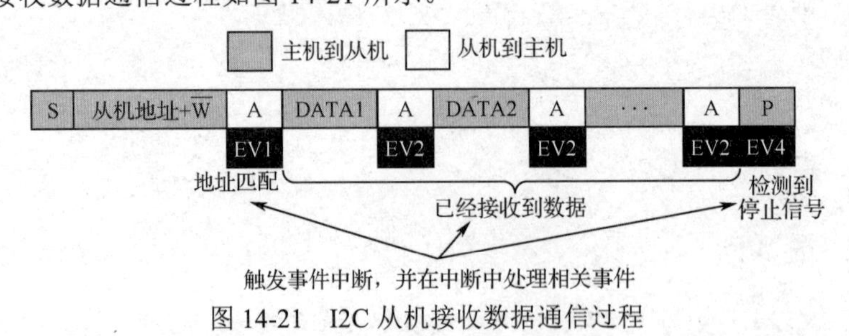

图 14-21 I2C 从机接收数据通信过程

（1）检测到开始信号，并匹配了主机发送过来的地址，识别为读操作，响应给主机一个 ACK 信号。触发 I2C2 的事件中断，并检测 EV1 事件。

（2）接收到数据，并保存数据，响应给主机一个 ACK 信号。触发 I2C2 的事件中断，并检测 EV2 事件。

（3）在检测到结束信号后，结束通信。触发 I2C2 的事件中断，并检测 EV4 事件。

2．I2C 从机向主机发送数据

I2C 从机发送数据通信过程如图 14-22 所示。

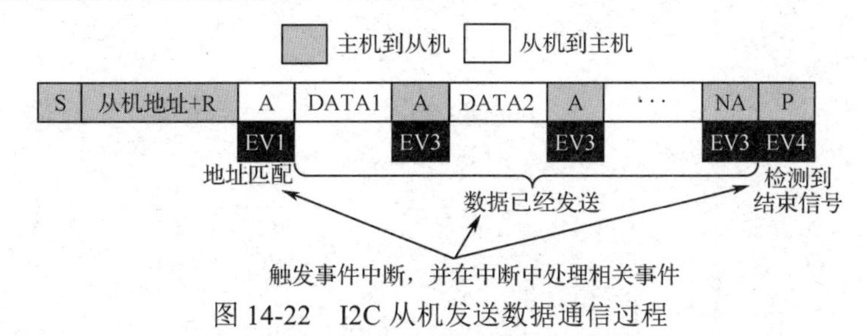

图 14-22　I2C 从机发送数据通信过程

（1）检测到开始信号，并匹配了主机发送过来的地址，识别为读操作，响应给主机一个 ACK 信号。触发 I2C2 的事件中断，并检测 EV1 事件。

（2）发送数据，等待主机返回 ACK 信号。触发 I2C2 的事件中断，并检测 EV3 事件。

（3）在检测到 NACK 信号和结束信号后，结束通信。触发 I2C2 的事件中断，并检测 EV4 事件。

3．编程要点

（1）使能 I2C2 控制器和 GPIO 的时钟。

（2）映射 PH4 和 PH5 到 I2C2 控制器，并初始化 PH4 和 PH5 为复用方式，输出模式为开漏模式。

（3）根据要求，初始化 I2C2 控制器。

（5）使能 I2C2 控制器的事件中断和缓冲中断。

（6）配置 NVIC。

（7）编写中断服务程序。

（8）编写 I2C2 从机测试程序。

4．主程序

```
u8 I2C2_Buffer_Rx[5];//存储主机发送过来的数据缓冲区
const u8 I2C2_Buffer_Tx[5]={10,11,12,13,14};//返回给主机的数据
int main(void)
{
/*初始化 USART1*/
USART_Config();
/*I2C 控制器初始化*/
I2C_Config();
IIC_Init();
printf("IIC 从机测试\n\r");
while (1);
}
```

5．I2C 控制器初始化程序

I2C 控制器初始化类似于 14.5.1 节，因为需要使用到中断处理，所以在从模式下，多了 I2C

中断通道和中断事件的使能函数。

```
void I2C_Config(void)
{
I2C_InitTypeDef        I2C_InitStructure;
GPIO_InitTypeDef   GPIO_InitStructure;
NVIC_InitTypeDef NVIC_InitStructure;
/*时钟使能*/
RCC_APB1PeriphClockCmd(RCC_APB1Periph_I2C2,ENABLE);//I2C2 控制器时钟使能
RCC_AHB1PeriphClockCmd(RCC_AHB1Periph_GPIOH,ENABLE);//GPIO 时钟使能
/*GPIO 引脚复用*/
GPIO_PinAFConfig(GPIOH,GPIO_PinSource4,GPIO_AF_I2C2);//将 PH4 复用给 I2C2 控制器
GPIO_PinAFConfig(GPIOH,GPIO_PinSource5,GPIO_AF_I2C2);//将 PH5 复用给 I2C2 控制器
/*初始化 GPIO*/
GPIO_InitStructure.GPIO_Pin=GPIO_Pin_4;
GPIO_InitStructure.GPIO_Mode=GPIO_Mode_AF;//复用模式
GPIO_InitStructure.GPIO_Speed=GPIO_Speed_50MHz;
GPIO_InitStructure.GPIO_OType=GPIO_OType_OD;//开漏输出模式
GPIO_InitStructure.GPIO_PuPd=GPIO_PuPd_UP;//使能上拉
GPIO_Init(GPIOH,&GPIO_InitStructure);//初始化 PH4（SCL）
GPIO_InitStructure.GPIO_Pin=GPIO_Pin_5;
GPIO_Init(GPIOH,&GPIO_InitStructure);//初始化 PH5（SDA）
/*I2C 配置*/
I2C_InitStructure.I2C_Mode=I2C_Mode_I2C;      //I2C 模式*/
I2C_InitStructure.I2C_DutyCycle=I2C_DutyCycle_2;   //SCL 时钟线的占空比
I2C_InitStructure.I2C_OwnAddress1=I2C_OWN_ADDRESS7;//从机时，自身器件地址
I2C_InitStructure.I2C_Ack=I2C_Ack_Enable ;     //使能 ACK 响应
//7bit 的寻址模式
I2C_InitStructure.I2C_AcknowledgedAddress=I2C_AcknowledgedAddress_7bit;
I2C_InitStructure.I2C_ClockSpeed=400000;          //通信时钟频率≤400kHz
I2C_Init(I2C2,&I2C_InitStructure);                    //I2C2 控制器初始化
I2C_Cmd(I2C2,ENABLE);                          //使能 I2C2 控制器
I2C_AcknowledgeConfig(I2C2,ENABLE);   //使能 I2C2 控制器的 ACK 功能
/*NVIC 配置*/
NVIC_PriorityGroupConfig(NVIC_PriorityGroup_2);//设置中断组为 2 组
NVIC_InitStructure.NVIC_IRQChannel=I2C2_EV_IRQn;//I2C2 事件中断通道
NVIC_InitStructure.NVIC_IRQChannelPreemptionPriority=0;
NVIC_InitStructure.NVIC_IRQChannelSubPriority=2;
NVIC_InitStructure.NVIC_IRQChannelCmd=ENABLE;
NVIC_Init(&NVIC_InitStructure);

NVIC_InitStructure.NVIC_IRQChannel=I2C2_ER_IRQn;//I2C2 错误中断通道
NVIC_InitStructure.NVIC_IRQChannelSubPriority=3;
NVIC_Init(&NVIC_InitStructure);

I2C_ITConfig(I2C2,I2C_IT_EVT | I2C_IT_BUF,ENABLE);//使能事件中断和缓冲中断
I2C_ITConfig(I2C2,I2C_IT_ERR,ENABLE);//使能错误中断

}
```

6. I2C 中断服务程序

```
void I2C2_EV_IRQHandler(void)
{
        static u8 Tx_Idx,Rx_Idx;
        switch (I2C_GetLastEvent(I2C2))
        {
        /*从机发送*/
        case I2C_EVENT_SLAVE_BYTE_TRANSMITTED:
        I2C_SendData(I2C2,I2C2_Buffer_Tx[Tx_Idx++]);
        break;
        case I2C_EVENT_SLAVE_BYTE_TRANSMITTING:     //EV3 事件
        I2C_SendData(I2C2,I2C2_Buffer_Tx[Tx_Idx++]);         //发送数据
        break;
        /*从机接收*/
        case I2C_EVENT_SLAVE_RECEIVER_ADDRESS_MATCHED:    //EV1 事件
        break;
        case I2C_EVENT_SLAVE_BYTE_RECEIVED:              //EV2 事件
        I2C2_Buffer_Rx[Rx_Idx++]=I2C_ReceiveData(I2C2);//存储接收到的数据
        break;
        case I2C_EVENT_SLAVE_STOP_DETECTED:              //EV4 事件
        I2C_Cmd(I2C2,ENABLE);            /*清除停止标志*/
        Rx_Idx=0;
        break;
        default:
        break;
    }
}
```

习题

1．描述 I2C 通信线路上电路接口形式。

2．描述 I2C 开始信号和结束信号。

3．I2C 从机地址怎么定义？怎么表示写操作和读操作？

4．描述 ACK 信号和 NACK 信号的功能。

5．以 AT24C02 EEPROM 为例，描述 I2C 写操作过程和读操作过程。

6．参考书中代码编写程序，从 AT24C02 EEPROM（1 页=8 字节）的 0x03 存储地址开始，写 5 字节的数据。

7．参考书中代码编写程序，从 AT24C02 EEPROM（1 页=8 字节）的 0x03 存储地址开始，写 10 字节的数据。

8．编写 LM75A（I2C 接口的温度传感器）的寄存器访问程序，实现温度采集。

9．编写 MPU6050（I2C 接口的陀螺仪）的寄存器访问程序。

第 15 章　SPI 控制器

15.1　SPI 协议

SPI 是 Motorola 首先提出的全双工四线同步串行外围接口，采用主从模式（Master-Slave）架构，支持单主多从模式应用，时钟由 Master 控制，在时钟移位脉冲下，数据按位传输，高位在前，低位在后（MSB first）。SPI 接口有 2 根单向数据线，为全双工通信。SPI 主机和从机连接示意图如图 15-1 所示。

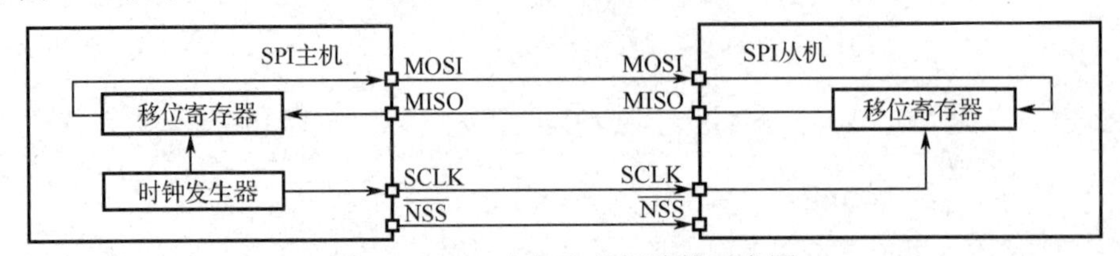

图 15-1　SPI 主机和从机连接示意图

4 线 SPI 器件有 4 个信号：时钟（SPI CLK，SCLK）信号、主机输出从机输入（MOSI）信号、主机输入从机输出（MISO）信号、片选（CS/NSS）信号。

产生时钟信号的器件称为主机。主机和从机之间传输的数据与主机产生的时钟同步。同 I2C 接口相比，SPI 接口支持更高的时钟频率。用户应查阅产品数据手册以了解 SPI 接口的时钟频率规格。SPI 接口只能有一个主机，但可以有一个或多个从机。主机和多从机之间的 SPI 连接示意图如图 15-2 所示。

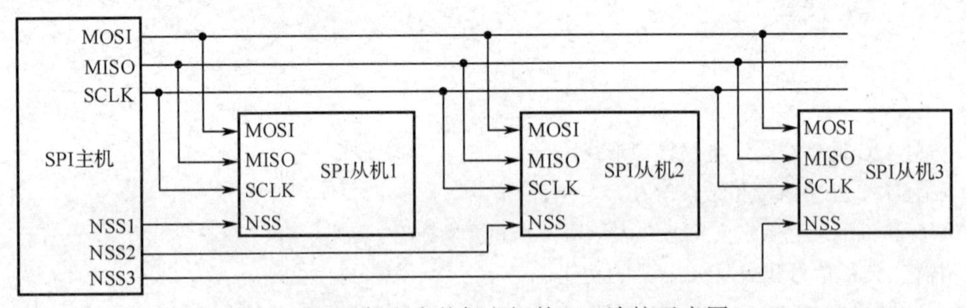

图 15-2　主机和多从机之间的 SPI 连接示意图

来自主机的片选信号用于选择从机，它通常是一个低电平有效信号，拉高时从机与 SPI 总线断开连接。当使用多个从机时，主机需要为每个从机提供单独的片选信号。

MOSI 和 MISO 是数据信号线，MOSI 是将数据从主机发送到从机的信号线，MISO 是将数据从从机读取到主机的信号线。

15.1.1　SPI 数据传输

MOSI、MISO、SPI 主机和 SPI 从机内部的数据寄存器构成一个数据串行传输的环路，在时钟的控制下实现数据的环形传输。

由此可知，当主机需要向从机写数据时，主机的 8 位移位寄存器把需要写的数据通过 MOSI 传输给从机的 8 位移位寄存器，然后从机把数据读走。但是，这时从机的 8 位移位寄存器中的内容也会通过 MISO 传输给主机。也就是说，主机和从机的 8 位移位寄存器的内容进行了交换。当需要读数据的时候，读操作和写操作是一样的，只不过这时主机可以写一个任意的数据，把从机 8 位移位寄存器的目标内容交换到主机，以实现读操作。

要想开始 SPI 通信，主机必须发送时钟信号，并通过使能片选信号选择从机。片选信号通常是低电平有效信号。在 SPI 通信期间，数据的发送（串行移出到 MOSI 上）和接收（采样或读入 MISO 上的数据）同时进行。

15.1.2　SPI 通信的时钟极性和时钟相位

在 SPI 通信中，主机可以选择时钟极性和时钟相位。在空闲状态，SPI 控制寄存器 1（SPI_CR1）的 CPOL 位设置时钟极性。空闲状态是指传输开始时 CS 为高电平且在向低电平转变，以及传输结束时 CS 为低电平且在向高电平转变。SPI 控制寄存器 1 的 CPHA 位选择时钟相位。根据 CPHA 位的状态，使用时钟上升沿或下降沿来采样/移位数据。

1．时钟极性

SPI 的时钟极性，表示当总线空闲时时钟的极性，其电平的值是低电平 0 还是高电平 1，取决于：

CPOL=0，时钟空闲时候的电平是低电平，所以当时钟有效的时候，就是高电平；

CPOL=1，时钟空闲时候的电平是高电平，所以当时钟有效的时候，就是低电平。

2．时钟相位

时钟相位对应着数据采样是在第一个边沿（空闲状态电平切换到相反电平）还是第二个边沿，0 对应着第一个边沿，1 对应着第二个边沿。

CPHA=0，表示第一个边沿。

对于 CPOL=0，时钟空闲的时候是低电平，第一个边沿就是从低变到高，所以是上升沿；

对于 CPOL=1，时钟空闲的时候是高电平，第一个边沿就是从高变到低，所以是下降沿。

CPHA=1，表示第二个边沿。

对于 CPOL=0，时钟空闲的时候是低电平，第二个边沿就是从高变到低，所以是下降沿；

对于 CPOL=1，时钟空闲的时候是高电平，第二个边沿就是从低变到高，所以是上升沿。

15.1.3　4 种 SPI 模式

主机必须根据从机的要求选择时钟极性和时钟相位。根据 CPOL 位和 CPHA 位的选择，有 4 种 SPI 模式可用。表 15-1 显示了这 4 种 SPI 模式。

表 15-1　通过 CPOL 位和 CPHA 位选择 SPI 模式

SPI 模式	CPOL 位	CPHA 位	空闲时时钟极性	采样/移位数据的时钟相位
0	0	0	低电平	第一个边沿，数据在上升沿采样，在下降沿移出
1	0	1	低电平	第二个边沿，数据在下降沿采样，在上升沿移出
2	1	0	高电平	第一个边沿，数据在下降沿采样，在上升沿移出
3	1	1	高电平	第二个边沿，数据在上升沿采样，在下降沿移出

图 15-3～图 15-6 分别为 4 种 SPI 模式下的通信示例。在实际的使用过程中，用户需要参阅产品数据手册选择匹配器件的时序。

图 15-3 为 SPI 模式 0 的时序图。在此模式下，CPOL=0，表示时钟的空闲状态为低电平。CPHA=0，数据在第一个边沿（上升沿）采样，并且数据在接下来时钟信号的下降沿移出。

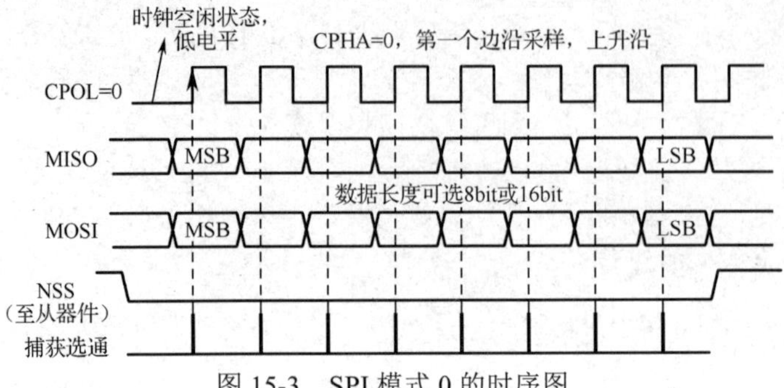

图 15-3　SPI 模式 0 的时序图

图 15-4 为 SPI 模式 1 的时序图。在此模式下，CPOL=0，表示时钟的空闲状态为低电平。CPHA=1，数据在第二个边沿（下降沿）采样，并且数据在接下来时钟信号的上升沿移出。

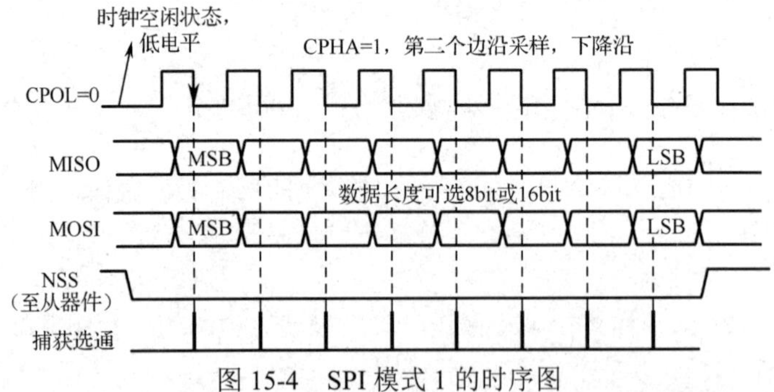

图 15-4　SPI 模式 1 的时序图

图 15-5 为 SPI 模式 2 的时序图。在此模式下，CPOL=1，表示时钟的空闲状态为高电平。CPHA=0，数据在第一个边沿（下降沿）采样，并且数据在接下来时钟信号的上升沿移出。

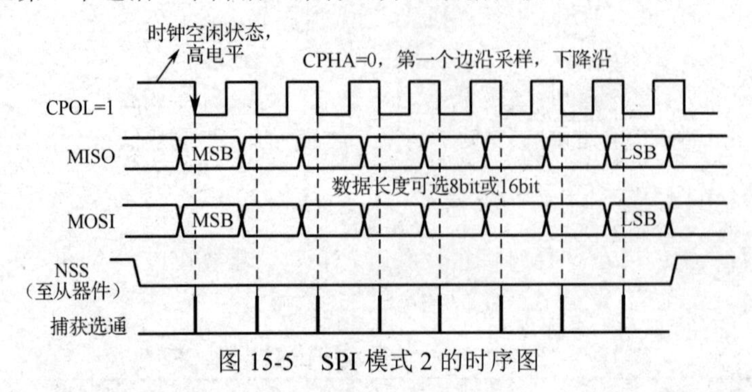

图 15-5　SPI 模式 2 的时序图

图 15-6 为 SPI 模式 3 的时序图。在此模式下，CPOL=1，表示时钟的空闲状态为高电平。CPHA=1，数据在第二个边沿（上升沿）采样，并且数据在接下来时钟信号的下降沿移出。

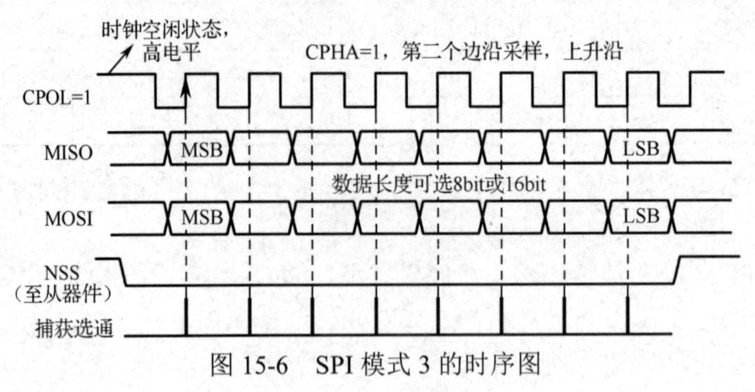

图 15-6　SPI 模式 3 的时序图

15.2 SPI 控制器概述

15.2.1 SPI 控制器主要特性

STM32F429 微控制器内部有 6 个 SPI 控制器，它们可与外部器件进行半双工/全双工的同步串行通信。SPI 控制器可配置为主模式，为外部从器件提供通信时钟（SCK），也能在多主模式配置下工作。SPI 控制器有很多用途，包括基于双线的单工同步传输，其中一条可作为双向数据线，或使用 CRC 校验实现可靠通信。SPI 控制器主要特性如下。

（1）支持全双工同步传输。

（2）具有 8 位或 16 位传输帧格式选择。

（3）支持最高的 SCK 时钟频率（$f_{PCLK}/2$）。

（4）具有主模式、从模式、多主模式功能。

（5）具有可编程的时钟极性和时钟相位。

（6）可编程数据顺序，可配置为先输出 MSB 或 LSB。

（7）具有可触发中断的专用发送和接收标志。

（8）具有 DMA 功能。

15.2.2 SPI 控制器结构

SPI 控制器结构图如图 15-7 所示。

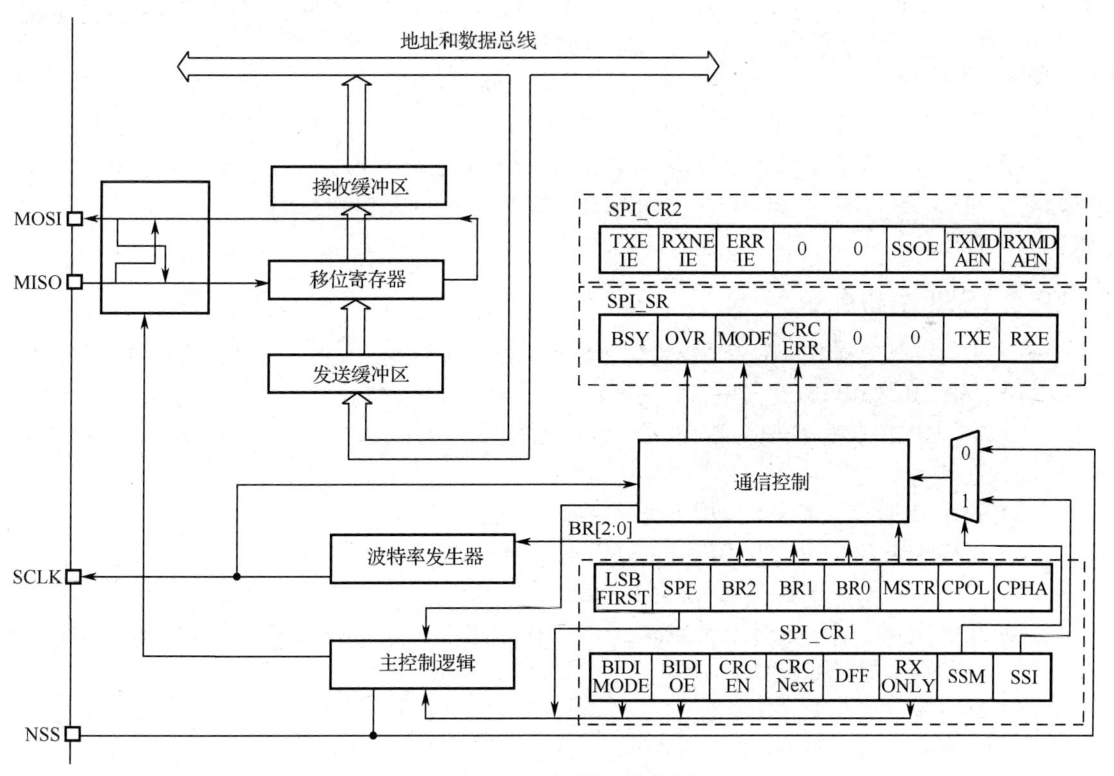

图 15-7　SPI 控制器结构图

STM32F4 系列芯片有多个 SPI 外设，它们的 SPI 通信引脚（MOSI 引脚、MISO 引脚、SCLK 引脚及 NSS 引脚）通过 GPIO 引脚复用映射实现，具体的引脚映射关系如表 15-2 所示。

表 15-2　STM32F4 系列芯片的 SPI 引脚映射关系表

外设	SPI1	SPI2	SPI3	SPI4	SPI5	SPI6
总线	APB2	APB1	APB1	APB2	APB2	APB2
MOSI	PA7/PB5	PB15/PC3/PI3	PB5/PC12/PD6	PE6/PE14	PF9/PF11	PG14
MISO	PA6/PB4	PB14/PC2/PI2	PB4/PC11	PE5/PE13	PF8/PH7	PG12
SCLK	PA5/PB3	PB10/PB13/PD3	PB3/PC10	PE2/PE12	PF7/PH6	PG13
NSS	PA4/PA15	PB9/PB12/PI0	PA4/PA15	PE4/PE11	PF6/PH5	PG8

通过波特率发生器设置控制寄存器 1（SPI_CR1）中的 BR[0:2]位，将 SPI 通信速率配置为总线时钟的 2～256 分频。SPI1、SPI4、SPI5、SPI6 挂载在 APB2 总线上，最高通信速率达 45Mbit/s，SPI2、SPI3 挂载在 APB1 总线上，最高通信速率为 22.5Mbit/s。

SPI 的 MOSI 引脚及 MISO 引脚都连接到移位寄存器上，当发送数据的时候，写 SPI 的数据寄存器（SPI_DR），把数据填充到发送缓冲区，移位寄存器将发送缓冲区中的数据逐位通过数据线发送出去。当从外部接收数据的时候，移位寄存器把数据线采样到的数据逐位存储到接收缓冲区中，通过读 SPI_DR，可以获取接收缓冲区中的内容。

控制逻辑的工作模式根据控制寄存器（SPI_CR1 和 SPI_CR2）的参数而改变，基本的控制参数包括 SPI 模式、波特率、LSB 先行、主从模式、单双向模式等。在 SPI 控制器工作时，主控制逻辑和通信控制单元，会根据通信状态修改状态寄存器（SPI_SR）。通过读取 SPI_SR 相关的寄存器位，就可以了解 SPI 的工作状态，并根据要求，产生 SPI 中断信号、DMA 请求及控制，以合理控制后续通信过程。

在实际应用中，一般不使用 STM32 SPI 外设的标准 NSS 信号线，而是使用普通的 GPIO，软件控制它的电平输出，从而产生通信开始和结束信号。

数据帧长度可以通过 SPI_CR1 的 DFF 位配置成 8 位或 16 位模式，并通过配置 LSBFIRST 位可选择 MSB 先行还是 LSB 先行。通过 SPI_CR1 中的 CPOL 位和 CPHA 位，可以用软件选择四种可能的时序关系。

15.2.3　SPI 主机配置

在 SPI 主模式配置下，在 SCLK 引脚上输出串行时钟给 SPI 从机。配置步骤如下。

（1）设置 BR[2:0]位以定义串行时钟波特率。

（2）选择 CPOL 位和 CPHA 位，设置时钟相位和时钟极性（4 种关系中的一种，参见图 15-3～图 15-6）。

（3）设置 DFF 位以定义 8 位或 16 位数据帧格式。

（4）配置 SPI_CR1 中的 LSBFIRST 位以定义 MSB 先行还是 LSB 先行。

（5）如果 NSS 引脚配置成输入，则在 NSS 硬件模式下，NSS 引脚在整个字节发送序列期间都连接到高电平信号；在 NSS 软件模式下，将 SPI_CR1 中的 SSM 位和 SSI 位置 1。如果 NSS 引脚配置成输出，则应将 SSOE 位置 1。

（6）MSTR 位和 SPE 位必须置 1。

在此配置中，MOSI 引脚为数据输出，MISO 引脚为数据输入。

发送数据：在发送缓冲区中写入字节时，SPI 控制器开始发送数据。当移位寄存器中的数据都串行输出之后，数据从发送缓冲区传输到移位寄存器，并将 TXE 标志置 1，并且在 SPI_CR2 中的 TXEIE 位置 1 时生成中断。仅当 TXE 标志为 1 时，才可以对发送缓冲区执行写操作。

接收数据：对于接收器，在数据传输完成时，移位寄存器中的数据将传输到接收缓冲区，并且 RXNE 位置 1。如果 SPI_CR2 中的 RXNEIE 位置 1，则生成中断。在出现最后一个采样时钟边沿时，RXNE 位置 1，移位寄存器中接收的数据字节被复制到接收缓冲区。通过读取 SPI_DR 获取接收到的数据，并将 RXNE 位清零。

15.2.4　SPI 从机配置

在从模式配置中，从 SCK 引脚上接收主机的串行时钟。SPI_CR1 的 BR[2:0]位设置的值不会影响数据传输率。SPI 从模式配置步骤如下：

（1）设置 DFF 位，以定义 8 位或 16 位数据帧格式。

（2）选择 CPOL 位和 CPHA 位，设置时钟相位和时钟极性（4 种关系中的一种，参见图 15-3～图 15-6）。要实现正确的数据传输，必须以相同方式在从机和主机中配置。

（3）配置 SPI_CR1 的 LSBFIRST 位以定义 MSB 先行还是 LSB 先行，数据帧格式必须与主机的数据帧格式相同。

（4）在 NSS 硬件模式下，NSS 引脚在整个字节发送序列期间都必须连接到低电平。在 NSS 软件模式下，将 SPI_CR1 中的 SSM 位置 1，将 SSI 位清零。

（5）将 MSTR 位清零，并将 SPE 位置 1。

在此配置中，MOSI 引脚为数据输入，MISO 引脚为数据输出。

发送数据：数据字节在写周期内被并行加载到发送缓冲区，当从机接收到时钟信号和数据的高有效位时，开始发送数据。SPI_SR 中的 TXE 标志在数据从发送缓冲区传输到移位寄存器时置 1，并且在 SPI_CR2 中的 TXEIE 位置 1 时生成中断。

从机的数据发送是在主机的控制下进行的。在时钟控制下，通过 MOSI 数据线的驱动，把从机的移位寄存器中的数据逐位加载到 MISO 数据线，并传输至主机的移位寄存器。

接收数据：对于接收器，在数据传输完成时，移位寄存器中的数据将传输到接收缓冲区，并且 RXNE 标志（SPI_SR）置 1。如果 SPI_CR2 中的 RXNEIE 位置 1，则生成中断。通过读取 SPI_DR 获取接收到的数据，并将 RXNE 位清零。

在主机发送时钟前使能 SPI 从机，否则，数据传输可能会不正常。在主时钟的第一个边沿到来之前或者正在进行的通信结束之前，从机的数据寄存器就需要准备就绪。在使能从机和主机之前，必须将通信时钟的极性设置为空闲时的时钟电平。

15.2.5　主模式的全双工发送和接收过程

主模式的全双工发送和接收过程如图 15-8 所示。

软件必须按照以下步骤来发送和接收数据：

（1）通过将 SPE 位置 1 来使能 SPI。

（2）将第一个要发送的数据写入 SPI_DR（此操作会将 TXE 标志清零）。

（3）等待至 TXE=1，然后写入要发送的第二个数据项。然后等待至 RXNE=1，读取 SPI_DR 以获取接收到的第一个数据（此操作会将 RXNE 位清零）。对每个要发送/接收的数据重复此操作，直到第 n-1 个接收的数据为止。

（4）等待至 RXNE=1，然后读取最后接收的数据。

（5）等待至 TXE=1，然后等待至 BSY=0，再关闭 SPI。

可以使用在 RXNE 或 TXE 标志所产生的中断对应的各个中断子程序来完成数据的收发过程。

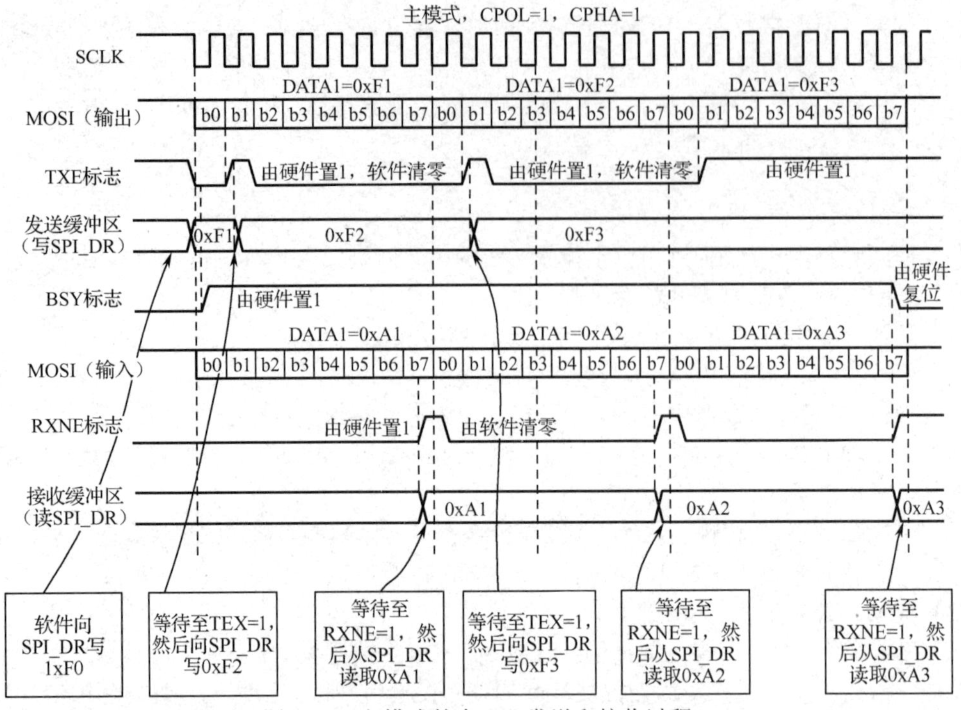

图 15-8　主模式的全双工发送和接收过程

15.2.6　SPI 状态标志

软件可通过以下三种状态标志监视 SPI 总线的状态。

（1）TXE 标志：当此标志置 1 时，表示发送缓冲区为空，可以将待发送的下一个数据加载到缓冲区。对 SPI_DR 执行写操作时，将清零 TXE 标志。

（2）RXNE 标志：此标志置 1 时，表示接收缓冲区存在有效的已接收数据。读取 SPI_DR 时，将清零 RXNE 标志。

（3）BSY 标志：该标志由硬件置 1 和清零（对此标志执行写操作没有任何作用）。BSY 标志用于指示 SPI 通信的状态。当 BSY 标志置 1 时，表示 SPI 正忙于通信。在主模式下的双向通信接收模式（MSTR=1 且 BDM=1 且 BDOE=0）有一个例外情况，BSY 标志在接收过程中保持低电平。

如果软件要关闭 SPI 并进入停止模式（或关闭外设时钟），可使用 BSY 标志检测传输是否结束以避免破坏下一个数据的传输。

15.2.7　SPI 中断

SPI 支持多种中断事件的请求，便于实时响应一些紧急事务。SPI 中断请求如表 15-3 所示。

表 15-3　SPI 中断请求

中断事件	事件标志	使能控制位
发送缓冲区为空	TXE	TXEIE
接收缓冲区非空	RXNE	RXNEIE
主模式故障	MODF	ERRIE
溢出错误	OVR	ERRIE

续表

中断事件	事件标志	使能控制位
CRC 错误	CRCERR	ERRIE
TI 帧格式错误	FRE	ERRIE

15.3 SPI 典型应用步骤及常用库函数

15.3.1 SPI 典型应用步骤

以工作在全双工主模式下的 SPI5 控制器为例，使用 PF6、PF7、PF8、PF9 分别作为 SPI1 控制器的 NSS、SCLK、MISO 和 MOSI 的复用引脚。

（1）使能 SPI5 控制器时钟和通信线复用引脚端口 GPIOA 的时钟。

使能 SPI5 控制器时钟。

```
RCC_APB2PeriphClockCmd(RCC_APB2Periph_SPI5,ENABLE);
```

使能 GPIOA 时钟。

```
RCC_AHB1PeriphClockCmd(RCC_AHB1Periph_GPIOA,ENABLE);
```

（2）初始化引脚。

复用 PF6～PF9 到 SPI5。

```
GPIO_PinAFConfig(GPIOF,GPIO_PinSource7,GPIO_AF_SPI5);
GPIO_PinAFConfig(GPIOF,GPIO_PinSource8,GPIO_AF_SPI5);
GPIO_PinAFConfig(GPIOF,GPIO_PinSource9,GPIO_AF_SPI5);
```

将引脚设置为复用模式，并初始化。

```
GPIO_Init(GPIOF,&GPIO_InitStructure);
```

（3）初始化 SPI5 控制器工作模式。

```
SPI_Init(SPI5,&SPI_InitStructure);
```

（4）使能 SPI5 控制器。

```
SPI_Cmd(SPI5,ENABLE);
```

（5）中断使能。

如果需要使用中断，需要配置 NVIC 和使能相应的 SPI5 中断事件。

15.3.2 常用库函数

与 SPI 相关的函数和宏都被定义在以下两个文件中。

头文件：stm32f4xx_spi.h。

源文件：stm32f4xx_spi.c。

1. SPI 初始化函数

```
void    void SPI_Init(SPI_TypeDef*  SPIx,SPI_InitTypeDef*  SPI_InitStruct);
```

参数 1：SPI_TypeDef*　SPIx，SPI 应用对象，一个结构体指针，表示形式是 SPI1～SPI5，以宏定义形式定义在 stm32f4xx_.h 文件中。例如：

```
#define SPI1                ((SPI_TypeDef *) SPI1_BASE)
#define SPI2                ((SPI_TypeDef *) SPI2_BASE)
#define SPI3                ((SPI_TypeDef *) SPI3_BASE)
#define SPI4                ((SPI_TypeDef *) SPI4_BASE)
#define SPI5                ((SPI_TypeDef *) SPI5_BASE)
#define SPI6                ((SPI_TypeDef *) SPI6_BASE)
```

参数 2：SPI_InitTypeDef*　SPI_InitStruct，是 SPI 应用对象初始化结构体指针，以自定义的结构体定义在 stm32f4xx_spi.h 文件中。

```
typedef struct
{
  uint16_t   SPI_Direction;              //SPI 是单向还是双向传输
  uint16_t   SPI_Mode;                   //SPI 的主从模式
  uint16_t   SPI_DataSize;               //SPI 传输数据宽度
  uint16_t   SPI_CPOL;                   //SPI 的 CPOL 极性，定义当 SPI 空闲时，时钟的极性
  uint16_t   SPI_CPHA;                   //SPI 的 CPHA 相位，定义 SPI 采样位置
  uint16_t   SPI_NSS;                    //NSS 引脚管理方式
  uint16_t   SPI_BaudRatePrescaler;      //时钟频率
  uint16_t   SPI_FirstBit;               //最先输出的数据位
  uint16_t   SPI_CRCPolynomial;          //CRC 多项式
}SPI_InitTypeDef;
```

成员 1：uint16_t　SPI_Direction，SPI 是单向还是双向传输，有如下定义：

```
#define   SPI_Direction_2Lines_FullDuplex ((uint16_t)0x0000)//双线全双工
#define   SPI_Direction_2Lines_RxOnly          ((uint16_t)0x0400)//双线接收
#define   SPI_Direction_1Line_Rx               ((uint16_t)0x8000)//单线接收
#define   SPI_Direction_1Line_Tx               ((uint16_t)0xC000)//单线发送
```

成员 2：uint16_t　SPI_Mode，SPI 的主从模式，有如下定义：

```
#define   SPI_Mode_Master                      ((uint16_t)0x0104)//主机模式
#define   SPI_Mode_Slave                       ((uint16_t)0x0000)//从机模式
```

成员 3：uint16_t　SPI_DataSize，SPI 传输数据宽度，有如下定义：

```
#define   SPI_DataSize_16b                     ((uint16_t)0x0800)//16 位宽度
#define   SPI_DataSize_8b                      ((uint16_t)0x0000)//8 位宽度
```

成员 4：uint16_t　SPI_CPOL，SPI 的 CPOL 极性，定义当 SPI 空闲时时钟的极性，有如下定义：

```
#define   SPI_CPOL_Low                   ((uint16_t)0x0000)//当 SPI 空闲时，时钟为低电平
#define   SPI_CPOL_High                  ((uint16_t)0x0002)//当 SPI 空闲时，时钟为高电平
```

成员 5：uint16_t　SPI_CPHA，SPI 的 CPHA 相位，定义 SPI 采样位置，有如下定义：

```
#define   SPI_CPHA_1Edge                 ((uint16_t)0x0000)//时钟第一个边沿采样
#define   SPI_CPHA_2Edge                 ((uint16_t)0x0001)//时钟第二个边沿采样
```

成员 6：uint16_t　SPI_NSS，NSS 引脚管理方式，有如下定义：

```
#define   SPI_NSS_Soft                   ((uint16_t)0x0200)//软件方式
#define   SPI_NSS_Hard                   ((uint16_t)0x0000)//硬件方式
```

成员 7：uint16_t　SPI_BaudRatePrescaler，时钟频率，可以是总线时钟的 2、4、8、16、32、64、128、256 分频，有如下定义：

```
#define   SPI_BaudRatePrescaler_2        ((uint16_t)0x0000)//总线时钟 2 分频
#define   SPI_BaudRatePrescaler_4        ((uint16_t)0x0008) //总线时钟 4 分频
……
#define SPI_BaudRatePrescaler_256        ((uint16_t)0x0038) //总线时钟 256 分频
```

成员 8：uint16_t　SPI_FirstBit，最先输出的数据位，有如下定义：

```
#define   SPI_FirstBit_MSB               ((uint16_t)0x0000)//数据最高位先输出
#define   SPI_FirstBit_LSB               ((uint16_t)0x0080) //数据最低位先输出
```

成员 9：uint16_t　SPI_CRCPolynomial，CRC 多项式，根据需求自定义，复位值是 0x07。

2．SPI 使能函数

```
void  SPI_Cmd(SPI_TypeDef*  SPIx,FunctionalState  NewState);
```

参数 1：SPI 应用对象，同 SPI 初始化函数参数 1。

参数 2：FunctionalState　NewState，使能或禁止 SPI 控制器。

ENABLE：使能 SPI 控制器；

DISABLE：禁止 SPI 控制器。

例如，使能 SPI5 控制器。

```
SPI _Cmd (SPI5,ENABLE);
```

3．SPI 发送数据函数

```
void  SPI_I2S_SendData(SPI_TypeDef*  SPIx,uint16_t  Data);
```

参数 1：SPI 应用对象，同 SPI 初始化函数参数 1。

参数 2：uint16_t　Data，需要写的数据。

例如，写 SPI5 数据寄存器，并启动发送。

```
SPI_I2S_SendData (SPI5,0xAA);
```

4．SPI 接收数据函数

```
uint16_t  SPI_I2S_ReceiveData(SPI_TypeDef*  SPIx);
```

参数 1：SPI 应用对象，同 SPI 初始化函数参数 1。

返回：接收到的数据。

例如，从 SPI5 控制器读一个接收到的数据，赋值给变量 A。

```
A=SPI_I2S_ReceiveData(SPI5);
```

5．SPI 检测状态标志函数

```
FlagStatus  SPI_I2S_GetFlagStatus(SPI_TypeDef*  SPIx,uint16_t  SPI_I2S_FLAG);
```

参数 1：SPI 应用对象，同 SPI 初始化函数参数 1。

参数 2：uint16_t　SPI_I2S_FLAG ，SPI 状态标志，有如下定义：

```
#define  SPI_I2S_FLAG_RXNE      ((uint16_t)0x0001)//接收缓冲区非空标志
#define  SPI_I2S_FLAG_TXE       ((uint16_t)0x0002)//发送缓冲区为空标志
#define  SPI_FLAG_CRCERR        ((uint16_t)0x0010) //CRC 错误标志
#define  SPI_FLAG_MODF          ((uint16_t)0x0020) //主模式故障标志
#define  SPI_I2S_FLAG_OVR       ((uint16_t)0x0040) //溢出错误标志
#define  SPI_I2S_FLAG_BSY       ((uint16_t)0x0080) //忙标志
#define  SPI_I2S_FLAG_TIFRFE    ((uint16_t)0x0100) //帧格式错误标志
```

返回：接收到的数据。

例如，检测 SPI5 控制器是否接收到新数据，如果成功检测到 RXNE=1，则从 SPI5 控制器读一个接收到的数据，赋值给变量 A。

```
while (SPI_I2S_GetFlagStatus(SPI5,SPI_I2S_FLAG_TXE)==RESET);
A=SPI_I2S_ReceiveData(SPI5);
```

15.4　应用实例

1．SPI Flash 典型操作

W25Q16 是容量为 2MB 的 SPI 接口的 NOR Flash 器件，内部是按照页（Page）、扇区（Sector）、块（Block）的结构来划分的，一个页为 256B，一个扇区为 16 个页也就是 4KB，一个块为 16 个扇区也就是 64KB。相较于 EEPROM 而言，SPI Flash 的存储空间更大，存取速度更快，广泛应用于嵌入式系统中数据、代码的固化。

对 SPI Flash 的操作主要有写使能、擦除、数据写入、数据读出、读取 ID、检测 Flash 忙状态等几种操作。对 SPI Flash 进行各种操作，需要先发送对应的控制命令。

（1）写使能操作。

在对 Flash 进行擦除和写操作之前，必须先使能写操作，这是通过将 Flash 状态寄存器的写使能锁定位置 1 实现的。写使能命令是 0x06。

（2）擦除操作。

Flash 存储单元中是无法写入位 1 的，只能写入位 0，所以要写入数据的话要先将原来的数据都擦除成 0xFF，写入数据的时候遇到位 1 时不做处理，遇到位 0 时写入 0 即可。因此，在 Flash 进行写入之前需要先将目标区擦除。

擦除操作可以以扇区为单位也可以以块为单位，进行扇区擦除的时候发送 0x20 命令字，然后跟随 24 位的存储地址，写入的 24 位地址的低 12 位会被忽略掉。进行块（64KB）擦除的时候发送 0xD8 命令字，然后发送 24 位的地址，芯片内部同样会忽略低 16 位地址。擦除之后芯片内所有数据都是 0xFF。擦除操作流程图如图 15-9 所示。

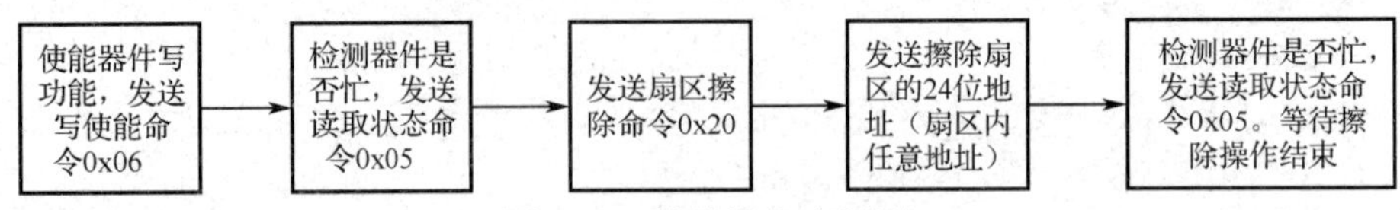

图 15-9　擦除操作流程图

（3）数据写操作。

数据写操作最多一次不能超过 256B（一个页）。写入的时候可以不从页的开始地址写入，如果一次写入字节数溢出了一个页的空间，那么多出来的会从循环到页的开始地址处覆盖原来的数据（与 EEPROM 类似），页写的命令字为 0x02，尾随 24 位的地址。数据写操作流程图如图 15-10 所示。

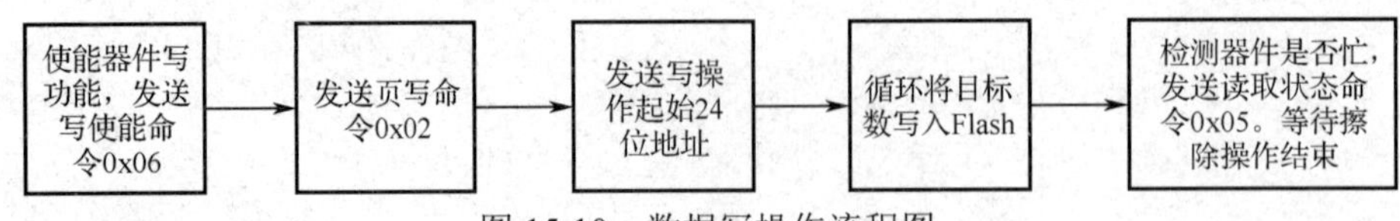

图 15-10　数据写操作流程图

（4）数据读操作。

读操作没有类似于写操作的显示，可以进行任意读操作。数据读操作流程图如图 15-11 所示。

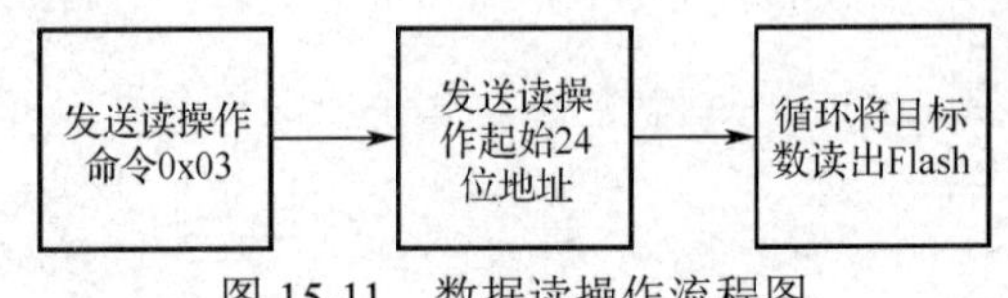

图 15-11　数据读操作流程图

（5）读取 ID 操作。

为了识别芯片型号，需要读取芯片的 ID 号，W25QXX 系列 Flash 有多个 ID 号，Device ID（0xAB）、JEDEC ID（0x9F）、Unique ID（0x4B）、Manufacturer ID（0x90）等。W25Q16 读取到的 Manufacturer ID 为 0xEF，Device ID 为 0x14，JEDEC ID 为 0xEF4015。读取 ID 操作流程图如图 15-12 所示。

（6）检测 Flash 忙状态。

读取 Flash 状态寄存器的内容，并判断其中的 WIP（Write In Progress）位状态（0：空闲，1：忙），检测 Flash 是否处于忙状态。读取 Flash 状态寄存器命令为 0x05。

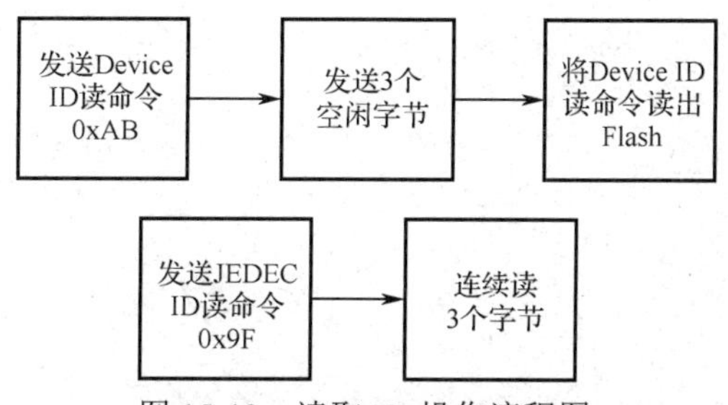

图 15-12　读取 ID 操作流程图

（7）唤醒和掉电。

通过发送 0xAB（区别于读取 ID 操作，在发送命令后不发送空闲字节）命令可以唤醒 Flash。

通过发送 0xB9 命令可以使 Flash 进入掉电模式。

2. W25Q16 实验

使用 SPI5 控制器往 W25Q16 写入特定数据，然后读出来，并判断写入数据和读出的数据是否一致。写入数据的起始地址为 0x00。W25Q16 电路连接图如图 15-13 所示。

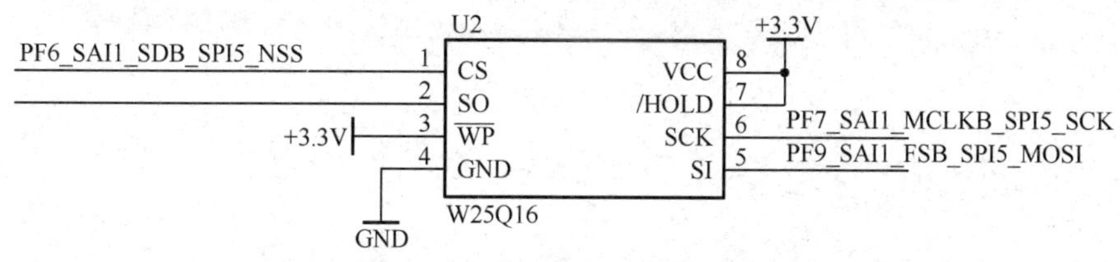

图 15-13　W25Q16 电路连接图

W25Q16 支持 SPI 模式 0 和模式 3，每次传输数据宽度为 8 位。在本实验中将 SPI 控制器配置为全双工模式，模式 3（CPOL=1，CPHA=1），8 位数据宽度，MSB 先传输，NSS 软件管理模式。

PF7、PF8 和 PF9 被复用到 SPI5，分别作为 SPI 控制器的 SCLK、MISO 和 MOSI 信号线，而 PF6 被配置为普通的 GPIO 引脚，作为 SPI 从器件的片选控制引脚。

3. 编程要点

（1）使能 SPI5 控制器和复用引脚 GPIO 的工作时钟。

（2）初始化 PF7、PF8 和 PF9 为复用方式，映射 PF7、PF8 和 PF9 到 SPI5 控制器，并初始化 PF6 为普通的输出引脚。

（3）根据要求，初始化 SPI5 控制器。

（4）使能 SPI5 控制器。

（5）编写 SPI Flash 的基本控制程序。

（6）编写 SPI Flash 的测试程序。

4. 主程序

```
uint8_t SPI_Buf_Wr[]="这是一个 SPI Flash 测试实验，将写入 Flash 的数据再读出来，并比对写入和读出的数据是否一致！";//SPI 发送缓冲区初始化
#define   BufferSize (sizeof(SPI_Buf_Wr)-1) //获取缓冲区的长度
uint8_t SPI_Buf_Rd[BufferSize];//SPI 接收缓冲区定义
int main(void)
{
    uint16_t   i;
    uint32_t   DeviceID=0;//Manufacturer Device ID
    uint32_t   FlashID=0;   //Flash JEDEC ID
```

```
	USART_Config();//初始化串口
	SPI_Config();//初始化 SPI 控制器
	printf("\r\n 这是一个 16M 串行 flash(W25Q16)实验\r\n");
	DeviceID=SPI_Flash_ReadDeviceID();//获取 Flash Device ID
	FlashID=SPI_Flash_ReadID();//获取 SPI Flash ID
	printf("\r\nFlash JEDEC ID is 0x%X,Manufacturer Device ID is 0x%X\r\n",FlashID,DeviceID);

	if (FlashID==FLASH_JEDEC_ID)//检验 SPI Flash ID
	{
		SPI_Flash_SectorErase(0x00);	//擦除将要写入的 SPI Flash 扇区
		/*将发送缓冲区的数据写到 Flash 中*/
		SPI_Flash_Write(SPI_Buf_Wr,0x00,BufferSize);
		printf("\r\n 写入 Flash 的数据为：\r\n%s",SPI_Buf_Wr);
		/*将写入的数据读出来并放到接收缓冲区中*/
		SPI_Flash_Read(SPI_Buf_Rd,0x00,BufferSize);
		printf("\r\n 读出 Flash 的数据为：\r\n%s",SPI_Buf_Rd);
		/*检查写入的数据与读出的数据是否一致*/
		for (i=0; i<BufferSize; i++)
		{
			if(SPI_Buf_Rd[i] !=SPI_Buf_Wr[i])
			{
				printf("\r\n 写入和读出 Flash 的数据不一致!\r\n");
				break;
			}
			if(i>=BufferSize-1)
				printf("\r\n 写入和读出 Flash 的数据一致!\r\n");
		}
	}
	else
	{
		printf("\r\n 检测不到 SPI Flash W25Q16!\n\r");
	}
	SPI_Flash_PowerDown();//使得 SPI Flash 进入掉电模式
	while(1);
}
```

在主程序中，初始化串口和 SPI 控制器，读取 SPI Flash 的 Manufacturer Device ID 和 Flash JEDEC ID。在判断检测到的 Flash JEDEC ID 和 W25Q16 的 ID 是否一致时，首先把将要写入的 Flash 目标扇区擦除，然后把发送缓冲区 SPI_Buf_Wr 中的数据写入 Flash，再将数据从 Flash 中读出到接收缓冲区 SPI_Buf_Rd，最后判断写入和读出 Flash 的数据是否一致。

5. SPI 初始化程序

SPI 配置程序实现步骤参见 15.3.1 节。

```
void SPI_Config(void)
{
  SPI_InitTypeDef   SPI_InitStructure;
  GPIO_InitTypeDef GPIO_InitStructure;
  /*------------------第 1 步------------------*/
  RCC_AHB1PeriphClockCmd(RCC_AHB1Periph_GPIOF,ENABLE);//使能 GPIO 时钟
```

```
    RCC_APB2PeriphClockCmd(RCC_APB2Periph_SPI5,ENABLE);//使能 SPI 控制器时钟

  /*-------------------第 2 步--------------------*/
  /*将 PF7、PF8、PF9 复用给 SPI5 控制器*/
    GPIO_PinAFConfig(GPIOF,GPIO_PinSource7,GPIO_AF_SPI5);
    GPIO_PinAFConfig(GPIOF,GPIO_PinSource8,GPIO_AF_SPI5);
    GPIO_PinAFConfig(GPIOF,GPIO_PinSource9,GPIO_AF_SPI5);

    /*配置 SPI 5 引脚：复用模式*/
    GPIO_InitStructure.GPIO_Pin=GPIO_Pin_7| GPIO_Pin_8| GPIO_Pin_9;
    GPIO_InitStructure.GPIO_Speed=GPIO_Speed_50MHz;
    GPIO_InitStructure.GPIO_Mode=GPIO_Mode_AF;
    GPIO_InitStructure.GPIO_OType=GPIO_OType_PP;
    GPIO_InitStructure.GPIO_PuPd=GPIO_PuPd_NOPULL;
    GPIO_Init(GPIOF,&GPIO_InitStructure);
  /*配置 SPI 片选引脚：普通输出模式*/
    GPIO_InitStructure.GPIO_Pin=GPIO_Pin_6;
    GPIO_InitStructure.GPIO_Mode=GPIO_Mode_OUT;
    GPIO_Init(GPIOF,&GPIO_InitStructure);
    SPI_Flash_CS_HIGH();//将 Flash 片选（CS）置为高电平

  /*-------------------第 3 步--------------------*/
    /*Flash_SPI 模式配置*/
    SPI_InitStructure.SPI_Direction=SPI_Direction_2Lines_FullDuplex;//全双工模式
    SPI_InitStructure.SPI_Mode=SPI_Mode_Master;//主机模式
    SPI_InitStructure.SPI_DataSize=SPI_DataSize_8b;//数据长度=8bit
    SPI_InitStructure.SPI_CPOL=SPI_CPOL_High;//时钟在空闲状态处于高电平
    SPI_InitStructure.SPI_CPHA=SPI_CPHA_2Edge;//在时钟的第二个边沿采样数据线
    SPI_InitStructure.SPI_NSS=SPI_NSS_Soft;//软件管理 NSS
    SPI_InitStructure.SPI_BaudRatePrescaler=SPI_BaudRatePrescaler_2;//2 分频
    SPI_InitStructure.SPI_FirstBit=SPI_FirstBit_MSB;//先发送数据高位
    SPI_InitStructure.SPI_CRCPolynomial=7;
    SPI_Init(SPI5,&SPI_InitStructure);//初始化 SPI5 控制器

  /*-------------------第 4 步--------------------*/
  SPI_Cmd(SPI5,ENABLE);//使能 SPI5 控制器
  }
```

6．SPI 读写函数

```
  u8   SPI_Flash_ReadWriteByte (u8     data)
  {
    /*等待发送缓冲区为空，TXE 事件*/
    while (SPI_I2S_GetFlagStatus(SPI5,SPI_I2S_FLAG_TXE)==RESET);
    SPI_I2S_SendData(SPI5,data);//写 SPI 数据寄存器，启动发送
    /*等待接收缓冲区非空，RXNE 事件*/
    while (SPI_I2S_GetFlagStatus(SPI5,SPI_I2S_FLAG_RXNE)==RESET)
    return   SPI_I2S_ReceiveData(SPI5);//读 SPI 数据寄存器，获取接收到的数据
  }
```

SPI 写操作和读操作使用的是同一个函数。传递的参数是需要写的数据，返回的数据是需要读的数据。

读操作一般通过主机写一个空闲数据给从机，从机返回需要读的内容。

因为 SPI 主机和从机的移位寄存器通过 MOSI 和 MISO 连在一起，并形成一个通信环，因此在主机向从机发送数据时，也会把从机移位寄存器中的数据读回来。

7．SPI Flash 常用操作函数

（1）使能 Flash 写函数。

功能：使能对 Flash 写操作。在擦除和写操作前都要先进行写使能操作。

```
void SPI_Flash_WriteEnable(void)
{
  SPI_Flash_CS_LOW();//置 Flash 片选（CS）低电平，使能 Flash 操作
  SPI_Flash_ReadWriteByte(0x06);//发送写使能命令
  SPI_Flash_CS_HIGH();//置 Flash 片选（CS）高电平，禁止 Flash 操作
}
```

（2）扇区擦除函数。

功能：需要擦除目标扇区任意 24 位地址。

```
void SPI_Flash_SectorErase(u32 SectorAddr)
{
  SPI_Flash_WriteEnable();//发送 Flash 写使能命令
  SPI_Flash_WaitForWriteEnd();//等待操作结束
  SPI_Flash_CS_LOW();//置 Flash 片选（CS）低电平，使能 Flash 操作
  SPI_Flash_ReadWriteByte(0x20);//发送扇区擦除指令
  SPI_Flash_ReadWriteByte((SectorAddr & 0xFF0000) >> 16);//发送擦除扇区地址的高位
  SPI_Flash_ReadWriteByte((SectorAddr & 0xFF00) >> 8);//发送擦除扇区地址的中位
  SPI_Flash_ReadWriteByte(SectorAddr & 0xFF);//发送擦除扇区地址的低位
  SPI_Flash_CS_HIGH();//置 Flash 片选（CS）高电平，禁止 Flash 操作
  SPI_Flash_WaitForWriteEnd();//等待擦除完毕
}
```

（3）芯片擦除函数。

功能：擦除整块芯片。

```
void SPI_Flash_ChipErase(void)
{
  SPI_Flash_WriteEnable();//发送 Flash 写使能命令
  SPI_Flash_WaitForWriteEnd();//等待操作结束
  SPI_Flash_CS_LOW();//置 Flash 片选（CS）低电平，使能 Flash 操作
  SPI_Flash_ReadWriteByte(0xC7);//发送芯片擦除指令
  SPI_Flash_CS_HIGH();//置 Flash 片选（CS）高电平，禁止 Flash 操作
  SPI_Flash_WaitForWriteEnd();//等待擦除完毕
}
```

（4）读取芯片 JEDEC ID 函数。

功能：获得 Flash 的 JEDEC ID。

```
u32  SPI_Flash_ReadJEDECID (void)
{
u32 JEDECID=0,JEDECID0=0,JEDECID1=0,JEDECID2=0;
  SPI_Flash_CS_LOW();//置 Flash 片选（CS）低电平，使能 Flash 操作
  SPI_Flash_ReadWriteByte(0x9F);//发送读 JEDEC ID 指令
```

```
    JEDECID0=SPI_Flash_ReadWriteByte(Dummy_Byte);//读取第 1 个字节数据
    JEDECID1=SPI_Flash_ReadWriteByte(Dummy_Byte);//读取第 2 个字节数据
    JEDECID2=SPI_Flash_ReadWriteByte(Dummy_Byte);//读取第 3 个字节数据
    SPI_Flash_CS_HIGH();//置 Flash 片选（CS）高电平，禁止 Flash 操作
    JEDECID=(JEDECID0 << 16) | (JEDECID1 << 8) | JEDECID2;//组合获取的数据
    return     JEDECID;//返回 JEDEC ID
}
```

（5）读取芯片 Device ID 函数。

功能：获得 Flash 的 Device ID。

```
u32 SPI_Flash_ReadDeviceID(void)
{
u32 DeviceID=0;
    SPI_Flash_CS_LOW();//置 Flash 片选（CS）低电平，使能 Flash 操作
    SPI_Flash_ReadWriteByte(0xAB);//发送读 Device ID 指令
    SPI_Flash_ReadWriteByte(Dummy_Byte);//发送 3 个空闲字节
    SPI_Flash_ReadWriteByte(Dummy_Byte);
    SPI_Flash_ReadWriteByte(Dummy_Byte);
    DeviceID=SPI_Flash_ReadWriteByte(Dummy_Byte);//读取 Device ID
    SPI_Flash_CS_HIGH();//置 Flash 片选（CS）高电平，禁止 Flash 操作
    return    DeviceID;//返回 Device ID
}
```

（6）读取芯片 Unique ID 函数。

功能：获得 Flash 的 Unique ID，这个 ID 共有 64 位，一般用于加密。

返回：指向存储 Unique ID 数据区域的指针。

```
u8 *SPI_Flash_ReadUniqueID(void)
{
    static u8 UniqueID[8];
u8    i=0;
    SPI_Flash_CS_LOW();//置 Flash 片选（CS）低电平，使能 Flash 操作
    SPI_Flash_ReadWriteByte(0x4B);//发送读 Unique ID 指令
    SPI_Flash_ReadWriteByte(Dummy_Byte);//发送 4 个空闲字节
    SPI_Flash_ReadWriteByte(Dummy_Byte);
    SPI_Flash_ReadWriteByte(Dummy_Byte);
    SPI_Flash_ReadWriteByte(Dummy_Byte);
    /*从 Flash 读取 8 个字节*/
    while(i<8)
       {
              UniqueID[i]=SPI_Flash_ReadWriteByte(Dummy_Byte);
              i++;
       }
    SPI_Flash_CS_HIGH();//置 Flash 片选（CS）高电平，禁止 Flash 操作
    return UniqueID;//返回 Unique ID
}
```

（7）读取 Flash 数据函数。

功能：获得 Flash 中的数据，可以从任意位置开始读取任意数量的数据。

参数 1：u8*　pBuffer，存储读数据缓冲区指针。

参数 2：u32　ReadAddr，读操作 Flash 内部起始地址，24 位。

参数 3：u16　Num，读取数据数量。

```
void SPI_Flash_Read(u8* pBuffer,u32 ReadAddr,u16 Num);
{
  SPI_Flash_CS_LOW();//置 Flash 片选（CS）低电平，使能 Flash 操作
  SPI_Flash_ReadWriteByte(0x03);//发送读指令
  SPI_Flash_ReadWriteByte((ReadAddr & 0xFF0000) >> 16);//发送读地址高位
  SPI_Flash_ReadWriteByte((ReadAddr& 0xFF00) >> 8);//发送读地址中位
  SPI_Flash_ReadWriteByte(ReadAddr & 0xFF);//发送读地址低位
  /*从 Flash 读取 8 个字节*/
  while (Num--)
  {
    *pBuffer=SPI_Flash_ReadWriteByte(Dummy_Byte);//读取 1 个字节数据
    pBuffer++;  //更新指针,指向下一个存储数据的缓冲区
  }
  SPI_Flash_CS_HIGH();//置 Flash 片选（CS）高电平，禁止 Flash 操作
}
```

（8）Flash 页写函数。

功能：向 Flash 写入不大于一页的内容，写操作范围被局限在一页内。

参数 1：u8*　pBuffer，写内容缓冲区指针。

参数 2：u32　WriteAddr，写操作 Flash 内部起始地址，24 位。

参数 3：u16　Num，写数据数量。

```
void SPI_Flash_PageWrite(u8* pBuffer,u32 WriteAddr,u16 Num)
{
SPI_Flash_WriteEnable();//发送 Flash 写使能命令
  SPI_Flash_CS_LOW();//置 Flash 片选（CS）低电平，使能 Flash 操作
  SPI_Flash_ReadWriteByte(0x02);//发送页写指令
  SPI_Flash_ReadWriteByte((WriteAddr & 0xFF0000) >> 16);//发送写地址的高位
  SPI_Flash_ReadWriteByte((WriteAddr & 0xFF00) >> 8);//发送写地址的中位
  SPI_Flash_ReadWriteByte(WriteAddr & 0xFF);//发送写地址的低位
  /*写入数据*/
  while (Num--)
  {
    SPI_Flash_ReadWriteByte(*pBuffer);//发送 1 个字节数据
    pBuffer++;//更新指针，指向下一个字节数据
  }
  SPI_Flash_CS_HIGH();//置 Flash 片选（CS）高电平，禁止 Flash 操作
  SPI_Flash_WaitForWriteEnd();//等待写入完毕
}
```

（9）Flash 任意写函数。

功能：向 Flash 的任意位置写入任意多的数据。原理同 I2C 任意写函数。

如果需要跨页进行任意多数据写操作，并能正确地写入 Flash，需要将整个写过程分割成多次进行。Flash 任意写程序流程图如图 15-14 所示。

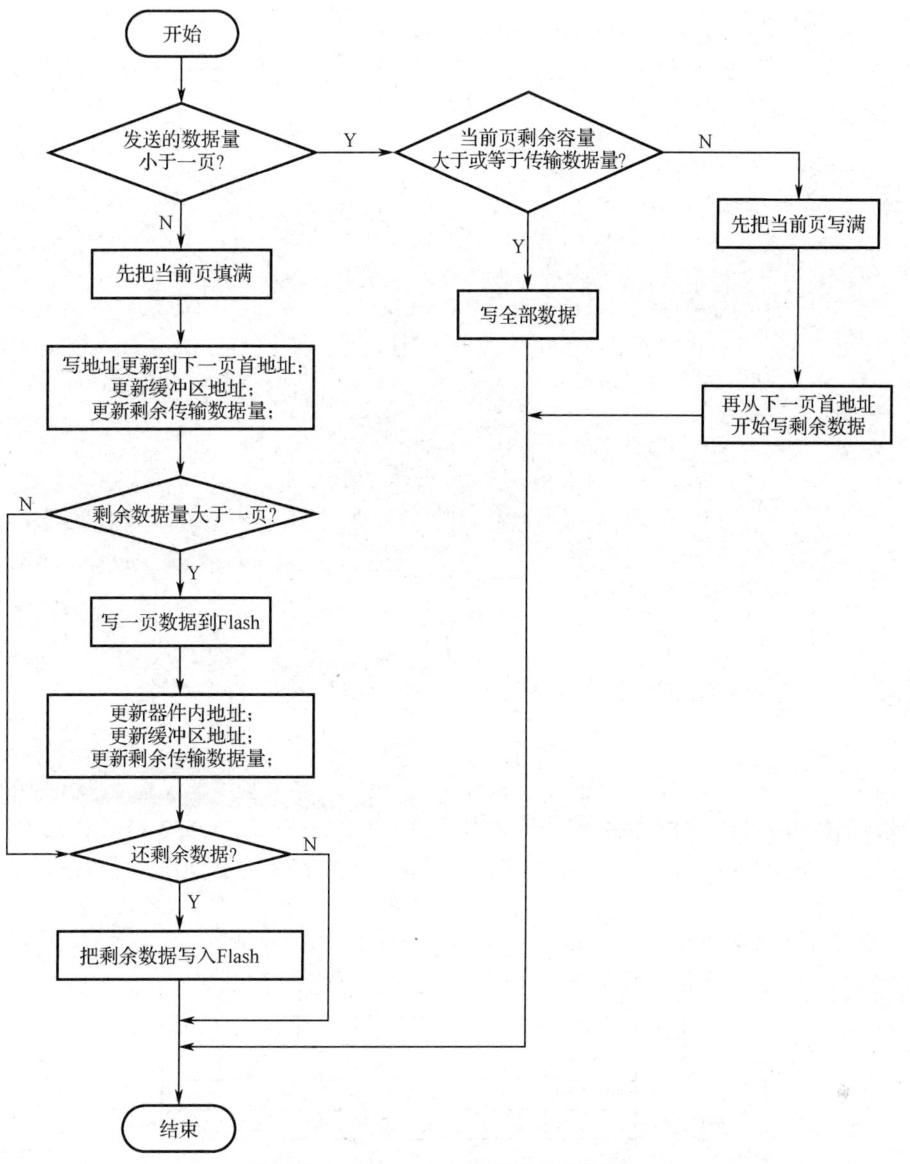

图 15-14　Flash 任意写程序流程图

```
void SPI_Flash_Write(u8* pBuffer,u32 WriteAddr,u16 Num)
{
    uint8_t Num_r;//当前剩余数据传输量
    if(Num<PageSize)//如果发送的数据量小于一页
    {   /*若当前页容量大于或等于传输数据量，则只需要发送一次*/
        if(PageSize-WriteAddr%PageSize>=Num)
        {
            SPI_Flash_PageWrite(pBuffer,WriteAddr,Num);
        }
        else//否则需要发送两次
        {   //先把当前页填满
            SPI_Flash_PageWrite(pBuffer,WriteAddr,PageSize-WriteAddr%PageSize);
          //再从下一页首地址开始写剩余数据
```

```
            SPI_Flash_PageWrite(pBuffer+PageSize-WriteAddr%PageSize,
            (WriteAddr/PageSize+1)*16,Num-PageSize+WriteAddr%PageSize);
            }
    }
        else//发送的数据量大于一页
        {   //先把当前页填满
            SPI_Flash_PageWrite(pBuffer,WriteAddr,PageSize-WriteAddr%PageSize);
            pBuffer+=PageSize-WriteAddr%PageSize;//更新缓冲区地址
            Num_r=Num-PageSize+WriteAddr%PageSize;//剩余传输数据量
            WriteAddr=(WriteAddr/PageSize+1)*16;//下一页首地址
            while(Num_r/PageSize>0)//剩余数据量大于一页，则每次传输一页的数据量
            {
                SPI_Flash_PageWrite(pBuffer,WriteAddr,PageSize);
                WriteAddr+=PageSize;//更新器件内地址
                pBuffer+=PageSize;//更新缓冲区地址
                Num_r-=PageSize;//更新剩余传输数据量
            }
            if(Num_r>0)//剩余不足一页的数据量
            {
                SPI_Flash_PageWrite(pBuffer,WriteAddr,Num_r);
            }
        }
    }
```

例如，把数组 uint8_t SPI_Buf_Wr [1000]中的 1000 个数据，写入 W25Q16 内部地址 0x11 开始的存储区域。W25Q16 一页为 256 个字节，因此这一操作存在跨页操作，可以使用下面的函数实现：

```
SPI_Flash_Write(SPI_Buf_Wr,0x11,500);
```

这一操作被分割成了 3 页写操作，SPI Flash 任意写操作分割图如图 15-15 所示。

地址	0x11～0xFF	0x100～0x1FF	0x200～0x204
数据	前239个字节	后256个字节	最后5个字节
页号	0页	1页	2页
页写次数	第1次页写	第2次页写	第3次页写

图 15-15　SPI Flash 任意写操作分割图

（10）置 Flash 掉电模式函数。

功能：使 Flash 进入掉电模式。

```
void SPI_Flash_PowerDown(void)
{
  SPI_Flash_CS_LOW();//置 Flash 片选（CS）低电平，使能 Flash 操作
  SPI_Flash_ReadWriteByte(0xB9);//发送掉电命令
  SPI_Flash_CS_HIGH();//置 Flash 片选（CS）高电平，禁止 Flash 操作
}
```

（11）唤醒 Flash 函数。

功能：使 Flash 进入掉电模式。

```
void SPI_Flash_WAKEUP(void)
{
  SPI_Flash_CS_LOW();//置 Flash 片选（CS）低电平，使能 Flash 操作
```

```
    SPI_Flash_ReadWriteByte(0xAB);//发送唤醒命令
    SPI_Flash_CS_HIGH();//置 Flash 片选（CS）高电平，禁止 Flash 操作
}
```

习题

1. 在 SPI 多机通信时，主机怎么区别各个从机？
2. 描述 CPOL 极性和 CPHA 相位的组合形式。
3. 根据 SPI 结构，描述 SPI 怎么实现读操作，并绘制相应的数据传输流程图。
4. 说明 SPI Flash 各个引脚的功能，以及 Flash 怎么和 SPI 控制器连接。
5. 尝试编写 SPI 主机的软件模拟程序，使用 SPI 模式 2。
6. SPI4 控制器可实现的最高通信速度是多少？
7. 在 SPI Flash 写操作之前是否需要擦除操作？
8. 编写程序，向 W25Q16 连续写 100 个字节数据，写入开始地址为 0x03。

第 16 章　外部存储控制器

16.1　FMC 概述

16.1.1　FMC 主要特性

可变存储控制器（Flexible Memory Controller，FMC）的功能块可连接驱动静态存储器（SRAM、PSRAM、NOR Flash、NAND Flash 和 16 位 PC 卡）和动态存储器（SDRAM）。所有外部存储器共享地址、数据和控制信号，但有各自的片选信号。FMC 一次只能访问一个外部器件。

外部存储器被划分为 6 个固定大小的存储区域，每个存储区域的大小为 256MB。

存储区域 1（Bank1）可连接多达 4 个 NOR Flash 或 PSRAM 器件。此存储区域被划分为如下 4 个 NOR/PSRAM 子区域，带 4 个专用片选信号（NOR/PSRAM 1、NOR/PSRAM 2、NOR/PSRAM 3 和 NOR/PSRAM 4）。

存储区域 2 和 3（Bank2 和 Bank3）用于连接 NAND Flash 器件（每个存储区域连接一个器件）。

存储区域 4（Bank4）用于连接 PC 卡。

存储区域 5 和 6（Bank5 和 Bank6）用于连接 SDRAM 器件（每个存储区域连接一个器件）。

存储区域映射图如图 16-1 所示。

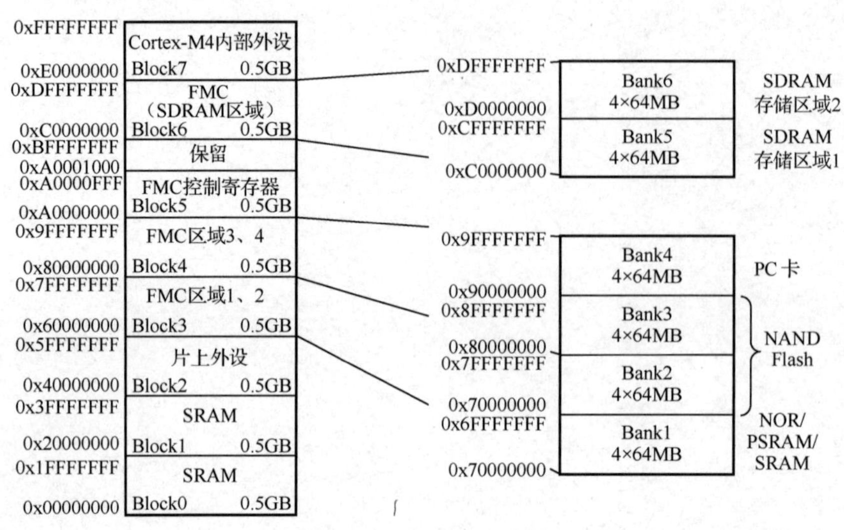

图 16-1　存储区域映射图

在实际使用过程中根据使用的对象，在程序中设置对应的存储访问区域。例如，当把一个数组定义在 0xD0000000～0xDFFFFFFF 的存储区域，对这一数组进行访问时，FMC 会自动定位到系统外部扩展的 SDRAM 存储区。

FMC 主要特性如下。

（1）具有 8 位、16 位或 32 位宽的数据总线。

（2）支持突发模式，能够更快速地访问同步器件。

（3）可编程连续时钟输出以支持异步和同步访问。

（4）每个存储区域有独立的片选控制。

（5）每个存储区域可独立配置。

（6）写使能和字节通道选择输出。

（7）外部异步等待控制。

（8）FMC 内嵌两个写 FIFO：一个 16×33 位深度写数据 FIFO 和一个 16×30 位深度写地址 FIFO。

在使用 FMC 前，必须通过应用程序对 FMC 引脚进行配置，在使用过程中可随时更改设置，未使用的 FMC I/O 引脚可用于其他用途。

在本章中主要介绍与 SDRAM 相关的内容。

16.1.2 FMC 结构

STM32F429 微控制器的 FMC 内部结构图如图 16-2 所示。

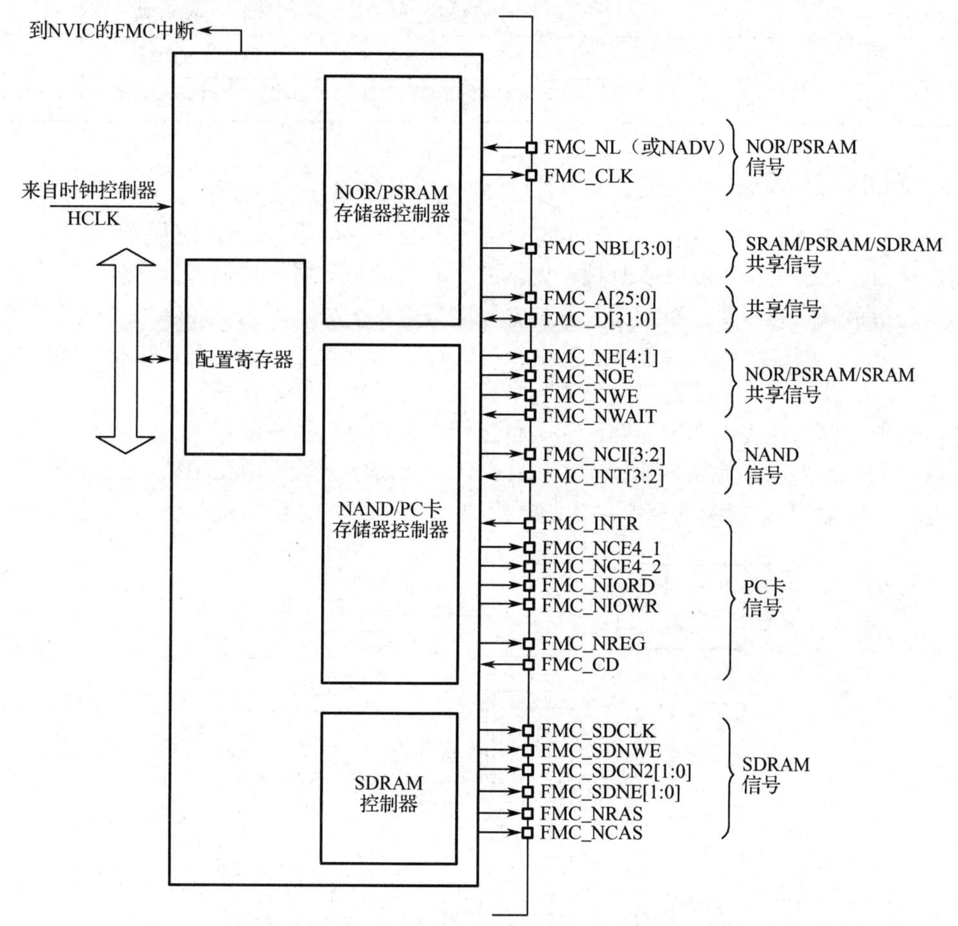

图 16-2　STM32F429 微控制器的 FMC 内部结构图

使用 FMC 的 SDRAM 功能时，必须通过应用程序对用于连接 FMC SDRAM 控制器与外部 SDRAM 设备的 SDRAM I/O 引脚进行配置。FMC 的 SDRAM 控制器信号线与 SDRAM 芯片引脚连接的对应关系如表 16-1 所示。

表 16-1　SDRAM 控制器信号线与 SDRAM 芯片引脚连接的对应关系

FMC SDRAM 控制器信号线	I/O 类型	说明	SDRAM 芯片引脚	功能类型
FMC_SDCLK	O	SDRAM 时钟	CLK	控制线
FMC_SDCKE[1:0]	O	SDCKE0：SDRAM 存储区域 1 时钟使能 SDCKE1：SDRAM 存储区域 2 时钟使能	CKE	
FMC_SDNE[1:0]	O	SDNE0：SDRAM 存储区域 1 芯片使能 SDNE1：SDRAM 存储区域 2 芯片使能	$\overline{CS}$	
FMC_NRAS	O	行地址选通	$\overline{RAS}$	
FMC_NCAS	O	列地址选通	$\overline{CAS}$	
FMC_SDNWE	O	写入使能	$\overline{WE}$	
FMC_A[12:0]	O	地址	A[12:0]	地址线
FMC_BA[1:0]	O	存储区域地址	A[15:14]	
FMC_D[31:0]	I/O	双向数据总线	DQ[31:0]	数据线
FMC_NBL[3:0]	O	写访问的输出字节屏蔽	DQM[3:0]	

16.1.3　SDRAM 简介

SDRAM（Synchronous Dynamic Random Access Memory）是同步动态随机存储器。

同步是指存储器工作需要同步时钟，内部命令的发送与数据的传输都以它为基准。

动态是指存储阵列需要不断刷新来保证存储的数据不丢失，因为 SDRAM 中存储数据是通过电容来工作的。电容在自然放置状态是会放电的，如果电放完了，也就意味着 SDRAM 中的数据丢失了，所以 SDRAM 需要在电容的电量放完之前进行刷新。

随机是指数据不是线性依次存储，而是自由指定地址进行数据的读写。

SDRAM 内部主要由存储阵列 Bank0～Bank4、行列地址控制逻辑、Bank 控制逻辑、命令、时钟、模式、刷新控制，以及数据缓冲控制等组成。典型 SDARM 芯片内部构造如图 16-3 所示。

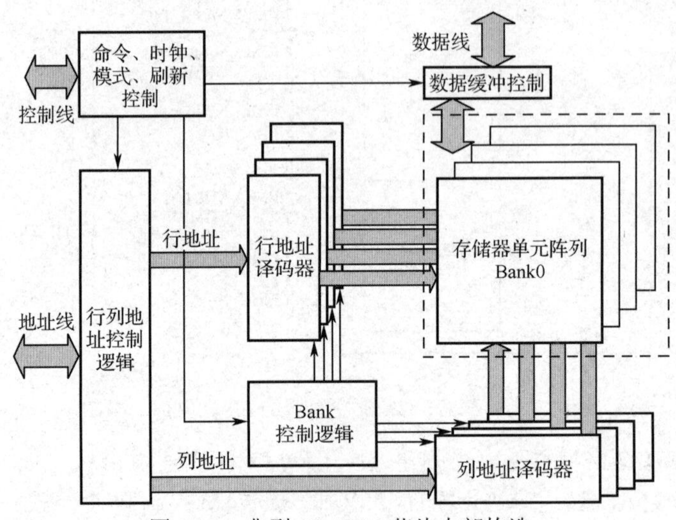

图 16-3　典型 SDARM 芯片内部构造

1．存储阵列

SDRAM 芯片内部有 4 个 Bank，每个 Bank 就像一张二维表格，每一个表格单元就是一个存储单元，每一个单元的位置由这张表格的行号和列号唯一指定。一般先指定行（Row），再指定列（Column），然后就可以准确地找到所需要的单元格。以 MT48LC16M16A2P-6A-IT-256Mb SDRAM 为例，它有 4 个 Bank，每个 Bank 是 8192（行）×512（列）×16（数据宽度）的存储阵列，共有 32MB 的存储容量。

2．地址控制

SDRAM 存储 Bank 的行地址和列地址共用一组地址线（A[12:0]），通过内部的行列地址控制逻辑复用成行地址和列地址。一般寻址时，先给行地址再给列地址，由控制线 RAS 和 CAS 控制。同时还需要指定存储区域地址（A[15:14]），指定需要访问的 Bank。SDRAM 地址控制原理图如图 16-4 所示。

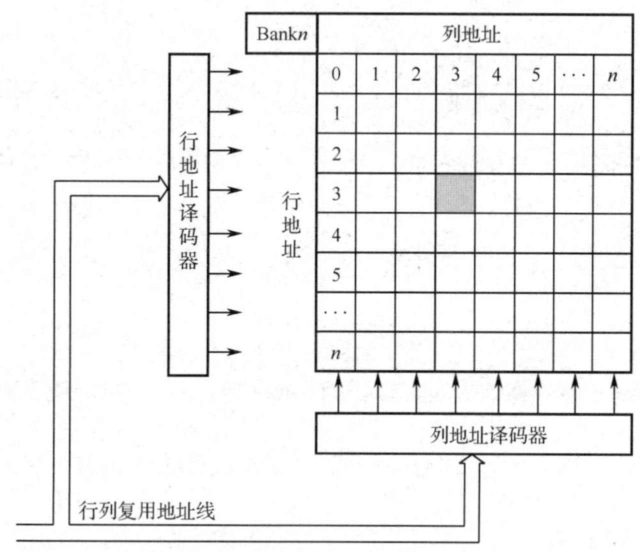

图 16-4　SDRAM 地址控制原理图

3．数据控制

以 MT48LC16M16A2P-6A-IT-256Mb SDRAM 为例，它的数据线宽度是 16 位，但是在实际访问 SDRAM 的时候可以 8 位或 16 位宽度进行访问。因此，为了匹配不同应用场合数据宽度的需要，设置了 DQML（DQM0）和 DQMH（DQM1）两根信号线。

当 DQML=0，DQMH=0 时，数据线 DQ[15:0]上的数据都有效。

当 DQML=0，DQMH=1 时，数据线 DQ[7:0]上的数据有效，数据线 DQ[15:8]无效。

当 DQML=1，DQMH=0 时，数据线 DQ[7:0]上的数据无效，数据线 DQ[15:8]有效。

在写操作时，只要写一个字节到 SDRAM 中，就需要屏蔽 16 位的数据线的高 8 位，避免对存储单元的误写操作。这时，FMC 可以将 DQML=0、DQMH=1，使得 16 位数据线上的低 8 位有效而高 8 位无效。

当 SDRAM 的数据线宽度是 32 位时，需要 4 根 DQM 线 DQM[3:0]，其使用原理与 16 位数据线的使用原理类似。

MT48LC16M16A2P-6A-IT-256Mb SDRAM 电路连接图如图 16-5 所示。

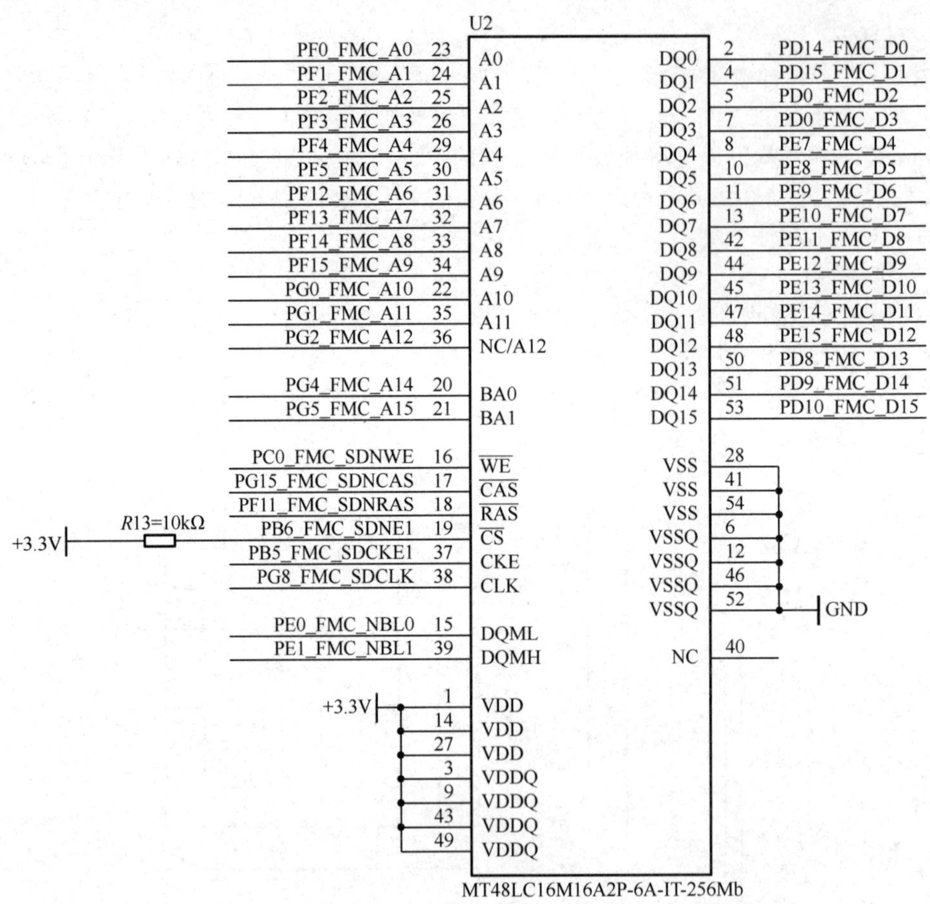

图 16-5　MT48LC16M16A2P-6A-IT-256Mb SDRAM 电路连接图

16.1.4　SDRAM 初始化

FMC 的 SDRAM 管理单元有两个控制寄存器（FMC_SDCR1 和 FMC_SDCR2）、两个时序寄存器（FMC_SDTR1 和 FMC_SDTR2）、一个命令模式寄存器（FMC_SDCMR）和一个刷新定时寄存器（FMC_SDRTR）。通过对这些寄存器进行配置，完成 SDRAM 控制器的初始化。

首先，配置 FMC_SDCR1、FMC_SDCR2、FMC_SDTR1 和 FMC_SDTR2，完成对 FMC 的 SDRAM 控制器的配置；然后，通过编程操作 FMC_SDCMR，实现 FMC 对 SDRAM 的初始化，这主要通过 FMC 产生不同初始化命令时序实现；最后，配置一个 FMC_SDRTR。

如果使用了两个存储区域，则必须将 FMC_SDCMR 中的目标存储区域位 CTB1 和 CTB2 置 1，同时为 SDRAM 存储区域 1 和存储区域 2 生成初始化序列。

初始化流程如下：

（1）存储器设备特性编程：将存储器设备的特性编程到 FMC_SDCR*x* 中。SDRAM 时钟频率、RBURST 和 RPIPE 特性必须编程到 FMC_SDCR1 中。

（2）存储器时序编程：将存储器设备的时序编程到 FMC_SDTR*x* 中。TRP 和 TRC 时序必须编程到 FMC_SDTR1 中。

（3）使能提供给 SDRAM 的时钟：将 MODE 位置为 001 并配置 FMC_SDCMR 的目标存储区域位（CTB1/CTB2），为存储器提供时钟信号（SDCKE 驱动为高电平）。

（4）等待指定延迟周期。典型延迟周期为 100μs。

（5）对所有的 Bank 预充电：将 MODE 位置为 010 并配置 FMC_SDCMR 的目标存储区域位（CTB1/CTB2）以发送全部预充电命令。

（6）设置自动刷新：将 MODE 位置为 011 并配置 FMC_SDCMR 的目标存储区域位（CTB1/CTB2）和连续自动刷新命令（NRFS）的数量。

（7）加载 SDRAM 的模式寄存器：配置 MRD 字段，将 MODE 位置为 100 并配置 FMC_SDCMR 的目标存储区域位（CTB1/CTB2）以发送加载模式寄存器命令并对 SDRAM 设备进行编程。SDRAM 器件内部有模式寄存器，可以配置突发模式、突发长度、突发类型及 CAS 潜伏期等。

（8）设置刷新计数器：编程 FMC_SDRTR 中的刷新速率使其对应于刷新周期之间的延迟。刷新速率必须与 SDRAM 设备相适应。

其中，步骤（3）、（5）、（6）、（7）都是对 FMC_SDCMR 进行操作的，通过设置不同的 MODE 实现对 SDRAM 的命令控制。SDRAM 控制常用命令如表 16-2 所示。

表 16-2　SDRAM 控制常用命令

命令名	CS#	RAS#	CAS#	WE#	DQM	ADDR	DQ
禁止操作	H	X	X	X	X	X	X
空操作	L	H	H	H	X	X	X
激活	L	L	H	H	X	Bank/Row	X
读操作	L	H	L	H	L/H	Bank/Col	X
写操作	L	H	L	L	L/H	Bank/Col	Valid
预充电	L	L	H	L	X	Code	X
刷新操作	L	L	L	H	X	X	X
加载模式寄存器	L	L	L	L	X	Op-code	X
突发操作终止	L	H	H	L	X	X	Active

16.2　FMC 扩展 SDRAM 典型应用步骤及常用库函数

16.2.1　FMC 扩展 SDRAM 典型应用步骤

SDRAM 典型应用步骤如下。

（1）开启 FMC 时钟和 SDRAM 复用引脚的时钟。

使能 FMC 时钟：

```
RCC_AHB3PeriphClockCmd(RCC_AHB3Periph_FMC,ENABLE);
```

使能 GPIO 时钟：使用引脚较多，根据实际的需要初始化相应 GPIO 的时钟。

例如，GPIOF 的一些引脚会被复用成 SDRAM 的一些地址线（见图 16-5，更详细的资料请查阅《STM32F427XX、STM32F429XX 数据手册》中的引脚定义），需要使能 GPIOF 的时钟。

```
RCC_AHB1PeriphClockCmd(RCC_AHB1Periph_GPIOF,ENABLE)
```

（2）初始化引脚。

复用 GPIO 引脚到 FMC。

将每一个 GPIO 引脚配置为复用模式。

（3）初始化 FMC。

按照 16.1.4 节步骤进行。

（4）根据实际需求访问 SDRAM。

16.2.2 常用库函数

与 FMC 相关的函数和宏都被定义在以下两个文件中。

头文件：stm32f4xx_fmc.h。

源文件：stm32f4xx_fmc.c。

1. FMC 初始化函数

```
void    FMC_SDRAMInit(FMC_SDRAMInitTypeDef*    FMC_SDRAMInitStruct)
```

参数 1：FMC_SDRAMInitTypeDef* FMC_SDRAMInitStruct，是 FMC 应用对象初始化结构体指针，以自定义的结构体定义在 stm32f4xx_fmc.h 中。

```
typedef struct
{
uint32_t   FMC_Bank;                      //FMC 的 SDRAM 存储区域
uint32_t   FMC_ColumnBitsNumber;          //SDRAM 的列地址宽度
uint32_t   FMC_RowBitsNumber;             //SDRAM 的行地址宽度
uint32_t   FMC_SDMemoryDataWidth;         //SDRAM 的数据宽度
uint32_t   FMC_InternalBankNumber;        //SDRAM 内部的 Bank 数目
uint32_t   FMC_CASLatency;                //CASLatency 的时钟个数
uint32_t   FMC_WriteProtection;           //是否使能写保护模式
uint32_t   FMC_SDClockPeriod;             //同步时钟参数
uint32_t   FMC_ReadBurst;                 //是否使能突发读模式
uint32_t   FMC_ReadPipeDelay;             //CAS 延迟多少个 HCLK 时钟周期后读取数据
FMC_SDRAMTimingInitTypeDef*    FMC_SDRAMTimingStruct;//SDRAM 的时序参数
} FMC_SDRAMInitTypeDef;
```

成员 1：uint32_t FMC_Bank，FMC 的 SDRAM 存储区域，可选择存储区域 1 或 2，有如下定义：

```
#define FMC_Bank1_SDRAM                    ((uint32_t)0x00000000)
#define FMC_Bank2_SDRAM                    ((uint32_t)0x00000001)
```

成员 2：uint32_t FMC_ColumnBitsNumber，SDRAM 的列地址宽度，可选择设置成 8～11 位，有如下定义：

```
#define FMC_ColumnBits_Number_8b           ((uint32_t)0x00000000)
#define FMC_ColumnBits_Number_9b           ((uint32_t)0x00000001)
#define FMC_ColumnBits_Number_10b          ((uint32_t)0x00000002)
#define FMC_ColumnBits_Number_11b          ((uint32_t)0x00000003)
```

成员 3：uint32_t FMC_RowBitsNumber，SDRAM 的行地址宽度，可选择设置成 11～13 位，有如下定义：

```
#define FMC_RowBits_Number_11b             ((uint32_t)0x00000000)
#define FMC_RowBits_Number_12b             ((uint32_t)0x00000004)
#define FMC_RowBits_Number_13b             ((uint32_t)0x00000008)
```

成员 4：uint32_t FMC_SDMemoryDataWidth，SDRAM 的数据宽度，可选择设置成 8 位、16 位或 32 位，有如下定义：

```
#define FMC_SDMemory_Width_8b              ((uint32_t)0x00000000)
#define FMC_SDMemory_Width_16b             ((uint32_t)0x00000010)
#define FMC_SDMemory_Width_32b             ((uint32_t)0x00000020)
```

成员 5：uint32_t FMC_InternalBankNumber，SDRAM 内部的 Bank 数目，可选择设置成 2 或 4 个 Bank 数目，请注意区分这个结构体成员与 FMC_Bank 的区别，有如下定义：

```
#define FMC_InternalBank_Number_2          ((uint32_t)0x00000000)
#define FMC_InternalBank_Number_4          ((uint32_t)0x00000040)
```

成员 6：uint32_t　FMC_CASLatency，CASLatency 的时钟个数，可选择设置成 1、2 或 3 个时钟周期，有如下定义：

```
#define FMC_CAS_Latency_1          ((uint32_t)0x00000080)
#define FMC_CAS_Latency_2          ((uint32_t)0x00000100)
#define FMC_CAS_Latency_3          ((uint32_t)0x00000180)
```

成员 7：uint32_t　FMC_WriteProtection，是否使能写保护模式，如果使能了写保护则不能向 SDRAM 写入数据，正常使用都是禁止写保护的，有如下定义：

```
#define FMC_Write_Protection_Disable          ((uint32_t)0x00000000)
#define FMC_Write_Protection_Enable           ((uint32_t)0x00000200)
```

成员 8：uint32_t　FMC_SDClockPeriod，FMC 与外部 SDRAM 通信时的同步时钟参数，可以设置成 STM32 的 HCLK 时钟频率的 1/2、1/3 或禁止输出时钟，有如下定义：

```
#define FMC_SDClock_Disable          ((uint32_t)0x00000000)
#define FMC_SDClock_Period_2         ((uint32_t)0x00000800)
#define FMC_SDClock_Period_3         ((uint32_t)0x00000C00)
```

成员 9：uint32_t　FMC_ReadBurst，是否使能突发读取模式，禁止时等效于 BL=1，使能时 BL 的值等于模式寄存器中的配置，有如下定义：

```
#define FMC_Read_Burst_Disable          ((uint32_t)0x00000000)
#define FMC_Read_Burst_Enable           ((uint32_t)0x00001000)
```

成员 10：uint32_t　FMC_ReadPipeDelay，CASLatency 延迟多少个 HCLK 时钟周期后读取数据，在确保正确的前提下，这个值设置得越小越好，可选择设置的参数值为 0、1 或 2，有如下定义：

```
#define FMC_ReadPipe_Delay_0          ((uint32_t)0x00000000)
#define FMC_ReadPipe_Delay_1          ((uint32_t)0x00002000)
#define FMC_ReadPipe_Delay_2          ((uint32_t)0x00004000)
```

成员 11：FMC_SDRAMTimingInitTypeDef*　FMC_SDRAMTimingStruct，SDRAM 的时序参数。

```
typedef struct
{
uint32_t   FMC_LoadToActiveDelay;        //TMRD：加载模式寄存器命令后的延迟
uint32_t   FMC_ExitSelfRefreshDelay;     //TXSR：自刷新命令后的延迟
uint32_t   FMC_SelfRefreshTime;          //TRAS：自刷新时间
uint32_t   FMC_RowCycleDelay;            //TRC：行循环延迟
uint32_t   FMC_WriteRecoveryTime;        //TWR：恢复延迟
uint32_t   FMC_RPDelay;                  //TRP：行预充电延迟
uint32_t   FMC_RCDDelay;                 //TRCD：行到列延迟
} FMC_SDRAMTimingInitTypeDef;
```

成员 1：uint32_t　FMC_LoadToActiveDelay，设置 TMRD 延迟，即发送加载模式寄存器命令后要等待的时间，过了这段时间后才可以发送行有效或刷新命令。

成员 2：uint32_t　FMC_ExitSelfRefreshDelay，设置退出 TXSR 延迟，即退出自刷新命令后要等待的时间，过了这段时间才可以发送行有效命令。

成员 3：uint32_t　FMC_SelfRefreshTime，设置自刷新时间 TRAS，即发送行有效命令后要等待的时间，过了这段时间后才执行预充电命令。

成员 4：uint32_t　FMC_RowCycleDelay，设置 TRC 延迟，即两个行有效命令之间的延迟，以及两个相邻刷新命令之间的延迟。

成员 5：uint32_t　FMC_WriteRecoveryTime，设置 TWR 延迟，即写命令和预充电命令之间

的延迟，过了这段时间后才开始执行预充电命令。

成员 6：uint32_t　FMC_RPDelay，设置 TRP 延迟，即预充电命令与其他命令之间的延迟。

成员 7：uint32_t　FMC_RCDDelay，设置 TRCD 延迟，即行有效命令到列读写命令之间的延迟。

2．设置 SDRAM 刷新时间函数

```
void FMC_SDRAMCmdConfig(FMC_SDRAMCommandTypeDef*  FMC_SDRAMCommandStruct);
```

通过向 FMC_SDCMR 写入控制参数，向 SDRAM 发送初始化的各种命令。

参数 1：FMC_SDRAMCommandTypeDef*　FMC_SDRAMCommandStruct，SDRAM 命令结构体，定义如下：

```
typedef struct
{
uint32_t   FMC_CommandMode;              //要发送的命令
uint32_t   FMC_CommandTarget;            //目标存储器区域
uint32_t   FMC_AutoRefreshNumber;        //若发送的是自动刷新命令，则此处为发送的刷新次数
//若发送的是加载命令，则此处为 SDRAM 模式寄存器的参数
uint32_t   FMC_ModeRegisterDefinition;
} FMC_SDRAMCommandTypeDef;
```

成员 1：uint32_t　FMC_CommandMode，配置要发送的命令，有如下定义：

```
#define FMC_Command_Mode_normal          ((uint32_t)0x00000000)//正常模式命令
#define FMC_Command_Mode_CLK_Enabled     ((uint32_t)0x00000001)//使能 CLK 命令
#define FMC_Command_Mode_PALL            ((uint32_t)0x00000002)//所有 Bank 预充电命令
#define FMC_Command_Mode_AutoRefresh     ((uint32_t)0x00000003)//自动刷新命令
#define FMC_Command_Mode_LoadMode        ((uint32_t)0x00000004)//加载模式寄存器命令
#define FMC_Command_Mode_Selfrefresh     ((uint32_t)0x00000005)//自刷新命令
#define FMC_Command_Mode_PowerDown       ((uint32_t)0x00000006)//掉电命令
```

成员 2：uint32_t　FMC_CommandTarget，本成员用于选择要控制的 FMC 存储区域，可选择存储区域 1 或存储区域 2，有如下定义：

```
#define FMC_Command_Target_bank2      ((uint32_t)0x00000008)//控制存储区域 2
#define FMC_Command_Target_bank1      ((uint32_t)0x00000010)//控制存储区域 1
#define FMC_Command_Target_bank1_2    ((uint32_t)0x00000018)//控制存储区域 1 和存储区域 2
```

成员 3：uint32_t　FMC_AutoRefreshNumber，配置发送自动刷新命令的次数。需要连续发送多个自动刷新命令时，可输入参数值为 1～16，若发送的是其他命令，则本参数值无效。

成员 4：uint32_t　FMC_ModeRegisterDefinition，当向 SDRAM 发送加载模式寄存器命令时，这个结构体成员的值将通过地址线发送到 SDRAM 的模式寄存器，这个成员值长度为 13 位，对应于 SDRAM 模式寄存器的各个位。

3．生成 SDRAM 命令函数

```
void   FMC_SetRefreshCount(uint32_t   FMC_Count);
```

参数 1：uint32_t　FMC_Count，通过配置刷新定时器计数值来设置刷新循环之间的刷新速率。

刷新速率=(COUNT+1)×SDRAM 频率时钟。

COUNT=(SDRAM 刷新周期/行数)−20。

MT48LC16M16A2P SDRAM 有 4 个 Bank，每个 Bank 是 8192（行）×512（列）×16（数据宽度）的存储阵列，刷新时间是 64ms。

刷新速率=64ms/(8192 行)=7.81μs/行。

COUNT=7.81μs×90MHz−20=683。

16.3 应用实例

1. 操作要求

图 16-5 中，SDRAM 被连接在 FMC SDRAM 控制器的 Bank2（SDRAM 存储器的 $\overline{CS}$ 引脚连接 FMC 的 SDNE1），可寻址范围为 0xD0000000～0xDFFFFFFF。

编写 SDRAM 的初始化程序，然后向 SDRAM 中写满，再将数据逐个读出来，比对写入和读出数据是否一致，以判断 SDRAM 的电路连接和初始化配置是否正确。

分别以 8 位和 16 位两种数据宽度单位进行测试。

2. 编程要点

（1）使能 FMC 和复用引脚 GPIO 的工作时钟。

（2）按照图 16-5，将 GPIO 引脚映射到 FMC，并初始化这些引脚为复用方式。

（3）根据 SDRAM 初始化步骤，初始化 FMC SDRAM 控制器。

（4）编写 SDRAM 的测试程序。

3. 主程序

```
#define SDRAM_BANK_ADDR         ((uint32_t)0xD0000000)
#define MT48LC16M16A2P_SIZE    0x2000000 //32MB
uint32_t    uwWriteReadStatus=0;//测试状态字
int main(void)
{
  uint32_t i=0;//写入数据计数器
  LED_Config(); //LED 端口初始化
  USART_Config();//串口初始化
  SDRAM_Config();//初始化 SDRAM 模块
  printf("\r\n 1、STM32F429 SDRAM 读写测试例程\r\n");
  /*按 8 位格式读写数据，并检测写入和读出的数据是否一致*/
  for (i=0; i < MT48LC16M16A2P_SIZE; i++) //向整个 SDRAM 写入 8 位宽度的数据
  {
    *(__IO uint8_t*) (SDRAM_BANK_ADDR+i)=(uint8_t)i;
  }

  for(i=0; i<MT48LC16M16A2P_SIZE;i++) //读取 SDRAM 数据并检测
  {  //读出一个数据，检测数据是否一致
    if(*(__IO uint8_t*)(SDRAM_BANK_ADDR+i) !=(uint8_t)i )
    {
      uwWriteReadStatus++;//非 0 时，表示有错误
    }
  }
  if(uwWriteReadStatus)//不一致时
    printf("\r\n 2、STM32F429 SDRAM 8 位读写测试失败\r\n");
  else
    printf("\r\n 2、STM32F429 SDRAM 8 位读写测试成功\r\n");
  uwWriteReadStatus=0;//清零测试状态字

  /*按 16 位格式读写数据，并检测写入和读出的数据是否一致*/
  for (i=0; i < MT48LC16M16A2P_SIZE/2; i++) //向整个 SDRAM 写入 16 位宽度的数据
  {
    *(__IO uint16_t*) (SDRAM_BANK_ADDR+2*i)=(uint16_t)i;
```

```
    }
    for(i=0; i<MT48LC16M16A2P_SIZE/2;i++)//读取 SDRAM 数据并检测
    {  //读出一个数据，检测数据是否一致
      if(*(__IO uint8_t*)(SDRAM_BANK_ADDR+2*i) !=(uint8_t)i )
      {
        uwWriteReadStatus++;//非 0 时，表示有错误
      }
    }
    if(uwWriteReadStatus)//不一致时
            printf("\r\n 3、STM32F429 SDRAM 16 位读写测试失败\r\n");
    else
            printf("\r\n 3、STM32F429 SDRAM 16 位读写测试成功\r\n");
    printf("\r\n 4、STM32F429 SDRAM 读写测试正常！ \r\n");
    while(1);
}
```

4．SDRAM 初始化程序

```
void SDRAM_Config(void)
{
  FMC_SDRAMInitTypeDef   FMC_SDRAMInitStructure;
  FMC_SDRAMTimingInitTypeDef   FMC_SDRAMTimingInitStructure;
  /*根据图 16-5，使能与 FMC 相关的 GPIO 时钟*/
  RCC_AHB1PeriphClockCmd(RCC_AHB1Periph_GPIOB|RCC_AHB1Periph_GPIOC |
  RCC_AHB1Periph_GPIOD | RCC_AHB1Periph_GPIOE |
  RCC_AHB1Periph_GPIOF,ENABLE);
  /*使能 FMC 时钟*/
  RCC_AHB3PeriphClockCmd(RCC_AHB3Periph_FMC,ENABLE);
  /*配置引脚工作模式*/
  GPIO_InitStructure.GPIO_Mode=GPIO_Mode_AF;       //配置为复用功能
  GPIO_InitStructure.GPIO_Speed=GPIO_Speed_50MHz;
  GPIO_InitStructure.GPIO_OType=GPIO_OType_PP;       //推挽输出
  GPIO_InitStructure.GPIO_PuPd=GPIO_PuPd_NOPULL;
  GPIO_InitStructure.GPIO_Pin=GPIO_Pin_0;//PF0
  GPIO_Init(GPIOF,&GPIO_InitStructure);//初始化 PF0 为复用模式
  /*把 PF0 复用给 FMC，作为地址线 A0*/
  GPIO_PinAFConfig(GPIOF,GPIO_PinSource0 ,GPIO_AF_FMC);
  /*其他引脚配置程序类似，略*/

  /*FMC SDRAM 控制配置，SDRAM 初始化流程步骤 1 参数设置*/
  FMC_SDRAMInitStructure.FMC_Bank=FMC_Bank2_SDRAM;//选择存储区域
  //512 列，行地址线宽度: [8:0]
  FMC_SDRAMInitStructure.FMC_ColumnBitsNumber=FMC_ColumnBits_Number_9b;
  //8192 行，列地址线宽度: [12:0]
  FMC_SDRAMInitStructure.FMC_RowBitsNumber=FMC_RowBits_Number_13b;
  //数据线宽度
  FMC_SDRAMInitStructure.FMC_SDMemoryDataWidth=FMC_SDMemory_Width_16b;
  //SDRAM 内部 Bank 数量
  FMC_SDRAMInitStructure.FMC_InternalBankNumber=FMC_InternalBank_Number_4;
  FMC_SDRAMInitStructure.FMC_CASLatency=FMC_CAS_Latency_2;     //CAS 潜伏期
  FMC_SDRAMInitStructure.FMC_WriteProtection=FMC_Write_Protection_Disable;//禁止写保护
```

```
//SDCLK 时钟分频因子，SDCLK=HCLK/SDCLOCK_PERIOD
FMC_SDRAMInitStructure.FMC_SDClockPeriod=FMC_SDClock_Period_2;
FMC_SDRAMInitStructure.FMC_ReadBurst=FMC_Read_Burst_Enable;  //突发读模式设置
FMC_SDRAMInitStructure.FMC_ReadPipeDelay=FMC_ReadPipe_Delay_0;  //读延迟配置
//SDRAM 时序参数
FMC_SDRAMInitStructure.FMC_SDRAMTimingStruct=&FMC_SDRAMTimingInitStructure;

/*SDRAM 时序结构体，根据 SDRAM 参数表配置，SDRAM 初始化流程步骤（2）参数设置*/
FMC_SDRAMTimingInitStructure.FMC_LoadToActiveDelay=2;//TMRD: 2 Clock cycles
FMC_SDRAMTimingInitStructure.FMC_ExitSelfRefreshDelay=7;//TXSR: min=70ns(7×11.11ns)
//TRAS: min=42ns(4×11.11ns)max=120k(ns)
FMC_SDRAMTimingInitStructure.FMC_SelfRefreshTime=4;
FMC_SDRAMTimingInitStructure.FMC_RowCycleDelay=7;//TRC: min=70(7×11.11ns)
FMC_SDRAMTimingInitStructure.FMC_WriteRecoveryTime=2;//TWR: min=1+7ns(1+1×11.11ns)
FMC_SDRAMTimingInitStructure.FMC_RPDelay=2;//TRP: 15ns=>2×11.11ns
FMC_SDRAMTimingInitStructure.FMC_RCDDelay=2;//TRCD: 15ns=>2×11.11ns
FMC_SDRAMInit(&FMC_SDRAMInitStructure);//调用初始化函数，完成 SDRAM 步骤(1)、(2)
配置

FMC_SDRAMCommandTypeDef   FMC_SDRAMCMD;
uint32_t tmpr=0;

/*SDRAM 初始化流程步骤（3）：配置命令，提供给 SDRAM 的时钟*/
FMC_SDRAMCMD.FMC_CommandMode=FMC_Command_Mode_CLK_Enabled;
FMC_SDRAMCMD.FMC_CommandTarget=FMC_Command_Target_bank2;
FMC_SDRAMCMD.FMC_AutoRefreshNumber=0;
FMC_SDRAMCMD.FMC_ModeRegisterDefinition=0;
/*检查 SDRAM 标志，等待至 SDRAM 空闲*/
while(FMC_GetFlagStatus(FMC_Bank2_SDRAM,FMC_FLAG_Busy) !=RESET)
{
}
/*发送上述命令*/
FMC_SDRAMCmdConfig(&FMC_SDRAMCMD);
/*SDRAM 初始化流程步骤（4）：延时*/
SDRAM_delay(10);
/*SDRAM 初始化流程步骤（5）：配置命令，对所有的 Bank 预充电*/
FMC_SDRAMCMD.FMC_CommandMode=FMC_Command_Mode_PALL;
FMC_SDRAMCMD.FMC_CommandTarget=FMC_Command_Target_bank2;
FMC_SDRAMCMD.FMC_AutoRefreshNumber=0;
FMC_SDRAMCMD.FMC_ModeRegisterDefinition=0;
/*检查 SDRAM 标志，等待至 SDRAM 空闲*/
while(FMC_GetFlagStatus(FMC_Bank2_SDRAM,FMC_FLAG_Busy)!=RESET)
{
}
/*发送上述命令*/
FMC_SDRAMCmdConfig(&FMC_SDRAMCMD);

/*SDRAM 初始化流程步骤（6）：配置命令，自动刷新*/
FMC_SDRAMCMD.FMC_CommandMode=FMC_Command_Mode_AutoRefresh;
```

```
FMC_SDRAMCMD.FMC_CommandTarget=FMC_Command_Target_bank2;
FMC_SDRAMCMD.FMC_AutoRefreshNumber=2;                    //2 个自动刷新命令
FMC_SDRAMCMD.FMC_ModeRegisterDefinition=0;
/*检查 SDRAM 标志，等待至 SDRAM 空闲*/
while(FMC_GetFlagStatus(FMC_Bank2_SDRAM,FMC_FLAG_Busy)!=RESET)
{
}
/*发送自动刷新命令*/
FMC_SDRAMCmdConfig(&FMC_SDRAMCMD);

/*SDRAM 初始化流程步骤（7）：设置 SDRAM 寄存器配置*/
tmpr=(uint32_t)SDRAM_MODEREG_BURST_LENGTH_4 |
SDRAM_MODEREG_BURST_TYPE_SEQUENTIAL |
SDRAM_MODEREG_CAS_LATENCY_2 |
SDRAM_MODEREG_OPERATING_MODE_STANDARD |
SDRAM_MODEREG_WRITEBURST_MODE_SINGLE;
FMC_SDRAMCMD.FMC_CommandMode=FMC_Command_Mode_LoadMode;
FMC_SDRAMCMD.FMC_CommandTarget=FMC_Command_Target_bank2;
FMC_SDRAMCMD.FMC_AutoRefreshNumber=1;
FMC_SDRAMCMD.FMC_ModeRegisterDefinition=tmpr;
/*检查 SDRAM 标志，等待至 SDRAM 空闲*/
while(FMC_GetFlagStatus(FMC_Bank2_SDRAM,FMC_FLAG_Busy) !=RESET)
{
}
/*发送上述命令*/
FMC_SDRAMCmdConfig(&FMC_SDRAMCMD);

/*SDRAM 初始化流程步骤（8）：配置命令，设置刷新计数器*/
FMC_SetRefreshCount(683);/
/*发送上述命令*/
while(FMC_GetFlagStatus(FMC_Bank2_SDRAM,FMC_FLAG_Busy) !=RESET)
{
}
}
```

习题

1．STM32F429 微控制器的 SDRAM 控制器被分配在系统存储空间的哪一个区域？

2．常用 SDRAM 内部存储单元是怎么被选通（寻址）的？

3．MT48LC16M16A2P-6A-IT-256Mb SDRAM 内部有几个存储区域，每个存储区域的容量是多少？

4．说明 FMC_SDCKE[1:0]、FMC_SDNE[1:0]和 FMC_NBL[3:0]的功能，它们分别连接到 SDRAM 的哪些引脚上（假设连接的 SDRAM 寻址空间被分配在 SDRAM 存储区域 1，见图 16-1）？

5．使用 MT48LC16M16A2P-6A-IT-256Mb SDRAM 设计一个 32 位数据宽度、存储容量为 64MB 的存储系统，并画出电路图。

6．以图 16-5 电路为例，编写对应的 SDRAM 初始化程序，测试 SDRAM 的全部空间是否全都能被访问。

第 17 章　LCD 控制器

17.1　液晶显示技术及液晶显示器控制原理

17.1.1　液晶显示技术

液晶是在 1888 年，由奥地利植物学家莱尼茨尔（Reinitzer）发现的，它是一种介于固体与液体之间，具有规则性分子排列的有机化合物。一般最常用的液晶形态为向列型液晶，在不同电流电场作用下，液晶分子会规则旋转 90° 排列，产生透光度的差别。在电源开/关控制下产生明暗的区别，依此原理控制每个像素，便可构成所需图像。

液晶显示器（Liquid Crystal Display，LCD）的构造是在两片平行的玻璃基板当中放置液晶盒，在下基板玻璃上设置TFT（薄膜晶体管），在上基板玻璃上设置彩色滤光片，通过 TFT 上的信号与电压改变来控制液晶分子的转动方向，从而控制每个像素偏振光出射与否而达到显示目的。

液晶在物理上分成两大类，一类是无源被动式液晶，这类液晶本身不发光，需要外部提供光源，根据光源位置，无源被动式液晶又可以分为反射式和透射式两种。无源被动式液晶显示的成本较低，但是亮度和对比度不大，而且有效视角较小，彩色无源液晶显示的色彩饱和度较小，因而颜色不够鲜艳。另一类是有电源的液晶，主要是 TFT，每个液晶实际上就是一个可以发光的晶体管，所以严格地说不是液晶。液晶显示屏就是由许多液晶排成阵列而构成的，在单色液晶显示屏中，一个液晶就是一个像素，而在彩色液晶显示屏中每个像素由红、绿、蓝三个液晶共同构成。每个液晶像素背后都有个 8 位的寄存器，使用寄存器的值去查找“调色板”来决定这三个液晶单元各自的亮度。对于一幅图来讲，液晶控制器配备一行的寄存器，通过行列扫描的方式，这些寄存器轮流驱动每一行的像素，从而将所有行像素都驱动一遍，显示一个完整的画面。

与传统的 CRT 显示器相比，液晶显示器有以下优点。

（1）图像失真小：由于 CRT 显示器是靠偏转线圈产生的电磁场来控制电子束的，而由于电子束在屏幕上不可能绝对定位，因此 CRT 显示器往往会存在不同程度的几何失真、线性失真情况。而液晶显示器不会出现任何的几何失真、线性失真。

（2）辐射小：液晶显示器内部不存在像 CRT 那样的高压元器件，所以液晶显示器不至于出现由于高压导致的 X 射线超标的情况，其辐射指标普遍比 CRT 显示器要低一些。

（3）功耗低：液晶显示器与传统 CRT 显示器相比，最大的优点在于耗电量和体积，对于传统 17 英寸 CRT 显示器来讲，其功耗几乎都在 80W 以上，而 17 英寸液晶显示器的功耗大多数都在 40W 上下。

液晶显示器常见参数如下。

（1）点距、分辨率：液晶显示器的点距就是相邻两个像素之间的距离。分辨率一般指的是液晶显示器的最大像素数。例如，分辨率 1024 像素×768 像素就是指有 1024 行、768 列的像素。点距和分辨率决定了液晶显示器的显示尺寸。

（2）刷新率：就是液晶控制器将显示信号输出刷新的速度。例如，常用的刷新率是 60Hz，即每秒钟可以在显示器输出 60 帧的数据。

（3）响应时间：是指液晶显示器各个像素对输入信号反应的速度，即像素从暗到明及从明到暗所需的时间，通常以 ms 为单位。如果信号反应时间太长，动态画面很容易出现残影、拖尾等不良显示现象。响应时间越短，显示器的价格越高。

（4）色彩深度：指显示器的每个像素能表示多少种颜色，一般用像素对应数据位数表示，位数越多，深度越深，色彩层次丰富。单色屏的每个像素能表示亮或灭两种状态（即实际上能显示 2 种颜色），用 1 个数据位就可以表示像素的所有状态，所以它的色彩深度为 1bit。其他常见的显示屏色深有 16bit、24bit。

17.1.2　液晶显示器控制原理

一个完整的液晶显示系统由 CPU、液晶控制器及液晶显示屏组成。完整的液晶显示系统结构如图 17-1 所示。

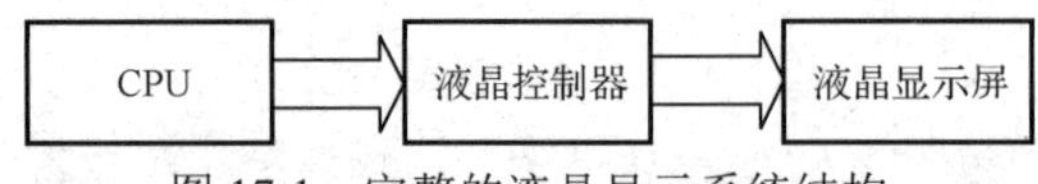

图 17-1　完整的液晶显示系统结构

液晶显示屏一般包含了液晶驱动器和液晶屏，是液晶显示器的前端部分，完成图像数据在液晶屏上的驱动显示。液晶驱动器则只负责把 CPU 发送的图像数据在液晶屏上显示出来，不会对图像做任何的处理。液晶控制器在嵌入式系统中的功能如同显卡在计算机中所起到的作用，负责把显存（嵌入式系统中一般是内存中的指定区域）中的液晶图形数据传输到液晶驱动器上，并产生液晶控制信号，从而控制和完成图形的显示、翻转、叠加或缩放等一系列复杂的图形显示功能。

液晶控制器通过一系列的信号线与液晶显示屏（含液晶驱动器）连接，液晶控制器信号如表 17-1 所示。

表 17-1　液晶控制器信号

信号名称	说明
R[7:0]	8 位红色数据线
G[7:0]	8 位绿色数据线
B[7:0]	8 位蓝色数据线
CLK	像素时钟信号线
HSYNC	水平同步信号线
VSYNC	垂直同步信号线
DE	数据使能信号线

1. RGB 信号线

RGB 是一种色彩模式，是工业界的一种颜色标准，是通过红（R）、绿（G）、蓝（B）三个颜色通道的变化，以及它们相互之间的叠加来得到各式各样的颜色。这个标准几乎包括了人类视力所能感知的所有颜色，是运用最广的颜色系统之一。

采用这种编码方法，每种颜色都可用三个变量来表示：红色的强度、绿色的强度、蓝色的强度。RGB 三色混合示意图如图 17-2 所示（彩色图可扫描二维码查看）。

图 17-2　RGB 三色混合示意图

RGB 三色信号线各有 8 根，每个颜色表示的层次有 2^8=256 个，通过设置三色的不同层次度，经混合后能够产生需要的颜色。在液晶控制器中可以定义不同的 RGB 颜色格式，有 RGB16 格式、RGB24 格式、RGB32 格式。

（1）RGB16 格式主要有两种：RGB565 格式和 RGB555 格式。

RGB565 格式：每个像素用 16bit 表示，占 2 字节，R 分量、G 分量、B 分量分别使用 5 位、6 位、5 位。RGB565 数据格式如图 17-3 所示。

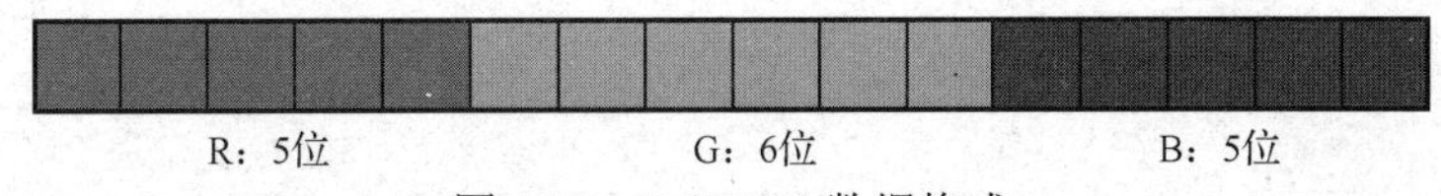

图 17-3　RGB565 数据格式

RGB555 格式：每个像素用 16bit 表示，占 2 字节，R 分量、G 分量、B 分量都使用 5 位（最高位不用）。RGB555 数据格式如图 17-4 所示。

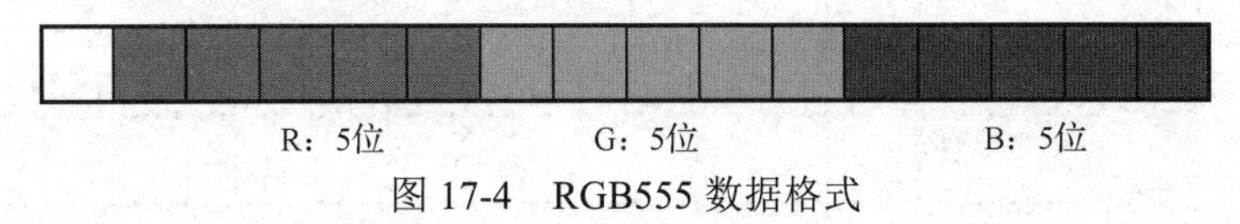

图 17-4　RGB555 数据格式

（2）RGB24 格式。

RGB24 格式也叫作 RGB888 格式，每个像素用 8bit 表示，占 1 字节。需要注意的是，在内存中 R 分量、G 分量、B 分量的排列顺序为 BGRBGRBGR……。RGB888 数据格式如图 17-5 所示。

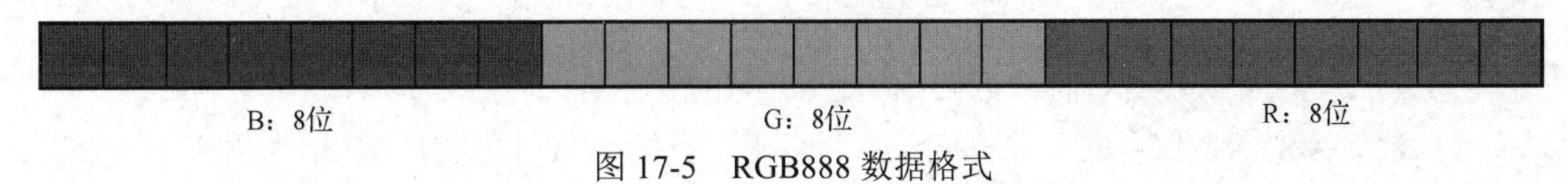

图 17-5　RGB888 数据格式

（3）RGB32 格式。

RGB32 格式也叫作 ARGB8888 格式，每个像素用 32bit 表示，占 4 字节。R、G、B 分量分别用 8bit 表示，存储顺序为 B、G、R，最后 8 字节表示透明度，用 A（Alpha）表示。需要注意的是，在内存中 R、G、B 分量的排列顺序为 BGRABGRABGRA……。ARGB8888 数据格式如图 17-6 所示。

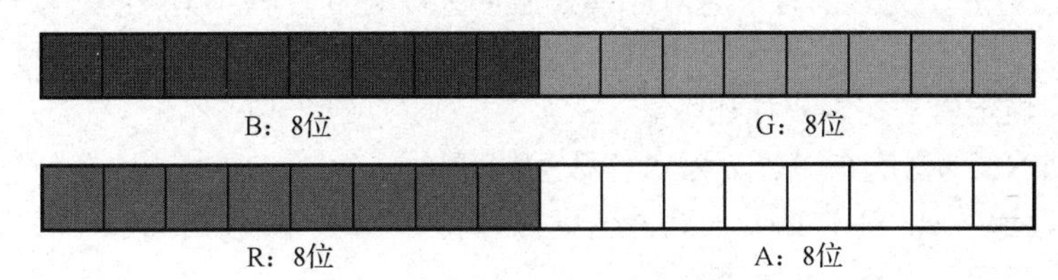

图 17-6　ARGB8888 数据格式

2．像素时钟信号（CLK）

像素频率，一秒钟处理的像素数目。在 CLK 信号的控制下，实现液晶控制器和液晶屏之间数据通信的同步功能。

3．水平（行）同步信号（HSYNC）

水平（行）同步信号，表示扫描 1 行的开始。

4．垂直（场）同步信号（VSYNC）

垂直（场）同步信号，表示一帧图像传输的开始。

5．数据使能信号（DE）

数据使能信号（DE）一般以高电平为有效电平。在有效电平期间，在 CLK 信号控制下，传输有效的 RGB 数据。

6．液晶控制时序

液晶控制器对液晶屏的控制时序如图 17-7 所示。

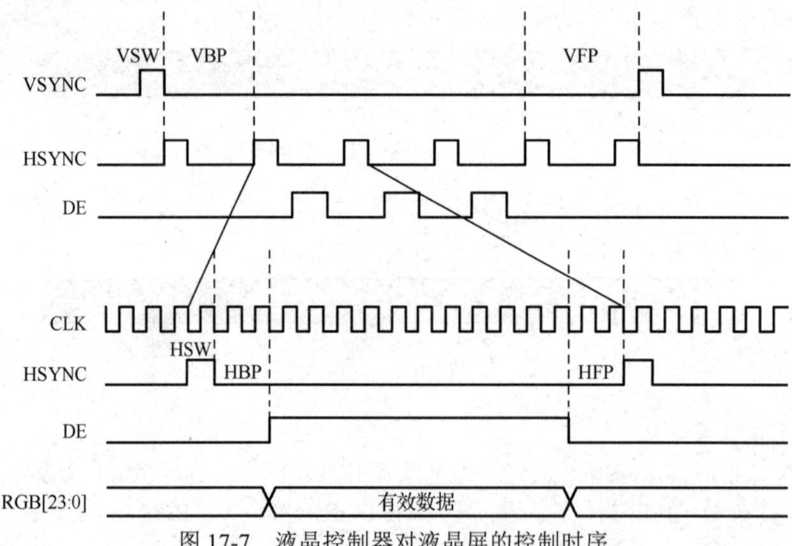

图 17-7　液晶控制器对液晶屏的控制时序

一帧数据的显示信号控制变化如下。

（1）当 VSYNC 信号有效时，表示一帧数据的开始。

（2）然后 VSYNC 信号的脉冲宽度保持高电平，持续 VSW 个 HSYNC 信号周期，即 VSW 行，这 VSW 行的数据无效。

（3）在 VSYNC 信号高电平脉冲之后，还要经过 VBP 个 HSYNC 信号周期，有效的行数据才出现。所以，在 VSYNC 信号有效后要经过 VSW+VBP 个无效的行，第一个有效行才出现，它对应有效显示区域的上边框。

（4）随后连续发出 *n* 个 HSYNC 信号，在 DE 信号的控制下输出每一行的有效数据。

（5）最后是 VFP 个无效的行，它对应有效显示区域的下边框。完整的一帧结束，紧接着就是下一帧数据了。

一行数据的显示信号控制变化如下。

（1）当 HSYNC 信号有效时，表示一行数据的开始。

（2）HSW 表示当 HSYNC 信号的脉冲宽度保持高电平时，持续 HSW 个 CLK 信号周期，即 HSW 个像素，这 HSW 个像素的数据无效。

（3）在 HSYNC 信号高电平脉冲之后，还要经过 HBP 个 CLK 信号周期，有效的像素数据才出现。所以，在 HSYNC 信号有效之后，总共要经过 HSW+HBP 个无效的像素，第一个有效的像素才出现，它对应有效显示区域的左边框。

（4）随后连续发出 *n* 个 CLK 信号，在 DE 信号的控制下输出 *n* 个像素的有效数据。

（5）最后是 HFP 个无效的像素，它对应有效显示区域的右边框。完整的一行结束，紧接着就是下一行的数据了。

其中，VBP 表示在一帧图像开始前，VSYNC 信号以后的无效的行数；VFP 表示在一帧图像结束后，VSYNC 信号以前的无效的行数；HBP 表示从 HSYNC 信号开始到一行的有效数据开始之间的 CLK 信号的个数；HFP 表示从一行的有效数据结束到下一个 HSYNC 信号开始之间的 CLK 信号的个数；VSW 表示 VSYNC 信号的宽度，单位为行；HSW 表示 HSYNC 信号的宽度，单位为 CLK 信号周期。

把液晶屏看作一个矩形区域，屏幕上显示图像示意图如图 17-8 所示。

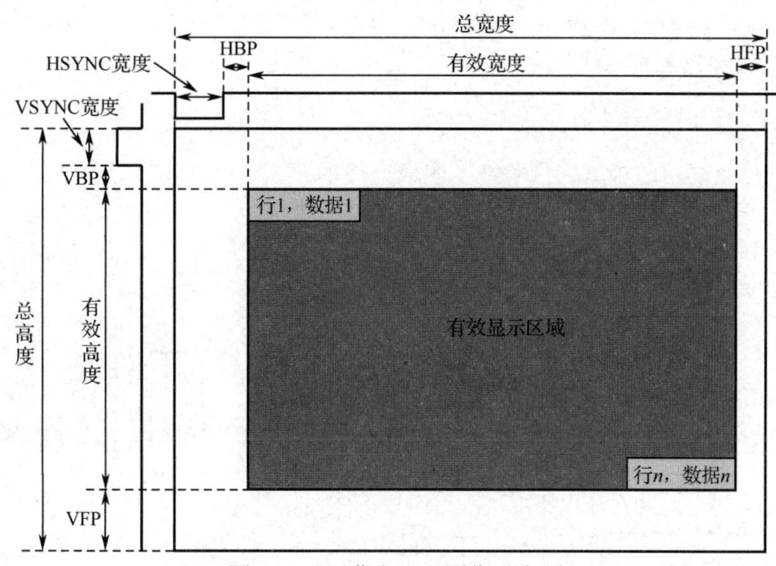

图 17-8　屏幕上显示图像示意图

7. 显存

液晶屏中的每个像素对应一个数据，在实际应用中一般为显示区域开辟一个存储区域，用于存储液晶屏上需要显示的图像数据，这个存储区域就是存储显示数据的存储器，被称为显存。液晶控制器会按照显示的帧率，定时地将显存中的数据加载给液晶屏，从而显示我们需要的图像。显存一般至少要能存储液晶屏的一帧显示数据。例如，分辨率为 800 像素×480 像素的液晶屏，使用 RGB888 格式显示，一个像素需要 3 字节数据，一帧显示数据大小为 3×800×480=1 152 000 字节。使用 CPU 将图像数据复制到显存，使用 LTDC 将其显示在液晶屏上，如图 17-9 所示。

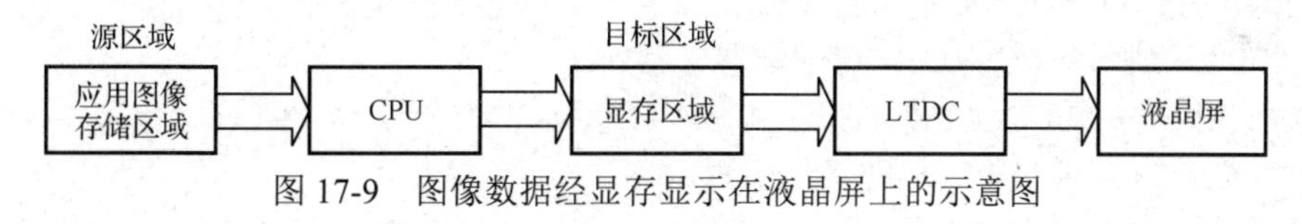

图 17-9　图像数据经显存显示在液晶屏上的示意图

17.2　LTDC 控制器概述

17.2.1　LTDC 控制器主要特性

STM32F429 系列芯片内部自带一个 LTDC（LCD-TFT，液晶显示器-薄膜晶体管）控制器，提供并行数字 RGB 信号、HSYNC 信号、VSYNC 信号、CLK 信号和 DE 信号，这些信号直接连接到不同的液晶面板接口。使用 SDRAM 的部分空间作为显存，可直接控制液晶面板，无须额外增加液晶控制器芯片。

LTDC 主要特性如下。

（1）24 位 RGB 并行像素输出；每个像素用 24 位数据表示（RGB888）。

（2）支持高达 SVGA（800 像素×600 像素）的分辨率。

（3）可针对不同液晶面板编程时序。

（4）可编程 HSYNC 信号、VSYNC 信号和 DE 信号的极性。

（5）带有专用 FIFO 的显示层（FIFO 深度 64×32 位），支持两层显示数据混合，可使用 Alpha 值在两层之间灵活混合。

（6）支持 ARGB8888、RGB888、RGB565、ARGB1555、ARGB4444 等颜色格式。

（7）可编程窗口位置和大小。

17.2.2 LTDC 控制器结构

LTDC 控制器主要由时钟域、信号线、图像处理单元、寄存器及显存接口组成。LTDC 控制器的结构框图如图 17-10 所示。

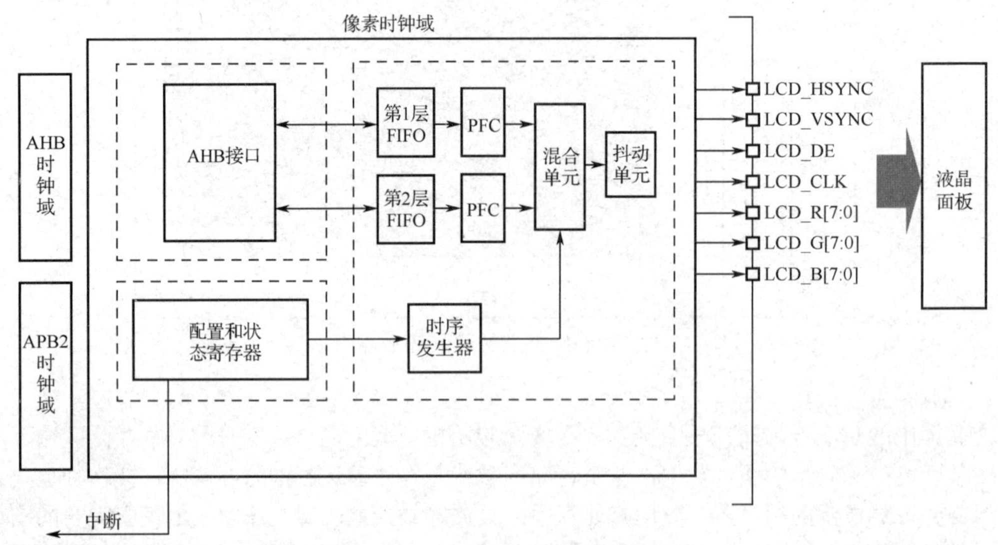

图 17-10　LTDC 控制器的结构框图

LTDC 控制器外设使用以下 3 个时钟域。

（1）AHB 时钟域（HCLK）：用于将数据从存储器传输到 FIFO 层。

（2）APB2 时钟域（PCLK2）：用于配置寄存器。

（3）像素时钟域（LCD_CLK）：用于生成 LTDC 接口信号。LCD_CLK 输出应按照液晶面板要求配置。LCD_CLK 通过 PLLSAI 进行配置。

LTDC 控制器通过信号线与液晶面板连接，主要包含 HSYNC、VSYNC、DE、CLK 信号线及 RGB 数据线。根据《STM32F427XX、STM32F429XX 数据手册》可以查询到 LTDC 控制器各个信号线对应的 GPIO 引脚，设计硬件时把液晶面板与 LTDC 控制器对应的这些引脚连接起来即可。由于每个信号线对应的 GPIO 不唯一，因此用户需要根据实际的电路设计执行选择信号线复用的 GPIO 引脚。LTDC 信号线与 GPIO 引脚对应的关系如表 17-2 所示。

表 17-2　LTDC 信号线与 GPIO 引脚对应的关系

LTDC 信号线		GPIO 引脚	LTDC 信号线		GPIO 引脚
红色信号线	LTDC_R0	PH2	蓝色信号线	LTDC_B0	PE4
	LTDC_R1	PH3		LTDC_B1	PG12
	LTDC_R2	PH8		LTDC_B2	PG10
	LTDC_R3	PH9		LTDC_B3	PG11

续表

LTDC 信号线		GPIO 引脚	LTDC 信号线		GPIO 引脚
红色信号线	LTDC_R4	PH10	蓝色信号线	LTDC_B4	PI4
	LTDC_R5	PH11		LTDC_B5	PI5
	LTDC_R6	PH12		LTDC_B6	PI6
	LTDC_R7	PG6		LTDC_B7	PI7
绿色信号线	LTDC_G0	PE5	控制信号线	LTDC_CLK	PG7
	LTDC_G1	PE6		LTDC_HSYNC	PI10
	LTDC_G2	PH13		LTDC_VSYNC	PI9
	LTDC_G3	PH14		LTDC_DE	PF10
	LTDC_G4	PH15		LTDC_DISP	PC6
	LTDC_G5	PI0			
	LTDC_G6	PI1			
	LTDC_G7	PI2			

对于高达 24 位（RGB888）的 LTDC 输出，如果使用低于 8bpp 的像素深度将 RGB565 或 RGB666 输出到 16 位或 18 位显示器，则 RGB 显示数据线必须连接到 LTDC 控制器 RGB 数据线的 MSB。例如，当 LTDC 控制器与 16 位 RGB565 显示器相连时，液晶显示器的 R[4:0]、G[5:0]和 B[4:0]数据线引脚必须连接至 LTDC 控制器的 LCD_R[7:3]、LCD_G[7:2]和 LCD_B[7:3]。

LTDC 控制器的图像处理单元通过 AHB 接口获取显存中的数据，然后按分层把数据分别发送到两个层 FIFO 缓存，每个 FIFO 可缓存 64×32 位的数据，接着从缓存中获取数据交给 PFC（像素格式转换器），它把数据从像素格式转换成字（ARGB8888）的格式，再经过混合单元把两层数据合并起来，最终混合得到的是单层要显示的数据，通过信号线输出到液晶面板。

LTDC 控制器可单独使能、禁止和配置两层。层的显示顺序固定，即自下而上。如果使能两层，则第 2 层为顶部显示窗口。窗口可为每层定位和调整大小，各层必须位于有效显示区域内。窗口位置和大小通过左上的 *X*/*Y* 位置、右下的 *X*/*Y* 位置，以及包含同步、后沿大小和有效数据区域的内部时序发生器配置。如果使能了两层，则第 1 层将与底层色混合，随后第 2 层与第 1 层和底层的混合颜色结果再次混合，层混合示意图如图 17-11 所示。

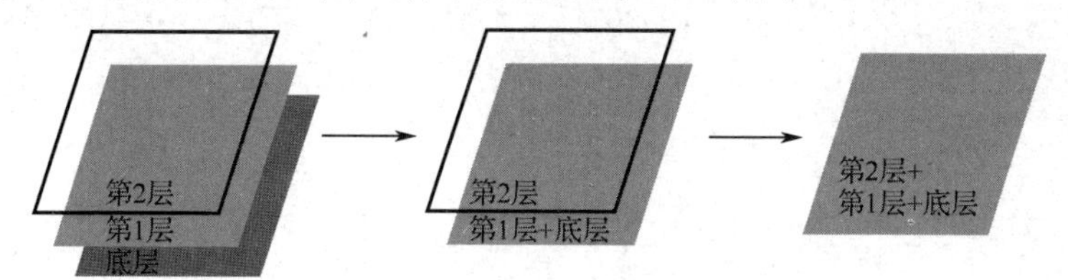

图 17-11　层混合示意图

在输出前混合单元的数据还经过一个抖动单元，它的作用是当像素数据格式的色深大于液晶面板实际色深时，对像素数据颜色进行舍入操作，如在 18 位显示器上显示 24 位数据时，抖动单元将像素数据的低 6 位与阈值进行比较，若大于阈值，则向数据的第 7 位进 1；否则直接舍掉低 6 位。

LTDC 控制器可以灵活地配置控制参数，主要包括如下参数。

（1）同步时序：包括 HSYNC 信号、VSYNC 信号、CLK 信号和 DE 信号。

（2）可编程极性：HSYNC 信号、VSYNC 信号、CLK 信号和 DE 信号的极性可编程为高电平有效或低电平有效。

（3）背景色：恒定的背景色（RGB888）可通过 LTDC_BCCR 编程，用于与底层混合。

（4）抖动：在高深度显示格式（如 24 位）向低深度显示器（如 18 位）输出数据时，用于对各帧中不同的数据进行舍入操作。

（5）像素输入格式：可编程像素格式用于层的帧缓冲区中存储的数据，可为每层配置多达 8 个输入像素格式。像素数据从帧缓冲区中读取，随后转换为内部 ARGB8888 格式。例如，RGB565 格式数据存储方式如表 17-3 所示。

表 17-3　RGB565 格式数据存储方式

格式		存储方式
RGB565 像素 2	ARGB8888 字节 3	R_{x+1}[4:0] G_{x+1}[5:3]
	ARGB8888 字节 2	G_{x+1}[2:0] B_{x+1}[4:0]
RGB565 像素 1	ARGB8888 字节 1	R_x[4:0] G_x[5:3]
	ARGB8888 字节 0	G_x[2:0] B_x[4:0]

（6）颜色帧缓冲区地址：每层的颜色帧缓冲区均有一个起始地址，该地址通过 LTDC_L*x*CFBAR 进行配置。当使能某层时，将从颜色帧缓冲区中获取该数据。

（7）层混合：配置层混合系数。在每层的像素颜色显示出来前，都要将 Alpha 透明和 RGB 三色分别进行混合。

（8）色键：配置为代表透明像素。使能色键后，当前像素（格式转换后、混合前的像素）将与色键进行比较。如果当前像素与编程的 RGB 值相匹配，则该像素的所有通道（ARGB）均设置为 0。运行时，可配置色键值并用其替换像素 RGB 值。

17.3　DMA2D 控制器概述

在实际使用中，LTDC 控制器配置好后，向配置好的显存中写入要显示的图像数据，LTDC 就会定时把这些数据从显存搬运到液晶面板进行显示。向显存中写入的显示数据容量往往非常大，如果能使用 DMA 实现这些数据存储，将极大地提高 CPU 运行效率。

STM32F429 芯片包含一个 DMA2D 控制器，是一个专用于图像处理的专业 DMA，在普通数据 DMA 传输的基础上，可进行数据的分层数据混合、图像数据格式转换，并用于一些简单单色图形的快速绘制，如矩形、直线等。LTDC 使用 DMA2D 控制器将图像数据复制到显存，并将其显示在液晶屏上，如图 17-12 所示。与图 17-9 相比，DMA2D 控制器代替了 CPU 在数据复制中的作用，解放了大量的 CPU 资源以用于其他事务的处理。

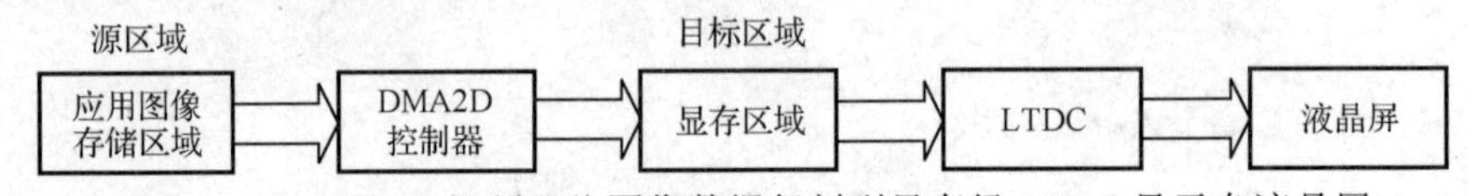

图 17-12　DMA2D 控制器将图像数据复制到显存经 LTDC 显示在液晶屏

17.3.1　DMA2D 控制器结构

DMA2D 控制器结构如图 17-13 所示。

DMA2D 控制器主要由分层 FIFO、像素格式转换器（PFC）及混合器组成。

1．FG FIFO 和 BG FIFO

DMA2D 控制器的 FG（前景层）FIFO 和 BG（背景层）FIFO 可获取要复制/处理的输入数据。这些 FIFO 根据相应 PFC 中定义的颜色格式获取像素。

DMA2D 控制器在寄存器到存储器模式下工作时，不激活任何 FIFO。

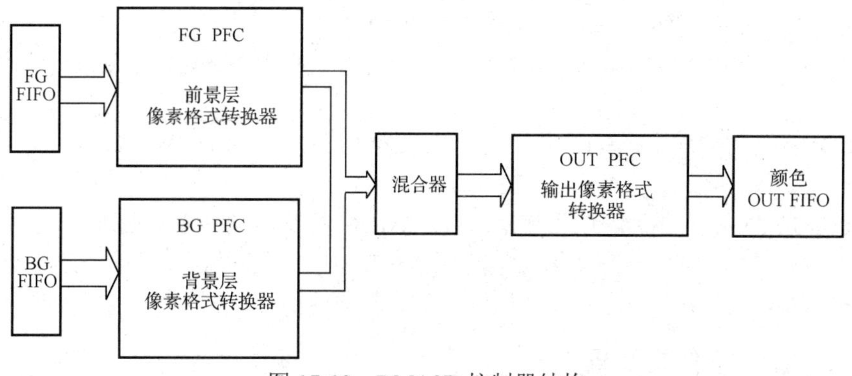

图 17-13 DMA2D 控制器结构

DMA2D 控制器在存储器到存储器模式下工作时（无像素格式转换和混合操作），仅激活 FG FIFO，并将其用作缓冲区。

DMA2D 控制器在存储器到存储器模式下工作且支持像素格式转换时（无混合操作），不会激活 BG FIFO。

2．FG PFC 和 BG PFC

FG PFC（前景层像素格式转换器）和 BG PFC（背景层像素格式转换器）执行像素格式转换，以生成每像素 32 位的 ARGB8888 格式。PFC 还能够修改 Alpha 通道。

如果原始格式为直接颜色模式，则通过将 MSB 复制到 LSB 扩展为每通道 8 位。这可以确保转换具有良好的线性。

如果原始格式不包括 Alpha 通道，则会自动将 Alpha 值设为 0xFF（不透明）。

如果原始格式为间接颜色模式，则需要使用 CLUT，并且每个 PFC 与一个包含 256 个 32 位条目的 CLUT 相关联。

3．混合器

混合器成对混合源像素以计算结果像素。混合器的运算主要是使用前景和背景的透明度作为因子，对像素 RGB 颜色值进行加权运算。经过混合器后，两层数据合成为一层 ARGB8888 格式的图像。按照以下固定公式进行混合：

$$\alpha_{\text{Mult}} = \frac{\alpha_{\text{FG}} \cdot \alpha_{\text{BG}}}{255}$$

$$\alpha_{\text{OUT}} = \alpha_{\text{FG}} + \alpha_{\text{BG}} - \alpha_{\text{Mult}}$$

$$C_{\text{OUT}} = \frac{C_{\text{FG}} \cdot \alpha_{\text{FG}} + C_{\text{BG}} \cdot \alpha_{\text{BG}} - C_{\text{BG}} \cdot \alpha_{\text{Mult}}}{\alpha_{\text{OUT}}}$$

4．OUT PFC

OUT PFC 是输出像素格式转换器，它把混合器转换得到的图像转换成目标格式，如 ARGB8888、RGB888、RGB565、ARGB1555 或 ARGB4444 格式，具体的格式可根据需要在 OUT PFC 控制寄存器（DMA2D_OPFCCR）中选择。

STM32F429 芯片使用 LTDC 控制器、DMA2D 控制器及 RAM 存储器，构成了一个完整的液晶控制器。LTDC 控制器负责不断刷新液晶屏，DMA2D 控制器用于图像数据搬运、混合及格式转换，RAM 存储器作为显存。其中显存可以使用 STM32 系列芯片内部的 SRAM 或外扩 SDRAM/SRAM，只要容量足够大即可（至少要能存储一帧图像数据）。

17.3.2 DMA2D 控制器事务

DMA2D 控制器事务由给定数目的数据传输序列组成，可通过软件对数据数目和宽度进行编程。每个DMA2D控制器数据传输最多需要4个步骤。

（1）从DMA2D_FGMAR寻址的存储单元加载数据并按照DMA2D_FGCR中的定义进行像素格式转换。

（2）从DMA2D_BGMAR寻址的存储单元加载数据并按照DMA2D_BGCR中的定义进行像素格式转换。

（3）根据对Alpha值进行PFC操作所得到的Alpha通道，将所有检索到的像素混合。

（4）根据DMA2D_OCR对合成像素进行像素格式转换，然后将数据编程到通过DMA2D_OMAR寻址的存储单元。

17.3.3 DMA2D控制器配置

源（应用图像存储的位置）和目标（显存位置）数据传输在整个4GB区域都可以寻址外设和存储器。DMA2D控制器可在以下4种模式下工作，通过DMA2D_CR的MODE[1:0]位选择工作模式：①寄存器到存储器；②存储器到存储器；③存储器到存储器并执行像素格式转换；④存储器到存储器并执行像素格式转换和混合。

1．寄存器到存储器

寄存器到存储器（显存区域）模式用于使用预定义颜色填充用户自定义区域，DMA2D控制器不从任何源获取数据。寄存器到存储器模式常用于绘制一些简单的图形，如直线、矩形等。

2．存储器到存储器

在存储器到存储器模式下，DMA2D控制器不执行任何图形数据转换，直接将数据从源存储单元（应用图像存储的位置）传输到目标存储单元（显存位置）。

3．存储器到存储器并执行像素格式转换

在此模式下，DMA2D控制器将对源数据执行像素格式转换，然后将转换结果存储在目标存储单元。

4．存储器到存储器并执行像素格式转换和混合

在此模式下，DMA2D控制器将分别从两个源区域获取2个源图像，然后在每个像素都通过相应的PFC转换后进行混合，最后传输到目标存储单元（显存位置）。

17.4 字符显示

在液晶显示器上显示的图形都是由一个个像素组成的，而每个像素对应于一个特定格式的数据。因此，对于图片的显示，LTDC只能显示未经压缩编码的图片，而对于压缩编码过的图片格式，如JPEG、PNG格式的图片，需要应用程序解压后才能使用。

显示任意编码格式字符的原理也是一样的，需要先将字符按照特定的大小和字体格式转换成液晶显示器能够识别的像素数据，然后才能给LTDC使用，这种能够显示的字符格式就是字模。

17.4.1 字符编码

常见的字符编码有ASCII、ISO-8859-1、GB2312、GBK、Unicode、UTF-8、UTF-16等。GB2312、GBK、UTF-8、UTF-16这几种格式都可以表示一个汉字。

1．ASCII

学过计算机的人都知道ASCII，它总共有128个字符，用一个字节的低7位表示，0～31是控制字符，如换行、回车、删除等；32～126是打印字符，可以通过键盘输入并且能够显示出来。

2．ISO-8859-1

ISO-8859-1编码是单字节编码，向下兼容ASCII，其编码范围是0x00～0xFF。0x00～0x7F

完全和 ASCII 一致，0x80～0x9F 是控制字符，0xA0～0xFF 是文字符号。ISO-8859-1 仍然是单字节编码，它总共能表示 256 个字符。

3．GB2312

GB2312 的全称是《信息交换用汉字编码字符集基本集》，它是双字节编码。GB2312 将所收录的字符分为 94 个区，区号为 01～94。每个区收录 94 个字符，编号为 01～94。

高位字节是区码，由 0xA0+区号组成，总的编码范围是 0xA1～0xFE，其中 0xA1～0xA9 是符号区，总共包含 682 个符号，0xB0～0xF7 是汉字区，总共包含 6763 个汉字。

低位字节是位码，由 0xA0+偏移量组成。

GB2312 的每一个字符都由与其唯一对应的区码和位码确定。例如，汉字“啊”位于 16 区，在这一区的偏移量是 1，因此，它的 GB2312 编码是 0xB0A1。

4．GBK

GBK 全称是《汉字内码扩展规范》，是国家技术监督局为 Windows 95 所制定的新的汉字内码规范，它的出现是为了扩展 GB2312，加入更多的汉字，它的编码范围是 8140～FEFE（去掉 xx7F），总共有 23 940 个码位，能表示 21 003 个汉字。GBK 编码和 GB2312 编码兼容，也就是说用 GB2312 编码的汉字可以用 GBK 编码来解码，并且不会有乱码。

5．GB18030

GB18030 全称是《信息交换用汉字编码字符集》，它是我国的强制标准，它可能是单字节、双字节或者 4 字节编码，它的编码与 GB2312 编码兼容，这个虽然是国家标准，但是在实际应用系统中使用得并不广泛。

6．Unicode

Unicode（统一码、万国码、单一码）是计算机科学领域中的一项业界标准，包括字符集、编码方案等。Unicode 是为了解决传统的字符编码方案的局限而产生的，它为每种语言中的每个字符设定了统一并且唯一的二进制编码，以满足跨语言、跨平台进行文本转换、处理的要求。

7．UTF-16

UTF-16 具体定义了 Unicode 字符在计算机中的存取方法。UTF-16 用 2 个字节来表示 Unicode 转化格式，这个是定长的表示方法，不论什么字符都可以用 2 个字节表示，2 个字节是 16bit，所以叫作 UTF-16。UTF-16 统一采用 2 个字节表示一个字符，虽然在表示上非常简单方便，但是也有其缺点，有很大一部分字符用一个字节就可以表示，但是 UTF-16 格式需要用 2 个字节表示，存储空间放大了一倍。

8．UTF-8

UTF-8（8-bit Unicode Transformation Format）是一种针对 Unicode 的可变长度字符编码，用 1～4 个字节编码 Unicode 字符。如果只有一个字节，则其最高二进制位为 0；如果是多字节，则其第一个字节从最高位开始，连续的二进制位值为 1 的个数决定了其编码的字节数，其余各字节均以 10 开头。

17.4.2　字模的生成

在液晶屏上显示字符需要将其转换成对应的字模。以“正”字为例，使用 16×16 点阵字模显示，其字模点阵组成如图 17-14 所示（彩色图可扫描二维码查看）。点阵中浅蓝色的点是高亮的，对应于二进制编码中的 1，绿色的点是低亮的，对应于二进制编码中的 0。例如，第 2 行

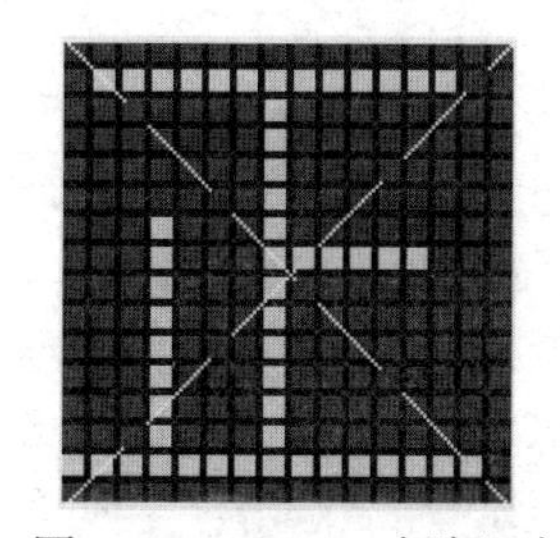

图 17-14　16×16 点阵汉字“正”的字模

的二进制编码应该是0111111111111100，使用2个字节表示就是0x7F、0xFC。16行总共需要用32个字节来表示，将这32个字节组成一个数组，就是“正”字在应用程序中可以使用的字模。“正”字的16×16点阵字模数组如下：

{0x00,0x00,0x7F,0xFC,0x01,0x00,0x01,0x00,0x01,0x00,0x01,0x00,0x11,0x00,0x11,0xF8}

{0x11,0x00,0x11,0x00,0x11,0x00,0x11,0x00,0x11,0x00,0x11,0x00,0xFF,0xFE,0x00,0x00}

在应用程序中，将这一字模数组写入LTDC的显存中，就能够在显存对应的液晶屏位置显示出这一字符。

1．字模数据的使用

特定格式的字符字模数据，一般被统一定义在一个数组中，应用程序根据每一个字符在数组中的偏移量进行访问。需要注意的是字模工具生成的点阵数据，一般都是以单色像素形式产生的，数据的每一个位对应于一个像素的亮或灭。但是，在LTDC控制下，彩色液晶显示器的每一个像素对应多个数据位。例如，在ARGB8888格式下，一个像素对应32位（4字节）。因此，使用字模数据在液晶屏上显示字符前，需要根据字模数据每一个位的开关状态（1/0），把自定义的背景色数据（像素灭时：0）或字符颜色数据（像素亮时：1），写入显存中。

在ARGB8888格式下（一个像素对应4字节），一个16×16点阵的字模数据（32字节），写入LTDC显存中的数据量实际是32（字模数据）×8（每个字节位数）×4（ARGB8888格式下一个像素对应的字节数）=1024字节。

2．字模生成工具的使用

字模生成工具很多，有PCtoLCD、字模提取V2.2及FontCvt_V522等。在此，以PCtoLCD为例介绍字模生成方法。

（1）打开软件可以看到如图17-15所示的界面，此软件无须安装，打开后可以直接使用。

图17-15　PCtoLCD界面

（2）生成个别的字符的字模。

在字符输入框输入需要转换的字符，并根据需求选择工具栏中的功能按键设置字模显示的格式，如字体、字宽、字高、调整像素位置、旋转等功能，即可在字模图形显示区显示出对应字符的显示图像，然后单击“生成字模”按钮，可生成字符对应的字模。

例如，生成“嵌入式”三个字的字模，字体为宋体，点阵大小为16×16。设置好参数后，在字符输入框输入“嵌入式”三字，然后单击“生成字模”按钮，即可生成我们需要的字模数据。PCtoLCD 生成个别的字符的字模界面如图 17-16 所示。

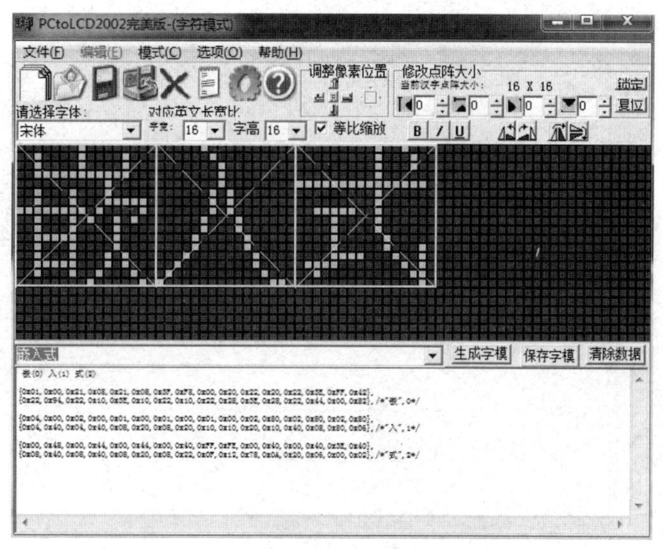

图 17-16　PCtoLCD 生成个别的字符的字模界面

将生成的点阵数据保存或直接复制到应用程序中，以特定形式定义好后，即可使用。

（3）生成批量的字符的字模。

当需要的字符量比较多时，可以使用批量字符生成方式。

单击“选项”菜单，会弹出一个对话框，如图 17-17 所示。根据需求，选择“点阵格式”“取模方式”“每行显示的数据”“输出数制”等配置选项，单击“确定”按钮即可完成配置。

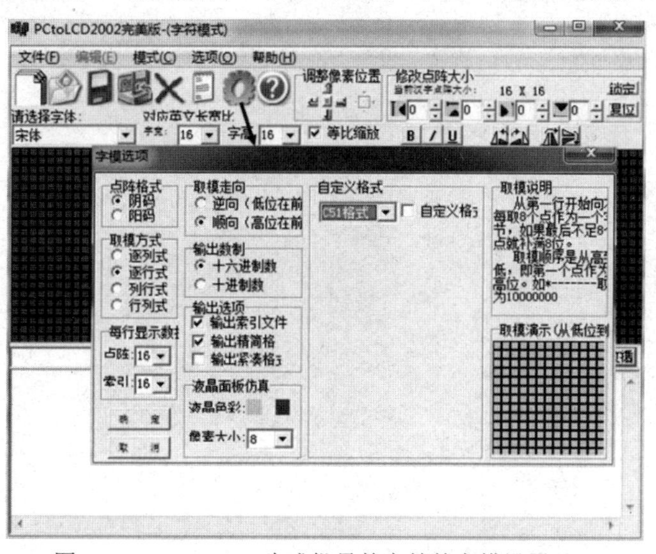

图 17-17　PCtoLCD 生成批量的字符的字模设置界面

配置完字模选项后，单击软件中的“导入文本”图标，会弹出一个“生成字库”对话框，可以单击右下角的“生成英文点阵字库”或“生成国标汉字库”按钮，即可生成包含了 ASCII 或 GB2312 编码中所有字符的字模文件；也可以单击“打开文本文件”按钮，选择自定义的一些字符，然后单击“开始生成”按钮，生成对应的字模文件。PCtoLCD 生成批量的字符的字模界面如图 17-18 所示。字模文件的类型是“.TXT”类型。

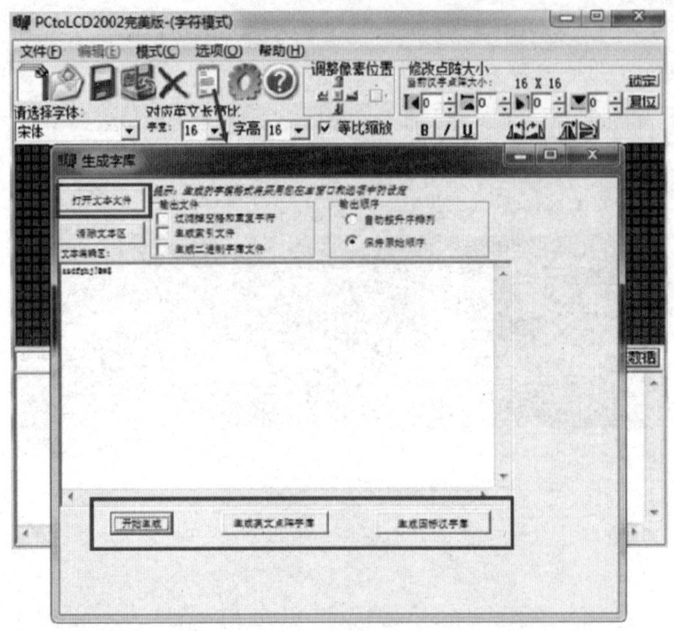

图 17-18 PCtoLCD 生成批量的字符的字模界面

批量生成的 GB2312 字模文件比较大（16×16 点阵下，文件 1.4MB），不能直接存储固化到 STM32F429 芯片的内部 Flash，一般需要以文件形式存储在大容量外扩存储器中，如 SPI Flash 或 Nand Flash。

如果是少量的字符，可以直接以 C 文件形式组织管理字模数据，包含在应用程序的工程中，直接固化在控制器的片内 Flash 中。

ASCII 码字符数有限，一般情况下，会直接将 ASCII 码的字模做成一个 C 文件包含在工程中，并定义不同字体格式对应的结构体，用于应用程序的访问。

例如，设计 16×24 点阵的 ASCII 码字模，将全部的字模数据都以一个数组管理。

```
const uint16_t ASCII16x24_Table []={/*空格' '字模数据*/
    0x0000, 0x0000, 0x0000, 0x0000, 0x0000, 0x0000, 0x0000, 0x0000,
    0x0000, 0x0000, 0x0000, 0x0000, 0x0000, 0x0000, 0x0000, 0x0000,
    0x0000, 0x0000, 0x0000, 0x0000, 0x0000, 0x0000, 0x0000, 0x0000,
//其他，略
};
```

然后以一个结构体，管理字体信息，16×24 点阵的结构体定义如下：

```
sFONT   Font16x24={
  ASCII16x24_Table,       //指向 16×24 的字模数组
  16,                     //字模的像素宽度
  24,                     //字模的像素高度
};
```

自定义结构体类型 sFONT，定义如下：

```
typedef   struct _tFont
{
  const uint16_t *table;    //指向字模数据的指针
  uint16_t Width;           //字模的像素宽度
  uint16_t Height;          //字模的像素高度
} sFONT;
```

17.5 LTDC 典型应用步骤及常用库函数

17.5.1 LTDC 典型应用步骤

LTDC 典型应用步骤如下。

（1）开启 LTDC 控制器时钟和 DMA2D 时钟。

```
RCC_APB2PeriphClockCmd(RCC_APB2Periph_LTDC,ENABLE);
RCC_AHB1PeriphClockCmd(RCC_AHB1Periph_DMA2D,ENABLE);
```

（2）LTDC 控制器引脚初始化。

使能对应 GPIO 时钟。

```
RCC_AHB1PeriphClockCmd(RCC_AHB1Periph_GPIOC,ENABLE);
```

具体使用的 GPIO 参见表 17-2。更详细的资料请查看《STM32F427XX、STM32F429XX 数据手册》引脚相关定义。

复用对应 GPIO 引脚到 LTDC 控制器。

```
GPIO_PinAFConfig(GPIO_TypeDef* GPIOx, uint16_t GPIO_PinSource,uint8_t GPIO_AF);
```

具体使用的 GPIO 引脚参表 17-2。更详细的资料请查看《STM32F427XX、STM32F429XX 数据手册》引脚相关定义。

将每一个 GPIO 引脚配置为复用模式。

```
void GPIO_Init(GPIO_TypeDef* GPIOx,GPIO_InitTypeDef* GPIO_InitStruct);
```

具体使用的 GPIO 引脚参表 17-2。更详细的资料请查看《STM32F427XX、STM32F429XX 数据手册》引脚相关定义。

（3）初始化 SDRAM。

用作 LTDC 的显存。

```
SDRAM_Init();
```

函数具体实现参见 16.3 节。

（4）设置像素时钟。

LTDC 控制器与液晶屏通信的像素时钟（CLK）是由 PLLSAI 预分频器控制输出的，它的时钟源为外部高速晶振 HSE 经过预分频系数 M 分频后的时钟。一般按照系统默认设置，在系统初始化阶段，SystemInit 函数将 HSE 时钟经预分频系数 M 分频得到 1MHz 的时钟。1MHz 时钟输入到 PLLSAI 预分频器后，使用倍频系数 N 倍频，然后经预分频系数 R 分频得到 PLLCDCLK 时钟，再由预分频系数 DIV 分频得到 LTDC 通信的同步时钟 LCD_CLK。因此，一般来讲，LCD_CLK=1MHz×N/R/DIV。例如，当 N=384，R=4，DIV=4，计算得 LCD_CLK 的时钟频率为 24MHz，这一时钟频率不能大于液晶屏最大工作时钟频率。

利用库函数 RCC_PLLSAIConfig 及 RCC_LTDCCLKDivConfig 函数可以配置 PLLSAI 预分频器的这些参数，其中库函数 RCC_PLLSAIConfig 的三个输入参数分别是倍频系数 N、预分频系数 Q 和预分频系数 R，其中预分频系数 Q 是作用于 SAI 接口的分频时钟，与 LTDC 无关，RCC_LTDCCLKDivConfig 函数的输入参数为预分频系数 DIV。在配置完这些分频参数后，需要调用库函数 RCC_PLLSAICmd 使能 PLLSAI 时钟并且检测标志位等待 PLLSAI 时钟初始化完成。

例如，设置 LCD_CLK 的时钟频率为 24MHz，配置如下：

```
RCC_PLLSAIConfig(384,6,4);//配置 PLLCDCLK 时钟，N=384，R=4
RCC_LTDCCLKDivConfig(RCC_PLLSAIDivR_Div4);//分频得到 LCD_CLK，DIV=4，
RCC_PLLSAICmd(ENABLE);//使能 PLLSAI 时钟
while(RCC_GetFlagStatus(RCC_FLAG_PLLSAIRDY)==RESET);//等待 PLLSAI 准备就绪
```

计算公式如下：LCD_CLK=1MHz×N÷R÷DIV=1×384÷4÷4=24MHz。

（5）初始化 LTDC 控制器。

主要配置 LTDC 控制器与液晶屏之间的基本通信时序。

```
LTDC_Init(&LTDC_InitStruct);
```

函数初始化的内容包括行同步信号、帧同步信号、CLK 信号、DE 信号的极性、显示窗口先关参数，以及 RGB 三色的背景色值。

（6）配置 LTDC 层参数。

主要配置两个层的窗口水平和垂直的起始和结束位置、像素、Alpha 透明值、当前层 ARGB 默认值、混合因子、显存地址、行长度和列数。

```
LTDC_LayerInit(LTDC_Layer1,&LTDC_Layer_InitStruct);
LTDC_LayerInit(LTDC_Layer1,&LTDC_Layer_InitStruct);
```

（7）使能两个层的数据源。

```
LTDC_LayerCmd(LTDC_Layer1,ENABLE);
LTDC_LayerCmd(LTDC_Layer2,ENABLE);
```

（8）使能 LTDC 控制器。

```
LTDC_Cmd(ENABLE);
```

17.5.2 常用库函数

与 LTDC 相关的函数和宏都被定义在以下两个文件中。

头文件：stm32f4xx_ltdc.h。

源文件：stm32f4xx_ltdc.c。

1. LTDC 控制时序初始化函数

```
void LTDC_Init(LTDC_InitTypeDef* LTDC_InitStruct);
```

该函数用于配置 LTDC 的基本控制时序。

参数 1：LTDC_InitTypeDef* LTDC_InitStruct，是 LTDC 控制时序初始化结构体指针，自定义的结构体定义在 stm32f4xx_ltdc.h 文件中。

```
typedef struct
{
    uint32_t  LTDC_HSPolarity;                  //HSYNC 信号的极性
    uint32_t  LTDC_VSPolarity;                  //VSYNC 信号的极性
    uint32_t  LTDC_DEPolarity;                  //DE 信号的极性
    uint32_t  LTDC_PCPolarity;                  //CLK 信号的极性
    uint32_t  LTDC_HorizontalSync;              //HSYNC 信号的宽度（HSW-1）
    uint32_t  LTDC_VerticalSync;                //VSYNC 信号的宽度（VSW-1）
    uint32_t  LTDC_AccumulatedHBP;              //HSW+HBP-1 的值
    uint32_t  LTDC_AccumulatedVBP;              //VSW+VBP-1 的值
    uint32_t  LTDC_AccumulatedActiveW;          //HSW+HBP+有效宽度-1 的值
    uint32_t  LTDC_AccumulatedActiveH;          //VSW+VBP+有效高度-1 的值
    uint32_t  LTDC_TotalWidth;                  //HSW+HBP+有效宽度+HFP-1 的值
    uint32_t  LTDC_TotalHeigh;                  //VSW+VBP+有效高度+VFP-1 的值
    uint32_t  LTDC_BackgroundRedValue;          //底层的红色值
    uint32_t  LTDC_BackgroundGreenValue;        //底层的绿色值
    uint32_t  LTDC_BackgroundBlueValue;         //底层的蓝色值
} LTDC_InitTypeDef;
```

成员 1：uint32_t LTDC_HSPolarity，设置 HSYNC 信号的极性，可设置为高电平

（LTDC_HSPolarity_AH）或低电平（LTDC_HSPolarity_AL）。

成员 2：uint32_t　LTDC_VSPolarity，设置 VSYNC 信号的极性，可设置为高电平（LTDC_VSPolarity_AH）或低电平（LTDC_VSPolarity_AL）。

成员 3：uint32_t　LTDC_DEPolarity，设置 DE 信号的极性，可设置为高电平（LTDC_DEPolarity_AH）或低电平（LTDC_DEPolarity_AL）。

成员 4：uint32_t　LTDC_PCPolarity，设置 CLK 信号的极性，可设置为上升沿（LTDC_DEPolarity_AH）或下降沿（LTDC_DEPolarity_AL），表示 RGB 数据信号在 CLK 的哪个时刻被采集。

成员 5：uint32_t　LTDC_HorizontalSync，设置 HSYNC 信号的宽度 HSW，它以像素时钟的周期为单位，实际写入该参数时应写入 HSW-1，参数范围为 0x000～0xFFF。

成员 6：uint32_t　LTDC_VerticalSync，设置 VSYNC 信号的宽度 VSW，它以行为位，实际写入该参数时应写入 VSW-1，参数范围为 0x000～0x7FF。

成员 7：uint32_t　LTDC_AccumulatedHBP，配置 HSW+HBP 的值，实际写入该参数时应写入 HSW+HBP-1，参数范围为 0x000～0xFFF。

成员 8：uint32_t　LTDC_AccumulatedVBP，配置 VSW+VBP 的值，实际写入该参数时应写入 VSW+VBP-1，参数范围为 0x000～0x7FF。

成员 9：uint32_t　LTDC_AccumulatedActiveW，配置 HSW+HBP+有效宽度的值，实际写入该参数时应写入 HSW+HBP+有效宽度-1，参数范围为 0x000～0xFFF。

成员 10：uint32_t　LTDC_AccumulatedActiveH，配置 VSW+VBP+有效高度的值，实际写入该参数时应写入 VSW+VBP+有效高度-1，参数范围为 0x000～0x7FF。

成员 11：uint32_t　LTDC_TotalWidth，配置 HSW+HBP+有效宽度+HFP 的值，即总宽度，实际写入该参数时应写入 HSW+HBP+有效宽度+HFP-1，参数范围为 0x000～0xFFF。

成员 12：uint32_t　LTDC_TotalHeigh，配置 VSW+VBP+有效高度+VFP 的值，即总高度，实际写入该参数时应写入 HSW+HBP+有效高度+VFP-1，参数范围为 0x000～0x7FF。

成员 13～14：uint32_t　LTDC_BackgroundRedValue/GreenValue/BlueValue，配置底层的颜色值。当第 1 层和第 2 层都透明时，这个底层就会被显示，一般来讲，这个底层是一个纯色的矩形，它的颜色值就是由这三个结构体成员配置的，各成员的参数范围为 0x00～0xFF。

2．LTDC 层初始化函数

```
Void LTDC_LayerInit(LTDC_Layer_TypeDef* LTDC_Layerx,LTDC_Layer_InitTypeDef* LTDC_Layer_InitStruct);
```

该函数用于配置 LTDC 层相关参数。

参数 1：LTDC_Layer_TypeDef*　LTDC_Layerx，LTDC 层应用对象，有如下定义：

```
#define LTDC_Layer1        ((LTDC_Layer_TypeDef *)LTDC_Layer1_BASE)//第 1 层
#define LTDC_Layer2        ((LTDC_Layer_TypeDef *)LTDC_Layer2_BASE)//第 2 层
```

参数 2：LTDC_Layer_InitTypeDef*　LTDC_Layer_InitStruct，LTDC 层初始化结构体指针，定义如下：

```
typedef struct
{
uint32_t   LTDC_HorizontalStart;          //窗口的行起始位置
uint32_t   LTDC_HorizontalStop;           //窗口的行结束位置
uint32_t   LTDC_VerticalStart;            //窗口的垂直起始位置
uint32_t   LTDC_VerticalStop;             //窗口的垂直结束位置
uint32_t   LTDC_PixelFormat;              //当前层的像素格式
```

```
uint32_t  LTDC_ConstantAlpha;            //当前层的透明度常量 Alpha 值
uint32_t  LTDC_DefaultColorBlue;         //当前层的默认蓝色值
uint32_t  LTDC_DefaultColorGreen;        //当前层的默认绿色值
uint32_t  LTDC_DefaultColorRed;          //当前层的默认红色值
uint32_t  LTDC_DefaultColorAlpha;        //当前层的默认透明值
uint32_t  LTDC_BlendingFactor_1;         //混合因子 1
uint32_t  LTDC_BlendingFactor_2;         //混合因子 2
uint32_t  LTDC_CFBStartAdress;           //当前层的显存首地址
uint32_t  LTDC_CFBLineLength;            //当前层的行数据长度
uint32_t  LTDC_CFBPitch; //从某行的有效像素起始位置到下一行像素起始位置处的数据增量
uint32_t  LTDC_CFBLineNumber;            //当前层的行数
} LTDC_Layer_InitTypeDef;
```

成员 1～4：uint32_t LTDC_HorizontalStart/HorizontalStop/VerticalStart/VerticalStop，确定该层显示窗口的边界，分别表示行起始、行结束、垂直起始及垂直结束的位置，如图 17-19 所示。注意这些参数包含同步 HSW/VSW、后沿大小 HBP/VBP 和有效数据区域的内部时序发生器的配置。

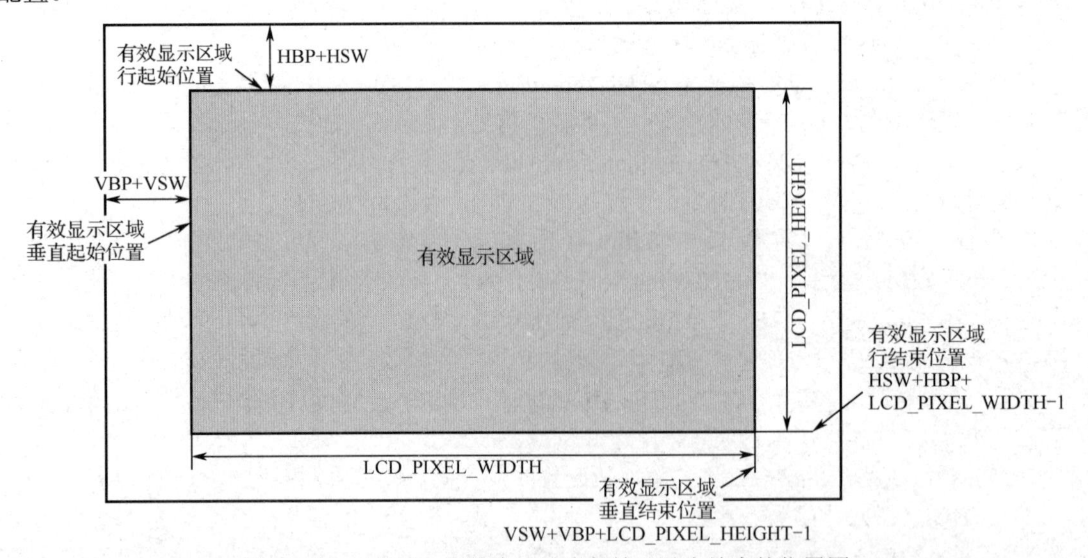

图 17-19　行起始、行结束、垂直起始及垂直结束的位置图

各参数值计算方法如下：

LTDC_HorizontalStart=LTDC_AccumulatedHBP+1=HBP+HSW

LTDC_HorizontalStop=LTDC_AccumulatedActiveW=HSW+HBP+LCD_PIXEL_WIDTH-1

LTDC_VerticalStart=LTDC_AccumulatedVBP+1=VBP+VSW

LTDC_VerticalStop=LTDC_AccumulatedActiveH=VSW+VBP+LCD_PIXEL_HEIGHT-1

成员 5：uint32_t LTDC_PixelFormat，设置该层数据的像素格式，可以设置为 ARGB8888、RGB888、RGB565、ARGB1555、ARGB4444、L8、AL44、AL88 等格式。

成员 6：uint32_t LTDC_ConstantAlpha，设置该层恒定的透明度常量 Alpha（恒定 Alpha），参数范围为 0x00～0xFF。在图层混合时，可根据后面的 BlendingFactor 成员的配置，选择是只使用这个恒定 Alpha 进行混合运算，还是把像素本身的 Alpha 值也加入运算中。

成员 7～10：uint32_t LTDC_DefaultColorBlue/Green/Red/Alpha，配置该层的默认颜色值，分别为蓝色、绿色、红色及透明度分量，该颜色在定义的层窗口外或在层禁止时使用。

成员 11～12：uint32_t　LTDC_BlendingFactor_1/2，设置混合系数 BF1 和 BF2，用于定义每一层透明度 Alpha 值和 RGB 三色分别混合的模式，分别有以下两种不同的混合模式：

LTDC_BlendingFactor1_CA 或 LTDC_BlendingFactor2_CA；

LTDC_BlendingFactor1_PAxCA 或 LTDC_BlendingFactor2_PAxCA。

每一层实际显示的颜色都需要使用透明度参与运算，计算出不包含透明度的直接 RGB 颜色值，然后才传输给液晶屏。混合公式如下：

$$BC=BF1\times C+BF2\times Cs$$

混合系数定义如表 17-4 所示。

表 17-4　混合系数定义

参数	说明	CA 模式	PAxCA 模式
BC	混合后的颜色	—	—
C	当前层颜色（R 或 G 或 B）	—	—
Cs	底层混合后的颜色	—	—
BF1	混合系数 1	=恒定 Alpha 比例值	=恒定 Alpha 比例值×像素 Alpha 值
BF2	混合系数 2	=1−恒定 Alpha 比例值	=1−恒定 Alpha 比例值×像素 Alpha 值

恒定 Alpha 比例值=恒定 Alpha/255。

当使能第 1 层时，将 BF1 和 BF2 配置为 CA 模式（恒定 Alpha），定义恒定 Alpha（成员 LTDC_ConstantAlpha）为 240（0xF0）。因此，恒定 Alpha 比例值为 240/255=0.94。

假设当前层颜色 C 为 128，背景色 Cs 为 48，这样第 1 层与背景色混合后的结果：

BC=恒定 Alpha 比例值×C+(1−恒定 Alpha 比例值)×Cs=0.94×128+(1−0.94)×48=123

成员 13：uint32_t　LTDC_CFBStartAdress，设置该层的显存首地址，显示在该层的图像数据都保存在从这个地址开始的存储空间内（显存）。

成员 14：uint32_t　LTDC_CFBLineLength，设置当前层的行数据长度，该参数=行有效像素个数×每个像素的字节数+3，每个像素的字节数与像素格式有关，如 RGB565 格式为 2 字节，RGB888 格式为 3 字节，ARGB8888 格式为 4 字节。

成员 15：uint32_t　LTDC_CFBPitch，设置从某行的有效像素起始位置到下一行像素起始位置处的数据增量，一般该参数=行有效像素个数×每个像素的字节数。

成员 16：uint32_t　LTDC_CFBLineNumber，设置当前层的行数。

3．LTDC 层设置使能函数

```
void LTDC_LayerCmd(LTDC_Layer_TypeDef*   LTDC_Layerx,FunctionalState   NewState);
```

该函数用于使能配置好的 LTDC 层。

参数 1：LTDC_Layer_TypeDef*　LTDC_Layerx，LTDC 层应用对象。

参数 2：FunctionalState　NewState，使能或禁止 LTDC 层。

ENABLE：使能 LTDC 层。

DISABLE：禁止 LTDC 层。

4．LTDC 控制器使能函数

```
void LTDC_Cmd(FunctionalState NewState);
```

这个函数用于使能 LTDC 控制器，在这个函数执行后，LTDC 控制器就开始进行工作了。

参数 1：FunctionalState　NewState，使能或禁止 LTDC 控制器。

ENABLE：使能 LTDC 控制器。

DISABLE：禁止 LTDC 控制器。

5．DMA2D 控制器初始化函数

```
void DMA2D_Init(DMA2D_InitTypeDef*   DMA2D_InitStruct);
```

该函数用于配置 DMA2D 控制器。

参数 1：DMA2D_InitTypeDef*   DMA2D_InitStruct，DMA2D 控制器初始化结构体指针，结构体定义如下：

```
typedef struct
{
uint32_t   DMA2D_Mode;                    //DMA2D 控制器的工作模式
uint32_t   DMA2D_CMode;                   //DMA2D 控制器的颜色格式
uint32_t   DMA2D_OutputBlue;              //输出图像的蓝色分量
uint32_t   DMA2D_OutputGreen;             //输出图像的绿色分量
uint32_t   DMA2D_OutputRed;               //输出图像的红色分量
uint32_t   DMA2D_OutputAlpha;             //输出图像的透明度分量
uint32_t   DMA2D_OutputMemoryAdd;         //显存地址
//当前行最后一个显示像素到下一行第一个显示像素的偏移
uint32_t   DMA2D_OutputOffset;
uint32_t   DMA2D_NumberOfLine;            //要传输多少行
uint32_t   DMA2D_PixelPerLine;            //每行有多少个像素
} DMA2D_InitTypeDef;
```

成员 1：uint32_t   DMA2D_Mode，配置 DMA2D 控制器的工作模式，有如下定义：

```
#define DMA2D_M2M           ((uint32_t)0x00000000)//存储器到存储器，仅获取数据源
#define DMA2D_M2M_PFC       ((uint32_t)0x00010000)//存储器到存储器并执行像素格式转换
#define DMA2D_M2M_BLEND     ((uint32_t)0x00020000)//存储器到存储器并执行混合
#define DMA2D_R2M           ((uint32_t)0x00030000)//寄存器到存储器，无 FG 和 BG
```

使用 DMA2D 控制器时，可把数据从某个位置搬运到显存，该位置可以是 DMA2D 控制器本身的寄存器，也可以是设置好的 DMA2D 控制器前景地址、背景地址（即从存储器到存储器）。若使能了 PFC，则存储器中的数据源会经过转换再传输到显存。若使能了混合器，则 DMA2D 控制器会把两个数据源中的数据混合后再输出到显存。

若使用存储器到存储器模式，则需要调用库函数 DMA2D_FGConfig，使用初始化结构体 DMA2D_FG_InitTypeDef 配置数据源的格式、地址等参数。（BG 使用函数 DMA2D_BGConfig 和结构体 DMA2D_BG_InitTypeDef。）

成员 2：uint32_t   DMA2D_CMode，配置 DMA2D 控制器的颜色格式，即它将要传输给显存的格式。

成员 3～6：uint32_t   DMA2D_OutputBlue/Green/Red/Alpha，配置 DMA2D 控制器的寄存器颜色值，当 DMA2D 控制器工作在寄存器到存储器（DMA2D_R2M）模式时，这个颜色值将作为数据源，被 DMA2D 控制器复制到显存空间，即目标空间都会被填入这一种色彩。

成员 7：uint32_t   DMA2D_OutputMemoryAdd，配置 DMA2D 控制器的输出地址，DMA2D 控制器的数据会被搬运到该空间，一般把它设置为本次传输显示位置的起始地址。

成员 8：uint32_t   DMA2D_OutputOffset，配置行偏移（以像素为单位），用于确定下一行像素的起始地址，DMA2D_OutputOffset=液晶显示窗口宽度-每行显示的像素点数。

成员 9：uint32_t   DMA2D_NumberOfLine，配置 DMA2D 控制器一共要传输数据的行数。

成员 10：uint32_t   DMA2D_PixelPerLine，配置每行显示的像素点数。

6. DMA2D 控制器启动函数

```
void DMA2D_StartTransfer(void);
```

在完成 DMA2D 控制器的初始化后，执行这一函数就开始 DMA2D 控制器的数据传输。

17.6 应用实例

1. 操作要求

STM32F429 微控制器的 LTDC 控制器与液晶显示屏连接的接口电路图如图 17-20 所示。

液晶显示屏接口 P1

分类	信号	引脚	引脚	信号	分类
	+5V	1	2	+3.3V	
红色数据线	PH2_LCD_R0	3	4	PH3_LCD_R1	红色数据线
	PH8_LCD_R2	5	6	PH9_LCD_R3	
	PH10_LCD_R4	7	8	PH11_LCD_R5	
	PH12_LCD_R6	9	10	PG6_LCD_R7	
绿色数据线	PE6_LCD_G1	11	12	PE5_LCD_G0	绿色数据线
	PH14_LCD_G3	13	14	PH13_LCD_G2	
	PI0_LCD_G5	15	16	PH15_LCD_G4	
	PI2_LCD_G7	17	18	PI1_LCD_G6	
蓝色数据线	PE4_LCD_B0	19	20	PG12_LCD_B1	蓝色数据线
	PG10_LCD_B2	21	22	PG11_LCD_B3	
	PI4_LCD_B4	23	24	PI5_LCD_B5	
	PI6_LCD_B6	25	26	PI7_LCD_B7	
时序控制线	PI10_LCD_HSYNC	27	28	PG7_LCD_CLK	时序控制线
	PF10_LCD_DE	29	30	PI9_LCD_VSYNC	
液晶显示开关	PC6_LCD_Disp	31	32	PE3_LCD_BL	液晶背光开关
	GND	33	34	GND	

Header 17X2

图 17-20 STM32F429 微控制器的 LTDC 控制器与液晶显示屏连接的接口电路图

将 LTDC 控制器设置为 RGB565 格式，并使用 SDRAM 的第二区作为 LTDC 控制器的显存，起始地址为 0xD0000000。

编写 LTDC 控制器的初始化程序，并能通过液晶显示屏显示 ASCII 字符，能绘制直线、矩形等简单图形。

2. 编程要点

（1）使能 LTDC 控制器和 DMA2D 控制器的时钟。

（2）按照图 17-20，初始化与 LTDC 控制器相关的 GPIO 引脚。

（3）配置 LTDC 控制器时序、层参数，并使能它们。

（4）编写 LTDC 控制器的测试程序，包括 ASCII 字符显示、绘制直线、绘制矩形等。

RB565 格式，分辨率为 800 像素×480 像素，液晶屏上的显示坐标如图 17-21 所示。

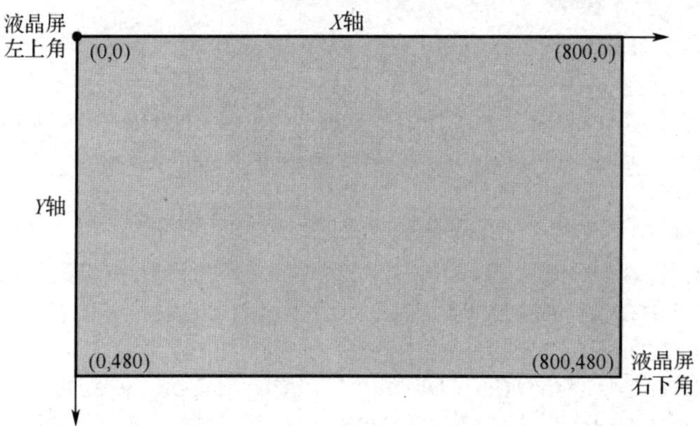

图 17-21 液晶屏上的显示坐标

底层设置为黑色，第 1 层默认设置为黑色不透明（BG），第 2 层默认设置为黑色不透明（FG）。

以 16×24 点阵的字体，在第一行显示 Hellow world,this is a LTDC DEMO!。

在(0,200)开始，宽=800，高=280 的矩形区域内绘制以下图形：

绘制三角形，红色线条，三点坐标分别是(400,240)、(700,400)、(100,350)。

绘制矩形，绿色线条，起点坐标是(150,250)，高=200，宽=500。

填充矩形，填充色为绿色，起点坐标是(150,250)，高=200，宽=500。

绘制圆形，红色线条，起点坐标是(400,350)，半径=100。

填充圆形，填充色为红色，起点坐标是(400,350)，半径=100。

注意：

绘制矩形和填充矩形，使用的线是水平和垂直的，因此，可以使用 DMA2D 控制器的寄存器到存储器模式，实现对显存的填充，加速图形的绘制，并提高 CPU 的效率。

绘制三角形使用的线不是水平绘制的，实现的原理是根据三角形三条边所处的空间坐标，依次填充对应的显存位置。

对于其他的不规则图形来讲，绘制形式和三角形一致。

在每次显示完后图形后，显示新图形前需要将前面显示区域刷新成背景色。

3. 主程序

```
int main(void)
{
    /*初始化 SysTick*/
    delay_init();
    /*初始化 LTDC 控制器*/
    LCD_Config();
    /*将背景层设置为黑色*/
    LCD_SetLayer(LCD_BACKGROUND_LAYER);
    LCD_SetTransparency(0xFF);//范围为 0～0xff，0 为全透明，0xff 为不透明
    LCD_Clear(LCD_COLOR_BLACK);
    /*初始化后默认使用前景层*/
    LCD_SetLayer(LCD_FOREGROUND_LAYER);
    LCD_SetTransparency(0xFF);
    LCD_Clear(LCD_COLOR_BLACK);
    while(1)
    {
        LCD_Clear(LCD_COLOR_BLACK); //将当前层清屏为黑色
        /*选择字体*/
        LCD_SetFont(&Font16x24);
        //设置字体颜色及字体背景色，此处与当前层背景色保持一致
        LCD_SetColors(LCD_COLOR_WHITE,LCD_COLOR_BLACK);
        LCD_DisplayStringLine(LINE(1),(uint8_t* )"Hellow world!");

        /*绘制三角形*/
        LCD_SetTextColor(LCD_COLOR_YELLOW);//设置字体颜色为黄色
        LCD_ClearLine(LINE(8));//将显示字符的行刷新为字体的背景色
        LCD_DisplayStringLine(LINE(8),(uint8_t* )"Draw line:");
        LCD_SetColors(LCD_COLOR_RED,LCD_COLOR_BLACK);
        LCD_DrawUniLine(400,240,700,400);//三条直线形成一个三角形
```

```
        LCD_DrawUniLine(700,400,100,350);
        LCD_DrawUniLine(100,350,400,240);
        delay_ms(1000);
        /*刷新显示区域为背景色*/
        LCD_SetColors(LCD_COLOR_BLACK,LCD_COLOR_BLACK);
        LCD_DrawFullRect(0,200,LCD_PIXEL_WIDTH,LCD_PIXEL_HEIGHT-200);

        /*绘制矩形*/
        LCD_SetTextColor(LCD_COLOR_YELLOW);//设置字体颜色为黄色
        LCD_ClearLine(LINE(8));//将显示字符的行刷新为字体的背景色
        LCD_DisplayStringLine(LINE(8),(uint8_t* )"Draw Rect:");
        LCD_SetColors(LCD_COLOR_GREEN,LCD_COLOR_BLACK);
        LCD_DrawRect(150,250,500,200);//绘制矩形，使用 DMA2D 控制器
        delay_ms(1000);
        /*刷新显示区域为背景色*/
        LCD_SetColors(LCD_COLOR_BLACK,LCD_COLOR_BLACK);
        LCD_DrawFullRect(0,200,LCD_PIXEL_WIDTH,LCD_PIXEL_HEIGHT-200);

        /*填充矩形*/
        LCD_SetTextColor(LCD_COLOR_YELLOW);//设置字体颜色为黄色
        LCD_ClearLine(LINE(8));//将显示字符的行刷新为字体的背景色
        LCD_DisplayStringLine(LINE(8),(uint8_t* )"Draw Full Rect:");
        LCD_SetColors(LCD_COLOR_GREEN,LCD_COLOR_BLACK);
        LCD_DrawFullRect(150,250,500,200);//填充矩形，使用 DMA2D 控制器
        delay_ms(1000);
        /*刷新显示区域为背景色*/
        LCD_SetColors(LCD_COLOR_BLACK,LCD_COLOR_BLACK);
        LCD_DrawFullRect(0,200,LCD_PIXEL_WIDTH,LCD_PIXEL_HEIGHT-200);

        /*绘制圆*/
        LCD_SetTextColor(LCD_COLOR_YELLOW);//设置字体颜色为黄色
        LCD_ClearLine(LINE(8));//将显示字符的行刷新为字体的背景色
        LCD_DisplayStringLine(LINE(8),(uint8_t* )"Draw circle:");
        LCD_SetColors(LCD_COLOR_RED,LCD_COLOR_RED);
        LCD_DrawCircle(400,350,100);//绘制圆
        delay_ms(1000);
        /*刷新显示区域为背景色*/
        LCD_SetColors(LCD_COLOR_BLACK,LCD_COLOR_BLACK);
        LCD_DrawFullRect(0,200,LCD_PIXEL_WIDTH,LCD_PIXEL_HEIGHT-200);

        /*填充圆*/
        LCD_SetTextColor(LCD_COLOR_YELLOW);//设置字体颜色为黄色
        LCD_ClearLine(LINE(8));//将显示字符的行刷新为字体的背景色
        LCD_DisplayStringLine(LINE(8),(uint8_t* )"Draw full circle:");
        LCD_SetColors(LCD_COLOR_RED,LCD_COLOR_BLACK);
        LCD_DrawFullCircle(400,350,100);//填充圆
        delay_ms(1000);
}
```

4．LTDC 控制器初始化程序

```
void LCD_Config(void)
{
    LTDC_InitTypeDef            LTDC_InitStruct;
    LTDC_Layer_InitTypeDef    LTDC_Layer_InitStruct;
    GPIO_InitTypeDef    GPIO_InitStruct;

    /*使能 LTDC 控制器和 DMA2D 控制器的时钟*/
    RCC_APB2PeriphClockCmd(RCC_APB2Periph_LTDC,ENABLE);
    RCC_AHB1PeriphClockCmd(RCC_AHB1Periph_DMA2D,ENABLE);
    /*初始化 LTDC 控制器的 GPIO 引脚*/
    RCC_AHB1PeriphClockCmd(RCC_AHB1Periph_GPIOC | RCC_AHB1Periph_GPIOE|
    RCC_AHB1Periph_GPIOG|RCC_AHB1Periph_GPIOG | RCC_AHB1Periph_GPIOH|
    RCC_AHB1Periph_GPIOI,ENABLE);

    GPIO_InitStruct.GPIO_Pin=GPIO_Pin_2;//LTDC 控制器的 R0 数据线
    GPIO_InitStruct.GPIO_Speed=GPIO_Speed_50MHz;
    GPIO_InitStruct.GPIO_Mode=GPIO_Mode_AF;//复用功能
    GPIO_InitStruct.GPIO_OType=GPIO_OType_PP;
    GPIO_InitStruct.GPIO_PuPd=GPIO_PuPd_NOPULL;
    GPIO_Init(GPIOH,&GPIO_InitStruct);
    GPIO_PinAFConfig(GPIOH,GPIO_PinSource2,GPIO_AF_LTDC);

    GPIO_InitStruct.GPIO_Pin=GPIO_Pin_3;//LTDC 控制器的 R1 数据线
    GPIO_Init(GPIOH,&GPIO_InitStruct);
    GPIO_PinAFConfig(GPIOH,GPIO_PinSource3,GPIO_AF_LTDC);
    //LTDC 控制器的其他引脚配置略

    GPIO_InitStruct.GPIO_Pin=GPIO_Pin_6;//液晶显示开关
    GPIO_InitStruct.GPIO_Speed=GPIO_Speed_50MHz;
    GPIO_InitStruct.GPIO_Mode=GPIO_Mode_OUT;
    GPIO_InitStruct.GPIO_OType=GPIO_OType_PP;
    GPIO_InitStruct.GPIO_PuPd=GPIO_PuPd_UP;
    GPIO_Init(GPIOC,&GPIO_InitStruct);

    GPIO_InitStruct.GPIO_Pin=GPIO_Pin_3;//背光控制引脚
    GPIO_Init(GPIOE,&GPIO_InitStruct);

    GPIO_SetBits(GPIOC,GPIO_Pin_6);  //打开液晶显示开关
    GPIO_SetBits(GPIOE,GPIO_Pin_3);//打开液晶背光开关
    /*初始化 SDRAM，作为 LTDC 的显存*/
    SDRAM_Init();
    /*配置 PLLSAI 预分频器，将它的输出作为像素时钟*/
    RCC_PLLSAIConfig(384,6,4);//PLLCDCLK=1MHz×384=384MHz
    //LCD_CLK=1MHz×N/R/DIV=1×384/4/4=24MHz
    RCC_LTDCCLKDivConfig(RCC_PLLSAIDivR_Div4);
    RCC_PLLSAICmd(ENABLE);//使能 PLLSAI 时钟
```

```
while(RCC_GetFlagStatus(RCC_FLAG_PLLSAIRDY)==RESET); //等待 PLLSAI 就绪
/*LTDC 控制时序配置*/
LTDC_InitStruct.LTDC_HSPolarity=LTDC_HSPolarity_AL;      //HSYNC 信号极性
LTDC_InitStruct.LTDC_VSPolarity=LTDC_VSPolarity_AL;      //VSYNC 信号极性
LTDC_InitStruct.LTDC_DEPolarity=LTDC_DEPolarity_AL;      //DE 信号极性
LTDC_InitStruct.LTDC_PCPolarity=LTDC_PCPolarity_IPC;//CLK 信号的极性
LTDC_InitStruct.LTDC_BackgroundRedValue=0;//LCD 背景色 R 值
LTDC_InitStruct.LTDC_BackgroundGreenValue=0;//LCD 背景色 R 值
LTDC_InitStruct.LTDC_BackgroundBlueValue=0;//LCD 背景色 R 值
LTDC_InitStruct.LTDC_HorizontalSync=1-1;//HSYNC 信号宽度（HSW-1）
LTDC_InitStruct.LTDC_VerticalSync=1-1;//VSYNC 信号宽度（VSW-1）
LTDC_InitStruct.LTDC_AccumulatedHBP=1+46-1;    //HSW+HBP-1
LTDC_InitStruct.LTDC_AccumulatedVBP=1+23-1;    //VSW+VBP-1
LTDC_InitStruct.LTDC_AccumulatedActiveW=1+46+800-1;//HSW+HBP+有效宽度-1
LTDC_InitStruct.LTDC_AccumulatedActiveH=1+23+480-1;//VSW+VBP+有效高度-1
//总宽度（HSW+HBP+有效宽度+HFP-1）
LTDC_InitStruct.LTDC_TotalWidth=1+46+800+20-1;
//总高度（VSW+VBP+有效高度+VFP-1）
LTDC_InitStruct.LTDC_TotalHeigh=1+23+480+22-1;
LTDC_Init(&LTDC_InitStruct);//初始化 LTDC 控制时序
/*LTDC 层窗口配置*/
//一行的第一个起始像素，该成员值为 LTDC_InitStruct.LTDC_AccumulatedHBP+1 的值
LTDC_Layer_InitStruct.LTDC_HorizontalStart=HBP+HSW;
//一行的最后一个像素，该成员值为 LTDC_InitStruct.LTDC_AccumulatedActiveW 的值
LTDC_Layer_InitStruct.LTDC_HorizontalStop=HSW+HBP+LCD_PIXEL_WIDTH-1;
//一列的第一个起始像素，该成员值为 LTDC_InitStruct.LTDC_AccumulatedVBP+1 的值
LTDC_Layer_InitStruct.LTDC_VerticalStart=VBP+VSW;
//一列的最后一个像素，该成员值应用为 LTDC_InitStruct.LTDC_AccumulatedActiveH 的值
LTDC_Layer_InitStruct.LTDC_VerticalStop=VSW+VBP+LCD_PIXEL_HEIGHT-1;
LTDC_Layer_InitStruct.LTDC_PixelFormat=LTDC_Pixelformat_ARGB1555;//像素格式配置
LTDC_Layer_InitStruct.LTDC_ConstantAlpha=255;//Alpha 值配置，0～255
LTDC_Layer_InitStruct.LTDC_DefaultColorBlue=0;//默认背景色，B 值
LTDC_Layer_InitStruct.LTDC_DefaultColorGreen=0;//默认背景色，G 值
LTDC_Layer_InitStruct.LTDC_DefaultColorRed=0;//默认背景色，R 值
LTDC_Layer_InitStruct.LTDC_DefaultColorAlpha=0;//默认背景色，A 值
LTDC_Layer_InitStruct.LTDC_BlendingFactor_1=LTDC_BlendingFactor1_CA;//配置混合因子 1
LTDC_Layer_InitStruct.LTDC_BlendingFactor_2=LTDC_BlendingFactor2_CA;//配置混合因子 2
//一行像素数据占用的字节数+3
LTDC_Layer_InitStruct.LTDC_CFBLineLength=((LCD_PIXEL_WIDTH * 2)+3);
//当前行的起始位置到下一行起始位置处的像素增量
LTDC_Layer_InitStruct.LTDC_CFBPitch=(LCD_PIXEL_WIDTH * 2);
LTDC_Layer_InitStruct.LTDC_CFBLineNumber=LCD_PIXEL_HEIGHT;//有效的行数
LTDC_Layer_InitStruct.LTDC_CFBStartAdress=LCD_FRAME_BUFFER;//当前层的显存首地址
LTDC_LayerInit(LTDC_Layer1,&LTDC_Layer_InitStruct);//初始化 LTDC 第 1 层
LTDC_Layer_InitStruct.LTDC_PixelFormat=LTDC_Pixelformat_ARGB1555;
//本层的显存首地址
LTDC_Layer_InitStruct.LTDC_CFBStartAdress=LCD_FRAME_BUFFER+BUFFER_OFFSET;
```

```
    LTDC_Layer_InitStruct.LTDC_BlendingFactor_1=LTDC_BlendingFactor1_PAxCA;
    LTDC_Layer_InitStruct.LTDC_BlendingFactor_2=LTDC_BlendingFactor2_PAxCA;
    LTDC_LayerInit(LTDC_Layer2,&LTDC_Layer_InitStruct);//初始化 LTDC 第 2 层
    /*LTDC 层窗口配置*/
    LTDC_LayerCmd(LTDC_Layer1,ENABLE);//使能 FG
    LTDC_LayerCmd(LTDC_Layer2,ENABLE);//使能 BG
    /*LTDC 层窗口配置*/
    LTDC_Cmd(ENABLE);//使能 LTDC 控制器

    LCD_SetFont(&LCD_DEFAULT_FONT);//设定英文默认字体，Font16×24
}
```

5．字符显示程序

程序中使用的字体大小是 16×24 的点阵，每一个 ASCII 码的字模都包含 384 个点。在 RGB565 显示格式下，每个点都是用 2 个字节代表点阵的颜色。在液晶屏上显示 ASCII 时，会根据字母点阵中每一个点的开关状态，把对应的颜色写入对应位置的 SDRAM 中。字符显示的点，使用定义的颜色填充 SDRAM 对应显存的位置；反之，使用当前层的背景色数据填充像素对应的 SDRAM 显存的位置。16×24 的字体需要往显存写 16×24×2=768 字节数据。

所有字符的字模数据都存储在一个数组中，每一个字符字模数据在数组中的存储偏移量为 ASCII×48，根据字符的在数组中的偏移量直接查表即可得到字模的起始位置。

例如，小写字母 a 的 ASCII 值是 0x61，则其在数组中的偏移量是 97×48=4656。

显示一个字符的函数是 void LCD_DrawChar(uint16_t Xpos,uint16_t Ypos,const uint16_t *c)，3 个参数分别是字符显示的坐标（Xpos,Ypos），以及需要显示的字符。

然后在此基础上可以实现字符串的显示功能。

void LCD_DisplayStringLine(uint16_t Line,uint8_t *ptr)。

2 个参数分别是行号和指向字符串指针。在此，只将显示字符的代码列出。

```
void LCD_DrawChar(uint16_t Xpos,uint16_t Ypos,const uint16_t *c)
{
 uint32_t index=0,counter=0,xpos=0;
 uint32_t  Xaddress=0;
 xpos=Xpos*LCD_PIXEL_WIDTH*2;
 Xaddress+=Ypos;
 for(index=0; index < LCD_Currentfonts->Height; index++)
 {
   /*字模点阵的一行*/
   for(counter=0; counter < LCD_Currentfonts->Width; counter++)
   {
     if((((c[index] & ((0x80 << ((LCD_Currentfonts->Width / 12 ) * 8 ) ) >> counter))==0x00)
&&(LCD_Currentfonts->Width <= 12))||
       (((c[index] & (0x1 << counter))==0x00)&&(LCD_Currentfonts->Width > 12 )))
     {
        /*点阵中对应点不显示，将背景色写入显存*/
       *(__IO uint16_t*) (CurrentFrameBuffer+(2*Xaddress)+xpos)=CurrentBackColor;
     }
     else
     {
        /*点阵中对应点显示，将字体颜色写入显存*/
```

```
            *(__IO uint16_t*) (CurrentFrameBuffer+(2*Xaddress)+xpos)=CurrentTextColor;
        }
        Xaddress++;
      }
    Xaddress+=(LCD_PIXEL_WIDTH - LCD_Currentfonts->Width);//显示位置指向下一行
  }
}
```

其中，CurrentFrameBuffer 为当前层显存的首地址；LCD_PIXEL_WIDTH 为显示区域的宽度；LCD_Currentfonts 为当前字体结构体指针。

6. 任意直线显示程序

显示任意直线，需要将这一直线经过液晶屏上的点都显示出来，这只需要将直线颜色数据写入对应点的显存位置。

首先，需要将直线进行离散化得到直线经过像素的坐标，然后将显示线的颜色数据写入对应的显存位置。直线离散化使用的是 Bresenham 直线算法，使用更加靠近直线的坐标点作为离散后直线点。Bresenham 直线算法示意图如图 17-22 所示。

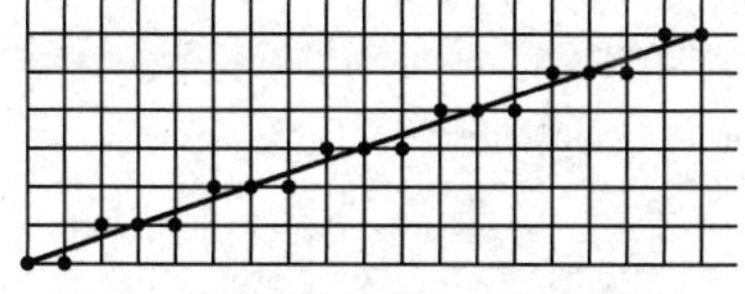

（a）Bresenham直线算法量化示意图

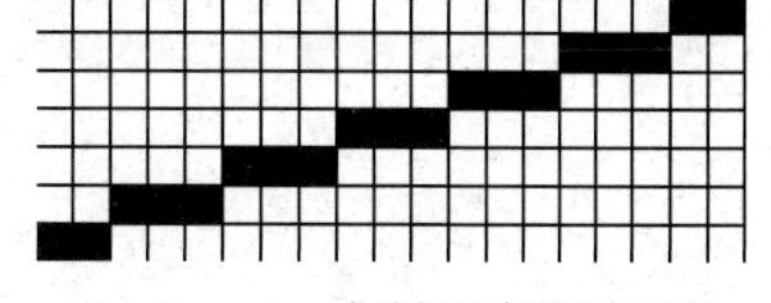

（b）Bresenham直线算法实际显示结果

图 17-22　Bresenham 直线算法示意图

绘制任意直线使用函数 void LCD_DrawUniLine(uint16_t x1,uint16_t y1,uint16_t x2,uint16_t y2)，4 个参数是起始点坐标(x1,y1)和终点坐标(x2,y2)。

```
void LCD_DrawUniLine(uint16_t x1,uint16_t y1,uint16_t x2,uint16_t y2)
{
 int16_t deltax=0,deltay=0,x=0,y=0,xinc1=0,xinc2=0,
 yinc1=0,yinc2=0,den=0,num=0,numadd=0,numpixels=0,
 curpixel=0;
 deltax=ABS(x2 - x1);              //计算直线的 x 轴长度
 deltay=ABS(y2 - y1);              //计算直线的 y 轴长度
 x=x1;                             //转存直线 x 轴起始点
 y=y1;                             //转存直线 y 轴起始点
 if (x2 >=x1)                      //直线 x 轴方向为由左向右
 {
   xinc1=1;
   xinc2=1;
 }
 else                              //直线 x 轴方向为由右向左
 {
   xinc1=-1;
   xinc2=-1;
 }

 if (y2 >=y1)                      //直线 y 轴方向为由上向下
 {
```

```
    yinc1=1;
    yinc2=1;
  }
  else                              //直线 y 轴方向为由下向上
  {
    yinc1=-1;
    yinc2=-1;
  }

  if (deltax >=deltay)              //x 轴长度>y 轴长度，deltax 作为分母，deltay 作为分子
  {
    xinc1=0;
    yinc2=0;
    den=deltax;
    num=deltax / 2;
    numadd=deltay;
    numpixels=deltax;               //长轴作为数据填充循环次数
  }
  else                              //x 轴长度<y 轴长度，deltay 作为分母，deltax 作为分子
  {
    xinc2=0;
    yinc1=0;
    den=deltay;
    num=deltay / 2;
    numadd=deltax;
    numpixels=deltay;               //长轴作为数据填充循环次数
  }
  for (curpixel=0; curpixel<=numpixels; curpixel++)
  {
    PutPixel(x,y);                  //将颜色数据写入像素对应的显存
    num+=numadd;                    //分子递增
    /*更新像素坐标，每次长轴的像素都加 1 或减 1，短轴的像素是否变化，需要计算比对*/
  /*与分母比对，为了计算长轴显示变化一个像素时，短轴是否变化*/
  /*例如，当 x 轴长度=20，y 轴长度=80 时，长轴是 y 轴，每 4 次 y 轴变化时，x 轴才变化一次*/
  if (num >=den)
    {
      num-=den;
      x+=xinc1;
      y+=yinc1;
    }
    x+=xinc2;
    y+=yinc2;
  }
}
```

7. 水平/垂直线显示程序

矩形的显示是由水平/垂直线构成的。水平/垂直线的显示使用 DMA2D 控制器实现，用到了 DMA2D 控制器的寄存器到存储器的传输模式。在配置好 DMA2D 控制器后，若启动了 DMA 传

输，则 CPU 无须干涉颜色数据写显存测过程。

使用函数 void LCD_DrawLine(uint16_t Xpos,uint16_t Ypos,uint16_t Length,uint8_t Direction)，4 个参数是起始点坐标(Xpos,Ypos)和长度 Length、方向 Direction（水平或垂直）。

```
void LCD_DrawLine(uint16_t Xpos,uint16_t Ypos,uint16_t Length,uint8_t Direction)
{
 DMA2D_InitTypeDef DMA2D_InitStruct;

 uint32_t   Xaddress=0;
 uint16_t Red_Value=0,Green_Value=0,Blue_Value=0;
 /*矩形起止点对应显存位置*/
 Xaddress=CurrentFrameBuffer+2*(LCD_PIXEL_WIDTH*Ypos+Xpos);
 /*从颜色数据中分离出 R、G、B 三色*/
 Red_Value=(0xF800 & CurrentTextColor) >> 11;
 Blue_Value=0x001F & CurrentTextColor;
 Green_Value=(0x07E0 & CurrentTextColor) >> 5;
 /*配置 DMA2D 控制器*/
 DMA2D_DeInit();
 DMA2D_InitStruct.DMA2D_Mode=DMA2D_R2M;//寄存器到存储器模式
 DMA2D_InitStruct.DMA2D_CMode=DMA2D_RGB565;
 DMA2D_InitStruct.DMA2D_OutputGreen=Green_Value;
 DMA2D_InitStruct.DMA2D_OutputBlue=Blue_Value;
 DMA2D_InitStruct.DMA2D_OutputRed=Red_Value;
 DMA2D_InitStruct.DMA2D_OutputAlpha=0x0F;//不透明
 DMA2D_InitStruct.DMA2D_OutputMemoryAdd=Xaddress;
 if(Direction==LCD_DIR_HORIZONTAL)//水平方向绘制
 {
   DMA2D_InitStruct.DMA2D_OutputOffset=0;//在同一行显示
   DMA2D_InitStruct.DMA2D_NumberOfLine=1;//显示水平线线
   DMA2D_InitStruct.DMA2D_PixelPerLine=Length;//一行显示的像素是绘制直线的长度
 }
 else//水平方向绘制
 {
   DMA2D_InitStruct.DMA2D_OutputOffset=LCD_PIXEL_WIDTH - 1;//到下一行像素的偏移
   DMA2D_InitStruct.DMA2D_NumberOfLine=Length;//显示垂直线
   DMA2D_InitStruct.DMA2D_PixelPerLine=1;//一行只显示一个像素
 }
 DMA2D_Init(&DMA2D_InitStruct);//完成以上配置
 /*开始 DMA2D 数据传输，按照定义好的传输模式，DMA2D 控制器将寄存器中的颜色数据写
  入对应的显存*/
 DMA2D_StartTransfer();
 /*等待 DMA 传输结束*/
 while(DMA2D_GetFlagStatus(DMA2D_FLAG_TC)==RESET)
 {
 }
}
```

8．矩形填充显示程序

矩形填充的显示使用 DMA2D 控制器实现，用到了 DMA2D 控制器的寄存器到存储器的传输模式。在配置好 DMA2D 控制器后，若启动了 DMA 传输，则 CPU 无须干涉颜色数据写显存

的过程。

使用函数 void LCD_DrawFullRect(uint16_t Xpos,uint16_t Ypos,uint16_t Width,uint16_t Height)，4 个参数是起始点坐标（Xpos,Ypos）和宽度 Width、高度 Height。

```
void LCD_DrawFullRect(uint16_t Xpos,uint16_t Ypos,uint16_t Width,uint16_t Height)
{
 DMA2D_InitTypeDef          DMA2D_InitStruct;

 uint32_t    Xaddress=0;
 uint16_t Red_Value=0,Green_Value=0,Blue_Value=0;
 /*矩形起止点对应显存位置*/
 Xaddress=CurrentFrameBuffer+2*(LCD_PIXEL_WIDTH*Ypos+Xpos);
 /*从颜色数据中分离出 R、G、B 三色*/
 Red_Value=(0xF800 & CurrentTextColor) >> 11;
 Blue_Value=0x001F & CurrentTextColor;
 Green_Value=(0x07E0 & CurrentTextColor) >> 5;
 /*配置 DMA2D 控制器*/
 DMA2D_DeInit();
 DMA2D_InitStruct.DMA2D_Mode=DMA2D_R2M;//寄存器到存储器模式
 DMA2D_InitStruct.DMA2D_CMode=DMA2D_RGB565;
 DMA2D_InitStruct.DMA2D_OutputGreen=Green_Value;
 DMA2D_InitStruct.DMA2D_OutputBlue=Blue_Value;
 DMA2D_InitStruct.DMA2D_OutputRed=Red_Value;
 DMA2D_InitStruct.DMA2D_OutputAlpha=0x0F;//不透明
 DMA2D_InitStruct.DMA2D_OutputMemoryAdd=Xaddress;
 //当前行显示的结束点到下一行起始点的偏移量
 DMA2D_InitStruct.DMA2D_OutputOffset=(LCD_PIXEL_WIDTH - Width);
 DMA2D_InitStruct.DMA2D_NumberOfLine=Height;//高度
 DMA2D_InitStruct.DMA2D_PixelPerLine=Width;//宽度，一行显示的像素点数
 DMA2D_Init(&DMA2D_InitStruct);//完成以上配置
 /*开始 DMA2D 数据传输，按照定义好的传输模式，DMA2D 控制器将寄存器中的颜色数据写
  入对应的显存*/
 DMA2D_StartTransfer();
 /*等待 DMA 传输结束*/
 while(DMA2D_GetFlagStatus(DMA2D_FLAG_TC)==RESET)
 {
 }
}
```

习题

1. 黑白液晶一个像素对应的数据量是多少？RGB565 液晶一个像素对应的数据量是多少？
2. 描述液晶控制器、驱动器、液晶屏之间的关系。
3. LTDC 显示的数据存储在哪里？SDRAM 在液晶显示中有什么作用？
4. LTDC 有几层？LTDC 各层怎么混合？最上层是哪一个？
5. 说明 VSYNC 和 HSYNC 的功能。
6. 说明 VBP 和 VFP 的功能。
7. RGB565 格式的数据是怎么在显存中存储的？

8．DMA2D 控制器在液晶显示中有什么作用？

9．DMA2D 控制器有哪几种数据传输模式？要将一幅存储在 SDRAM 中的图片显示在液晶屏上时，使用 DMA2D 控制器的哪一种数据传输模式？

10．一个黑白格式 16×16 的点阵字模，数据量是多少？一个 RGB565 格式 24×24 的点阵字模，数据量是多少？

11．将一个 RGB565 格式 24×24 点阵字模的字符显示在液晶屏上第 3 行、第 4 个字符的位置，那么这一字符点阵数据需要被写入显存的什么位置？尝试编写对应程序。

12．尝试描述在液晶屏上绘制直线和圆的原理。

参考文献

[1] 奚海蛟，童强，林庆峰. ARM Cortex-M4 体系结构与外设接口实战开发[M]. 北京：电子工业出版社，2014.

[2] 王宜怀，邵长星，黄熙. 汽车电子 S32K 系列微控制器——基于 ARM Cortex-M4F 内核[M]. 北京：电子工业出版社，2018.

[3] 唐振明. ARM 接口编程[M]. 北京：电子工业出版社，2012.

[4] 钱晓捷，程楠. 嵌入式系统导论[M]. 北京：电子工业出版社，2017.

[5] 马洪连，吴振宇. 电子系统设计——面向嵌入式硬件电路[M]. 北京：电子工业出版社，2018.

[6] 罗蕾. 嵌入式系统及应用[M]. 北京：电子工业出版社，2016.

[7] Joseph Yiu，吴常玉，曹孟娟，等. ARM Cortex-M3 与 Cortex-M4 权威指南（第 3 版）[M]. 北京：清华大学出版社，2015.

[8] 马维华. 嵌入式系统原理及应用（第 3 版）[M]. 北京：北京邮电大学出版社，2017.

[9] 刘火良，杨森. STM32F 库开发实战指南——基于 STM32F4[M]. 北京：机械工业出版社，2018.